Mastery of Mathematics B·

数学B·C

Basic編

基本大全

学びエイド 香川 亮 著

受験研究社

この本の執筆にあたって

数学や算数を「好き」と答える学生の割合は，年齢が上がるにつれて減っていくそうです。それは，数学が**積み上げの学問**であることに他ならないからでしょう。だからこそ，基礎となる部分の学びは数学の学習の上では最も重要になります。では，基礎の学びを充実させる秘訣はなにか？それは問題を解くときに**「お！できる！楽しい！」と感じる体験**を積み重ねることです。そのためには暗記ではなく，「なるほど！」と理解し，納得することが重要です。本書では，**「なるほど！」**となる手助けになるように全ページに動画も準備しました。ぜひ活用してください。

ただし，この「なるほど！」は頭の中の話で，本当の実力にはなっていませんし，テストで高得点も狙えません。例題や演習問題を必ず**自分の手で解く**という作業を欠かさないようにしてください。自分の手で答えを導き出せるようになって初めて自分の実力になるのです。

また，本書の大きな目標は，「答えを出す」だけではなく，**「合理的な解き方で答えを導く力」**を読者の皆さんに身につけてもらうことです。登山に例えるならば，難しい問題を解くというのは険しい道のりの山に挑むようなものです。今後の大学入試では，いかにしてその山の頂上までたどり着いたかという，その途中経過も問われる時代になっています。登り方をじっくり考える，そういった読み方を心掛けて欲しいと思います。

最後になりましたが，本書の出版にあたっては，編集部の皆さんには根気強く自分のこだわりに付き合って頂きました。そして何よりも本書の出版を応援してくれた家族に感謝しています。

本書が読者の皆さんの充実した数学学習の手助けとなれば幸いです。さあ，ページをめくってさっそく始めていきましょう！

学びエイド　香川 亮

Akira Kagawa

特長と使い方

Point 1　学習内容や学習順序は「基本大全」におまかせ！

初めて数学を学ぶ方がいちばん悩むのが

“「何」を「どこまで」学べばよいのか？”

という点です。数学は奥の深い学問の１つです。学べば学ぶほど様々な知識や問題が湧き出てきます。でも１つのことにこだわってしまうとなかなか先に進むことができません。かといって飛ばして進めていいものかどうか…。
適切なアドバイザーがいないと見極めが難しいところです。

「基本大全」では，学習順序について悩むことがないように，
「Basic 編」「Core 編」の２分冊で構成されています。

「Basic 編」…基本の考え方や公式・定理の習得を目的としています。
「Core 編」…入試によく出る典型問題の考え方の習得を目的としています。

これら２冊を**「Basic 編」→「Core 編」**の順で，飛ばさずに進めていくことで無理なく効果的に力をつけることができます。
また，学習進度や理解度に応じて学習内容を厳選することで，学習意欲を落とさず，効率的に学んでいくことができます。

例えば，「第１章 数列」では，数列の和の記号としてシグマ記号を扱いますが，Basic 編ではシグマ記号の公式

$$\sum_{k=1}^{n} k^2 = \frac{n(n+1)(2n+1)}{6}$$

を学びます。また，その証明についても学びます。Basic 編で学ぶのはこの段階までですが，Core 編ではさらにこの証明の内容について踏み込んで考えていきます。その結果，

$$\sum_{k=1}^{n} (a_{k+1} - a_k) = a_{n+1} - a_1$$

といった結論を学ぶことができます。このことから，**数列の和を考えるうえで「差の形をつくる」ことの大切さ**が見えてきます。そして，Basic 編で学んだ数列の和についての理解をさらに深めることにつながります。
Core 編では，単に難しい問題を解くだけではなく，**Basic 編で学んだ内容をどう掘り下げていくのか，**という点に関しても意識しながら読んでいただきたいと思います。

Point 2 疑問に答えるイントロダクション

演習問題に取り組む前に，演習問題で扱う公式や定理などをくわしく学べるようになっています。また，必要に応じて例題とその考え方を掲載しています。

必ず覚えておきたい重要な公式，定理などを載せています。

大切なポイントや補足事項などを載せています。

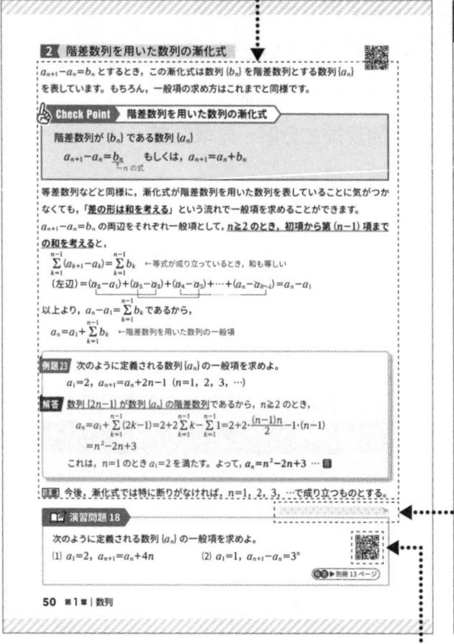

2 階差数列を用いた数列の漸化式

$a_{n+1}-a_n=b_n$ とするとき，この漸化式は数列 $\{b_n\}$ を階差数列とする数列 $\{a_n\}$ を表しています。もちろん，一般項の求め方はこれまでと同様です。

Check Point 階差数列を用いた数列の漸化式

階差数列が $\{b_n\}$ である数列 $\{a_n\}$

$a_{n+1}-a_n=\underline{b_n}$ （←n の式）　もしくは，$a_{n+1}=a_n+b_n$

等差数列などと同様に，漸化式が階差数列を用いた数列を表していることに気がつかなくても，「<u>差の形は和を考える</u>」という流れで一般項を求めることができます。

$a_{n+1}-a_n=b_n$ の両辺をそれぞれ一般項として，<u>$n\geqq 2$ のとき，初項から第 $(n-1)$ 項までの和を考える</u>と，

$\displaystyle\sum_{k=1}^{n-1}(a_{k+1}-a_k)=\sum_{k=1}^{n-1}b_k$ ←等式が成り立っているとき，和も等しい

(左辺) $=(a_2-a_1)+(a_3-a_2)+(a_4-a_3)+\cdots+(a_n-a_{n-1})=a_n-a_1$

以上より，$a_n-a_1=\displaystyle\sum_{k=1}^{n-1}b_k$ であるから，

$a_n=a_1+\displaystyle\sum_{k=1}^{n-1}b_k$ ←階差数列を用いた数列の一般項

例題23 次のように定義される数列 $\{a_n\}$ の一般項を求めよ。

$a_1=2,\ a_{n+1}=a_n+2n-1\ (n=1,\ 2,\ 3,\ \cdots)$

解答 <u>数列 $\{2n-1\}$ が数列 $\{a_n\}$ の階差数列</u>であるから，$n\geqq 2$ のとき，

$a_n=a_1+\displaystyle\sum_{k=1}^{n-1}(2k-1)=2+2\sum_{k=1}^{n-1}k-\sum_{k=1}^{n-1}1=2+2\cdot\frac{(n-1)n}{2}-1\cdot(n-1)$

$=n^2-2n+3$

これは，$n=1$ のとき $a_1=2$ を満たす。よって，$a_n=n^2-2n+3$ … 答

注意 今後，漸化式では特に断りがなければ，$n=1,\ 2,\ 3,\ \cdots$ で成り立つものとする。

演習問題 18

次のように定義される数列 $\{a_n\}$ の一般項を求めよ。

(1) $a_1=2,\ a_{n+1}=a_n+4n$　　(2) $a_1=1,\ a_{n+1}-a_n=3^n$

解答▶別冊 13 ページ

50 第1章｜数列

Point 3 付箋を貼って上手にインプット

この部分には，解説動画の最後に述べている**まとめのコメント**を，付箋に書きこんで貼りつけておきましょう。

このようにすることで知識の定着をはかることができます。また，付箋を貼っておくことで，自分がどこまで勉強したかの確認などが後からできます。

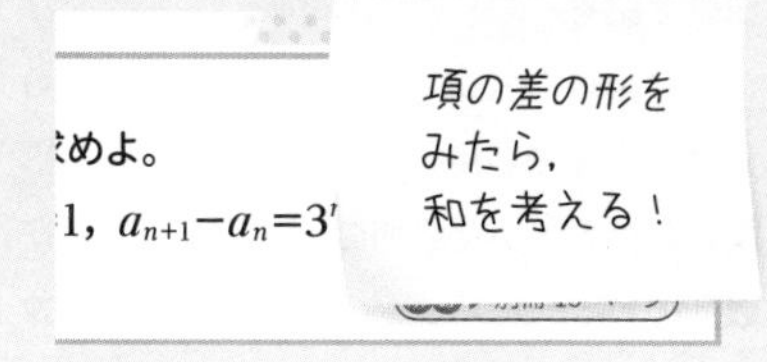

Point 4 解説動画で理解が深まる

各ページの QR コードから著者の香川先生の解説動画を視聴することができます。

QR コードを読み取る → シリアル番号「292510」を入力 → 動画を視聴

また，動画の一覧から選んで視聴することもできます。

次の QR コードを読み取るか，URL を入力する →「動画を見る」をクリック → シリアル番号「292510」を入力 → 視聴したい動画をクリック

https://www.manabi-aid.jp/service/gyakuten

推奨環境は，次の URL か QR コードよりご確認ください。

https://www.manabi-aid.jp/service/recommendation

目次

ギリシャ文字

大文字	小文字	読み方	大文字	小文字	読み方	大文字	小文字	読み方
A	α	アルファ	I	ι	イオタ	P	ρ	ロー
B	β	ベータ	K	κ	カッパ	Σ	σ	シグマ
Γ	γ	ガンマ	Λ	λ	ラムダ	T	τ	タウ
Δ	δ	デルタ	M	μ	ミュー	Υ	υ	ユプシロン
E	ε	イプシロン	N	ν	ニュー	Φ	ϕ	ファイ
Z	ζ	ゼータ	Ξ	ξ	クシー	X	χ	カイ
H	η	イータ	O	o	オミクロン	Ψ	ψ	プサイ
Θ	θ	シータ	Π	π	パイ	Ω	ω	オメガ

数列

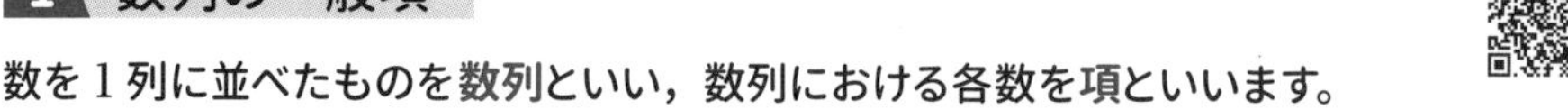

第1節 等差数列・等比数列

1 数列の一般項

数を1列に並べたものを**数列**といい，数列における各数を**項**といいます。

正の奇数の列「1，3，5，7，9，…」のように，項の個数が無限である数列を**無限数列**といい，10以下の偶数の列「2，4，6，8，10」のように，項の個数が有限である数列を**有限数列**といいます。

数列を一般的に表すには，文字を用いて前から順に，

a_1，a_2，a_3，…，a_n，…　←アルファベットは a 以外でもよい

のように書き，この数列を略して $\{a_n\}$ と表すこともあります。a_1，a_2，a_3 をそれぞれこの数列の第1項，第2項，第3項といい，n 番目の項 a_n を**第 n 項**といいます。

数列の最初の項を**初項**，有限数列では最後の項を**末項**，項の個数を**項数**といいます。

第 n 項 a_n が n の式で表されるとき，n に適当な自然数を代入することにより，どのような項も表すことができます。 この a_n を数列 $\{a_n\}$ の**一般項**といいます。

例題 1 一般項が次の式で表される数列 $\{a_n\}$ の初項から第5項までを求めよ。

(1) $a_n=3n+1$　　(2) $a_n=2^n+1$

解答 (1) 一般項に $n=1$，2，3，4，5 をそれぞれ代入すると，

$a_1=3\cdot1+1=\mathbf{4}$ … 答　$a_2=3\cdot2+1=\mathbf{7}$ … 答　$a_3=3\cdot3+1=\mathbf{10}$ … 答

$a_4=3\cdot4+1=\mathbf{13}$ … 答　$a_5=3\cdot5+1=\mathbf{16}$ … 答

(2) 一般項に $n=1$，2，3，4，5 をそれぞれ代入すると，

$a_1=2^1+1=\mathbf{3}$ … 答　$a_2=2^2+1=\mathbf{5}$ … 答　$a_3=2^3+1=\mathbf{9}$ … 答

$a_4=2^4+1=\mathbf{17}$ … 答　$a_5=2^5+1=\mathbf{33}$ … 答

確認 一般項から数列の全体がわかります。

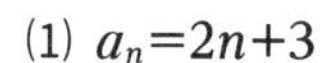

演習問題 1

一般項が次の式で表される数列 $\{a_n\}$ の初項から第5項までを求めよ。

(1) $a_n=2n+3$　　(2) $a_n=n^3$

(3) $a_n=3^n-4$　　(4) $a_n=3$

解答▶別冊1ページ

2 等差数列の一般項

初項に一定の数を次々に加えて得られる数列を**等差数列**といい，このときの加えていく一定の数を**公差**といいます。

加えていく数を「公差」と呼ぶのは，隣り合う2数の**差が一定**と考えることができるからです。

初項 a，公差 d の等差数列を考えます。

$$
\begin{aligned}
a_1&=a \\
a_2&=a+d \\
a_3&=a+2d \\
a_4&=a+3d \\
&\vdots \\
a_n&=a+(n-1)d
\end{aligned}
$$

（各項の間で $+d$）

このようにして，第 n 項は初項に $(n-1)$ 個の公差を加えたものになっていると考えることができます。

Check Point 等差数列の一般項

初項 a，公差 d の等差数列 $\{a_n\}$ の一般項は，

$$a_n=a+(n-1)d$$

一般項が n の1次式である数列は等差数列を表します。

例題 2 次の等差数列 $\{a_n\}$ の一般項を求めよ。

(1) 初項が1，公差が2である。

(2) 第10項が25で，第20項は55である。

(3) 第5項が−4で，第21項は第12項の2倍である。

考え方 一般項を求めるには，初項と公差が必要です。

解答 (1) $a_n=1+(n-1)\cdot 2=\mathbf{2n-1}$ … 答

(2) 初項を a，公差を d とすると，一般項は，

$a_n=a+(n-1)d$ ……①

条件より，$a_{10}=25$，$a_{20}=55$ であるから，①に $n=10$，$n=20$ をそれぞれ代入して，

$$\begin{cases} a+9d=25 \\ a+19d=55 \end{cases}$$

これを解くと，$a=-2$，$d=3$

よって，一般項は①より，$\boldsymbol{a_n}=-2+(n-1)\cdot 3\boldsymbol{=3n-5}$ … 答

(3) 初項を a，公差を d とすると，一般項は，

$a_n=a+(n-1)d$ ……①

条件より，$a_5=-4$，$a_{21}=2a_{12}$ であるから，①に $n=5$，$n=21$，$n=12$ をそれぞれ代入して，

$$\begin{cases} a+4d=-4 \\ a+20d=2(a+11d) \end{cases}$$

これを解くと，$a=4$，$d=-2$

よって，一般項は①より，$\boldsymbol{a_n}=4+(n-1)\cdot(-2)\boldsymbol{=-2n+6}$ … 答

演習問題 2

1 次の等差数列 $\{a_n\}$ の一般項を求めよ。

10，7，4，1，…

2 次の問いに答えよ。

(1) 公差が-2，第 10 項が-11 のとき，等差数列の初項を求めよ。

(2) 初項が 19，第 7 項が 1 である等差数列の一般項を求めよ。

3 第 10 項が 30，第 30 項が 10 である等差数列 $\{a_n\}$ がある。

(1) 一般項を求めよ。

(2) 初めて負となるのは第何項か。

4 第 8 項が-74 で，第 24 項が-62 の等差数列 $\{a_n\}$ がある。

(1) 一般項を求めよ。

(2) -53 は，この数列の第何項か。

(3) この数列の第 n 項と第 $2n$ 項の差が 10 より大きくなるような最小の n の値を求めよ。

解答▶別冊 1 ページ

3 等差数列の和

等差数列 1，2，3，…，99，100 の和 S は，次のように考えます。

$$\begin{array}{rl} S= & 1 \quad +2 \quad +3 \quad +\cdots+99 \quad +100 \\ +)\ S= & 100+99 \quad +98 \quad +\cdots+2 \quad +1 \\ \hline 2S= & \underbrace{101+101+101+\cdots+101+101}_{100\text{個の和}} \end{array}$$

←逆に並べた同じ数列の和

←それぞれの項どうしの和は 101 で等しくなります

このとき右辺は，**初項 1 と末項 100 を加えた数 101 が項数 100 と同じ数だけできる**ので，

$2S=101\times100$

よって，$S=\dfrac{101\times100}{2}$ となり，次のようにまとめられることがわかります。

Check Point　等差数列の和 ①

初項 a の等差数列の初項から第 n 項までの和を S_n とすると，

$$S_n=\frac{(a+a_n)\cdot n}{2} \quad \leftarrow \frac{(\text{初項}+\text{末項})\times\text{項数}}{2}$$ ：初項と末項が必要

さらに，初項 a，公差 d の等差数列の**第 n 項は $a_n=a+(n-1)d$** であるから，

$$\begin{aligned} S_n&=\frac{(a+a_n)\cdot n}{2} \\ &=\frac{\{a+a+(n-1)d\}\cdot n}{2} \\ &=\frac{\{2a+(n-1)d\}\cdot n}{2} \end{aligned}$$

Check Point　等差数列の和 ②

初項 a，公差 d の等差数列の初項から第 n 項までの和を S_n とすると，

$$S_n=\frac{\{2a+(n-1)d\}\cdot n}{2}$$

例題 3　次の等差数列の和を求めよ。

(1) 初項 24，末項−72，項数 25

(2) 初項−5，公差−5，項数 n

(3) 初項 15，第 7 項が 33，項数 n

解答 (1) $\dfrac{\{24+(-72)\}\cdot 25}{2}=\mathbf{-600}$ … 答 ←等差数列の和 ①

(2) $\dfrac{\{2\cdot(-5)+(n-1)\cdot(-5)\}\cdot n}{2}=\dfrac{\mathbf{-5n(n+1)}}{\mathbf{2}}$ … 答 ←等差数列の和 ②

別解「等差数列の和 ①」の公式で求めることもできる。末項 (第n項) は

$a_n=-5+(n-1)\cdot(-5)=-5n$

であるから，求める和は，

$\dfrac{\{-5+(-5n)\}\cdot n}{2}=\dfrac{\mathbf{-5n(1+n)}}{\mathbf{2}}$ … 答

(3) 公差を d とすると，一般項が $a_n=15+(n-1)d$

$a_7=33$ より $15+6d=33$　つまり，$d=3$

よって，

$\dfrac{\{2\cdot 15+(n-1)\cdot 3\}\cdot n}{2}=\dfrac{\mathbf{3n(n+9)}}{\mathbf{2}}$ … 答 ←等差数列の和 ②

別解「等差数列の和 ①」の公式で求めることもできる。公差を d とすると，

$a_7=15+(7-1)\cdot d=33$ より $d=3$

末項 (第n項) は $a_n=15+(n-1)\cdot 3=3n+12$ であるから，求める和は，

$\dfrac{\{15+(3n+12)\}\cdot n}{2}=\dfrac{\mathbf{3n(n+9)}}{\mathbf{2}}$ … 答

「等差数列の和 ①」の公式は，「等差数列の和 ②」の公式に比べて少し計算量が多くなる傾向がありますが，①のほうは公式の成り立ちから覚えやすいので，①の公式だけに絞って覚えるのもいいでしょう。

例題 4 初項 3，公差 2 の等差数列の第 10 項から第 20 項までの和を求めよ。

考え方〉等差数列の和の公式は，初項からの和を表しています。

解答 第 1 項から第 n 項までの和を S_n とする。第 10 項から第 20 項までの和は，第 1 項から第 20 項までの和 S_{20}から第 1 項から第 9 項までの和 S_9を引いたものに等しい。

よって，

$$S_{20}-S_9=\frac{\{2\cdot 3+(20-1)\cdot 2\}\cdot 20}{2}-\frac{\{2\cdot 3+(9-1)\cdot 2\}\cdot 9}{2}$$ ←等差数列の和 ②

$$=440-99=\mathbf{341}$$ … 答

別解 一般項は $a_n=3+(n-1)\cdot 2=2n+1$ であるから，$a_{20}=41$，$a_9=19$

「等差数列の和 ①」の公式を用いると，

$$S_{20}-S_9=\frac{(3+41)\cdot 20}{2}-\frac{(3+19)\cdot 9}{2}$$
$$=440-99$$
$$=\mathbf{341}\cdots \text{答}$$

上の例題で，第 10 項は 21，公差は 2 であるから，実際に和を書くと，

$21+23+25+27+29+31+33+35+37+39+41$

つまり，「初項 21，末項 41，項数 11 の等差数列の和」と考えることができるので，

$\dfrac{(21+41)\cdot 11}{2}=\mathbf{341}$ … 答 ←等差数列の和 ①

結局，ある等差数列の一部分の和だけを求めるときは，次のように求めることもできます。

$$S=\frac{\textbf{(初めの項＋最後の項)×項数}}{\mathbf{2}}$$

演習問題 3

1 第 10 項が−50 で，初項から第 20 項までの和が−1060 の等差数列の一般項を求めよ。

2 初項から第 10 項までの和が 100，初項から第 20 項までの和が 400 である等差数列において，初項から第 30 項までの和を求めよ。

3 初項から第 5 項までの和が 45，第 6 項から第 10 項までの和が−5 である等差数列の一般項を求めよ。また，第 10 項から第 20 項までの和を求めよ。

4 等比数列の一般項

初項に一定の数を次々掛けて得られる数列を**等比数列**といい，このときの掛けていく一定の数を**公比**といいます。

初項 a，公比 r の等比数列を考えます。

$a_1=a$
　$\times r$
$a_2=ar$
　$\times r$
$a_3=ar^2$
　$\times r$
$a_4=ar^3$
⋮
$a_n=ar^{n-1}$

このようにして，第 n 項は初項に $(n-1)$ 個の公比を掛けたものになっていると考えることができます。

Check Point　等比数列の一般項

初項 a，公比 r の等比数列 $\{a_n\}$ の一般項は，

$$a_n=ar^{n-1}$$

例題 5　次の等比数列 $\{a_n\}$ の一般項を求めよ。

(1) $2,\ -6,\ 18,\ -54,\ \cdots$

(2) 公比が -4，第 3 項が 48

(3) 第 2 項が 6，第 4 項が 54，かつ，公比が正

考え方〉一般項を求めるには，初項と公比が必要です。

解答

(1) 公比は，$\dfrac{-6}{2}=-3$　←公比は「次の項÷前の項」の値なので $\dfrac{18}{-6}$ や $\dfrac{-54}{18}$ でも可

よって，一般項は，

$a_n=2\cdot(-3)^{n-1}$ … 答

(2) 初項を a とすると，一般項は，

$a_n=a\cdot(-4)^{n-1}$ ……①

$a_3=48$ より，①に $n=3$ を代入して，

$a\cdot(-4)^2=48$

$a=3$

よって，一般項は，

$a_n=3\cdot(-4)^{n-1}$ … 答

(3) 初項を a，公比を r とすると，一般項は，

$a_n=ar^{n-1}$ ……①

条件より $a_2=6$，$a_4=54$ であるから，①に $n=2$，$n=4$ をそれぞれ代入して，

$$\begin{cases} ar=6 & \cdots\cdots② \\ ar^3=54 & \cdots\cdots③ \end{cases}$$

③÷②より，$\dfrac{ar^3}{ar}=\dfrac{54}{6}$ ←直接左辺どうし，右辺どうしを割るとよい

$r^2=9$

公比は正であるから，$r=3$

これを②に代入して，$3a=6$ より $a=2$

よって，一般項は①より，

$a_n=2\cdot3^{n-1}$ … 答

演習問題 4

1 次の等比数列 $\{a_n\}$ の一般項を求めよ。

(1) $2,\ -\sqrt{2},\ 1,\ -\dfrac{\sqrt{2}}{2},\ \cdots$

(2) 初項が 3，第 4 項が 81

(3) 第 3 項が 3，第 6 項が $-\dfrac{1}{9}$

2 次の問いに答えよ。

(1) 初項が 5，公比が 2 である等比数列において，640 は第何項か。

(2) 初項が 2，公比が 3 である等比数列において，初めて 1000 を超えるのは第何項か。

解答▶別冊 3 ページ

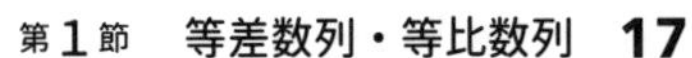

5 等比数列の和

初項 a，公比 r の等比数列の初項から第 n 項までの和

$S=a+ar+ar^2+\cdots+ar^{n-1}$

を考えます。**等比数列の和は，公比の値で式が異なります。**

(i) **$r=1$ のとき**，$S=\underbrace{a+a+a\cdots+a}_{n\text{ 個の和}}$ であるから，$S=na$

↑1 倍で並ぶ

(ii) **$r\neq1$ のとき**，次のようにもとの和 S から両辺を r 倍したものを引くと，

$$
\begin{array}{rl}
S= & a+ar+ar^2+\cdots+ar^{n-2}+ar^{n-1} \\
-)\ rS= & \quad\ \ ar+ar^2+\cdots+ar^{n-2}+ar^{n-1}+ar^n \\
\hline
(1-r)S= & a \qquad\qquad\qquad\qquad\qquad\qquad -ar^n
\end{array}
$$

←1 つ分ずらすのがポイント

$S=\dfrac{a(1-r^n)}{1-r}$

Check Point 等比数列の和

初項 a，公比 r の等比数列の初項から第 n 項までの和 S_n は，

$r=1$ のとき，$S_n=na$

$r\neq1$ のとき，$S_n=\dfrac{a(1-r^n)}{1-r}=\dfrac{a(r^n-1)}{r-1}$ ←引き算の順序は分子と分母でそろっていれば，どちらでもよい

例題 6 次のような等比数列の和を求めよ。

(1) 初項 8，公比 5，項数 n

(2) 初項 3，第 4 項が 192，項数 n

(3) 第 2 項が 21，第 5 項が 7203，項数 n

解答 (1) 初項が 8，公比が 5 であるから，

$\dfrac{8(5^n-1)}{5-1}=\mathbf{2(5^n-1)}$ … 答 ← $r\neq1$ のとき，$\dfrac{a(r^n-1)}{r-1}$

(2) 公比を r とすると，一般項は，$a_n=3\cdot r^{n-1}$

$a_4=192$ であるから，$n=4$ を代入して，

$3\cdot r^3=192$ より，$r^3=64$　よって，$r=4$

したがって，初項から第 n 項までの和は，

$\dfrac{3(4^n-1)}{4-1}=\mathbf{4^n-1}$ … 答 ← $r\neq1$ のとき，$\dfrac{a(r^n-1)}{r-1}$

(3) 初項を a，公比を r とすると，一般項は，$a_n=ar^{n-1}$

$a_2=21$，$a_5=7203$ であるから，

$$\begin{cases} ar^1=21 \quad \cdots\cdots ① \\ ar^4=7203 \quad \cdots\cdots ② \end{cases}$$

②÷①より，$\dfrac{ar^4}{ar^1}=\dfrac{7203}{21}$　←直接左辺どうし，右辺どうしを割るとよい

$r^3=343$　よって，$r=7$

これを①に代入すると，$a=3$

初項から第 n 項までの和は，

$\dfrac{3(7^n-1)}{7-1}=\mathbf{\dfrac{7^n-1}{2}}$ … 答　← $r\neq1$ のとき，$\dfrac{a(r^n-1)}{r-1}$

等比数列の和の公式の引き算の順序は，分母の値が正になるように工夫するとよいでしょう。具体的には，公比 r が 1 より大きいときは $\dfrac{a(r^n-1)}{r-1}$ の形を，公比 r が 1 より小さいときは $\dfrac{a(1-r^n)}{1-r}$ の形を用いるとよいでしょう。

演習問題 5

1 次の等比数列の和を求めよ。

(1) 初項 8，公比 2，項数 6

(2) 初項 2，項数 6，末項 486

2 初項が 3, 末項が 96, 初項から末項までの和が 189 である等比数列の公比と項数を求めよ。

解答▶別冊 4 ページ

6 自然数の正の約数の総和

a を素数とするとき，a^n の正の約数の個数は，a^0，a^1，a^2，a^3，…，a^n の $(n+1)$ 個であるから，**a^nの約数の総和 S は初項 $a^0(=1)$，公比 a，項数 $n+1$ の等比数列の和になります。**

$$S=a^0+a^1+a^2+\cdots+a^n$$
$$=\frac{a^0(1-a^{n+1})}{1-a} \quad \leftarrow a_0 \text{ からの和なので項数は } n+1 \text{ である点に注意}$$
$$=\frac{1-a^{n+1}}{1-a}$$

同様にして，a，b がともに素数であるとき，a^mb^n の正の約数は，**a^mの正の約数とb^nの正の約数の積で表される**ので，次の表のような約数が考えられます。

$(m+1)$ 個（列），$(n+1)$ 個（行）

	1	a	a^2	$\cdots$	a^m	合計
1	$1\cdot1$	$a\cdot1$	$a^2\cdot1$	$\cdots$	$a^m\cdot1$	$1\cdot(1+a+a^2+\cdots+a^m)$
b	$1\cdot b$	$a\cdot b$	$a^2\cdot b$	$\cdots$	$a^m\cdot b$	$b\cdot(1+a+a^2+\cdots+a^m)$
b^2	$1\cdot b^2$	$a\cdot b^2$	$a^2\cdot b^2$	$\cdots$	$a^m\cdot b^2$	$b^2\cdot(1+a+a^2+\cdots+a^m)$
$\vdots$	$\vdots$	$\vdots$	$\vdots$		$\vdots$	$\vdots$
b^n	$1\cdot b^n$	$a\cdot b^n$	$a^2\cdot b^n$		$a^m\cdot b^n$	$b^n\cdot(1+a+a^2+\cdots+a^m)$

各行の約数の合計を足し合わせて，a^mb^n の正の約数の総和を求めると，

$$\begin{aligned}
&1\cdot(1+a+a^2+a^3+\cdots+a^m)\\
&\quad+b\cdot(1+a+a^2+a^3+\cdots+a^m)\\
&\quad\quad+b^2\cdot(1+a+a^2+a^3+\cdots+a^m)\\
&\quad\quad\quad\vdots\\
&\quad\quad\quad+b^n\cdot(1+a+a^2+a^3+\cdots+a^m)
\end{aligned}$$

$$=(1+a+a^2+a^3+\cdots+a^m)(1+b+b^2+b^3+\cdots+b^n)$$ ←（　）内がそれぞれ公比 a，b の等比数列の和になっている

$$=\frac{1\cdot(1-a^{m+1})}{1-a}\cdot\frac{1\cdot(1-b^{n+1})}{1-b}$$ ←項数はそれぞれ $m+1$，$n+1$ である点に注意

Check Point 自然数の正の約数の総和

a を素数とするとき，自然数 a^n の正の約数の総和は，

$$\frac{a^{n+1}-1}{a-1}$$ ←初項 1，公比 a，項数 $n+1$ の等比数列の和

a，b を素数とするとき，自然数 $a^m\cdot b^n$ の正の約数の総和は，

$$\frac{a^{m+1}-1}{a-1}\cdot\frac{b^{n+1}-1}{b-1}$$ ←等比数列の和の積

Check Point の式は，素因数の種類が増えても同様に計算できます。

例題 7 次の数の正の約数の総和を求めよ。

(1) 2^9　　(2) $2^8\cdot3^4$　　(3) 540

解答 (1) 2^9 の正の約数の総和は，

$$2^0+2^1+2^2+\cdots+2^9=\frac{2^{10}-1}{2-1}$$ ←初項 1，公比 2，項数 10 の等比数列の和

$$=\mathbf{1023}$$ … 答

(2) $2^8\cdot3^4$ の正の約数の総和は，

$$(2^0+2^1+2^2+\cdots+2^8)(3^0+3^1+3^2+3^3+3^4)$$ ←初項 1，公比 2，項数 9 の等比数列の和と初項 1，公比 3，項数 5 の等比数列の和の積

$$=\frac{2^9-1}{2-1}\cdot\frac{3^5-1}{3-1}$$

$$=511\times121$$

$$=\mathbf{61831}$$ … 答

(3) $540=2^2\cdot3^3\cdot5$ であるから，正の約数の総和は，
（$2^2\cdot3^3\cdot5$ ←素因数分解）

$$(2^0+2^1+2^2)(3^0+3^1+3^2+3^3)(5^0+5^1)$$ ←初項 1，公比 2，項数 3 の等比数列の和と初項 1，公比 3，項数 4 の等比数列の和と初項 1，公比 5，項数 2 の等比数列の和の積

$$=\frac{2^3-1}{2-1}\cdot\frac{3^4-1}{3-1}\cdot\frac{5^2-1}{5-1}$$

$$=7\cdot40\cdot6=\mathbf{1680}$$ … 答

演習問題 6

次の数の正の約数の総和を求めよ。

(1) 3^5　　(2) $2^3\cdot5^2$　　(3) 504

解答▶別冊 4 ページ

7 等差中項・等比中項

等差数列や等比数列では，連続する3項について，次のことが成り立ちます。

Check Point 等差中項・等比中項

[1] a，b，c がこの順で等差数列であるとき，

$2b=a+c$ ←2×中＝前＋後

このときの b を等差中項といいます。

[2] a，b，c がこの順で等比数列であるとき，

$b^2=ac$ ←中^2＝前×後

このときの b を等比中項といいます。

上の式には，公差や公比が含まれていません。つまり，公差や公比がいくつであっても成り立つ式です。

証明

[1]の証明 a，b，c が，この順で公差 d の等差数列であるとき，

$b-a=d$，$c-b=d$ ←公差とは，隣り合う2項の差

2式より，公差 d を消去すると，

$b-a=c-b$

つまり，$2b=a+c$ 〔証明終わり〕

[2]の証明 a，b，c が，この順で公比 r の等比数列であるとき，

$\dfrac{b}{a}=r$，$\dfrac{c}{b}=r$ ←公比とは，隣り合う2項の比

2式より，公比 r を消去すると，$\dfrac{b}{a}=\dfrac{c}{b}$

つまり，$b^2=ac$ 〔証明終わり〕

例題 8 3つの実数 2，a，b はこの順で等比数列であり，3つの実数 $\dfrac{a}{4}$，a，$1-b$ はこの順で等差数列である。a，b の値を求めよ。

解答 2，a，b の順で等比数列であるから，$a^2=2b$ ……① ←中^2＝前×後

また，$\dfrac{a}{4}$，a，$1-b$ の順で等差数列であるから，

$2a=\dfrac{a}{4}+(1-b)$ ←2×中＝前＋後

$b=1-\dfrac{7}{4}a$ ……②

②を①に代入して，

$$a^2=2-\frac{7}{2}a$$

$$2a^2+7a-4=0$$

$$(a+4)(2a-1)=0$$

$$a=-4,\ \frac{1}{2}$$

それぞれ②に代入して b を求めると，

$$(a,\ b)=(-4,\ 8),\left(\frac{1}{2},\ \frac{1}{8}\right)$$ … 答

演習問題 7

3 つの実数 1，x，y はこの順で等差数列であり，3 つの実数 x，$2y$，$2xy$ はこの順で等比数列であるという。このときの x，y の値を求めよ。ただし，$1<x<y$ とする。

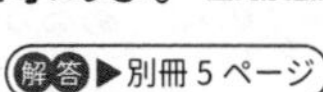
解答▶別冊 5 ページ

第2節 数列の和とシグマ記号

1 等差数列×等比数列の和

各項が等差数列と等比数列の積で表される数列の和 S は，**p.18「等比数列の和」と同じように $S-rS$（r は等比数列の公比）をつくって考えます。**

例題 9 次の和を求めよ。

$$3\cdot1+5\cdot2+7\cdot2^2+9\cdot2^3+11\cdot2^4+\cdots+(2n+1)\cdot2^{n-1}$$

考え方〉各項の左側は初項 3，公差 2 の等差数列，右側は初項 1，公比 2 の等比数列になっています。

解答 和を S として，S と $2S$ の差を考える。←公比2 を掛けたものを引く

$$\begin{array}{rl} S= & 3\cdot1+5\cdot2+7\cdot2^2+9\cdot2^3+\cdots+(2n+1)\cdot2^{n-1} \\ -)\ 2S= & \qquad\quad 3\cdot2+5\cdot2^2+7\cdot2^3+\cdots+(2n-1)\cdot2^{n-1}+(2n+1)\cdot2^n \\ \hline -S= & 3\quad+2\cdot2+2\cdot2^2+2\cdot2^3+\cdots+2\cdot2^{n-1}\qquad-(2n+1)\cdot2^n \end{array}$$

←1つ分ずらす

$2\cdot2+2\cdot2^2+2\cdot2^3+\cdots+2\cdot2^{n-1}$ は，初項 $2\cdot2$，公比 2，項数 $n-1$ の等比数列の和であるから，

$$-S=3+\frac{2\cdot2(2^{n-1}-1)}{2-1}-(2n+1)\cdot2^n$$

$$-S=3+2^2(2^{n-1}-1)-2n\cdot2^n-2^n$$

$$S=-3-2\cdot2^n+2^2+2n\cdot2^n+2^n$$

$$S=(2n-1)2^n+1 \quad \cdots \text{答}$$

演習問題 8

次の和 S を求めよ。

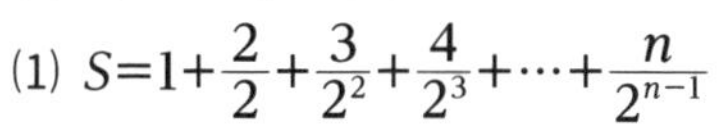

(1) $S=1+\dfrac{2}{2}+\dfrac{3}{2^2}+\dfrac{4}{2^3}+\cdots+\dfrac{n}{2^{n-1}}$

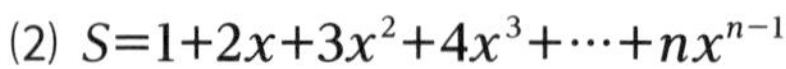

(2) $S=1+2x+3x^2+4x^3+\cdots+nx^{n-1}$

解答▶別冊 5 ページ

2 部分分数分解と数列の和

各項が分数で表されている数列の和を求めるときは，**各項を 2 つの分数の差の形に変形することによって，うまく計算できる場合があります。**

このような変形を**部分分数分解**といいます。

Check Point　部分分数分解

A，B が整数または整式で，$B-A$ が定数であるとき，

$$\frac{1}{AB}=\frac{1}{B-A}\left(\frac{1}{A}-\frac{1}{B}\right)$$

引き算の順序に気をつけましょう

証明 (右辺)$=\frac{1}{B-A}\left(\frac{1}{A}-\frac{1}{B}\right)$

$=\frac{1}{B-A}\cdot\frac{B-A}{AB}$

$=\frac{1}{AB}=$(左辺)　〔証明終わり〕

例題10 次の和 S を求めよ。

$$S=\frac{1}{1\cdot3}+\frac{1}{3\cdot5}+\frac{1}{5\cdot7}+\cdots+\frac{1}{(2n-1)(2n+1)}$$

解答

$$S=\frac{1}{1\cdot3}+\frac{1}{3\cdot5}+\frac{1}{5\cdot7}+\cdots+\frac{1}{(2n-1)(2n+1)}$$

↓ $\frac{1}{AB}=\frac{1}{B-A}\left(\frac{1}{A}-\frac{1}{B}\right)$

$$=\frac{1}{3-1}\left(\frac{1}{1}-\frac{1}{3}\right)+\frac{1}{5-3}\left(\frac{1}{3}-\frac{1}{5}\right)+\frac{1}{7-5}\left(\frac{1}{5}-\frac{1}{7}\right)$$

$$+\cdots+\frac{1}{(2n+1)-(2n-1)}\left(\frac{1}{2n-1}-\frac{1}{2n+1}\right)$$

$$=\frac{1}{2}\left\{\left(\frac{1}{1}-\frac{1}{3}\right)+\left(\frac{1}{3}-\frac{1}{5}\right)+\left(\frac{1}{5}-\frac{1}{7}\right)+\cdots+\left(\frac{1}{2n-1}-\frac{1}{2n+1}\right)\right\}$$

隣り合う分数どうしで打ち消す

$$=\frac{1}{2}\left(1-\frac{1}{2n+1}\right)$$

$$=\frac{n}{2n+1}$$ … 答

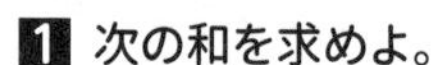

演習問題 9

1 次の和を求めよ。

$$\frac{1}{1\cdot2}+\frac{1}{2\cdot3}+\frac{1}{3\cdot4}+\cdots+\frac{1}{10\cdot11}$$

2 次の数列の初項から第 n 項までの和を求めよ。

(1) $\frac{1}{2\cdot5},\ \frac{1}{5\cdot8},\ \frac{1}{8\cdot11},\ \frac{1}{11\cdot14},\ \cdots$

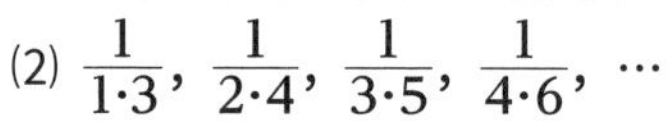

(2) $\frac{1}{1\cdot3},\ \frac{1}{2\cdot4},\ \frac{1}{3\cdot5},\ \frac{1}{4\cdot6},\ \cdots$

3 次の問いに答えよ。

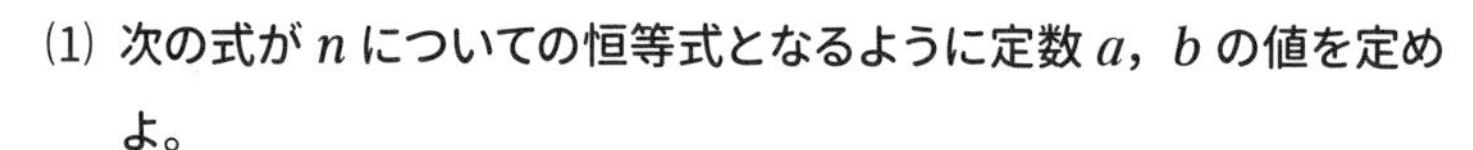

(1) 次の式が n についての恒等式となるように定数 a, b の値を定めよ。

$$\frac{1}{n(n+1)(n+2)}=\frac{a}{n(n+1)}-\frac{b}{(n+1)(n+2)}$$

(2) 次の和を求めよ。

$$\frac{1}{1\cdot2\cdot3}+\frac{1}{2\cdot3\cdot4}+\frac{1}{3\cdot4\cdot5}+\cdots+\frac{1}{n(n+1)(n+2)}$$

解答▶別冊 6 ページ

3 シグマ記号

数列 $\{a_n\}$ の初項から第 n 項までの和を，記号 $\sum$（シグマ）を使って次のように書き表します。

Check Point シグマ記号

$$\sum_{k=1}^{n} a_k = a_1 + a_2 + a_3 + \cdots + a_n$$

シグマ記号で数列の和を書き表すときは，記号の下に和の最初が第何項かを記入し，記号の上に和の最後が第何項かを記入します。そして，**その数列の一般項（第 k 項）を記号の後ろに書きます。**

第 n 項まで
一般項

$$\sum_{k=1}^{n} a_k = a_1 + a_2 + a_3 + \cdots + a_n$$

第1項（初項）から
一般項を利用して和を書き並べる

一般項が n ではなく k で表されているのは，和の最後の項を n で表しているからです。混同しないように文字を変えているわけです。

例題11 次の和を，各項を書き並べる形で表せ。

(1) $\sum_{k=1}^{5} k^2$

(2) $\sum_{k=1}^{n} (2k-1)$

(3) $\sum_{k=1}^{n} 2\cdot 3^{k-1}$

解答

(1) $\sum_{k=1}^{5} k^2 = 1^2+2^2+3^2+4^2+5^2$

$= \mathbf{1+4+9+16+25}$ … 答

(2) $\sum_{k=1}^{n} (2k-1) = (2\cdot 1-1)+(2\cdot 2-1)+(2\cdot 3-1)+\cdots+(2\cdot n-1)$

$= \mathbf{1+3+5+\cdots+(2n-1)}$ … 答

(3) $\sum_{k=1}^{n} 2\cdot 3^{k-1} = (2\cdot 3^{1-1})+(2\cdot 3^{2-1})+(2\cdot 3^{3-1})+\cdots+(2\cdot 3^{n-1})$

$= \mathbf{2+6+18+\cdots+2\cdot 3^{n-1}}$ … 答

また，シグマ記号には次のような性質があります。

Check Point シグマ記号の性質

[1] $\displaystyle\sum_{k=1}^{n}(a_k+b_k)=\sum_{k=1}^{n}a_k+\sum_{k=1}^{n}b_k$ ←分けてよい

[2] pを実数とするとき，$\displaystyle\sum_{k=1}^{n}pa_k=p\sum_{k=1}^{n}a_k$ ←係数は出せる

証明

[1]の証明
$$\sum_{k=1}^{n}(a_k+b_k)=(a_1+b_1)+(a_2+b_2)+(a_3+b_3)+\cdots+(a_n+b_n)$$
$$=(a_1+a_2+a_3+\cdots+a_n)+(b_1+b_2+b_3+\cdots+b_n)$$
$$=\sum_{k=1}^{n}a_k+\sum_{k=1}^{n}b_k$$
〔証明終わり〕

[2]の証明
$$\sum_{k=1}^{n}pa_k=pa_1+pa_2+pa_3+\cdots+pa_n$$
$$=p(a_1+a_2+a_3+\cdots+a_n)$$
$$=p\sum_{k=1}^{n}a_k$$
〔証明終わり〕

この性質より先ほどの**例題 11** の(3)は，
$$\sum_{k=1}^{n}2\cdot3^{k-1}=2\sum_{k=1}^{n}3^{k-1}=2(3^0+3^1+3^2+\cdots+3^{n-1})$$
$$=\mathbf{2+6+18+\cdots+2\cdot3^{n-1}}$$ … 答

と考えることもできます。

逆に，**各項を書き並べた形の式をシグマ記号で表すときは，その数列の一般項(第k項)を求め，シグマ記号の後ろに書けばよい**ことになります。

例題 12 次の和を，記号Σを用いて表せ。

(1) $2+4+6+8+10$

(2) $2+5+8+\cdots+(3n-1)$

(3) $3+6+12+\cdots+3\cdot2^n$

解答 (1) この数列は初項 2，公差 2 の等差数列であるから，一般項(第k項)は，

$2+(k-1)\cdot2=2k$ ←第n項ではない点に注意

初項から第 5 項までの和なので，

$2+4+6+8+10=\displaystyle\sum_{k=1}^{5}\mathbf{2k}$ … 答 ←シグマ記号の上の値は 5

(2) この数列は初項 2，公差 3 の等差数列であるから，一般項(第 k 項)は，

$2+(k-1)\cdot 3=3k-1$ ←第 n 項ではない点に注意

また,$3n-1$ はこの数列の第 n 項である。よって，初項から第 n 項までの和なので,

$2+5+8+\cdots+(3n-1)=\sum_{k=1}^{n}(3k-1)$ … 答

(3) この数列は初項 3，公比 2 の等比数列であるから，一般項(第 k 項)は，

$3\cdot 2^{k-1}$ ←第 n 項ではない点に注意

また，$3\cdot 2^n$ はこの数列の第 $(n+1)$ 項である。

初項から第 $(n+1)$ 項までの和なので,

$3+6+12+\cdots+3\cdot 2^n=\sum_{k=1}^{n+1}3\cdot 2^{k-1}$ … 答

上の**例題**の(2)では，一見,「数列のいちばん最後に書いてある項の n を k に直してシグマ記号をつけたもの」のように見えますが，偶然最後の項が第 n 項(一般項)になっていただけです。(3)のように n を用いた項が最後に書いてあるといっても，その項が第 n 項ではない場合もあるので，和の項数はちゃんと確認する必要があります。

演習問題 10

1 次の和を，各項を書き並べる形で表せ。

(1) $\sum_{k=1}^{5}(2k+1)$

(2) $\sum_{k=1}^{4}3\cdot\left(\frac{1}{2}\right)^{k-1}$

(3) $\sum_{k=0}^{6}k(6-k)$

2 次の和を，記号Σを用いて表せ。

(1) $1+3+5+7+9+11$

(2) $1+4+7+\cdots+(3n+1)$

(3) $\frac{1}{3\cdot 1}+\frac{1}{6\cdot 2}+\frac{1}{9\cdot 4}+\cdots+\frac{1}{(3n-3)\cdot 2^{n-2}}$

解答▶別冊 7 ページ

4 シグマ記号の公式

いくつかの数列の和は，次のようにシグマ記号を用いて，公式として与えられています。非常によく用いる公式ですので，間違えないように覚えることが重要です。また，証明法も必ず確認しておくようにしましょう。

Check Point シグマ記号の公式

[1] $\displaystyle\sum_{k=1}^{n} c = nc$ （cは定数）　　[2] $\displaystyle\sum_{k=1}^{n} k = \frac{n(n+1)}{2}$

[3] $\displaystyle\sum_{k=1}^{n} k^2 = \frac{n(n+1)(2n+1)}{6}$　　[4] $\displaystyle\sum_{k=1}^{n} k^3 = \left\{\frac{n(n+1)}{2}\right\}^2$

証明　[1]，[2]は各項を書き並べた形で表して証明します。

[1]の証明

$$\sum_{k=1}^{n} c = \underbrace{c+c+c+\cdots+c}_{n\text{ 個の和}}$$ ←すべての項が c である数列の和

$$= nc$$

〔証明終わり〕

[2]の証明

$$\sum_{k=1}^{n} k = 1+2+3+\cdots+n$$ ←初項 1，公差 1 の等差数列の和

$$= \frac{(1+n)\cdot n}{2}$$ ←等差数列の和の公式

〔証明終わり〕

[3]や[4]は，**差の形の一般項をつくることで証明します**。（[4]は演習問題で扱います。）

[3]の証明　$(k+1)^3-k^3=3k^2+3k+1$ であることを利用する。

↑なぜ差の形をつくるのかについては，p.37 を参照して下さい

$k=1,\ 2,\ \cdots,\ n$ として，両辺の和を考えると，

$$\sum_{k=1}^{n}\{(k+1)^3-k^3\} = \sum_{k=1}^{n}(3k^2+3k+1)$$

$$(\text{左辺}) = \sum_{k=1}^{n}\{(k+1)^3-k^3\}$$

$$= (2^3-1^3)+(3^3-2^3)+(4^3-3^3)+\cdots+\{(n+1)^3-n^3\}$$

$$= (n+1)^3-1$$

$$= n^3+3n^2+3n$$

$$(\text{右辺}) = \sum_{k=1}^{n}3k^2+\sum_{k=1}^{n}3k+\sum_{k=1}^{n}1$$

シグマ記号の性質を用いる

$$= 3\sum_{k=1}^{n}k^2+3\sum_{k=1}^{n}k+\sum_{k=1}^{n}1$$

シグマ記号の公式[1]，[2]を用いる

$$= 3\sum_{k=1}^{n}k^2+3\cdot\frac{n(n+1)}{2}+n\cdot 1$$

以上より，

$$n^3+3n^2+3n=3\sum_{k=1}^{n}k^2+3\cdot\frac{n(n+1)}{2}+n\cdot 1$$

$$3\sum_{k=1}^{n}k^2=\frac{2n^3+3n^2+n}{2}$$

$$=\frac{n(n+1)(2n+1)}{2}$$

$$\sum_{k=1}^{n}k^2=\frac{n(n+1)(2n+1)}{6}$$

〔証明終わり〕

$\sum_{k=1}^{n}k^2$ の公式は覚えにくいので，次のように**「分子の３つの因数のうち，小さいほうの２つである n と $n+1$ を足したものが残りの因数 $2n+1$ に等しい」**と覚えておくとよいでしょう。

$n+(n+1)=2n+1$

$$\sum_{k=1}^{n}k^2=\frac{n(n+1)(2n+1)}{6}$$

例題 13 次の和を求めよ。

(1) $\sum_{k=1}^{n}(2k-3)^2$　　(2) $\sum_{k=1}^{n}k(k+1)^2$

(3) $\sum_{k=1}^{n-1}(2k+1)(k-2)$　（ただし，$n \geqq 2$）

(4) $\sum_{k=5}^{n}k(k+1)$　（ただし，$n \geqq 5$）

(5) $\sum_{k=0}^{n}(k^2+k+1)$　　(6) $\sum_{k=1}^{n}2^{k-1}$　　(7) $\sum_{k=1}^{n}\frac{1}{k(k+1)}$

考え方　シグマ記号の性質（**p.28** 参照）やシグマ記号の公式の利用を考えます。第 k 項が積の形のときは展開してから計算します。また，シグマ記号の公式の形でないものは，各項を書き並べる形に直すことを考えます。

解答 (1)

$$\sum_{k=1}^{n}(2k-3)^2$$

$$=\sum_{k=1}^{n}(4k^2-12k+9)$$ ← まず展開する

$$=4\sum_{k=1}^{n}k^2-12\sum_{k=1}^{n}k+\sum_{k=1}^{n}9$$ ← シグマ記号の性質を用いる

$$=4\cdot\frac{n(n+1)(2n+1)}{6}-12\cdot\frac{n(n+1)}{2}+9n$$ ← シグマ記号の公式を用いる

$$=\frac{2n\{2(n+1)(2n+1)-18(n+1)+27\}}{6}$$ ← 6 で通分，分子は $2n$ でくくる

$$=\boldsymbol{\frac{n(4n^2-12n+11)}{3}}\ \cdots\ \text{答}$$

(2)

$$\sum_{k=1}^{n}k(k+1)^2$$

まず展開する

$$=\sum_{k=1}^{n}(k^3+2k^2+k)$$

シグマ記号の性質を用いる

$$=\sum_{k=1}^{n}k^3+2\sum_{k=1}^{n}k^2+\sum_{k=1}^{n}k$$

シグマ記号の公式を用いる

$$=\left\{\frac{n(n+1)}{2}\right\}^2+2\cdot\frac{n(n+1)(2n+1)}{6}+\frac{n(n+1)}{2}$$

12 で通分，分子は $n(n+1)$ でくくる

$$=\frac{n(n+1)\{3n(n+1)+4(2n+1)+6\}}{12}$$

$$=\frac{n(n+1)(3n^2+11n+10)}{12}$$

因数分解しておく

$$=\boldsymbol{\frac{n(n+1)(n+2)(3n+5)}{12}}\ \cdots\ \text{答}$$

注意 $\sum_{k=1}^{n}k(k+1)^2=\sum_{k=1}^{n}k\times\sum_{k=1}^{n}(k+1)^2$ とはできません。

(3) シグマ記号の上の値が $n-1$ であるから，公式の n の部分を $n-1$ に変えて用いる。

$$\sum_{k=1}^{n-1}(2k+1)(k-2)$$

まず展開する

$$=\sum_{k=1}^{n-1}(2k^2-3k-2)$$

シグマ記号の性質を用いる

$$=2\sum_{k=1}^{n-1}k^2-3\sum_{k=1}^{n-1}k-\sum_{k=1}^{n-1}2$$

シグマ記号の公式を用いる

$$=2\cdot\frac{(n-1)\{(n-1)+1\}\{2(n-1)+1\}}{6}$$

$$-3\cdot\frac{(n-1)\{(n-1)+1\}}{2}-2(n-1)$$

$$=2\cdot\frac{(n-1)n(2n-1)}{6}-3\cdot\frac{(n-1)n}{2}-2(n-1)$$

6 で通分，分子は $n-1$ でくくる

$$=\frac{(n-1)\{2n(2n-1)-9n-12\}}{6}$$

$$=\boldsymbol{\frac{(n-1)(4n^2-11n-12)}{6}}\ \cdots\ \text{答}$$

(4) シグマ記号の下の値が $k=1$ でないので，$k=5$ から $k=n$ までの和を，

($k=1$ から $k=n$ までの和)−($k=1$ から $k=4$ までの和)と考える。

$$\sum_{k=5}^{n}k(k+1)$$

シグマ記号の下の値を $k=1$ にする

$$=\sum_{k=1}^{n}k(k+1)-\sum_{k=1}^{4}k(k+1)$$

まず展開する

$$=\sum_{k=1}^{n}(k^2+k)-\sum_{k=1}^{4}(k^2+k)$$

↓シグマ記号の性質を用いる

$$=\sum_{k=1}^{n}k^2+\sum_{k=1}^{n}k-\sum_{k=1}^{4}k^2-\sum_{k=1}^{4}k$$

↓シグマ記号の公式を用いる

$$=\frac{n(n+1)(2n+1)}{6}+\frac{n(n+1)}{2}-\frac{4(4+1)(2\cdot4+1)}{6}-\frac{4(4+1)}{2}$$

$$=\frac{n(n+1)\{(2n+1)+3\}}{6}-30-10$$

$$=\boldsymbol{\frac{n(n+1)(n+2)}{3}-40}\ \cdots \text{答}$$

(5) シグマ記号の下の値が $k=0$ の場合は，次のように各項を書き並べる形で表して考えると，

$$\sum_{k=0}^{n}k^2=0^2+1^2+2^2+\cdots+n^2$$ ←k に 0 から n までを代入した値を足し合わせる

$$=1^2+2^2+\cdots+n^2$$

$$=\sum_{k=1}^{n}k^2$$

$$=\frac{n(n+1)(2n+1)}{6}$$ ←結局 $\sum_{k=1}^{n}k^2$ と同じ

$$\sum_{k=0}^{n}k=0+1+2+\cdots+n$$ ←k に 0 から n までを代入した値を足し合わせる

$$=1+2+\cdots+n$$

$$=\sum_{k=1}^{n}k$$

$$=\frac{n(n+1)}{2}$$ ←結局 $\sum_{k=1}^{n}k$ と同じ

$$\sum_{k=0}^{n}1=\underbrace{\overset{k=0}{1}+\overset{k=1}{1}+\overset{k=2}{1}+\cdots+\overset{k=n}{1}}_{(n+1)\text{ 個の和}}$$ ←k がないので 1 が並ぶだけ

$$=n+1$$ ←$\sum_{k=1}^{n}1$ より加える個数が 1 増える

以上より，

$$\sum_{k=0}^{n}(k^2+k+1)$$

$$=\sum_{k=0}^{n}k^2+\sum_{k=0}^{n}k+\sum_{k=0}^{n}1$$ ←シグマ記号の性質を用いる

$$=\frac{n(n+1)(2n+1)}{6}+\frac{n(n+1)}{2}+(n+1)$$ ←先ほどの結果を利用

$$=\frac{(n+1)\{n(2n+1)+3n+6\}}{6}$$ ←6で通分，分子は $n+1$ でくくる

$$=\boldsymbol{\frac{(n+1)(n^2+2n+3)}{3}}\ \cdots \text{答}$$

(6) シグマ記号の公式にない形は，各項を書き並べる形に直して考える。

$$\sum_{k=1}^{n} 2^{k-1}=2^0+2^1+2^2+\cdots+2^{n-1}$$

よって，初項 $2^0=1$，公比 2，項数 n の等比数列の和であるから，

$$\sum_{k=1}^{n} 2^{k-1}=\frac{1\cdot(2^n-1)}{2-1}=\boldsymbol{2^n-1}$$ … 答

(7) 各項を書き並べる形で表すと，

$$\sum_{k=1}^{n} \frac{1}{k(k+1)}$$

$$=\frac{1}{1\cdot 2}+\frac{1}{2\cdot 3}+\frac{1}{3\cdot 4}+\cdots+\frac{1}{n(n+1)}$$ ← 書き並べる

$$=\left(1-\frac{1}{2}\right)+\left(\frac{1}{2}-\frac{1}{3}\right)+\left(\frac{1}{3}-\frac{1}{4}\right)+\cdots+\left(\frac{1}{n}-\frac{1}{n+1}\right)$$ ← 部分分数分解

$$=1-\frac{1}{n+1}=\boldsymbol{\frac{n}{n+1}}$$ … 答

注意 $\displaystyle\sum_{k=1}^{n} \frac{1}{k(k+1)}=\frac{\sum_{k=1}^{n}1}{\sum_{k=1}^{n}k(k+1)}$ とはできません。

演習問題 11

1 $(k+1)^4-k^4=4k^3+6k^2+4k+1$ であることを利用して，

$$\sum_{k=1}^{n} k^3=\left\{\frac{n(n+1)}{2}\right\}^2$$

が成り立つことを示せ。なお，$\displaystyle\sum_{k=1}^{n} k=\frac{n(n+1)}{2}$，$\displaystyle\sum_{k=1}^{n} k^2=\frac{n(n+1)(2n+1)}{6}$ は用いてよいものとする。

2 次の和を求めよ。

(1) $\displaystyle\sum_{k=1}^{n} 2k$　(2) $\displaystyle\sum_{k=1}^{n} k(k+1)$　(3) $\displaystyle\sum_{k=1}^{n} k(k+2)(k+4)$

(4) $\displaystyle\sum_{k=1}^{n-1} k$　(5) $\displaystyle\sum_{k=11}^{15} k^2$　(6) $\displaystyle\sum_{k=1}^{n} 3^{2k-1}$

(7) $\displaystyle\sum_{k=2}^{n} \frac{1}{(k-1)k}$　（ただし，$n\geqq 2$）

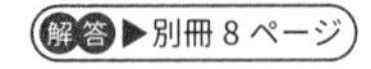
解答▶別冊 8 ページ

5 シグマ記号の利用

ここまでの数列の和の計算方法をまとめてみましょう。

等差数列，等比数列→公式を利用する。

分母が積の形の分数式→部分分数分解を考える。

等差数列×等比数列→公比を掛け，1つ分ずらして引く。

上記以外の数列の和については，シグマ記号の利用を考えます。数列の和をシグマ記号で書き表すためには，前にも学んだ通り**その数列の一般項(第 k 項)を求め，シグマ記号の後ろに書けばよい**ことになります。

例題14 次の数列の初項から第 n 項までの和を求めよ。

(1) $1\cdot1,\ 2\cdot3,\ 3\cdot5,\ 4\cdot7,\ \cdots$

(2) $1\cdot2\cdot3,\ 2\cdot3\cdot4,\ 3\cdot4\cdot5,\ \cdots$

(3) $1^2,\ 1^2+2^2,\ 1^2+2^2+3^2,\ 1^2+2^2+3^2+4^2,\ \cdots$

解答 (1) 各項の左側の数は 1，2，3，4，…であるから，左側の第 k 項は k である。

各項の右側の数は 1,3,5,7,…であるから，初項 1，公差 2 の等差数列である。

よって，右側の第 k 項は，

$$1+(k-1)\cdot2=2k-1$$

以上より，この数列の第 k 項は $k\cdot(2k-1)$ であるから，初項から第 n 項までの和はシグマ記号を用いて表すと，

$$\begin{aligned}\sum_{k=1}^{n}k\cdot(2k-1)&=2\sum_{k=1}^{n}k^2-\sum_{k=1}^{n}k\\&=2\cdot\frac{n(n+1)(2n+1)}{6}-\frac{n(n+1)}{2}\\&=\frac{n(n+1)\{2(2n+1)-3\}}{6}\\&=\boldsymbol{\frac{n(n+1)(4n-1)}{6}}\ \cdots\text{答}\end{aligned}$$

(2) 各項の左側は 1，2，3，4，…であるから，左側の第 k 項は k である。

各項の中央は 2，3，4，5，…であるから，中央の第 k 項は $k+1$ である。

各項の右側は 3，4，5，6，…であるから，右側の第 k 項は $k+2$ である。

以上より，この数列の第 k 項は $k\cdot(k+1)\cdot(k+2)$ であるから，初項から第 n 項

までの和はシグマ記号を用いて表すと，

$$\sum_{k=1}^{n} k(k+1)(k+2)=\sum_{k=1}^{n} k^3+3\sum_{k=1}^{n} k^2+2\sum_{k=1}^{n} k$$

$$=\left\{\frac{n(n+1)}{2}\right\}^2+3\cdot\frac{n(n+1)(2n+1)}{6}+2\cdot\frac{n(n+1)}{2}$$

$$=\frac{n(n+1)\{n(n+1)+2(2n+1)+4\}}{4}$$

$$=\frac{n(n+1)(n^2+5n+6)}{4}$$

$$=\frac{\boldsymbol{n(n+1)(n+2)(n+3)}}{\boldsymbol{4}}$$ … 答

(3) この数列の第 k 項は，

$$1^2+2^2+3^2+\cdots+k^2=\sum_{l=1}^{k} l^2$$ ←シグマ記号の上の文字が k なので，一般項は第 l 項にしています

1つ1つの項が和の形になっている

$$=\frac{k(k+1)(2k+1)}{6}$$

よって，初項から第 n 項までの和はシグマ記号を用いて表すと，

$$\sum_{k=1}^{n}\frac{k(k+1)(2k+1)}{6}$$

$$=\sum_{k=1}^{n}\frac{2k^3+3k^2+k}{6}$$

$$=\frac{1}{6}\left(2\sum_{k=1}^{n} k^3+3\sum_{k=1}^{n} k^2+\sum_{k=1}^{n} k\right)$$

$$=\frac{1}{6}\left[2\left\{\frac{n(n+1)}{2}\right\}^2+3\cdot\frac{n(n+1)(2n+1)}{6}+\frac{n(n+1)}{2}\right]$$

$$=\frac{1}{6}\cdot\frac{n(n+1)\{n(n+1)+(2n+1)+1\}}{2}$$

$$=\frac{1}{6}\cdot\frac{n(n+1)(n^2+3n+2)}{2}$$

$$=\frac{\boldsymbol{n(n+1)^2(n+2)}}{\boldsymbol{12}}$$ … 答

演習問題 12

次の数列の初項から第 n 項までの和を求めよ。

(1) $1\cdot2$，$3\cdot6$，$5\cdot10$，$7\cdot14$，…

(2) $3-1$，3^2-1，3^3-1，3^4-1，…

(3) 1，$1+3$，$1+3+5$，$1+3+5+7$，…

解答▶別冊 9 ページ

6 階差数列を用いた数列の一般項

数列$\{a_n\}$において，隣り合う2項の差$a_{n+1}-a_n=b_n$を項とする数列$\{b_n\}$を数列$\{a_n\}$の**階差数列**といいます。そして，数列$\{b_n\}$の各項を数列$\{a_n\}$の**階差**といいます。

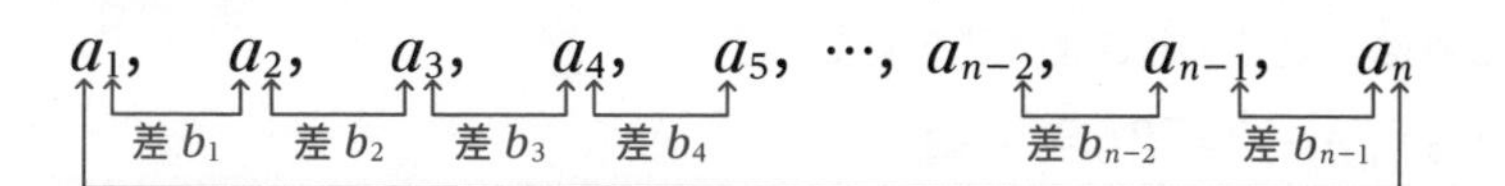

図のように，初項a_1と$a_n(n\geqq 2)$の差は各階差を加えた$b_1+b_2+b_3+\cdots+b_{n-1}$であるので，**$a_1$に$b_1+b_2+b_3+\cdots+b_{n-1}$を加えると$a_n$に等しくなる**ことがわかります。

Check Point 階差数列と一般項

数列$\{a_n\}$の階差数列を$\{b_n\}$とすると，$n\geqq 2$のとき，

$$a_n=a_1+(b_1+b_2+\cdots+b_{n-1})$$
$$=a_1+\sum_{k=1}^{n-1} b_k$$

階差数列$\{b_n\}$の項数は$n-1$なので**シグマ記号の上の数は$n-1$**である点に注意しましょう。また，$n\geqq 2$ですから，**初項a_1は上の式では表せない**ことがわかります。初項は階差を用いずに表す項なので，別に確認が必要になります。

Check Pointの式は，部分分数分解などのように，差の形をつくって計算することで導くこともできます。

$$b_1+b_2+b_3+\cdots+b_{n-1}=(a_2-a_1)+(a_3-a_2)+(a_4-a_3)+\cdots+(a_n-a_{n-1})$$

$$\sum_{k=1}^{n-1} b_k=a_n-a_1$$

よって，

$$a_n=a_1+\sum_{k=1}^{n-1} b_k$$

例題15 次のような階差数列の第n項がnである数列$\{a_n\}$の一般項を求めよ。

3，4，6，9，13，18，24，…

解答 $n\geqq 2$のとき，←nの値の範囲に注意

$$a_n=a_1+\sum_{k=1}^{n-1} k$$
↑階差数列の一般項

$$=3+\frac{(n-1)\{(n-1)+1\}}{2}$$

$$=\frac{n^2-n+6}{2}$$

これは，$n=1$ のとき $a_1=3$ を満たす。

よって，$\boldsymbol{a_n=\frac{n^2-n+6}{2}}$ … 答

上の例題では最後に a_1 の確認を行いました。階差数列を用いた一般項の公式は，初項 a_1 を表さないので，本来は，

$$a_n=\begin{cases} 3 & (n=1) \\ \dfrac{n^2-n+6}{2} & (n \geqq 2) \end{cases}$$

となるわけですが，$n \geqq 2$ の式に $n=1$ を代入すると 3 となり，初項も表せることがわかりました。これで，2 つに分けて答える必要がなくなったわけです。

演習問題 13

次の問いに答えよ。

(1) 以下のように，階差が等差数列になっている数列 $\{a_n\}$ の一般項を求めよ。

0，2，6，12，20，30，…

(2) 以下のように，階差が等比数列になっている数列 $\{a_n\}$ の一般項を求めよ。

3，4，6，10，18，34，…

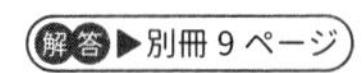

7 数列の和と一般項

初項から第 n 項までの和 S_n が与えられている数列 $\{a_n\}$ の一般項は，次の式で求めることができます。

Check Point　和と一般項

数列 $\{a_n\}$ の初項から第 n 項までの和を S_n とすると，

$n \geqq 2$ のとき，$a_n=S_n-S_{n-1}$

$n=1$ のとき，$a_1=S_1$

証明　$n \geqq 2$ のとき，

$$\begin{array}{rl} S_n &= a_1+a_2+a_3+\cdots+a_{n-1}+a_n \\ -)\ S_{n-1} &= a_1+a_2+a_3+\cdots+a_{n-1} \\ \hline S_n-S_{n-1} &= a_n \end{array}$$

よって，$a_n=S_n-S_{n-1}$

また，S_1 とは第 1 項のみの和であるから，

$S_1=a_1$　〔証明終わり〕

$a_n=S_n-S_{n-1}$ で，$n=1$ とすると，$a_1=S_1-S_0$

よって，$S_0=0$ となる場合（n の整式 S_n の定数項が 0 の場合）は $a_1=S_1$ と一致するので，$n \geqq 2$ のときと $n=1$ のときをまとめることができます。

例題 16　初項から第 n 項までの和 S_n が次の式で与えられている数列 $\{a_n\}$ の一般項を求めよ。

$S_n=2^n+1$

解答　$n \geqq 2$ のとき，

$$\begin{aligned} a_n&=S_n-S_{n-1} \\ &=(2^n+1)-(2^{n-1}+1) \\ &=2^n-2^{n-1} \\ &=2 \cdot 2^{n-1}-2^{n-1} \\ &=(2-1)2^{n-1} \\ &=2^{n-1} \end{aligned}$$

$n=1$ のとき，

$a_1=S_1=2^1+1$

$=3$

以上より，

$a_1=3$，$n \geqq 2$ のとき $a_n=2^{n-1}$ … 答

上の例題で，$n \geqq 2$ のときの一般項 $a_n=2^{n-1}$ に $n=1$ を代入してみると，$a_1=2^0=1$ となり，正しい初項である $a_1=3$ と一致しません。そのため，答えは $n=1$ と $n \geqq 2$ で分けて表すことになりました。($S_0=2 \neq 0$ だからですね。)

演習問題 14

初項から第 n 項までの和 S_n が次の式で与えられる数列 $\{a_n\}$ の一般項を求めよ。

(1) $S_n=n^2+2n$　　(2) $S_n=n^3+2$

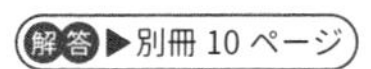
解答▶別冊 10 ページ

8 領域内の格子点の個数

座標平面において，x 座標と y 座標の両方が整数である点を**格子点**といいます。領域内の格子点を数えるときの基本は次の通りです。

Check Point 格子点の数え方

- 領域内の格子点を縦または横 1 列ずつ数える
- a, b $(a \leqq b)$ を整数とするとき，a 以上 b 以下の整数の個数は，

  $b-a+1$(個)　←大−小+1

例えば，3 本の直線 $y=x$，$y=0$，$x=10$ で囲まれた領域の内部および周上にある格子点は，縦 1 列ずつ数えて，

直線 $x=0$ 上に 1 個　← $x=0$ も忘れないように注意

直線 $x=1$ 上に 2 個

直線 $x=2$ 上に 3 個

⋮

直線 $x=10$ 上に 11 個

となるので，これらの和を求めればよいというわけです。ちなみに答えは 66 個です。

例題 17 3 本の直線 $y=2x$，$y=0$，$x=10$ で囲まれた領域の内部および周上にある格子点の個数を求めよ。

解答 数える格子点の存在範囲は，右の図の色のついた部分で，境界線は含む。

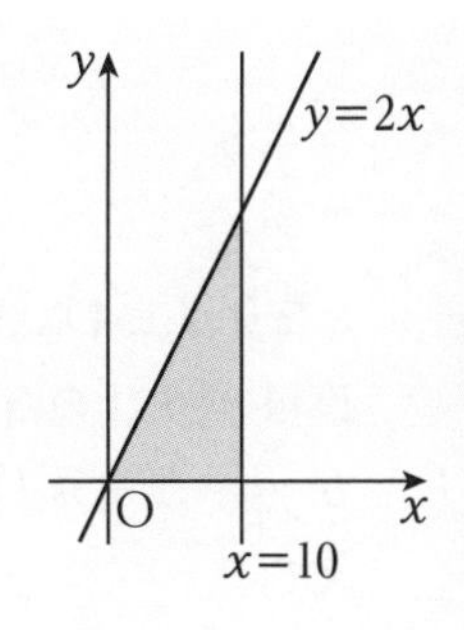

縦に 1 列ずつ数えていく。

直線 $x=0$ 上の格子点は 1 個。← (0, 0) のみ

直線 $x=1$ 上の格子点は，直線 $x=1$ と $y=2x$ の交点の y 座標が 2 であるから，y 座標が 0 以上 2 以下の格子点を数えて，

$2-0+1=3$(個)

$x=2$ 上の格子点は，直線 $x=2$ と直線 $y=2x$ の交点の y 座標が 4 であるから，

y 座標が 0 以上 4 以下の格子点を数えて,

$4-0+1=5$(個)

直線 $y=2x$ の傾きが 2 であるから，このように x が 1 増えると格子点の個数は 2 個増える。よって，$x=3, 4, 5, \cdots, 10$ 上に並ぶ格子点の個数は，7 個，9 個，11 個，…，21 個であるから，その和は,

$1+3+5+\cdots+21$

これは，初項 1，末項 21，項数 11 の等差数列の和であるから，← $x=0$ から数えているので，項数は 11 である点に注意

$\dfrac{(1+21)\cdot 11}{2}=\mathbf{121}$**(個)** … 答

例題 18 放物線 $y=-x^2+3x+4$ と x 軸，y 軸で囲まれた領域の内部および周上にある格子点の個数を求めよ。

考え方 この問題では具体的に書き並べても，規則性が等差数列や等比数列になっていません。このような場合の和は，シグマ記号を用いることを考えます。つまり一般項である，直線 $x=k$ 上の格子点の個数を考えます。

解答 数える格子点の存在範囲は，次の図の色のついた部分で，境界線は含む。

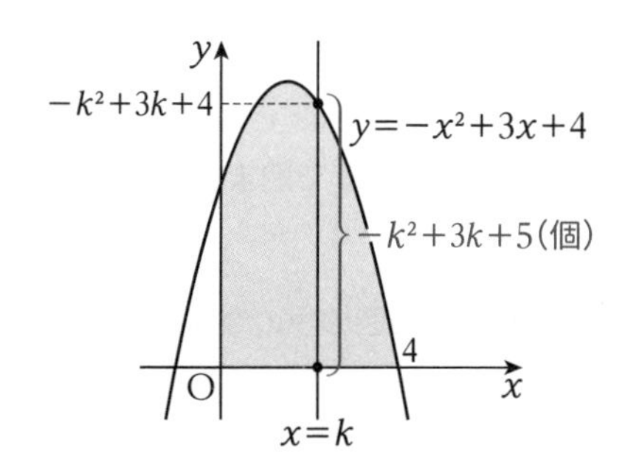

k を 0 以上 4 以下の整数とする。

直線 $x=k$ 上の格子点は，直線 $x=k$ と放物線 $y=-x^2+3x+4$ の交点の y 座標が $y=-k^2+3k+4$ であるから，y 座標が 0 以上 $-k^2+3k+4$ 以下の格子点を数えて,

$\underset{\text{大}}{(-k^2+3k+4)}\underset{-\text{小}+1}{-0+1}=-k^2+3k+5$(個) ←一般項

よって，$0\leqq k\leqq 4$ における格子点の総数は,

$$\sum_{k=0}^{4}(-k^2+3k+5)=-\sum_{k=0}^{4}k^2+3\sum_{k=0}^{4}k+\sum_{k=0}^{4}5$$
$$=-\frac{4(4+1)(2\cdot4+1)}{6}+3\cdot\frac{4(4+1)}{2}+5\cdot(4+1)$$
$$=-30+30+25$$
$$=25(個)$$ … 答

参考 **p.31 の例題 13 の(5)より，シグマ記号の下の値が $k=0$ の場合，次のようになる。**

$\sum_{k=0}^{n}k^2=\frac{n(n+1)(2n+1)}{6}$　←$\sum_{k=1}^{n}k^2$ と同じ

$\sum_{k=0}^{n}k=\frac{n(n+1)}{2}$　←$\sum_{k=1}^{n}k$ と同じ

$\sum_{k=0}^{n}1=n+1$　←$\sum_{k=1}^{n}1$ より加える個数が 1 増える

演習問題 15

1 x，y を 0 以上の整数，n を自然数とする。座標平面上で，点 $(x,\ y)$ を考えたとき，$x+\frac{y}{2}\leqq n$ を満たす点 $(x,\ y)$ の個数を数えよ。

2 x，y を 0 以上の整数，n を自然数とする。座標平面上で，点 $(x,\ y)$ を考えたとき，$\frac{x}{3}+y\leqq n$ を満たす点 $(x,\ y)$ の個数を数えよ。

3 n を自然数とする。放物線 $y=x^2-2nx+n^2$ と x 軸および y 軸によって囲まれた図形 D の周上および内部の格子点の個数を n で表せ。

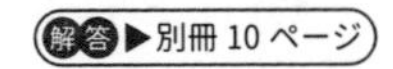
解答▶別冊 10 ページ

9 群数列

規則性によって，いくつかの群に区切った数列を**群数列**といいます。一般に，群数列では次の点に着目します。

Check Point 群数列

・各群の項数に着目する

・もとの数列の規則性に着目する

例題19 次のように，第 k 群に k 個の数 k が並ぶ群数列がある。

$$1 \mid 2,\ 2 \mid 3,\ 3,\ 3 \mid 4,\ 4,\ 4,\ 4 \mid \cdots$$

第1群　第2群　第3群　第4群

(1) 第 n 群の先頭の数は，前から数えて何番目か。

(2) 前から数えて100番目の数を求めよ。

考え方 (1) 各群の項数に着目して，まず第 $(n-1)$ 群の終わりまでの項数を数えます。

(2) 数を問われていても「前から何番目か」に着目して考えることがポイントです。

解答

(1)

第 $(n-1)$ 群　第 n 群

$$1 \mid 2,\ 2 \mid 3,\ 3,\ 3 \mid \cdots \mid n-1,\ \cdots,\ n-1 \mid n,\ n,\ \cdots$$

1個　2個　3個　$(n-1)$ 個

↑まず，ここの和を求める　　↑何番目か？

第 $(n-1)$ 群の終わりまでの項数は，

$$1+2+3+\cdots+(n-1)=\frac{\{1+(n-1)\}(n-1)}{2}$$ ←等差数列の和

$$=\frac{n(n-1)}{2}\text{(個)}$$

第 n 群の先頭の数はこの次であるから，前から数えて

$$\frac{(n-1)n}{2}+1=\boldsymbol{\frac{n^2-n+2}{2}}\textbf{(番目)}$$ … 答

(2) (1)より，第 $(n-1)$ 群の終わりまでの項数が $\frac{n(n-1)}{2}$ 個であるから，第 n 群の終わりまでの項数は $\frac{(n+1)n}{2}$ 個である。← nの値を1増やす

第 n 群

$$\cdots,\ n-1 \mid n,\ n,\ n,\ \cdots,\ n \mid n+1,\ \cdots$$

(1)より $\frac{n^2-n+2}{2}$ 番目　　$\frac{(n+1)n}{2}$ 番目

これより，前から100番目の数が第 n 群にあるとき，何番目と何番目の間に

あるかを考えると，

$$\frac{n^2-n+2}{2} \leqq 100 \leqq \frac{(n+1)n}{2}$$

$$n^2-n+2 \leqq 200 \leqq n^2+n$$

この式を満たす n は $n=14$ であるから，前から100番目の数は第14群に含まれる。よって，その数は **14** … 答

参考　(2)の最後の $n=14$ を求めるとき，2次不等式を解くのはあまり効率がよくありません。そこで，次のように近い数を見つけていきます。

まず，細かい数である1次以下の項をないものとして不等式を見ると，

$$n^2 \leqq 200 \leqq n^2$$

ここから，大体 $n^2=200$ と見積もることができます。平方根をとると $n=10\sqrt{2}$ となり，$\sqrt{2}=1.4$ 程度と考えると $n=10\sqrt{2}=14$ 程度とわかります。あとは前後の $n=13$ や $n=15$ も代入して当てはまる数を確かめればよいわけです。

群に分ける前の数列が等差数列や等比数列などの場合，その数列の規則性にも着目します。ただし，この場合もその項の数そのものではなく「**前から何番目か**」に注意して解いていきます。

例題20　次のように，正の奇数の数列を1個，2個，3個，…となるように群に分け，順に第1群，第2群，第3群，…とする。

$$1 \mid 3,\ 5 \mid 7,\ 9,\ 11 \mid 13,\ 15,\ 17,\ 19 \mid \cdots$$

(1) 第 k 群の先頭の数を k を用いて表せ。

(2) 999は第何群の何番目の数か。

解答　(1) 第 $(k-1)$ 群の終わりまでの項数は，

$$1+2+3+\cdots+(k-1)=\frac{\{1+(k-1)\}(k-1)}{2}=\frac{k(k-1)}{2}\text{(個)}$$

第 k 群の先頭の数はその次であるから，前から数えて

$$\frac{(k-1)k}{2}+1=\frac{k^2-k+2}{2}\text{(番目)}$$　←まず「前から何番目か」を考える

また，もとの数列は奇数の列であるから，初項1，公差2の等差数列である。

よって，一般項は，

$$1+(n-1)\cdot 2=2n-1$$　←前からn番目の数を表している

これより，前から $\frac{k^2-k+2}{2}$ 番目の数は，$n=\frac{k^2-k+2}{2}$ を一般項に代入して，

$$2\cdot\frac{k^2-k+2}{2}-1=\boldsymbol{k^2-k+1}$$ … 答

(2) 999 がもとの奇数の列の第 n 項だとすると，

$2n-1=999\quad n=500$(番目)　←「前から何番目か」に着目する

(1)より，第 $(k-1)$ 群の終わりまでの項数は $\dfrac{k(k-1)}{2}$ 個であるから，第 k 群の終わりまでの項数は $\dfrac{(k+1)k}{2}$ 個である。よって，前から 500 番目の数が第 k 群にあるとき，

$$\frac{k^2-k+2}{2}\leqq 500\leqq\frac{(k+1)k}{2}$$

$$k^2-k+2\leqq 1000\leqq k^2+k$$

この式を満たす k は $k=32$ である。

よって，前から 500 番目の数である 999 は第 32 群に含まれる。

第 31 群の終わりまでの項数は，

$\dfrac{(31+1)\cdot 31}{2}=496$(個)　←第$k$群の終わりまでの項数は $\dfrac{(k+1)k}{2}$

であるから，999 は**第 32 群の 4 番目** … 答

参考　$k=32$ を求めるときも，前の**例題 19** と同様で $k^2=1000$ 程度と考えると，$k=10\sqrt{10}\fallingdotseq 31.6$ とわかるので $k=31$，$k=32$ あたりから確かめていきます。

演習問題 16

1 次のように，正の奇数がその奇数の数だけ並ぶ群数列がある。

$1\mid 3,\ 3,\ 3\mid 5,\ 5,\ 5,\ 5,\ 5\mid 7,\ 7,\ 7,\ 7,\ 7,\ 7,\ 7\mid\cdots$

(1) 第 n 群の先頭の数は，前から数えて何番目の数か。

(2) 前から数えて 200 番目の数を求め，それが第何群の何番目か答えよ。また，先頭から 200 番目までの数の和を求めよ。

2 次のように，正の偶数を第 n 群に n 個並ぶように分けた群数列がある。

$2\mid 4,\ 6\mid 8,\ 10,\ 12\mid 14,\ 16,\ 18,\ 20\mid\cdots$

(1) 第 n 群の先頭の数を n を用いて表せ。

(2) 第 n 群に含まれる数の総和を求めよ。

解答▶別冊 12 ページ

第3節 漸化式

1 等差数列・等比数列の漸化式

数列を表す方法として，前の項と次の項の関係を表す方法があります。

例えば，3，5，7，9，…のような初項 3，公差 2 の等差数列 $\{a_n\}$ は，次の 2 つの条件で定められます。

[1] $a_1=3$　　[2] $a_{n+1}=a_n+2$

実際に $n=1$，2，3，…としてみると，

$n=1$ のとき，$a_2=a_1+2=3+2=5$

$n=2$ のとき，$a_3=a_2+2=5+2=7$

$n=3$ のとき，$a_4=a_3+2=7+2=9$

⋮

となり，数列 $\{a_n\}=3$，5，7，9，…を表していることがわかります。

[2]のように，前の項から次の項をただ 1 通りに定める規則を示す等式を**漸化式**といいます。

例題21 n を自然数とする。次の条件によって定められる数列 $\{a_n\}$ の第 5 項を求めよ。

(1) $a_1=2$，$a_{n+1}=a_n+3$

(2) $a_1=3$，$a_{n+1}=2a_n$

考え方 n に 1 から順に自然数を当てはめていきます。

解答 (1) $n=1$ のとき，$a_2=a_1+3=2+3=5$

$n=2$ のとき，$a_3=a_2+3=5+3=8$

$n=3$ のとき，$a_4=a_3+3=8+3=11$

$n=4$ のとき，$a_5=a_4+3=11+3=14$

よって，$\boldsymbol{a_5=14}$ … 答

(2) $n=1$ のとき，$a_2=2a_1=2\cdot3=6$

$n=2$ のとき，$a_3=2a_2=2\cdot6=12$

$n=3$ のとき，$a_4=2a_3=2\cdot12=24$

$n=4$ のとき，$a_5=2a_4=2\cdot24=48$

よって，$\boldsymbol{a_5=48}$ … 答

等差数列・等比数列を表す漸化式は，次の通りになります。

Check Point　等差数列・等比数列の漸化式

公差 d である等差数列

$$a_{n+1}=a_n+d$$

公比 r である等比数列

$$a_{n+1}=ra_n$$

等差数列の漸化式 $a_{n+1}=a_n+d$ は，
「前の項 a_n に定数 d を加えると，次の項 a_{n+1} が求められる」
等比数列の漸化式 $a_{n+1}=ra_n$ は，
「前の項 a_n に定数 r を掛けると，次の項 a_{n+1} が求められる」
ということを表していますね。

例題22 次のように定義される数列 $\{a_n\}$ の一般項を求めよ。n は断りがない限り自然数とする。

(1) $a_1=3$，$a_{n+1}=a_n+5$　　(2) $a_1=12$，$3a_{n+1}=2a_n$

(3) $a_1=3$，$a_n=2a_{n-1}$ $(n=2,\ 3,\ 4,\ \cdots)$

解答 (1) 初項 3，公差 5 の等差数列を表しているから，

$a_n=3+(n-1)\cdot 5=\mathbf{5n-2}$ … 答

(2) $3a_{n+1}=2a_n$ より，$a_{n+1}=\dfrac{2}{3}a_n$

初項 12，公比 $\dfrac{2}{3}$ の等比数列を表しているから，

$\boldsymbol{a_n=12\cdot\left(\dfrac{2}{3}\right)^{n-1}}$ … 答

(3) 初項 3，公比 2 の等比数列を表しているから，

$\boldsymbol{a_n=3\cdot 2^{n-1}}$ … 答

参考 (3) $n=2$，3，4，…とすると，

$a_2=2a_1=2\cdot 3=6$　　$a_3=2a_2=2\cdot 6=12$

$a_4=2a_3=2\cdot 12=24$　　……

となり，$a_1=3$ と合わせて，初項 3，公比 2 の等比数列であることを表しています。
大切なのは隣り合う 2 項の関係であり，n の部分は重要ではありません。

漸化式がどの種類の数列を表しているのか判断できるように，等差数列と等比数列の漸化式の形は覚えてほしいのですが，仮に忘れても次のように考えることができます。

〈漸化式 $a_{n+1}=a_n+d$ から一般項の式を導く〉

$a_{n+1}=a_n+d$ より，$a_{n+1}-a_n=d$

両辺をそれぞれ一般項として，**初項から第 $(n-1)$ 項までの和を考える**と，←差の形では和を考える

$\sum_{k=1}^{n-1}(a_{k+1}-a_k)=\sum_{k=1}^{n-1}d$ ←等式が成り立っているとき，和も等しい

(左辺)$=(a_2-a_1)+(a_3-a_2)+(a_4-a_3)+\cdots+(a_n-a_{n-1})$

$=a_n-a_1$

(右辺)$=\sum_{k=1}^{n-1}d=(n-1)d$ ←シグマ記号の上の値が $n-1$ である点に注意

以上より，$a_n-a_1=(n-1)d$

つまり，$a_n=a_1+(n-1)d$ ←等差数列の一般項

〈漸化式 $a_{n+1}=ra_n$ から一般項の式を導く〉

また，a_1 と公比が 0 でないとき，つまりどの項も 0 でないとき，

$a_{n+1}=ra_n$ より，$\frac{a_{n+1}}{a_n}=r$

両辺をそれぞれ一般項として，**初項から第 $(n-1)$ 項までの積を考える**と，

(左辺)$\frac{a_{n+1}}{a_n}$の積：$\frac{a_2}{a_1}\times\frac{a_3}{a_2}\times\frac{a_4}{a_3}\times\cdots\times\frac{a_n}{a_{n-1}}=\frac{a_n}{a_1}$ ←比の形では積を考える

(右辺)r の積：$\underbrace{r\times r\times r\times\cdots\times r}_{(n-1)\text{ 個の積}}=r^{n-1}$

以上より，

$\frac{a_n}{a_1}=r^{n-1}$ ←等式が成り立っているとき，積も等しい

$a_n=a_1\cdot r^{n-1}$ ←等比数列の一般項

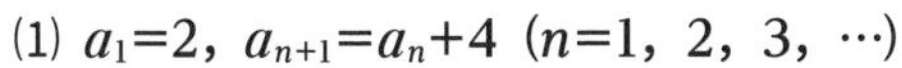

演習問題 17

次のように定義された数列 $\{a_n\}$ の一般項を求めよ。

(1) $a_1=2$，$a_{n+1}=a_n+4$ $(n=1,\ 2,\ 3,\ \cdots)$

(2) $a_1=3$，$a_n=a_{n-1}-2$ $(n=2,\ 3,\ 4,\ \cdots)$

(3) $a_1=\frac{1}{2}$，$a_{n+1}=2a_n$ $(n=1,\ 2,\ 3,\ \cdots)$

(4) $a_1=-1$，$a_{n+1}=-2a_n$ $(n=1,\ 2,\ 3,\ \cdots)$

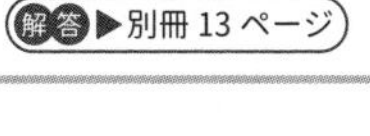
解答▶別冊 13 ページ

2 階差数列を用いた数列の漸化式

$a_{n+1}-a_n=b_n$ とするとき，この漸化式は数列 $\{b_n\}$ を階差数列とする数列 $\{a_n\}$ を表しています。もちろん，一般項の求め方はこれまでと同様です。

Check Point　階差数列を用いた数列の漸化式

階差数列が $\{b_n\}$ である数列 $\{a_n\}$

$$a_{n+1}-a_n=\underline{b_n}\quad \text{もしくは，}\quad a_{n+1}=a_n+b_n$$

↑ n の式

等差数列などと同様に，漸化式が階差数列を用いた数列を表していることに気がつかなくても，「**差の形は和を考える**」という流れで一般項を求めることができます。

$a_{n+1}-a_n=b_n$ の両辺をそれぞれ一般項として，**$n \geqq 2$ のとき，初項から第 $(n-1)$ 項までの和を考える**と，

$$\sum_{k=1}^{n-1}(a_{k+1}-a_k)=\sum_{k=1}^{n-1}b_k$$ ←等式が成り立っているとき，和も等しい

$$(\text{左辺})=(a_2-a_1)+(a_3-a_2)+(a_4-a_3)+\cdots+(a_n-a_{n-1})=a_n-a_1$$

以上より，$a_n-a_1=\sum_{k=1}^{n-1}b_k$ であるから，

$$a_n=a_1+\sum_{k=1}^{n-1}b_k$$ ←階差数列を用いた数列の一般項

例題23 次のように定義される数列 $\{a_n\}$ の一般項を求めよ。

$a_1=2$，$a_{n+1}=a_n+2n-1$ $(n=1, 2, 3, \cdots)$

解答 数列 $\{2n-1\}$ が数列 $\{a_n\}$ の階差数列であるから，$n \geqq 2$ のとき，

$$a_n=a_1+\sum_{k=1}^{n-1}(2k-1)=2+2\sum_{k=1}^{n-1}k-\sum_{k=1}^{n-1}1=2+2\cdot\frac{(n-1)n}{2}-1\cdot(n-1)$$
$$=n^2-2n+3$$

これは，$n=1$ のとき $a_1=2$ を満たす。よって，$\boldsymbol{a_n=n^2-2n+3}$ … 答

注意 今後，漸化式では特に断りがなければ，$n=1, 2, 3, \cdots$ で成り立つものとする。

演習問題 18

次のように定義される数列 $\{a_n\}$ の一般項を求めよ。

(1) $a_1=2$，$a_{n+1}=a_n+4n$　　(2) $a_1=1$，$a_{n+1}-a_n=3^n$

解答▶別冊 13 ページ

3 漸化式 $a_{n+1}=pa_n+q$ 型

等差数列・等比数列・階差数列を用いた数列の漸化式は，一般項の公式があるので一般項を求めることができますが，それ以外の数列の漸化式の一般項はどのように求めればよいでしょうか？

例えば，漸化式

$a_1=2$，$a_{n+1}=2a_n-1$

の一般項を考えてみましょう。

まずは，具体的に書き並べてみることにします。

n	1	2	3	4	5	…
a_n	2	3	5	9	17	…

この数列の各項から1引いた数列 $\{a_n-1\}$ を考えてみると，次のように，**初項1，公比2の等比数列**であることがわかります。…(＊)

n	1	2	3	4	5	…
a_n-1	1	2	4	8	16	…

つまり，数列 $\{a_n-1\}$ の一般項は，

$a_n-1=1\cdot 2^{n-1}$

$a_n-1=2^{n-1}$

となることがわかり，この式から数列 $\{a_n\}$ の一般項は，

$a_n=2^{n-1}+1$

と求められます。

階差数列を用いて考えることもできますが，こちらの考え方のほうが明快です。

逆を考えてみます。数列 $\{a_n\}$ の一般項が $a_n=2^{n-1}+1$ であるとき，

$a_{n+1}=2^n+1$　←一般項の n を1大きい値に直す

$2a_n-1=2(2^{n-1}+1)-1$　← a_n に一般項を代入する

$=2^n+2-1$

$=2^n+1$

であるから，$a_{n+1}=2a_n-1$ となります。

よって，すべての自然数 n に対して，$a_n=2^{n-1}+1$ は $a_{n+1}=2a_n-1$ を成り立たせることがわかりました。

 逆の確認を行ったのは，「各項から 1 を引いた数列が初項 1，公比 2 の等比数列になる」といっても前ページの表の具体例では $a_5-1=16$ までの確認しかできていないからです。すべての自然数 n に対して成り立つことを，逆に「初項 1，公比 2 の等比数列を変形すると漸化式 $a_{n+1}=2a_n-1$ に変形できる」ことで示したわけです。

また，前ページの (＊) で，数列 $\{a_n-1\}$ が公比 2 の等比数列であることがわかりましたが，この引く数 1 や公比 2 をどのように求めるのかを考えます。

p，q が 0 でない定数で，$p \neq 1$ のとき，漸化式 $a_{n+1}=pa_n+q$ で表される数列 $\{a_n\}$ において，**各項から定数 α を引いた数列 $\{a_n-\alpha\}$ は公比 r の等比数列になると考えます。**

つまり，

$$a_{n+1}-\alpha=r(a_n-\alpha)$$

が成り立つと考えます。これを展開整理すると，

$$a_{n+1}=ra_n+(1-r)\alpha$$

この式ともとの漸化式 $a_{n+1}=pa_n+q$ を比較すると，

$$\begin{cases} r=p & \cdots\cdots① \\ (1-r)\alpha=q & \cdots\cdots② \end{cases}$$

①，②より r を消去すると，

$$(1-p)\alpha=q$$

$$\alpha=\frac{q}{1-p}$$

よって，**引く数 α をもとの漸化式の係数 p，q で求められる**ことがわかります。また，①より**公比 r は a_n の係数 p に等しくなる**こともわかります。

Advice $a_{n+1}=2a_n-1$ では，$\alpha=\dfrac{-1}{1-2}=1$，$r=2$ と求められますね。

α は $\alpha=\dfrac{q}{1-p}$ の形で覚えるよりも，次のように変形した形のほうが覚えやすいです。

$$\alpha=\frac{q}{1-p}$$

$$(1-p)\alpha=q$$

$$\alpha=p\alpha+q$$

この形だと，**もとの漸化式 $a_{n+1}=pa_n+q$ と同じ係数の α の 1 次式である**，と覚えることができます。

Check Point　$a_{n+1}=pa_n+q$ 型

p，q が 0 でない定数で，$p \neq 1$ のとき，漸化式 $a_{n+1}=pa_n+q$ は，
方程式 $\alpha=p\alpha+q$ の解 α を用いて

$a_{n+1}-\alpha=p(a_n-\alpha)$　←数列 $\{a_n-\alpha\}$ が公比 p の等比数列であることを表している

と変形できる。

公比は a_n の係数である p に等しくなることも忘れずに覚えましょう。

例題24 次のように定義される数列 $\{a_n\}$ の一般項を求めよ。

(1) $a_1=1$，$a_{n+1}=4a_n+2$

(2) $a_1=6$，$a_{n+1}=-\dfrac{3}{2}a_n+5$

解答 (1) まず，方程式 $\alpha=4\alpha+2$ を解くと，$\alpha=-\dfrac{2}{3}$　←引く数

よって，漸化式は，

$$a_{n+1}-\left(-\frac{2}{3}\right)=4\left\{a_n-\left(-\frac{2}{3}\right)\right\}$$

↑ a_n の係数

$$a_{n+1}+\frac{2}{3}=4\left(a_n+\frac{2}{3}\right) \cdots\cdots ①$$

と変形することができる。この式は数列 $\left\{a_n+\dfrac{2}{3}\right\}$ が公比 4（← a_n の係数）の等比数列であることを表している。

よって，数列 $\left\{a_n+\dfrac{2}{3}\right\}$ の一般項は，

$$a_n+\frac{2}{3}=\left(a_1+\frac{2}{3}\right)\cdot 4^{n-1}$$　←等比数列の一般項の公式

$$=\left(1+\frac{2}{3}\right)\cdot 4^{n-1}$$

よって，

$$\boldsymbol{a_n=\frac{5}{3}\cdot 4^{n-1}-\frac{2}{3}} \cdots 答$$

確認 ①の式は $a_n+\dfrac{2}{3}=b_n$ とおき換えると，

$$b_{n+1}=4b_n$$

となり，公比 4 の等比数列の漸化式がはっきり見えてきます。ただし，おき換えは最低限に抑えるのが理想的なので，数列 $\left\{a_n+\dfrac{2}{3}\right\}$ のまま解いていけるようにしましょう。

参考 ①の式は時間に余裕があれば一度展開して確かめてみましょう。

$$a_{n+1}+\frac{2}{3}=4\left(a_n+\frac{2}{3}\right)$$

$$a_{n+1}+\frac{2}{3}=4a_n+\frac{8}{3}$$

$$a_{n+1}=4a+2$$

となり，問題の漸化式と同じ式であることが確認できます。

(2) まず，方程式$\alpha=-\frac{3}{2}\alpha+5$を解くと，$\alpha=2$ ←引く数

よって，漸化式は，

$$a_{n+1}-2=-\frac{3}{2}(a_n-2)$$

↑a_nの係数

と変形することができる。この式は数列$\{a_n-2\}$が公比$-\frac{3}{2}$の等比数列であることを表している。よって，数列$\{a_n-2\}$の一般項は，（↓a_nの係数）

$$a_n-2=(a_1-2)\cdot\left(-\frac{3}{2}\right)^{n-1}$$ ←等比数列の一般項の公式

$$\boldsymbol{a_n}=(6-2)\cdot\left(-\frac{3}{2}\right)^{n-1}+2$$

$$\boldsymbol{=4\cdot\left(-\frac{3}{2}\right)^{n-1}+2}$$ … 答

演習問題 19

次のように定義される数列$\{a_n\}$の一般項を求めよ。

(1) $a_1=1$，$a_{n+1}=2a_n+1$

(2) $a_1=3$，$a_{n+1}=\frac{2}{3}a_n-\frac{1}{2}$

(3) $a_1=2$，$4a_{n+1}-2a_n=1$

4 漸化式 $a_{n+1}=pa_n+c\cdot q^n$ 型

$a_{n+1}=pa_n+c\cdot q^n$ の形の漸化式は，ここまで学んだ形の漸化式に変形することを考えます。変形の方法は，次のように 2 通りあります。

Check Point $a_{n+1}=pa_n+c\cdot q^n$ 型

p，q が 0 でない定数で，$p\neq1$ のとき，漸化式 $a_{n+1}=pa_n+c\cdot q^n$ は，

[1] 両辺を q^{n+1} で割る → $b_{n+1}=rb_n+s$ の形になる ← $a_{n+1}=pa_n+q$ 型の漸化式

[2] 両辺を p^{n+1} で割る → $b_{n+1}=b_n+c_n$ の形になる ←階差数列を用いた数列の漸化式

例題25 次のように定義される数列 $\{a_n\}$ の一般項を求めよ。

$a_1=6$，$a_{n+1}=6a_n+2^{n+2}$

考え方 $a_{n+1}=6a_n+2^{n+2}$ は $a_{n+1}=6a_n+4\cdot2^n$ であるから，$a_{n+1}=pa_n+c\cdot q^n$ 型と考えます。

解答 [1]の方法を用いる。両辺を 2^{n+1} で割ると，

$$\frac{a_{n+1}}{2^{n+1}}=\frac{6a_n}{2^{n+1}}+\frac{2^{n+2}}{2^{n+1}}$$

$$\frac{a_{n+1}}{2^{n+1}}=3\cdot\frac{a_n}{2^n}+2$$

ここで，$\frac{a_n}{2^n}=b_n$ とおくと，←このとき，$\frac{a_{n+1}}{2^{n+1}}=b_{n+1}$ となる

$b_{n+1}=3b_n+2$ ← $a_{n+1}=pa_n+q$ 型の漸化式

まず，方程式 $\alpha=3\alpha+2$ を解くと，$\alpha=-1$ ←引く数

よって，漸化式は，

$b_{n+1}-(-1)=3\{b_n-(-1)\}$ （3 ← b_n の係数）

$b_{n+1}+1=3(b_n+1)$

と変形することができる。この式は数列 $\{b_n+1\}$ が公比 3（← b_n の係数）の等比数列であることを表している。よって，数列 $\{b_n+1\}$ の一般項は，

$b_n+1=(b_1+1)\cdot3^{n-1}$ ←等比数列の一般項の公式

$b_n=\left(\frac{a_1}{2^1}+1\right)\cdot3^{n-1}-1$ ← $b_n=\frac{a_n}{2^n}$ より，$b_1=\frac{a_1}{2^1}=\frac{6}{2}=3$

$=(3+1)\cdot3^{n-1}-1$

$=4\cdot3^{n-1}-1$

ここで，$\frac{a_n}{2^n}=b_n$ であるから，

$$\frac{a_n}{2^n}=4\cdot 3^{n-1}-1$$

$$\boldsymbol{a_n=2^n(4\cdot 3^{n-1}-1)}\ \cdots\ \text{答}$$

別解 [2]の方法を用いる。両辺を 6^{n+1} で割ると，

$$\frac{a_{n+1}}{6^{n+1}}=\frac{6a_n}{6^{n+1}}+\frac{2^{n+2}}{6^{n+1}}$$

$$\frac{a_{n+1}}{6^{n+1}}=\frac{a_n}{6^n}+2\cdot\left(\frac{1}{3}\right)^{n+1}$$

← $\frac{2^{n+2}}{6^{n+1}}=2\cdot\left(\frac{2}{6}\right)^{n+1}=2\cdot\left(\frac{1}{3}\right)^{n+1}$

ここで，$\frac{a_n}{6^n}=b_n$ とおくと，←このとき，$\frac{a_{n+1}}{6^{n+1}}=b_{n+1}$ となる

$$b_{n+1}=b_n+2\cdot\left(\frac{1}{3}\right)^{n+1}$$

数列 $\left\{2\cdot\left(\frac{1}{3}\right)^{n+1}\right\}$ が数列 $\{b_n\}$ の階差数列であるから，$n\geqq 2$ のとき，

$$b_n=b_1+\sum_{k=1}^{n-1}2\cdot\left(\frac{1}{3}\right)^{k+1}$$

←$\sum_{k=1}^{n-1}\left(\frac{1}{3}\right)^{k+1}$ は初項 $\frac{1}{9}$，公比 $\frac{1}{3}$ の等比数列の和

$$=\frac{a_1}{6^1}+2\cdot\frac{\frac{1}{9}\left\{1-\left(\frac{1}{3}\right)^{n-1}\right\}}{1-\frac{1}{3}}$$

← $b_n=\frac{a_n}{6^n}$ より，$b_1=\frac{a_1}{6^1}=\frac{6}{6}=1$

$$=1+\frac{1}{3}\left\{1-\left(\frac{1}{3}\right)^{n-1}\right\}$$

$$=\frac{4}{3}-\left(\frac{1}{3}\right)^n$$

ここで，$\frac{a_n}{6^n}=b_n$ であるから，

$$\frac{a_n}{6^n}=\frac{4}{3}-\left(\frac{1}{3}\right)^n$$

$$a_n=6^n\left\{\frac{4}{3}-\left(\frac{1}{3}\right)^n\right\}$$

←変形すると，$2^n(4\cdot 3^{n-1}-1)$ になる

これは，$n=1$ のとき $a_1=6$ を満たす。よって，$\boldsymbol{a_n=6^n\left\{\frac{4}{3}-\left(\frac{1}{3}\right)^n\right\}}$ … 答

演習問題 20

次のように定義される数列 $\{a_n\}$ の一般項を，(1)，(2)の指示にしたがって求めよ。

$$a_1=3,\ a_{n+1}=2a_n+2\cdot 3^n$$

(1) $\frac{a_n}{3^n}=b_n$ とおく　　(2) $\frac{a_n}{2^n}=c_n$ とおく

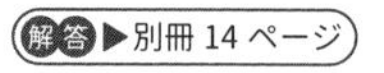
解答▶別冊 14 ページ

5 和 S_n と漸化式

和 S_n を含む漸化式から一般項を考える場合は，**p.39** で学んだ**和と一般項の関係式を用いて S_n または a_n を消去することを考えます。**ただし，ここでは $n \geqq 2$ と $n=1$ の場合分けの手間を省くために，$a_n=S_n-S_{n-1}$ ではなく $a_{n+1}=S_{n+1}-S_n$ を利用します。

Check Point　和と一般項

数列 $\{a_n\}$ の初項から第 n 項までの和を S_n とすると，

$a_1=S_1$，$a_{n+1}=S_{n+1}-S_n$

例題 26 数列 $\{a_n\}$ の初項から第 n 項までの和 S_n が，$S_n=4-a_n$ を満たすとき，一般項 a_n を求めよ。

解答 与式に $n=1$ を代入して，

$S_1=4-a_1$

$a_1=4-a_1$　（$a_1=S_1$）

$a_1=2$　←漸化式から一般項を求めるには初項が必要

また，$S_{n+1}=4-a_{n+1}$ であるから，← n を 1 大きい値に直した

$S_{n+1}-S_n=(4-a_{n+1})-(4-a_n)=-a_{n+1}+a_n$

$a_{n+1}=S_{n+1}-S_n$ より $a_{n+1}=-a_{n+1}+a_n$ であるから，

$a_{n+1}=\dfrac{1}{2}a_n$

これは，数列 $\{a_n\}$ が公比 $\dfrac{1}{2}$ の等比数列であることを表しているから，一般項 a_n は，

$a_n=2\cdot\left(\dfrac{1}{2}\right)^{n-1}$

$a_n=2\cdot\dfrac{1}{2}\cdot\left(\dfrac{1}{2}\right)^{n-2}$

$\boldsymbol{a_n=\left(\dfrac{1}{2}\right)^{n-2}}$ … 答

演習問題 21

数列 $\{a_n\}$ の初項から第 n 項までの和を S_n とする。S_n が $S_n=3n-a_n$ を満たすときの一般項 a_n を求めよ。

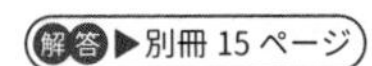

解答▶別冊 15 ページ

第4節 数学的帰納法

1 等式の証明

例えば，次のようにロウソクが並んでいるとします。
その左から1番目にあるロウソクに火をつけるとします。

もちろん，左から1番目のロウソクに火がついてそれでおしまいです。
では，1つのロウソクに火をつけるだけで，ここにあるすべてのロウソクに火をつけるためにはどうしたらよいでしょうか？
次のように，隣り合うロウソクの芯どうしをひもで結ぶとどうでしょうか？

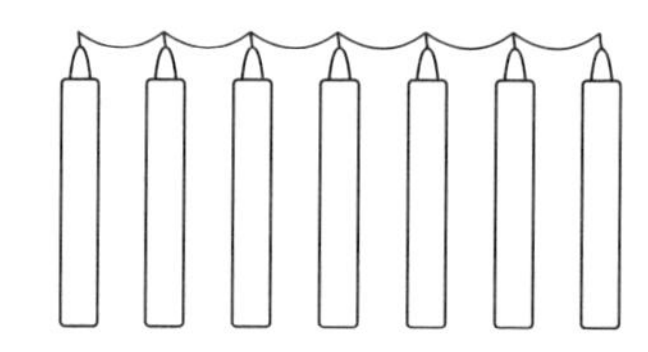

こうすれば，左から1番目のロウソクに火をつけるだけで，ひもを介して2番目のロウソクにも火がつきますね。

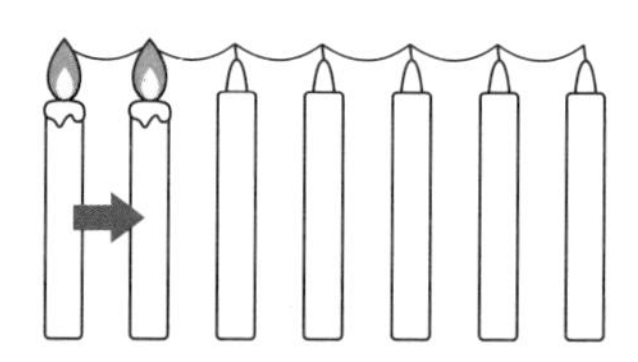

同様にして，2番目のロウソクの火はひもを介して3番目のロウソクにも火がつきます。

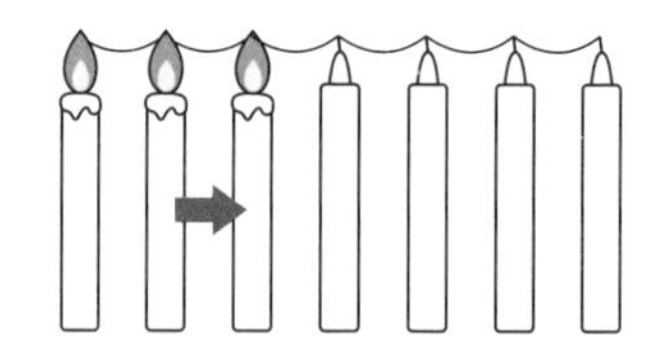

このようにして，1番目のロウソクに火をつけるだけで，すべてのロウソクに火がつくことがわかります。このような考え方で「**ある事柄がすべての自然数について成り立つ**」ということを示すことができます。例えば，

$$1^2+2^2+3^2+\cdots+n^2=\frac{n(n+1)(2n+1)}{6}$$

がすべての自然数 n について成り立つことを示す方法を考えてみましょう。この問題では

「第 n 項で成立する＝左から n 本目のロウソクに火をつける」

というふうに考えます。まず，$n=1$ のときを考えます。

$(\text{左辺})=1^2=1$ ←左辺は第 n 項までの和を表すので，第 1 項までの和になる

$(\text{右辺})=\frac{1\cdot(1+1)(2\cdot1+1)}{6}=\frac{6}{6}=1$ ← $n=1$ を代入

よって，左辺も右辺もともに 1 になったので，**$n=1$ のとき等式が成り立つ**ことが示されました。これは，**左から 1 番目のロウソクに火がついたのと同じこと**になります。

では次に，すべてのロウソクに火がつくのに必要な「ひもでつながっている」ことはどのように示せばよいでしょうか？　それを示すことができれば，すべてのロウソクに火がつくことを示せたことになります。これは，

「k 番目のロウソクに火がつくと，次の $(k+1)$ 番目のロウソクにも火がつく」

ことを示せばよいことになります。確かに，1 つのロウソクに火がつくと隣のロウソクに火がつくことを示すのはひもでつながっていることを示すことになりますね。

まず，k 番目のロウソクに火がついている，つまり $n=k$ のとき等式が成り立っていると仮定します。

$n=k$ を代入することができて

$$1^2+2^2+3^2+\cdots+k^2=\frac{k(k+1)(2k+1)}{6} \quad \cdots\cdots①$$

が成り立つことになります。次に，$n=k+1$ のときの式

$$\begin{aligned}1^2+2^2+3^2+\cdots+k^2+(k+1)^2&=\frac{(k+1)\{(k+1)+1\}\{2(k+1)+1\}}{6}\\&=\frac{(k+1)(k+2)(2k+3)}{6}\end{aligned}$$

が成り立つことを示せれば，$(k+1)$ 番目のロウソクにも火がついたことになります。そこで，左辺を変形して右辺に等しいことを示すことを考えます。

$$\begin{aligned}(\text{左辺})&=1^2+2^2+3^2+\cdots+k^2+(k+1)^2\\&=\left\{\frac{k(k+1)(2k+1)}{6}\right\}+(k+1)^2\\&=\frac{(k+1)\{k(2k+1)+6(k+1)\}}{6}\\&=\frac{(k+1)(2k^2+7k+6)}{6}\\&=\frac{(k+1)(k+2)(2k+3)}{6}=(\text{右辺})\end{aligned}$$

①の式を代入

6 で通分，分子は $k+1$ でくくる

よって，$1^2+2^2+3^2+\cdots+k^2+(k+1)^2=\dfrac{(k+1)(k+2)(2k+3)}{6}$ が成り立つことが示されました。つまり，k 番目のロウソクに火がつくと，$(k+1)$ 番目のロウソクにも火がつくことが示されました。このことから，**ロウソクに火がつくと隣のロウソクにも火がつく，つまり隣り合うロウソクどうしがひもでつながっていることが示せた**ことになります。
以上より，1 番目のロウソクは火がついているので，順にすべてのロウソクに火がつく，つまり，すべての自然数 n について成り立つことが示されました。

このような考え方で，自然数 n に関する命題がすべての自然数 n について成り立つことを証明する方法を**数学的帰納法**といいます。
ここまでの手順をまとめると，次の通りになります。

Check Point　数学的帰納法の手順

① $n=1$ のとき成り立つことを示す。
② $n=k$ のとき成り立つと仮定して，$n=k+1$ でも成り立つことを示す。

例題27　n を自然数とするとき，次の等式が成り立つことを，数学的帰納法を用いて証明せよ。

$$\frac{1}{2!}+\frac{2}{3!}+\frac{3}{4!}+\cdots+\frac{n}{(n+1)!}=1-\frac{1}{(n+1)!}$$ ←左辺は n 項の和

解答　この等式を①とする。

(i) $n=1$ のとき，

$$(\text{左辺})=\frac{1}{2!}=\frac{1}{2}$$ ←左辺は 1 項の和，つまり初項のみ

$$(\text{右辺})=1-\frac{1}{(1+1)!}=1-\frac{1}{2}=\frac{1}{2}$$

よって，①は $n=1$ のとき成り立つ。

(ii) $n=k$ のとき①が成り立つと仮定すると，

$$\frac{1}{2!}+\frac{2}{3!}+\frac{3}{4!}+\cdots+\frac{k}{(k+1)!}=1-\frac{1}{(k+1)!}\quad\cdots\cdots②$$ ←左辺は k 項の和

$n=k+1$ のとき，

$$\frac{1}{2!}+\frac{2}{3!}+\frac{3}{4!}+\cdots+\frac{k}{(k+1)!}+\frac{k+1}{(k+2)!}=1-\frac{1}{\{(k+1)+1\}!}$$
$$=1-\frac{1}{(k+2)!}$$

この等式が成り立つことを証明すればよいので，左辺を変形して右辺に等しいことを示すことを考える。

$$\frac{1}{2!}+\frac{2}{3!}+\frac{3}{4!}+\cdots+\frac{k}{(k+1)!}+\frac{k+1}{(k+2)!}$$

②を利用

$$=1-\frac{1}{(k+1)!}+\frac{k+1}{(k+2)!}$$

$$\frac{1}{(k+1)!}=\frac{k+2}{(k+2)(k+1)!}=\frac{k+2}{(k+2)!}$$

$$=1-\frac{(k+2)-(k+1)}{(k+2)!}$$

$$=1-\frac{1}{(k+2)!}=(\text{右辺})$$

よって，①は $n=k+1$ でも成り立つことが示された。

(i)，(ii)より，すべての自然数 n について，

$$\frac{1}{2!}+\frac{2}{3!}+\frac{3}{4!}+\cdots+\frac{n}{(n+1)!}=1-\frac{1}{(n+1)!}$$

が成り立つ。　〔証明終わり〕

確認 ポイントは必ず②の式，つまり仮定を用いることです。

参考 「$n=k+1$ でも成り立つことの証明」は，仮定から変形する方法もあります。

②の両辺に $\dfrac{k+1}{(k+2)!}$ を加えると，

$$\frac{1}{2!}+\frac{2}{3!}+\frac{3}{4!}+\cdots+\frac{k}{(k+1)!}+\frac{k+1}{(k+2)!}=1-\frac{1}{(k+1)!}+\frac{k+1}{(k+2)!} \quad \leftarrow②を利用$$

$$=1-\frac{k+2}{(k+2)(k+1)!}+\frac{k+1}{(k+2)!}$$

$$=1-\frac{(k+2)-(k+1)}{(k+2)!}$$

$$=1-\frac{1}{(k+2)!}$$

これは，$n=k+1$ でも成り立つことを示している。　〔証明終わり〕

演習問題 22

nを自然数とする。次の等式が成り立つことを，数学的帰納法を用いて証明せよ。

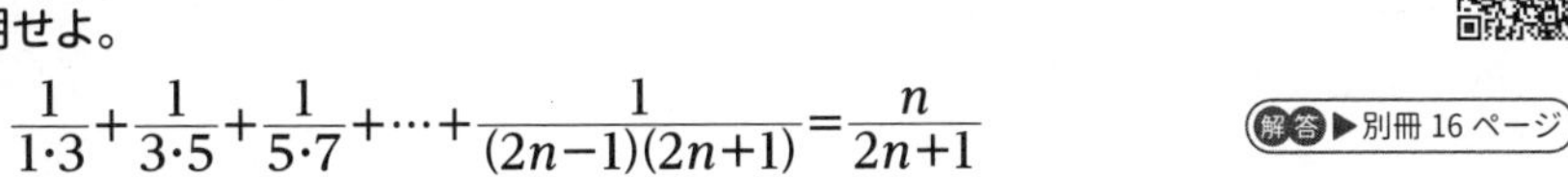

$$\frac{1}{1\cdot3}+\frac{1}{3\cdot5}+\frac{1}{5\cdot7}+\cdots+\frac{1}{(2n-1)(2n+1)}=\frac{n}{2n+1}$$

解答▶別冊 16 ページ

2 不等式の証明

数学的帰納法は不等式にも用いることができます。等式の証明では示す式の左辺を変形して右辺に等しいことを示すことを考えましたが，不等式では示す式の「(大きい式)－(小さい式)>0(または≧0)」を示すことを考えます。

例題28 n を2以上の自然数とする。不等式 $3^n>3n+1$ が成り立つことを，数学的帰納法を用いて証明せよ。

解答 この不等式を①とする。

(i) $n=2$ のとき，　←スタートの値に注意

$(左辺)=3^2=9$　　$(右辺)=3\cdot2+1=7$

よって，①は $n=2$ のとき成り立つ。　←(左辺)>(右辺)

(ii) $n=k\,(k\geqq2)$ のとき①が成り立つと仮定すると，$3^k>3k+1$ ……②

$n=k+1$ のとき，$3^{k+1}>3(k+1)+1$

$3^{k+1}>3k+4$

この不等式が成り立つことを証明すればよいので，

(大きい式)－(小さい式)>0 を示すことを考える。

$$\begin{aligned}3^{k+1}-(3k+4)&=3\cdot3^k-(3k+4)\\&>3\cdot(3k+1)-(3k+4)\\&=6k-1\end{aligned}$$

②を利用，大小に注意

$k\geqq2$ より $6k-1>0$ であるから，$6k-1$ より大きい $3^{k+1}-(3k+4)$ も正である。

よって，①は $n=k+1$ でも成り立つことが示された。

(i)，(ii)より，2以上のすべての自然数 n について，$3^n>3n+1$ が成り立つ。

〔証明終わり〕

演習問題 23

1 n を自然数とする。不等式 $1+\dfrac{1}{2^2}+\dfrac{1}{3^2}+\cdots+\dfrac{1}{n^2}\leqq2-\dfrac{1}{n}$ が成り立つことを，数学的帰納法を用いて証明せよ。

2 4以上の自然数 n について，$2^n>n^2-n+2$ が成り立つことを，数学的帰納法を用いて証明せよ。

解答▶別冊16ページ

統計的な推測

第1節 確率分布

1 確率分布と期待値

目が1，2，2，3，3，3でできているさいころを1回投げる試行で，それぞれの目の出方は，1が1通りあり，2が2通りあり，3が3通りあり，それぞれ同様に確からしいといえます。

よって，さいころの目を変数 X，X が各値をとる確率を P として表に表すと，次のようになります。

X	1	2	3	計
P	$\frac{1}{6}$	$\frac{2}{6}$	$\frac{3}{6}$	1

この X のように，試行の結果によってその値が定まり，各値に対応して確率が定まるような変数を**確率変数**といいます。

Advice 確率変数は大文字で表すことが多いです。

上の表のような確率変数 X と確率 P の対応関係を**確率分布**といい，確率変数 X はこの**確率分布に従う**といいます。また，確率変数 X が値 a をとる確率を $P(X=a)$ と表します。

上の表では，確率変数 X が1のとき確率 P が $\frac{1}{6}$，X が2のとき確率 P が $\frac{2}{6}=\frac{1}{3}$，X が3のとき確率 P が $\frac{3}{6}=\frac{1}{2}$ であるから，

$$P(X=1)=\frac{1}{6},\ P(X=2)=\frac{1}{3},\ P(X=3)=\frac{1}{2}$$

という書き方をします。

Check Point 確率分布

X	x_1	x_2	x_3	…	x_n	計
P	p_1	p_2	p_3	…	p_n	1

確率変数 X が上の表の確率分布に従うとき，

$$p_1+p_2+p_3+\cdots+p_n=1$$

全確率の和は1

ある変量 x とその度数が次の表のようになっているとします。

x	x_1	x_2	x_3	$\cdots$	x_n	計
度数	f_1	f_2	f_3	$\cdots$	f_n	N

このとき，x の平均値 $\overline{x}$ は，

$$\overline{x}=\frac{x_1f_1+x_2f_2+x_3f_3+\cdots+x_nf_n}{f_1+f_2+f_3+\cdots+f_n} \quad \leftarrow \text{表の上下の数の積の和を合計で割ったもの}$$

$$=\frac{x_1f_1+x_2f_2+x_3f_3+\cdots+x_nf_n}{N}$$

$$=\frac{1}{N}\sum_{k=1}^{n}x_kf_k$$

と表すことができます。

確率変数の**期待値**（または**平均**）についても同様に定義されます。

X	x_1	x_2	x_3	$\cdots$	x_n	計
P	p_1	p_2	p_3	$\cdots$	p_n	1

確率変数 X が上の表の確率分布に従うとき，X の期待値は，

$$\frac{x_1p_1+x_2p_2+x_3p_3+\cdots+x_np_n}{p_1+p_2+p_3+\cdots+p_n} \quad \leftarrow \text{表の上下の数の積の和を合計で割ったもの}$$

$$=\frac{\sum_{k=1}^{n}x_kp_k}{1} \quad \leftarrow p_1+p_2+p_3+\cdots+p_n=1$$

$$=\sum_{k=1}^{n}x_kp_k \quad \leftarrow \text{確率変数とその確率の積の和}$$

となります。確率変数 X の期待値は $E(X)$ または m で表します。

Check Point　確率変数の期待値

X	x_1	x_2	x_3	$\cdots$	x_n	計
P	p_1	p_2	p_3	$\cdots$	p_n	1

確率変数 X が上の表の確率分布に従うとき，X の期待値は，

$$E(X)=\underbrace{x_1p_1+x_2p_2+x_3p_3+\cdots+x_np_n}_{\text{「確率変数とその確率の積」の合計}}=\sum_{k=1}^{n}x_kp_k$$

数学Ⅰの「データの分析」で学ぶ平均値は，観測結果などすでに試行した結果に対する平均値ですが，確率変数の期待値（平均）はある試行を何度も繰り返したときに最終的に近づくことが予測される平均値のことです。

例題29 袋の中に赤玉が3個，白玉が5個入っている。この中から3個を同時に取り出すとき，赤玉の個数を確率変数 X とする。次のものを求めよ。

(1) X の確率分布　　　　(2) X の期待値

解答 (1) $X=0$，1，2，3 である。それぞれの確率は

$P(X=0)=\dfrac{{}_5C_3}{{}_8C_3}=\dfrac{10}{56}$ ←赤0個，白3個

$P(X=1)=\dfrac{{}_3C_1\cdot{}_5C_2}{{}_8C_3}=\dfrac{30}{56}$ ←赤1個，白2個

$P(X=2)=\dfrac{{}_3C_2\cdot{}_5C_1}{{}_8C_3}=\dfrac{15}{56}$ ←赤2個，白1個

$P(X=3)=\dfrac{{}_3C_3}{{}_8C_3}=\dfrac{1}{56}$ ←赤3個，白0個

以上より，確率分布は次の表のようになる。

X	0	1	2	3	計
P	$\frac{10}{56}$	$\frac{30}{56}$	$\frac{15}{56}$	$\frac{1}{56}$	1

… 答

(2) 期待値 $E(X)$ は，

$E(X)=0\cdot\dfrac{10}{56}+1\cdot\dfrac{30}{56}+2\cdot\dfrac{15}{56}+3\cdot\dfrac{1}{56}$ ←確率変数とその確率の積の和

↑確率は約分しないのがポイント

$=\dfrac{0+30+30+3}{56}=\dfrac{9}{8}$ … 答

上の例題の結果は，「袋から3個の玉を同時に取り出す」という試行を何度も繰り返したとき，赤玉は平均して $\dfrac{9}{8}$ 個取り出されることが期待できるということを表しています。つまり，赤玉は大体1個は取り出されることが期待できるということになります。

演習問題 24

赤玉4個と白玉6個が入っている袋から，2個の玉を同時に取り出すとき，赤玉の出る個数を確率変数 X とする。このとき，X の確率分布と期待値を求めよ。

解答▶別冊 18 ページ

2 確率変数の分散と標準偏差

分散と標準偏差は数学Ⅰで学びましたが，確率変数でも分散と標準偏差を定義することができます。

確率変数 X が次の表の確率分布に従うとき，期待値を m とします。

X	x_1	x_2	x_3	$\cdots$	x_n	計
P	p_1	p_2	p_3	$\cdots$	p_n	1

このとき，偏差の 2 乗 $(X-m)^2$ の期待値

$$E((X-m)^2)=(x_1-m)^2p_1+(x_2-m)^2p_2+\cdots+(x_n-m)^2p_n$$

を確率変数 X の**分散**といい，$V(X)$ で表します。そして，分散の正の平方根

$$\sqrt{V(X)}=\sqrt{E((X-m)^2)}$$

を X の**標準偏差**といい，$\sigma(X)$ で表します。

σ は $\sum$ の小文字で，「シグマ」と読みます。

Check Point　確率変数の分散と標準偏差

分散　$V(X)=E((X-m)^2)=\sum_{k=1}^{n}(x_k-m)^2p_k$　←偏差の 2 乗の期待値

標準偏差　$\sigma(X)=\sqrt{V(X)}$

例題30 目が 1，2，2，3，3，3 でできているさいころを 1 回投げるときに出る目を変数 X，X が各値をとる確率を P とするとき，確率変数 X の分散と標準偏差を求めよ。

解答 確率分布は次の表のようになる。

X	1	2	3	計
P	$\frac{1}{6}$	$\frac{2}{6}$	$\frac{3}{6}$	1

期待値 $E(X)$ は，

$$E(X)=1\cdot\frac{1}{6}+2\cdot\frac{2}{6}+3\cdot\frac{3}{6}$$　←確率変数とその確率の積の和

$$=\frac{1+4+9}{6}=\frac{7}{3}$$

分散 $V(X)$ は，

$$V(X)=\left(1-\frac{7}{3}\right)^2\cdot\frac{1}{6}+\left(2-\frac{7}{3}\right)^2\cdot\frac{2}{6}+\left(3-\frac{7}{3}\right)^2\cdot\frac{3}{6}$$ ←偏差の 2 乗の期待値

$$=\frac{8+1+6}{27}$$

$$=\frac{5}{9}$$ … 答

標準偏差 $\sigma(X)$ は，

$$\sigma(X)=\sqrt{V(X)}=\frac{\sqrt{5}}{3}$$ … 答

上の例題の標準偏差より，このさいころを投げる試行を何度も繰り返したとき，出る目の値の多くは期待値である $\frac{7}{3}$ (≒2.3) を中心として，$\pm\frac{\sqrt{5}}{3}$ (≒0.75) のあたりに散らばっていると考えることができます。

演習問題 25

10 本のくじの中に，100 円が当たるくじが 2 本，50 円が当たるくじが 4 本入っている。

その他のくじははずれである。このくじを同時に 2 本引くとき，もらえる金額を確率変数 X とする。このとき，X の確率分布，期待値，分散，標準偏差を求めよ。

解答▶別冊 18 ページ

3 2乗平均を用いた確率変数の分散

数学Ⅰで，分散は「2乗の平均値－平均値の2乗」でも求められることを学びました。これと同様に，確率変数 X においても X と X^2 の期待値を用いて分散を求める公式が存在します。

Check Point 確率変数の分散

$V(X)=E(X^2)-\{E(X)\}^2$ ← (X^2 の期待値)－(X の期待値)^2

証明 $E(X)=m$ とする。

$$V(X)=\sum_{k=1}^{n}(x_k-m)^2p_k$$
$$=\sum_{k=1}^{n}(x_k{}^2-2mx_k+m^2)p_k$$
$$=\sum_{k=1}^{n}x_k{}^2p_k-2m\sum_{k=1}^{n}x_kp_k+m^2\sum_{k=1}^{n}p_k$$

↓ $\sum_{k=1}^{n}x_k{}^2p_k$ は確率変数 X^2 の期待値，$\sum_{k=1}^{n}x_kp_k$ は X の期待値，$\sum_{k=1}^{n}p_k$ は全確率の和なので1

$$=E(X^2)-2m\cdot m+m^2\cdot 1$$
$$=E(X^2)-m^2$$
$$=E(X^2)-\{E(X)\}^2$$

$m=E(X)$

〔証明終わり〕

期待値の計算の途中式では，記述のしやすさから $E(X)$ よりも m をよく用います。

例題31 目が1，2，2，3，3，3でできているさいころを1回投げるときに出る目を変数 X，X が各値をとる確率を P とするとき，X^2 の期待値を用いて X の分散を求めよ。

解答 X，X^2 は確率変数であるから，次の表の確率分布に従う。

X	1	2	3	計
X^2	1^2	2^2	3^2	
P	$\frac{1}{6}$	$\frac{2}{6}$	$\frac{3}{6}$	1

期待値 $E(X)$ は，

$E(X)=1\cdot\frac{1}{6}+2\cdot\frac{2}{6}+3\cdot\frac{3}{6}$ ←確率変数とその確率の積の和

$$=\frac{1+4+9}{6}=\frac{7}{3}$$

確率変数 X^2 の期待値 $E(X^2)$ は，

$$E(X^2)=1^2\cdot\frac{1}{6}+2^2\cdot\frac{2}{6}+3^2\cdot\frac{3}{6}$$ ←確率変数の 2 乗とその確率の積の和

$$=\frac{1+8+27}{6}=6$$

よって，分散 $V(X)$ は，

$$V(X)=E(X^2)-\{E(X)\}^2$$ ← (X^2 の期待値)−(X の期待値)^2

$$=6-\left(\frac{7}{3}\right)^2=\mathbf{\frac{5}{9}}$$ … 答

演習問題 26

1 から 5 までの数字を 1 つずつ書いた 5 個の玉が袋の中に入っている。この袋の中から玉を同時に 2 個取り出すとき，書かれた数のうち大きいほうを X とする。X の確率分布を求めよ。また，X の期待値と分散を求めよ。

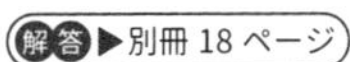
解答▶別冊 18 ページ

4 変数変換と期待値

確率変数 X が次の表の確率分布に従う場合を考えます。

X	x_1	x_2	x_3	…	x_n	計
P	p_1	p_2	p_3	…	p_n	1

このとき，a，b を定数として，新しい変数 Y を $Y=aX+b$ のように考えます。Y のとる値は $y_k=ax_k+b$ であり，y_k に対しても確率 p_k が対応しているので，Y も確率変数となります。X，Y の確率分布は次の表のようになります。

X	x_1	x_2	x_3	…	x_n	計
Y	y_1	y_2	y_3	…	y_n	
P	p_1	p_2	p_3	…	p_n	1

よって，期待値 $E(Y)$ は次のように求められます。

$$\begin{aligned}E(Y)&=\sum_{k=1}^{n}y_kp_k=\sum_{k=1}^{n}(ax_k+b)p_k\\&=a\sum_{k=1}^{n}x_kp_k+b\sum_{k=1}^{n}p_k\\&=aE(X)+b\cdot 1\\&=aE(X)+b\end{aligned}$$

$\sum_{k=1}^{n}p_k$ は全確率の和なので 1

Check Point　変数変換と期待値

確率変数 X，Y が定数 a，b を用いて $Y=aX+b$ で表されるとき，

$$E(Y)=E(aX+b)=aE(X)+b$$

←確率変数を a 倍して b を加えるとき，その期待値も a 倍して b を加える

例題32 硬貨 4 枚を同時に投げるとき，裏が出る枚数を確率変数 X とする。このとき，次の確率変数の期待値を求めよ。

(1) X　　　　(2) $4-3X$

解答 (1) $X=0$，1，2，3，4 である。それぞれの確率を求めると，

$$P(X=0)=\left(\frac{1}{2}\right)^4=\frac{1}{16}$$ ←すべて表

$$P(X=1)={}_4C_1\cdot\frac{1}{2}\cdot\left(\frac{1}{2}\right)^3=\frac{1}{4}$$ ←4 枚中 1 枚裏

$P(X=2)={}_4C_2\cdot\left(\frac{1}{2}\right)^2\cdot\left(\frac{1}{2}\right)^2=\frac{3}{8}$ ←4 枚中 2 枚裏

$P(X=3)={}_4C_3\cdot\left(\frac{1}{2}\right)^3\cdot\frac{1}{2}=\frac{1}{4}$ ←4 枚中 3 枚裏

$P(X=4)=\left(\frac{1}{2}\right)^4=\frac{1}{16}$ ←すべて裏

よって，X の確率分布は次の表の通り。

X	0	1	2	3	4	計
P	$\frac{1}{16}$	$\frac{1}{4}$	$\frac{3}{8}$	$\frac{1}{4}$	$\frac{1}{16}$	1

以上より，

$E(X)=0\cdot\frac{1}{16}+1\cdot\frac{1}{4}+2\cdot\frac{3}{8}+3\cdot\frac{1}{4}+4\cdot\frac{1}{16}$ ←確率変数とその確率の積の和

$=\mathbf{2}$ … 答

(2) $E(4-3X)=E(-3X+4)$

$=-3E(X)+4$　　$E(aX+b)=aE(X)+b$

$=-3\cdot2+4=\mathbf{-2}$ … 答

演習問題 27

3 枚の 100 円硬貨を投げて，表が出た硬貨をもらうことができるゲームがある。このゲームの参加費が 100 円であるとき，次の問いに答えよ。

(1) 表が出る枚数を X，ゲーム後の金額を Y 円とするとき，Y を X を用いて表せ。

(2) Y の期待値を求めよ。

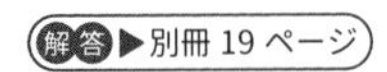
解答▶別冊 19 ページ

5 変数変換と分散・標準偏差

p.71 と同様に，確率変数 X から新しい変数 Y を $Y=aX+b$ (a, b は定数) のように考えて変換した場合の分散と標準偏差を考えてみます。p.71 と同様に，X, Y の確率分布は次の表のようになるとします。

X	x_1	x_2	x_3	$\cdots$	x_n	計
Y	y_1	y_2	y_3	$\cdots$	y_n	
P	p_1	p_2	p_3	$\cdots$	p_n	1

X の期待値 $E(X)$ を m_1，Y の期待値 $E(Y)$ を m_2 とすると，

$$m_2=E(Y)=E(aX+b)=aE(X)+b=am_1+b$$

これより，

$$\begin{aligned}V(Y)&=\sum_{k=1}^{n}(y_k-m_2)^2p_k\\&=\sum_{k=1}^{n}\{(ax_k+b)-(am_1+b)\}^2p_k \quad \leftarrow y_k=ax_k+b,\ m_2=am_1+b\\&=\sum_{k=1}^{n}\{a(x_k-m_1)\}^2p_k\\&=a^2\sum_{k=1}^{n}(x_k-m_1)^2p_k\\&=a^2V(X)\end{aligned}$$

また，標準偏差は分散の正の平方根なので，

$$\sigma(Y)=\sqrt{V(Y)}=\sqrt{a^2V(X)}=|a|\sqrt{V(X)}=|a|\sigma(X)$$ ←絶対値を忘れないように

Check Point 変数変換と分散・標準偏差

確率変数 X, Y が定数 a, b を用いて $Y=aX+b$ で表されるとき，

$$V(Y)=V(aX+b)=a^2V(X)$$ ←確率変数を a 倍して b を加えるとき，その分散は a^2 倍

$$\sigma(Y)=\sigma(aX+b)=|a|\sigma(X)$$ ←確率変数を a 倍して b を加えるとき，その標準偏差は $|a|$ 倍

Check Point の式からわかるように，変数 X に b を加えるだけでは分散や標準偏差には影響しません。分散や標準偏差は期待値(平均)からの散らばり具合を表す数値なので，b を加えても各値が等しく平行移動するだけで散らばり具合，つまり分散や標準偏差には影響しないからです。

例題33 硬貨4枚を同時に投げるとき，裏が出る枚数を確率変数 X とする。

(1) X の分散を求めよ。

(2) $4-3X$ の分散と標準偏差を求めよ。

解答 (1) **p.71** の**例題 32** で求めたように，X の確率分布は次の表の通りになる。

X	0	1	2	3	4	計
P	$\frac{1}{16}$	$\frac{1}{4}$	$\frac{3}{8}$	$\frac{1}{4}$	$\frac{1}{16}$	1

また，$E(X)$ も**例題 32** で求めたように，$E(X)=2$

また，$E(X^2)=0^2\cdot\frac{1}{16}+1^2\cdot\frac{1}{4}+2^2\cdot\frac{3}{8}+3^2\cdot\frac{1}{4}+4^2\cdot\frac{1}{16}=5$

よって，分散 $V(X)$ は，

$V(X)=E(X^2)-\{E(X)\}^2=5-2^2=\mathbf{1}$ … 答

(2) まず，**分散** $V(4-3X)$ を求める。

$$\begin{aligned}V(4-3X)&=V(-3X+4)\\&=(-3)^2V(X)\\&=9\cdot1=\mathbf{9}\end{aligned}$$ … 答

（$V(aX+b)=a^2V(X)$）

この結果より，**標準偏差** $\sigma(4-3X)$ は，

$\sigma(4-3X)=\sqrt{V(4-3X)}=\sqrt{9}=\mathbf{3}$ … 答

別解 (2)の標準偏差は $\sigma(X)=\sqrt{V(X)}=1$ を利用して，

$\sigma(4-3X)=|-3|\sigma(X)$ ←$\sigma(aX+b)=|a|\sigma(X)$

$=3\cdot1=\mathbf{3}$ … 答

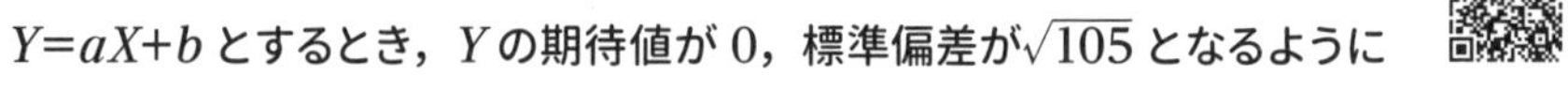

演習問題 28

1個のさいころを投げ，出た目の数を X とする。確率変数 Y を $Y=aX+b$ とするとき，Y の期待値が 0，標準偏差が $\sqrt{105}$ となるように a，b ($a>0$) の値を定めよ。

解答▶別冊 19 ページ

6 同時分布

2 つの確率変数 X，Y について，

$X=x_k$ かつ $Y=y_k$ となる確率を $P(X=x_k,\ Y=y_k)$ と表します。

例えば，1 枚のコインと 1 個のさいころを同時に投げる試行を考えます。コインについては，表が出たら 20 円，裏が出たら 0 円もらえるものとし，さいころについては，3 の倍数が出たら 30 円，3 の倍数が出なければ 0 円もらえるものとします。コインを投げてもらえる金額を X，さいころを投げてもらえる金額を Y とします。このとき，X，Y は確率変数であり，次の表の確率分布に従います。

X	20	0	計
P	$\frac{1}{2}$	$\frac{1}{2}$	1

Y	30	0	計
P	$\frac{1}{3}$	$\frac{2}{3}$	1

次に，X と Y を組み合わせた確率分布の表を考えます。

X ＼ Y	30	0	計
20	$\frac{1}{6}$	$\frac{1}{3}$	$\frac{1}{2}$
0	$\frac{1}{6}$	$\frac{1}{3}$	$\frac{1}{2}$
計	$\frac{1}{3}$	$\frac{2}{3}$	1

縦の確率の和も
横の確率の和も
1 になる点に注意

表の中の確率は，X，Y それぞれの確率分布より，

$P(X=20,\ Y=30)=\frac{1}{2}\cdot\frac{1}{3}=\frac{1}{6}$　←コインは表，さいころは 3 の倍数

$P(X=20,\ Y=0)=\frac{1}{2}\cdot\frac{2}{3}=\frac{1}{3}$　←コインは表，さいころは 3 の倍数以外

$P(X=0,\ Y=30)=\frac{1}{2}\cdot\frac{1}{3}=\frac{1}{6}$　←コインは裏，さいころは 3 の倍数

$P(X=0,\ Y=0)=\frac{1}{2}\cdot\frac{2}{3}=\frac{1}{3}$　←コインは裏，さいころは 3 の倍数以外

このように，X，Y の値の組に対する確率の対応を，X と Y の同時分布といいます。

演習問題 29

1 から 10 までの数字が 1 つずつ書かれたカード 10 枚が袋に入っている。この袋からまず A が 3 枚取り出し，そのカードを戻さずに，次に B が 1 枚取り出す。A，B 2 人が取り出したカードのうち偶数が書かれているカードの枚数をそれぞれ X，Y とするとき，X と Y の同時分布を求めよ。 解答▶別冊 20 ページ

7 確率変数の和の期待値

2 つの確率変数 X，Y の和 $X+Y$ の期待値について考えてみましょう。

p.75 と同様に，1 枚のコインと 1 個のさいころを同時に投げるとき，コインは表が出たら 20 円，裏が出たら 0 円もらえるものとし，さいころは 3 の倍数が出たら 30 円，3 の倍数が出ないと 0 円もらえるものとします。コインを投げてもらえる金額を X，さいころを投げてもらえる金額を Y とします。このとき，X，Y の確率分布と同時分布は次の表の通りでした。

X	20	0	計
P	$\frac{1}{2}$	$\frac{1}{2}$	1

Y	30	0	計
P	$\frac{1}{3}$	$\frac{2}{3}$	1

X \ Y	30	0	計
20	$\frac{1}{6}$	$\frac{1}{3}$	$\frac{1}{2}$
0	$\frac{1}{6}$	$\frac{1}{3}$	$\frac{1}{2}$
計	$\frac{1}{3}$	$\frac{2}{3}$	1

表より，X の期待値は，

$$E(X)=20\cdot\frac{1}{2}+0\cdot\frac{1}{2}$$
$$=10$$

Y の期待値は，

$$E(Y)=30\cdot\frac{1}{3}+0\cdot\frac{2}{3}$$
$$=10$$

$X+Y$ のとりうる値は 50，30，20，0 のいずれかであるから，$X+Y$ の確率分布は，

$X+Y$	50	30	20	0	計
P	$\frac{1}{6}$	$\frac{1}{6}$	$\frac{1}{3}$	$\frac{1}{3}$	1

よって，

$$E(X+Y)=50\cdot\frac{1}{6}+30\cdot\frac{1}{6}+20\cdot\frac{1}{3}+0\cdot\frac{1}{3}$$
$$=\frac{50+30+40+0}{6}$$
$$=20$$

$E(X)+E(Y)=10+10=20$ であるから，$E(X+Y)$ に等しいことがわかります。

Check Point 確率変数の和の期待値

確率変数 X，Y において，

$E(X+Y)=E(X)+E(Y)$ ←和の期待値は，期待値の和に等しい

参考 一般的な証明は，「基本大全 数学B・C Core 編」で扱います。

この結果は３つ以上の確率変数についても成立します。
例えば，３つの確率変数 X，Y，Z に対して，

$E(X+Y+Z)=E(X)+E(Y)+E(Z)$

が成立します。

例題 34 さいころ１個を投げるときに出る目を X，硬貨３枚を同時に投げるときに出る表の枚数を Y とする。
このとき，期待値 $E(X+Y)$ を求めよ。

解答 さいころの出る目は次の表の確率分布に従う。

X	1	2	3	4	5	6	計
P	$\frac{1}{6}$	$\frac{1}{6}$	$\frac{1}{6}$	$\frac{1}{6}$	$\frac{1}{6}$	$\frac{1}{6}$	1

X の期待値は，

$E(X)=1\cdot\frac{1}{6}+2\cdot\frac{1}{6}+3\cdot\frac{1}{6}+4\cdot\frac{1}{6}+5\cdot\frac{1}{6}+6\cdot\frac{1}{6}$ ←確率変数とその確率の積の和

$=\frac{7}{2}$

$Y=0$，1，2，3 である。それぞれの確率は，

$P(Y=0)=\left(\frac{1}{2}\right)^3=\frac{1}{8}$ ←裏３枚

$P(Y=1)={}_3C_1\cdot\frac{1}{2}\cdot\left(\frac{1}{2}\right)^2=\frac{3}{8}$ ←表１枚，裏２枚

$P(Y=2)={}_3C_2\left(\frac{1}{2}\right)^2\cdot\frac{1}{2}=\frac{3}{8}$ ←表２枚，裏１枚

$P(Y=3)=\left(\frac{1}{2}\right)^3=\frac{1}{8}$ ←表３枚

であるから，次の表の確率分布に従う。

Y	0	1	2	3	計
P	$\frac{1}{8}$	$\frac{3}{8}$	$\frac{3}{8}$	$\frac{1}{8}$	1

Y の期待値は,

$$E(Y)=0\cdot\frac{1}{8}+1\cdot\frac{3}{8}+2\cdot\frac{3}{8}+3\cdot\frac{1}{8}$$ ←確率変数とその確率の積の和

$$=\frac{3}{2}$$

以上より,

$$E(X+Y)=E(X)+E(Y)$$ ←和の期待値は, 期待値の和に等しい

$$=\frac{7}{2}+\frac{3}{2}=\mathbf{5}$$ … 答

演習問題 30

赤玉 4 個, 白玉 2 個, 青玉 2 個の入っている箱から無作為に玉を 1 個取り出し, 色を調べてもとに戻す試行を 4 回繰り返す。このとき, 赤玉が出る回数を X 回, 白玉が出る回数を Y 回とし, $Z=X+Y$ とする。

(1) X の期待値を求めよ。

(2) (1)の結果を利用して, Z の期待値を求めよ。

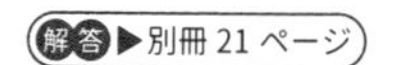

8 確率変数の独立と，独立な確率変数の積の期待値

一般に，2 つの確率変数 X，Y において，互いに影響を及ぼさない関係のことを確率変数 X と Y は独立であるといいます。確率変数が独立であることは次のように定義されます。

Check Point　確率変数の独立

確率変数 X，Y において，X，Y のとり得るすべての値 x_i，y_j について，

$$P(X=x_i,\ Y=y_j)=P(X=x_i)\times P(Y=y_j)$$

が成り立つとき，確率変数 X と Y は独立であるという。

p.76 では確率変数の和の期待値について考えましたが，ここでは確率変数の積の期待値について考えます。**2 つの確率変数の積の期待値を考えるときは，2 つの確率変数が独立である場合について考える点に注意します。**

再び p.75 と同様に，1 枚のコインと 1 個のさいころを同時に投げるとき，コインは表が出たら20円，裏が出たら0円もらえるものとし，さいころは3の倍数が出たら30円，3 の倍数が出ないと 0 円もらえるものとします。コインを投げてもらえる金額を X，さいころを投げてもらえる金額を Y とします。このとき，X と Y は独立であり，X，Y の確率分布と同時分布は次の表の通りでした。

X	20	0	計
P	$\frac{1}{2}$	$\frac{1}{2}$	1

Y	30	0	計
P	$\frac{1}{3}$	$\frac{2}{3}$	1

X ＼ Y	30	0	計
20	$\frac{1}{6}$	$\frac{1}{3}$	$\frac{1}{2}$
0	$\frac{1}{6}$	$\frac{1}{3}$	$\frac{1}{2}$
計	$\frac{1}{3}$	$\frac{2}{3}$	1

表より，X の期待値は，

$$E(X)=20\cdot\frac{1}{2}+0\cdot\frac{1}{2}=10$$

Y の期待値は，

$$E(Y)=30\cdot\frac{1}{3}+0\cdot\frac{2}{3}=10$$

XY のとりうる値は 600，0 のいずれかです。また，コインの表裏とさいころの目は独立であるので，XY が 600 となる確率は X が 20 となる確率と Y が 30 となる確率の積に等しく，

$$P(X=20,\ Y=30)=P(X=20)\times P(Y=30)$$
$$=\frac{1}{2}\times\frac{1}{3}=\frac{1}{6}$$

であるから，XY の確率分布は，

XY	600	0	計
P	$\frac{1}{6}$	$\frac{5}{6}$	1

よって，XY の期待値は，

$$E(XY)=600\cdot\frac{1}{6}+0\cdot\frac{5}{6}$$
$$=100$$

$E(X)\times E(Y)=10\times10=100$ であるから，$E(XY)$ に等しいことがわかります。

Check Point　独立な確率変数の積の期待値

2 つの確率変数 X，Y が独立であるとき，

$E(XY)=E(X)\times E(Y)$　←積の期待値は，期待値の積に等しい

参考　一般的な証明は，「基本大全 数学 B・C Core 編」で扱います。

この結果は 3 つ以上の確率変数についても成立します。例えば，3 つの確率変数 X，Y，Z が互いに独立のとき，

$$E(XYZ)=E(X)\times E(Y)\times E(Z)$$

例題 35　2 個のさいころ A，B があり，さいころ A には 1，2，3，4，5，6 の目が書いてあり，さいころ B には 1，2，3，3，4，4 の目が書いてある。さいころ A を投げて出た目を X，さいころ B を投げて出た目を Y とするとき，確率変数 X，Y の積の期待値 $E(XY)$ を求めよ。

解答　X の確率分布は次の表のようになる。

X	1	2	3	4	5	6	計
P	$\frac{1}{6}$	$\frac{1}{6}$	$\frac{1}{6}$	$\frac{1}{6}$	$\frac{1}{6}$	$\frac{1}{6}$	1

よって，期待値 $E(X)$ は，

$$E(X)=1\cdot\frac{1}{6}+2\cdot\frac{1}{6}+3\cdot\frac{1}{6}+4\cdot\frac{1}{6}+5\cdot\frac{1}{6}+6\cdot\frac{1}{6}$$ ←確率変数とその確率の積の和

$$=\frac{7}{2}$$

Y の確率分布は次の表のようになる。

Y	1	2	3	4	計
P	$\frac{1}{6}$	$\frac{1}{6}$	$\frac{2}{6}$	$\frac{2}{6}$	1

よって，期待値 $E(Y)$ は，

$$E(Y)=1\cdot\frac{1}{6}+2\cdot\frac{1}{6}+3\cdot\frac{2}{6}+4\cdot\frac{2}{6}$$ ←確率変数とその確率の積の和

$$=\frac{17}{6}$$

それぞれのさいころを投げる試行は独立であるから，X と Y は独立である。

$$E(XY)=E(X)\times E(Y)$$ ←積の期待値は，期待値の積に等しい

$$=\frac{7}{2}\times\frac{17}{6}=\mathbf{\frac{119}{12}}$$ … 答

参考 この 2 つのさいころを投げたとき，目の積の期待値は $\frac{119}{12}\fallingdotseq 10$ ということです。

一般に，2 つの試行 S，T が互いに独立であるとき，S における確率変数 X と T における確率変数 Y も互いに独立です。

演習問題 31

1 つのさいころを 2 回投げて，1 回目に出た目を X，2 回目に出た目を Y とする。このとき，期待値 $E(2X+3Y)$，$E(XY)$ を求めよ。

9 独立な確率変数の和の分散

確率変数 X，Y が独立であるとき，和 $X+Y$ の分散について考えます。

p.75 と同様に，1 枚のコインと 1 個のさいころを同時に投げるとき，コインは表が出たら 20 円，裏が出たら 0 円もらえるものとし，さいころは 3 の倍数が出たら 30 円，3 の倍数が出ないと 0 円もらえるものとします。コインを投げてもらえる金額を X，さいころを投げてもらえる金額を Y とします。X と Y の確率分布と同時分布は次の表の通りでした。

X	20	0	計
X^2	400	0	
P	$\frac{1}{2}$	$\frac{1}{2}$	1

Y	30	0	計
Y^2	900	0	
P	$\frac{1}{3}$	$\frac{2}{3}$	1

X \ Y	30	0	計
20	$\frac{1}{6}$	$\frac{1}{3}$	$\frac{1}{2}$
0	$\frac{1}{6}$	$\frac{1}{3}$	$\frac{1}{2}$
計	$\frac{1}{3}$	$\frac{2}{3}$	1

表より，X の分散は，

$$\begin{aligned} V(X) &= E(X^2) - \{E(X)\}^2 \\ &= \left(400\cdot\frac{1}{2}+0\cdot\frac{1}{2}\right)-\left(20\cdot\frac{1}{2}+0\cdot\frac{1}{2}\right)^2 \\ &= 200-100 \\ &= 100 \end{aligned}$$

Y の分散は，

$$\begin{aligned} V(Y) &= E(Y^2) - \{E(Y)\}^2 \\ &= \left(900\cdot\frac{1}{3}+0\cdot\frac{2}{3}\right)-\left(30\cdot\frac{1}{3}+0\cdot\frac{2}{3}\right)^2 \\ &= 300-100 \\ &= 200 \end{aligned}$$

また上の同時分布より，$X+Y$ の確率分布は次の表のようになります。

$X+Y$	50	30	20	0	計
$(X+Y)^2$	2500	900	400	0	
P	$\frac{1}{6}$	$\frac{1}{6}$	$\frac{1}{3}$	$\frac{1}{3}$	1

$X+Y$ の分散は，

$$V(X+Y)=E((X+Y)^2)-\{E(X+Y)\}^2$$
$$=\left(2500\cdot\frac{1}{6}+900\cdot\frac{1}{6}+400\cdot\frac{1}{3}+0\cdot\frac{1}{3}\right)-\left(50\cdot\frac{1}{6}+30\cdot\frac{1}{6}+20\cdot\frac{1}{3}+0\cdot\frac{1}{3}\right)^2$$
$$=700-400=300$$

$V(X)+V(Y)=300$ であるから，$V(X+Y)$ に等しいことがわかります。

Check Point 独立な確率変数の和の分散

2 つの確率変数 X，Y が独立であるとき，

$V(X+Y)=V(X)+V(Y)$ ←和の分散は，分散の和に等しい

参考 一般的な証明は，「基本大全 数学 B・C Core 編」で扱います。

この結果は 3 つ以上の確率変数についても成立します。例えば，3 つの確率変数 X，Y，Z が互いに独立のとき，

$V(X+Y+Z)=V(X)+V(Y)+V(Z)$

ここまで学んだ確率変数 X，Y においての期待値，分散の公式をまとめておきます。

	公式	補足
和の期待値	$E(X+Y)=E(X)+E(Y)$	常に成立
積の期待値	$E(XY)=E(X)\times E(Y)$	X と Y が独立のときのみ成立
和の分散	$V(X+Y)=V(X)+V(Y)$	

参考 一般に，積の分散 $V(XY)=V(X)\times V(Y)$ は，**X，Y が独立であっても成り立ちません**。

例題 36 2 個のさいころ A，B があり，さいころ A には 1，2，3，4，5，6 の目が書いてあり，さいころ B には 1，2，3，3，4，4 の目が書いてある。さいころ A を投げて出た目を X，さいころ B を投げて出た目を Y とするとき，確率変数 X，Y の和の分散 $V(X+Y)$ を求めよ。

解答 X の確率分布は次の表のようになる。

X	1	2	3	4	5	6	計
P	$\frac{1}{6}$	$\frac{1}{6}$	$\frac{1}{6}$	$\frac{1}{6}$	$\frac{1}{6}$	$\frac{1}{6}$	1

よって，期待値 $E(X)$ は，

$$E(X)=1\cdot\frac{1}{6}+2\cdot\frac{1}{6}+3\cdot\frac{1}{6}+4\cdot\frac{1}{6}+5\cdot\frac{1}{6}+6\cdot\frac{1}{6}=\frac{7}{2}$$ ←確率変数とその確率の積の和

また，X^2 の期待値 $E(X^2)$ は，

$$E(X^2)=1^2\cdot\frac{1}{6}+2^2\cdot\frac{1}{6}+3^2\cdot\frac{1}{6}+4^2\cdot\frac{1}{6}+5^2\cdot\frac{1}{6}+6^2\cdot\frac{1}{6}=\frac{91}{6}$$ ←確率変数の 2 乗とその確率の積の和

よって，分散 $V(X)$ は，

$$V(X)=E(X^2)-\{E(X)\}^2=\frac{91}{6}-\frac{49}{4}=\frac{35}{12}$$

Y の確率分布は次の表のようになる。

Y	1	2	3	4	計
P	$\frac{1}{6}$	$\frac{1}{6}$	$\frac{2}{6}$	$\frac{2}{6}$	1

よって，期待値 $E(Y)$ は，

$$E(Y)=1\cdot\frac{1}{6}+2\cdot\frac{1}{6}+3\cdot\frac{2}{6}+4\cdot\frac{2}{6}=\frac{17}{6}$$ ←確率変数とその確率の積の和

また，Y^2 の期待値 $E(Y^2)$ は，

$$E(Y^2)=1^2\cdot\frac{1}{6}+2^2\cdot\frac{1}{6}+3^2\cdot\frac{2}{6}+4^2\cdot\frac{2}{6}=\frac{55}{6}$$ ←確率変数の 2 乗とその確率の積の和

よって，分散 $V(Y)$ は，

$$V(Y)=E(Y^2)-\{E(Y)\}^2=\frac{55}{6}-\frac{289}{36}=\frac{41}{36}$$

ここで，X と Y は独立であるから，

$$V(X+Y)=V(X)+V(Y)=\frac{35}{12}+\frac{41}{36}=\mathbf{\frac{73}{18}}$$ … 答 ←和の分散は，分散の和に等しい

$X+Y$ の分布表をつくる方法もありますが，$X+Y$ のとりうる値はたくさんあるので非効率になります。

演習問題 32

A の袋には白玉 4 個と赤玉 2 個，B の袋には白玉 3 個と赤玉 3 個が入っている。A の袋から玉を 2 個同時に取り出したときの赤玉の個数を X，B の袋から玉を 2 個同時に取り出したときの赤玉の個数を Y とする。確率変数 X，Y について分散 $V(X+Y)$，$V(3X+2Y)$ を求めよ。

解答▶別冊 22 ページ

10 二項分布

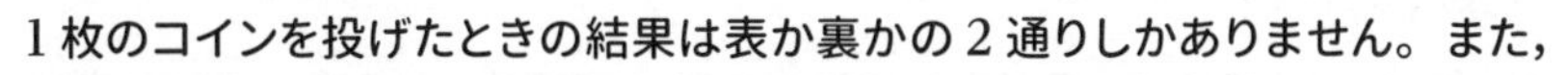

1 枚のコインを投げたときの結果は表か裏かの 2 通りしかありません。また，
1 個のさいころを投げたときも「1 が出るか」「それ以外が出るか」と考えると，結果は 2 通りです。

このように，結果が 2 通りにしかならないような試行を**ベルヌーイ試行**といいます。ベルヌーイ試行では，試行を繰り返したとき，どの試行においても結果が起こる確率は一定であり，各試行は独立であることとします。
ベルヌーイ試行を繰り返し行ったとき，**いずれか一方の事象が起こる回数は，二項分布と呼ばれる確率分布に従います**。

1 枚のコインを 7 回投げることを考えます。表が出る回数を確率変数 X とすると，表が k 回 $(0\leqq k\leqq 7)$ 出る確率は，数学 A で学んだ反復試行の確率の式を用いて，

$$P(X=k)={}_7\mathrm{C}_k\left(\frac{1}{2}\right)^k\left(1-\frac{1}{2}\right)^{7-k}$$

↑「基本大全 数学 I・A Basic 編」**p.202** 参照

と表すことができます。よって，X の確率分布は次の表のようになります。

X	0	1	2	3	4
P	${}_7\mathrm{C}_0\left(\frac{1}{2}\right)^7$	${}_7\mathrm{C}_1\left(\frac{1}{2}\right)^1\left(\frac{1}{2}\right)^6$	${}_7\mathrm{C}_2\left(\frac{1}{2}\right)^2\left(\frac{1}{2}\right)^5$	${}_7\mathrm{C}_3\left(\frac{1}{2}\right)^3\left(\frac{1}{2}\right)^4$	${}_7\mathrm{C}_4\left(\frac{1}{2}\right)^4\left(\frac{1}{2}\right)^3$
X	5	6	7	計	
P	${}_7\mathrm{C}_5\left(\frac{1}{2}\right)^5\left(\frac{1}{2}\right)^2$	${}_7\mathrm{C}_6\left(\frac{1}{2}\right)^6\left(\frac{1}{2}\right)^1$	${}_7\mathrm{C}_7\left(\frac{1}{2}\right)^7$	1	

このような確率分布を**二項分布**といいます。また，

X は二項分布 $B\left(7,\ \frac{1}{2}\right)$ に従う

投げる回数↑　↑表が出る確率

と表します。

二項分布は回数（ここでは 7 回）と 1 回の起こる確率 $\left(\text{ここでは } \frac{1}{2}\right)$ で決まるので，このように表します。

参考 ちなみに，分布表の確率をすべて加えると，二項定理より，

$$\sum_{k=0}^{7}{}_7\mathrm{C}_k\left(\frac{1}{2}\right)^k\left(\frac{1}{2}\right)^{7-k}=\left(\frac{1}{2}+\frac{1}{2}\right)^7=1$$

となり，合計が 1 になることが確認できます。

二項分布の期待値は，和の期待値の公式

$E(X+Y)=E(X)+E(Y)$

が常に成立することを利用して，**表が出る回数の合計の期待値ではなく，毎回の表が出る回数の期待値に着目して考えます。**

k 回目 $(1\leqq k\leqq 7)$ にコインを投げたとき，表が出る回数 X_k の確率分布は次の表のようになります。

X_k	0	1	計
P	$\frac{1}{2}$	$\frac{1}{2}$	1

←1 回しか投げないので，表は 0 回か 1 回のいずれか

このとき，表が出る回数 X_k の期待値は，

$E(X_k)=0\cdot\frac{1}{2}+1\cdot\frac{1}{2}=\frac{1}{2}$ ←k によらず一定

よって，表が出る回数の合計の期待値は，各回の期待値の和に等しく，

$$\begin{aligned}E(X)&=E(X_1+X_2+X_3+\cdots+X_7)\\&=E(X_1)+E(X_2)+E(X_3)+\cdots+E(X_7)\\&=\frac{1}{2}+\frac{1}{2}+\frac{1}{2}+\cdots+\frac{1}{2}\\&=\frac{7}{2}\end{aligned}$$

と求められます。

以上を一般化して考えてみましょう。**1 回の試行である事象が起こる確率を p とするとき，その試行を n 回繰り返したときのある事象が起こる回数は，二項分布 $B(n, p)$ に従います。**

毎回の事象が起こる回数の期待値に着目すると，k 回目 $(1\leqq k\leqq n)$ に事象が起こる回数 X_k は次の表の確率分布に従います。

X_k	0	1	計
P	$1-p$	p	1

←起こらない確率は，余事象の確率 $1-p$

このとき，事象が起こる回数 X_k の期待値は，

$E(X_k)=0\cdot(1-p)+1\cdot p=p$ ←k によらず一定

よって，事象が起こる回数の合計の期待値は，各回の期待値の和に等しく，

$$\begin{aligned}E(X)&=E(X_1+X_2+X_3+\cdots+X_n)\\&=E(X_1)+E(X_2)+E(X_3)+\cdots+E(X_n)\\&=p+p+p+\cdots+p\\&=np\end{aligned}$$

二項分布の分散も考えていきます。同様にして，k 回目の $X_k{}^2$ の確率分布は次の表のようになります。

X_k	0	1	計
$X_k{}^2$	0	1	
P	$1-p$	p	1

このとき，$X_k{}^2$ の期待値は，

$$E(X_k{}^2)=0\cdot(1-p)+1\cdot p=p$$

$0^2=0$，$1^2=1$ ですから，起こる回数の期待値と起こる回数の 2 乗の期待値は等しくなります。

よって，分散 $V(X_k)$ は，

$$\begin{aligned}V(X_k)&=E(X_k{}^2)-\{E(X_k)\}^2\\&=p-p^2\\&=p(1-p)\end{aligned}$$

ここで，事象が起こらない確率 $1-p=q$ とおくと，

$$V(X_k)=pq$$

二項分布での各回の試行は独立であるから，事象が起こる回数の合計の分散は，各回の分散の和に等しく，

$$\begin{aligned}V(X)&=V(X_1+X_2+X_3+\cdots+X_n)\\&=V(X_1)+V(X_2)+V(X_3)+\cdots+V(X_n)\\&=pq+pq+pq+\cdots+pq\\&=npq\end{aligned}$$

標準偏差は分散の正の平方根であるから，

$$\sigma(X)=\sqrt{V(X)}=\sqrt{npq}$$

Check Point　二項分布に従う確率変数の期待値と分散・標準偏差

確率変数 X が二項分布 $B(n,\ p)$ に従うとき，$q=1-p$ とおくと，

期待値 $E(X)=np$

分散 $V(X)=np(1-p)=npq$

標準偏差 $\sigma(X)=\sqrt{np(1-p)}=\sqrt{npq}$

例題37 1個のさいころを30回投げるとき，5または6の目が出る回数をXとする。確率変数Xの期待値$E(X)$と標準偏差$\sigma(X)$を求めよ。

解答

5または6の目が出る確率は$\frac{1}{3}$であるから，

確率変数Xは二項分布$B\left(30,\ \frac{1}{3}\right)$に従う。

よって，期待値は，

$E(X)=30\times\frac{1}{3}=\mathbf{10}$ …答　$\leftarrow E(X)=np$

標準偏差は，

$\sigma(X)=\sqrt{30\times\frac{1}{3}\times\frac{2}{3}}=\frac{\mathbf{2\sqrt{15}}}{\mathbf{3}}$ …答　$\leftarrow \sigma(X)=\sqrt{np(1-p)}$

演習問題33

1 1枚のコインを400回投げるとき，裏が出る回数をXとする。Xの期待値$E(X)$と標準偏差$\sigma(X)$を求めよ。

2 5枚のコインを同時に投げる試行を10回繰り返すとき，3枚が表で2枚が裏である回数をXとする。確率変数Xの期待値と標準偏差を求めよ。

解答▶別冊22ページ

第2節 正規分布

1 連続型確率変数と確率密度関数

さいころの目は1，2，3，4，5，6のいずれかの値をとり，その目に応じた確率を定めることができます。このようにとびとびの値をとる変数を**離散型確率変数**といいます。これに対して，例えばK先生が90分の講義で実際に行った講義時間 X は，正確に90分ぴったりとは限りません。89分30秒の場合もあれば，90分30秒の場合も考えられます。ストップウォッチを用いてより正確に調べれば，講義時間は90分30秒2かもしれませんし，90分30秒27かもしれません。つまり，細かく考えていけるならば講義時間の候補は無数に考えることができます。このように，連続的な値をとる変数 X についても，その値がある範囲に入る確率が定まっているとき，変数 X を**連続型確率変数**といいます。

次の表は，陸上競技の円盤投げの記録の相対度数の分布表です。円盤投げの記録 X(m) は連続的な変数になると考えることができます。

記録 X(m)	相対度数
5以上～10未満	0.01
10以上～15未満	0.03
15以上～20未満	0.07
20以上～25未満	0.13
25以上～30未満	0.19
30以上～35未満	0.21
35以上～40未満	0.17
40以上～45未満	0.11
45以上～50未満	0.05
50以上～55未満	0.03
計	1

相対度数の合計は1ですから，任意の1人の記録を選ぶことを考えたとき，**例えば20m以上25m未満となる確率はその相対度数0.13に等しい**と考えることができます。つまり，各階級に属する確率が定まっているので，**X は確率変数と考えることができます。**
次の図は，上の表で示した**各階級の相対度数，つまりその階級となる確率を長方形の面積で表した**ヒストグラムです。

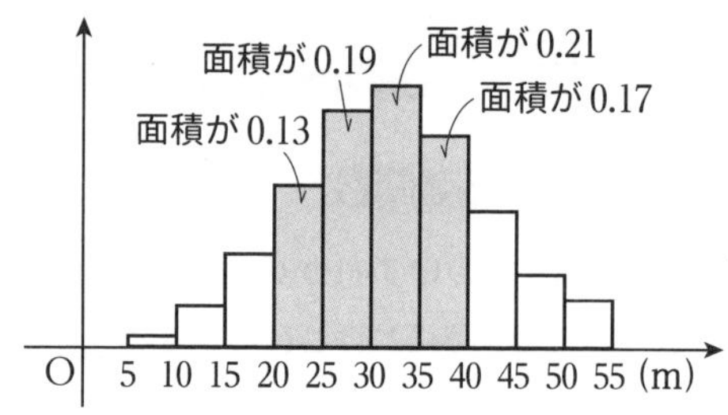

例えば，$20 \leqq X < 40$ となる確率は，図の色のついた部分の面積で表されるので，

$$0.13+0.19+0.21+0.17=0.7$$

であるとわかります。

なぜ面積なのかというと，円盤投げの記録のような変数 X は連続的なものであり，連続に変化することを表すのに適したものが面積だからです。面積であれば小数第何位までの数値も表現することが可能になります。

記録の総数が非常に多いときは，階級の幅を小さくしていくと，次の図のようにヒストグラムの長方形は細長くなり，ヒストグラムが山形の曲線に近づいていくことがわかります。

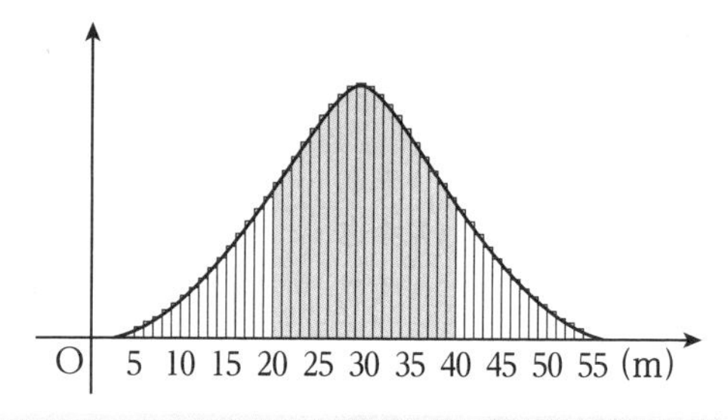

Advice つまり，山形の曲線と軸との間の面積が確率に等しいことがいえます。

連続型確率変数 X の確率分布を考える場合には，次の図のように X に 1 つの曲線 $y=f(x)$ を対応させ，**$a \leqq X \leqq b$ である確率が，図の色のついた部分の面積に等しくなるようにします**。

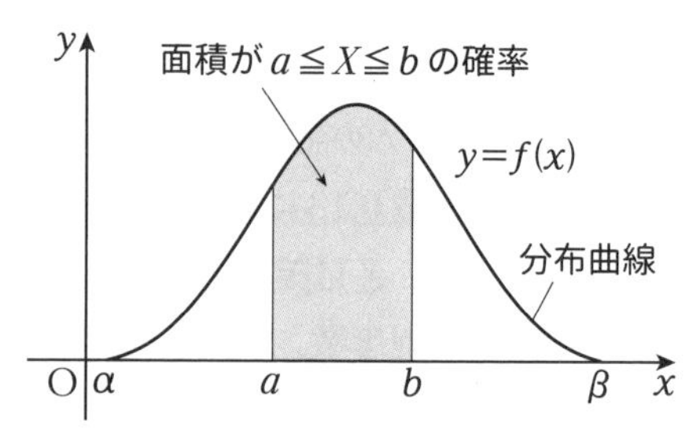

この曲線 $y=f(x)$ を X の分布曲線，その分布曲線を表す関数 $f(x)$ を確率密度関数といいます。確率密度関数の性質を次にまとめます。

Check Point　確率密度関数の性質

$f(x)$ が X の確率密度関数であるとき，

[1] 常に $f(x)\geqq 0$ ←確率は 0 以上である

[2] $P(a\leqq X\leqq b)=\int_a^b f(x)dx$ ←確率密度関数の定義

[3] X のとりうる値の範囲が $\alpha\leqq X\leqq\beta$ のとき，$\int_\alpha^\beta f(x)dx=1$ ←全確率の和は 1

例題 38 確率変数 X の確率密度関数が $f(x)=\frac{1}{2}x+\frac{1}{4}$ $(1\leqq x\leqq 2)$ のとき，$P\left(\frac{3}{2}\leqq X\leqq 2\right)$ を求めよ。

解答

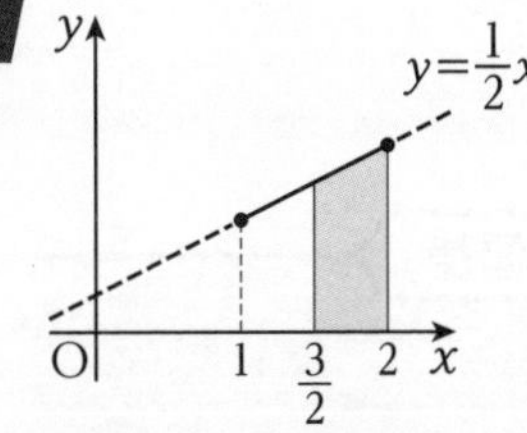

求める確率は図の色のついた部分の面積に等しいから，

$$P\left(\frac{3}{2}\leqq X\leqq 2\right)=\int_{\frac{3}{2}}^{2}\left(\frac{1}{2}x+\frac{1}{4}\right)dx$$

←$P(a\leqq X\leqq b)=\int_a^b f(x)dx$

$$=\left[\frac{1}{4}x^2+\frac{1}{4}x\right]_{\frac{3}{2}}^{2}=\frac{9}{16}\ \cdots 答$$

別解　直線の場合は，四角形の面積として考えてもよい。この問題の場合は台形の面積として求めると，

$$\frac{1}{2}\cdot\left(1+\frac{5}{4}\right)\cdot\frac{1}{2}=\frac{9}{16}\ \cdots 答$$

演習問題 34

次の問いに答えよ。

(1) 確率変数 X の確率密度関数が $f(x)=-\frac{1}{2}x+1$ $(0\leqq x\leqq 2)$ で表されるとき，確率 $P(0\leqq X\leqq 1)$ を求めよ。

(2) 確率変数 X の確率密度関数が $f(x)=ax(x-3)$ $(0\leqq x\leqq 3)$ で表されるとき，定数 a の値を求めよ。また，確率 $P(0\leqq X\leqq 2)$ を求めよ。

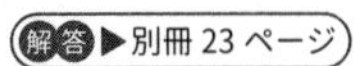
解答▶別冊 23 ページ

2 正規分布と標準正規分布

連続型確率変数の分布の形は様々ですが，世の中の偶然に起こる現象の多くが正規分布と呼ばれる確率分布に従うことがわかっています。

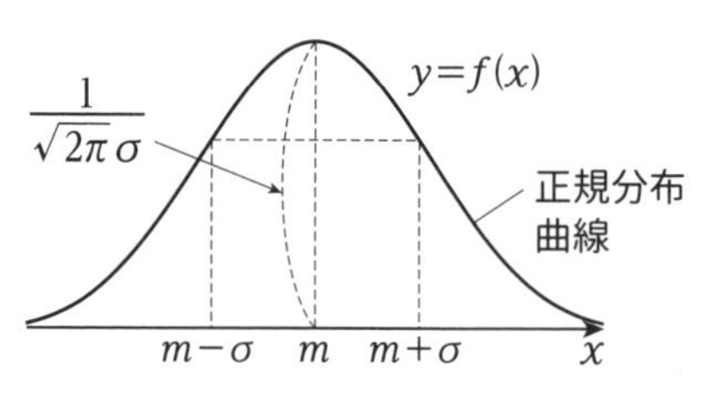

確率変数 X が右の図のように左右対称な山形の分布曲線をもち，その確率密度関数 $f(x)$ が，

$$f(x)=\frac{1}{\sqrt{2\pi}\sigma}e^{-\frac{(x-m)^2}{2\sigma^2}}$$ ←覚える必要はありません

で表されるとき，この確率分布を**正規分布**といい，$y=f(x)$ のグラフを**正規分布曲線**といいます。

なお，e は自然対数の底と呼ばれる無理数で，その値は $e=2.71828\cdots$ です（数学IIIで学ぶ定数です）。また，このとき，**確率変数 X は正規分布 $N(m, \sigma^2)$ に従う**といいます。

確率密度関数の式を見てわかるとおり，正規分布は m と σ の値で決まるので，このように表します。

正規分布について，次のことが知られています。

Check Point　正規分布と期待値・分散・標準偏差

確率変数 X が正規分布 $N(m, \sigma^2)$ に従うとき，

期待値 $E(X)=m$　分散 $V(X)=\sigma^2$　標準偏差 $\sigma(X)=\sigma$

また，正規分布曲線 $y=f(x)$ は次のような性質をもちます。

① $x=m$ を軸として左右対称であり，$x=m$ のとき最大値をとる。

②すべての実数 x をとることができ，両端では x 軸に限りなく近づく（つまり，x 軸とは交わらない）。

③ x 軸と分布曲線の間の面積は 1 である。　←確率密度関数の性質[3]

④標準偏差 σ（または分散 σ^2）の値の大小に応じて期待値 m のときの山の高さが変化する。

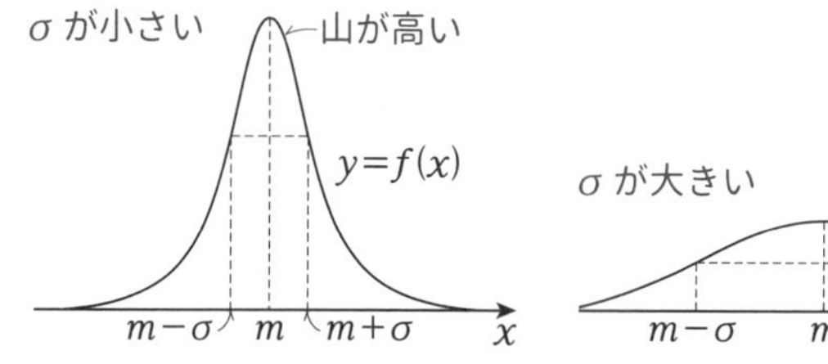

確率変数 Z が正規分布 $N(0,\ 1)$ に従うとき，Z の確率密度関数 $f(z)$ は，（↓期待値 0，分散 1）

$$f(z)=\frac{1}{\sqrt{2\pi}}e^{-\frac{z^2}{2}}$$ ←これも覚える必要はありません

で表されます。この正規分布 $N(0,\ 1)$ を**標準正規分布**といいます。

確率変数 Z が標準正規分布 $N(0,\ 1)$ に従うとき，確率 $P(0 \leqq Z \leqq u)$ は右の図の色のついた部分の面積に等しくなります。

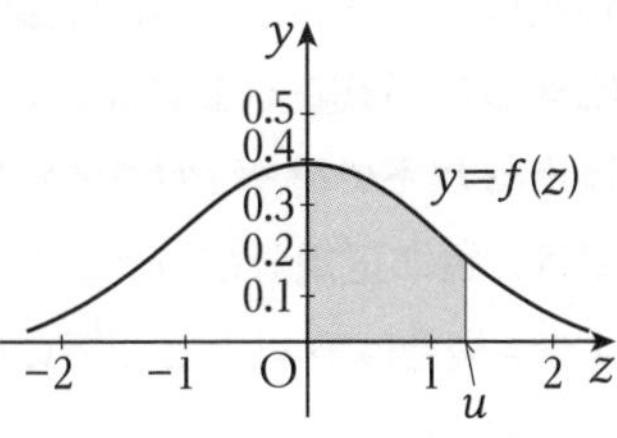

この確率 $P(0 \leqq Z \leqq u)$ は $p(u)$ と表すことにします。

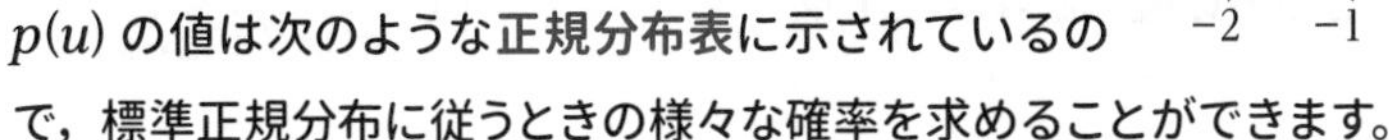

$p(u)$ の値は次のような**正規分布表**に示されているので，標準正規分布に従うときの様々な確率を求めることができます。

正規分布表

u	.00	.01	.02	.03	.04	.05	.06	.07	.08	.09
0.0	0.0000	0.0040	0.0080	0.0120	0.0160	0.0199	0.0239	0.0279	0.0319	0.0359
0.1	0.0398	0.0438	0.0478	0.0517	0.0557	0.0596	0.0636	0.0675	0.0714	0.0753
0.2	0.0793	0.0832	0.0871	0.0910	0.0948	0.0987	0.1026	0.1064	0.1103	0.1141
0.3	0.1179	0.1217	0.1255	0.1293	0.1331	0.1368	0.1406	0.1443	0.1480	0.1517
0.4	0.1554	0.1591	0.1628	0.1664	0.1700	0.1736	0.1772	0.1808	0.1844	0.1879
0.5	0.1915	0.1950	0.1985	0.2019	0.2054	0.2088	0.2123	0.2157	0.2190	0.2224
0.6	0.2257	0.2291	0.2324	0.2357	0.2389	0.2422	0.2454	0.2486	0.2517	0.2549
0.7	0.2580	0.2611	0.2642	0.2673	0.2704	0.2734	0.2764	0.2794	0.2823	0.2852
0.8	0.2881	0.2910	0.2939	0.2967	0.2995	0.3023	0.3051	0.3078	0.3106	0.3133
0.9	0.3159	0.3186	0.3212	0.3238	0.3264	0.3289	0.3315	0.3340	0.3365	0.3389
1.0	0.3413	0.3438	0.3461	0.3485	0.3508	0.3531	0.3554	0.3577	0.3599	0.3621
1.1	0.3643	0.3665	0.3686	0.3708	0.3729	0.3749	0.3770	0.3790	0.3810	0.3830
1.2	0.3849	0.3869	0.3888	0.3907	0.3925	0.3944	0.3962	0.3980	0.3997	0.4015
1.3	0.4032	0.4049	0.4066	0.4082	0.4099	0.4115	0.4131	0.4147	0.4162	0.4177
1.4	0.4192	0.4207	0.4222	0.4236	0.4251	0.4265	0.4279	0.4292	0.4306	0.4319
1.5	0.4332	0.4345	0.4357	0.4370	0.4382	0.4394	0.4406	0.4418	0.4429	0.4441
1.6	0.4452	0.4463	0.4474	0.4484	0.4495	0.4505	0.4515	0.4525	0.4535	0.4545
1.7	0.4554	0.4564	0.4573	0.4582	0.4591	0.4599	0.4608	0.4616	0.4625	0.4633
1.8	0.4641	0.4649	0.4656	0.4664	0.4671	0.4678	0.4686	0.4693	0.4699	0.4706
1.9	0.4713	0.4719	0.4726	0.4732	0.4738	0.4744	0.4750	0.4756	0.4761	0.4767
2.0	0.4772	0.4778	0.4783	0.4788	0.4793	0.4798	0.4803	0.4808	0.4812	0.4817
2.1	0.4821	0.4826	0.4830	0.4834	0.4838	0.4842	0.4846	0.4850	0.4854	0.4857
2.2	0.4861	0.4864	0.4868	0.4871	0.4875	0.4878	0.4881	0.4884	0.4887	0.4890
2.3	0.4893	0.4896	0.4898	0.4901	0.4904	0.4906	0.4909	0.4911	0.4913	0.4916
2.4	0.4918	0.4920	0.4922	0.4925	0.4927	0.4929	0.4931	0.4932	0.4934	0.4936
2.5	0.4938	0.4940	0.4941	0.4943	0.4945	0.4946	0.4948	0.4949	0.4951	0.4952
2.6	0.49534	0.49547	0.49560	0.49573	0.49585	0.49598	0.49609	0.49621	0.49632	0.49643
2.7	0.49653	0.49664	0.49674	0.49683	0.49693	0.49702	0.49711	0.49720	0.49728	0.49736
2.8	0.49744	0.49752	0.49760	0.49767	0.49774	0.49781	0.49788	0.49795	0.49801	0.49807
2.9	0.49813	0.49819	0.49825	0.49831	0.49836	0.49841	0.49846	0.49851	0.49856	0.49861
3.0	0.49865	0.49869	0.49874	0.49878	0.49882	0.49886	0.49889	0.49893	0.49897	0.49900

例えば，**表の縦に並ぶ数字「1.9」と横に並ぶ数字「.06」の交差する部分の数字は，「$u=1.96$ のときの確率」**を表しているので，

$$P(0 \leqq Z \leqq 1.96)=p(1.96)=0.475$$

つまり，確率は「47.5%」であることがわかります。また，この確率は右の図の色のついた部分の面積と等しくなります。ただし，**正規分布表には確率変数 Z が「0 以上 u 以下」の確率しか掲載されていない**ので，例えば，1 以上 2 以下の確率 $P(1 \leqq Z \leqq 2)$ は正規分布表で直接調べることができません。この確率は，標準正規分布のグラフで考えると，右下の図の色のついた部分になります。このような場合は 0 以上 2 以下の確率と 0 以上 1 以下の確率の差をとり，

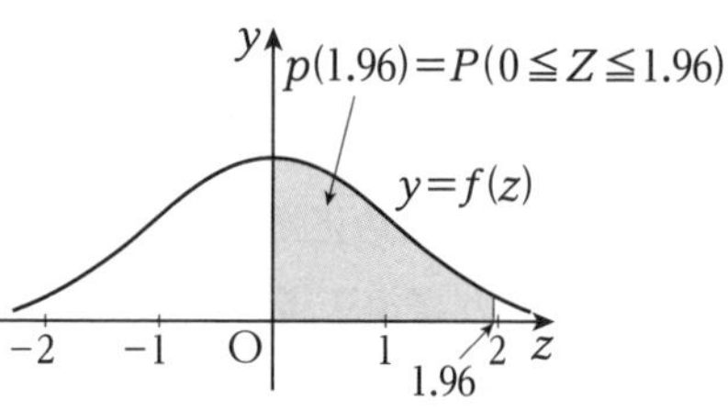

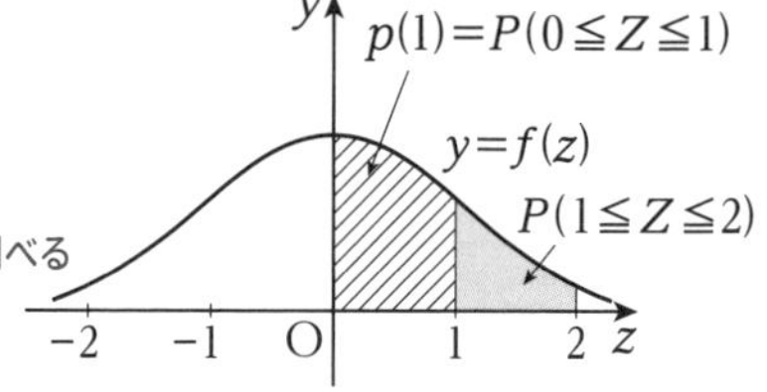

$P(1 \leqq Z \leqq 2)=P(0 \leqq Z \leqq 2)-P(0 \leqq Z \leqq 1)$

$=0.4772-0.3413$ ←正規分布表で調べる

$=0.1359(=13.59\%)$

と求めることができます。

このように，標準正規分布のグラフをイメージして，正規分布表の値を組み合わせて計算することで，様々な確率を求めることができますね。

例題 39 確率変数 Z が標準正規分布 $N(0,\ 1)$ に従うとき，正規分布表を用いて確率 $P(-1 \leqq Z \leqq 0.5)$ を求めよ。

考え方 標準正規分布のグラフは y 軸に関して対称である点に着目します。

解答 $P(-1 \leqq Z \leqq 0.5)$

$=\underline{P(-1 \leqq Z \leqq 0)}+P(0 \leqq Z \leqq 0.5)$

$=\underline{P(0 \leqq Z \leqq 1)}+P(0 \leqq Z \leqq 0.5)$ ←グラフは y 軸対称

$=0.3413+0.1915$ ←正規分布表で調べる

$=\mathbf{0.5328(=53.28\%)}$ … 答

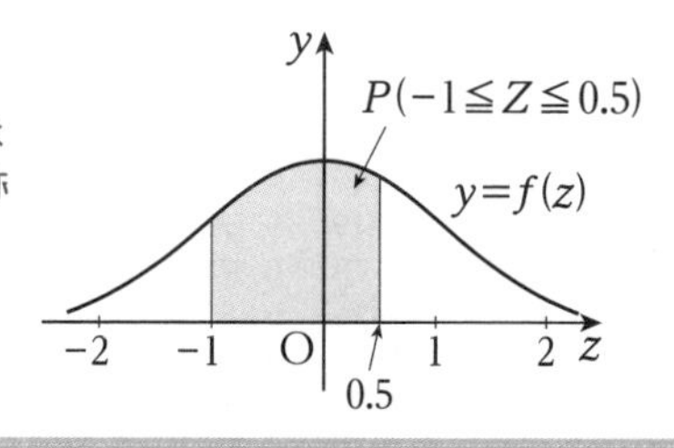

演習問題 35

確率変数 Z が標準正規分布 $N(0,\ 1)$ に従うとき，正規分布表を用いて次の確率を求めよ。

(1) $P(0 \leqq Z \leqq 0.5)$　(2) $P(1.21 \leqq Z)$

(3) $P(-0.75 \leqq Z \leqq 0)$　(4) $P(-0.9 \leqq Z \leqq 2.44)$

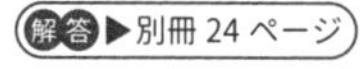

3 標準化と標準正規分布

確率変数 X が標準正規分布以外の正規分布 $N(m,\ \sigma^2)$ に従う場合，正規分布表のような表は一般に用意されていないので，確率を求めることができません。そこで，**標準正規分布以外の正規分布を標準正規分布に変換する**ことを考えます。

p.71 や **p.73** で学んだ変数変換の公式

$E(aX+b)=aE(X)+b$

$V(aX+b)=a^2V(X)$

は，**確率変数が連続型確率変数の場合も成り立つ**ことがわかっています。このことより，**確率変数 $Z=aX+b$ を用意すると，Z は正規分布 $N(am+b,\ a^2\sigma^2)$ に従う**ことがわかっています（証明は高校の学習範囲を超えます）。

変数変換において $a=\dfrac{1}{\sigma}$，$b=-\dfrac{m}{\sigma}$ として，

$$Z=\frac{1}{\sigma}X-\frac{m}{\sigma}=\frac{X-m}{\sigma}$$

とおくと，確率変数 Z は，正規分布

$$N\left(\frac{1}{\sigma}m-\frac{m}{\sigma},\ \left(\frac{1}{\sigma}\right)^2\sigma^2\right)=N(0,\ 1)$$

に従うことがわかります。つまり，**標準正規分布に従う**ことになります。

このような変換を**標準化**といい，確率変数 Z を**標準化した確率変数**といいます。

Check Point　標準化

確率変数 X が正規分布 $N(m,\ \sigma^2)$ に従うとき，

$$Z=\frac{X-m}{\sigma}$$

とおくと，確率変数 Z は標準正規分布 $N(0,\ 1)$ に従う。

正規分布のグラフをイメージすると，標準化の式の意味がよくわかります。

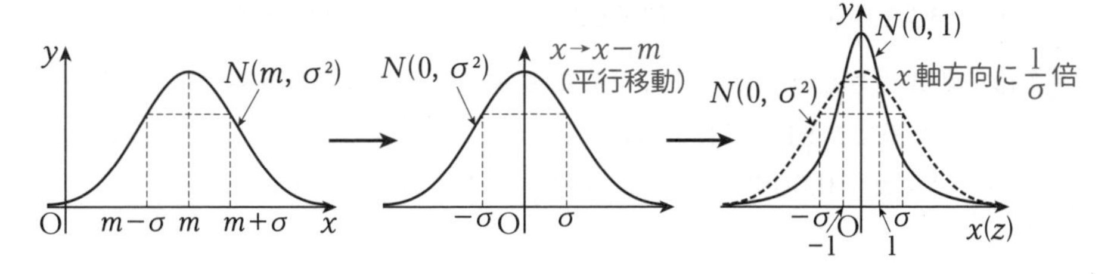

例題40 確率変数 X が正規分布 $N(50,\ 100)$ に従うとき，**p.93** の正規分布表を用いて次の確率を求めよ。

(1) $P(X \leqq 65)$　　(2) $P(|X-52| \leqq 2)$

解答 確率変数 X の期待値が 50，標準偏差が $\sqrt{100}=10$ であるから，

$Z=\dfrac{X-50}{10}$ とおくと，Z は標準正規分布 $N(0,\ 1)$ に従う。

(1) $X \leqq 65 \iff X-50 \leqq 15 \iff \dfrac{X-50}{10} \leqq 1.5$

つまり，$Z \leqq 1.5$

求める確率は，図の色のついた部分であるから，

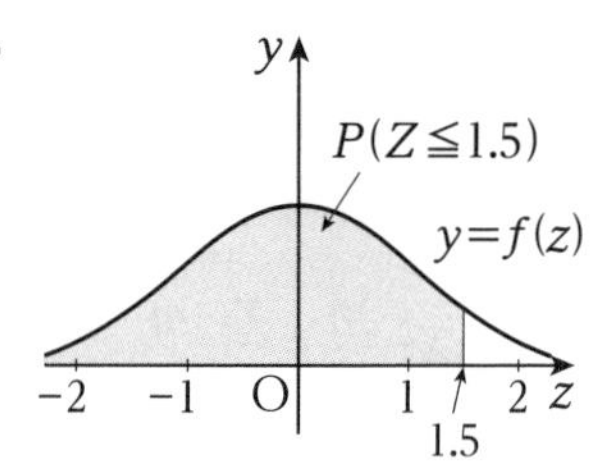

$P(X \leqq 65)=P(Z \leqq 1.5)$

$=\underline{0.5}+p(1.5)$
↑y 軸より左側全体の確率は 0.5

$=0.5+0.4332$　←正規分布表で調べる

$=\mathbf{0.9332}$ … 答

(2) $|X-52| \leqq 2 \iff \left|\dfrac{X-52}{10}\right| \leqq 0.2 \iff \left|\dfrac{X-50-2}{10}\right| \leqq 0.2$

$\iff |Z-0.2| \leqq 0.2 \iff -0.2 \leqq Z-0.2 \leqq 0.2$

$\iff 0 \leqq Z \leqq 0.4$

であるから，

$P(|X-52| \leqq 2)=P(0 \leqq Z \leqq 0.4)=p(0.4)=\mathbf{0.1554}$ … 答 ←正規分布表で調べる

演習問題 36

1 確率変数 X が正規分布 $N(3,\ 25)$ に従うとき，正規分布表を用いて次の確率を求めよ。

(1) $P(3 \leqq X \leqq 6)$　　(2) $P(X \geqq 0)$　　(3) $P(|X-3| \leqq 5)$

2 確率変数 X が正規分布 $N(10,\ 25)$ に従うとき，正規分布表を用いて次の式を満たす定数 α の値を求めよ。

(1) $P(X \geqq \alpha)=0.0099$　　(2) $P(|X-10| \leqq \alpha)=0.95$

解答▶別冊 24 ページ

4　二項分布と正規分布

二項分布に従う確率変数において，試行回数である n を大きくすると正規分布に近づくという性質があります。正規分布で扱えるようになれば標準正規分布に変換することで確率を求めることができるようになります。

例えば，1 枚のコインを 50 回投げて，表が出る回数を X とすると，**X は離散型確率変数です。**そして，**X は二項分布 $B\left(50,\ \frac{1}{2}\right)$ に従います。**

表が k 回出る確率は，反復試行の確率より，

$$P(X=k)={}_{50}\mathrm{C}_k\left(\frac{1}{2}\right)^k\left(1-\frac{1}{2}\right)^{50-k}$$

であるから，X のとる値を横軸，それに対応する確率を縦軸とすると，確率分布のグラフは次の図のようになります。

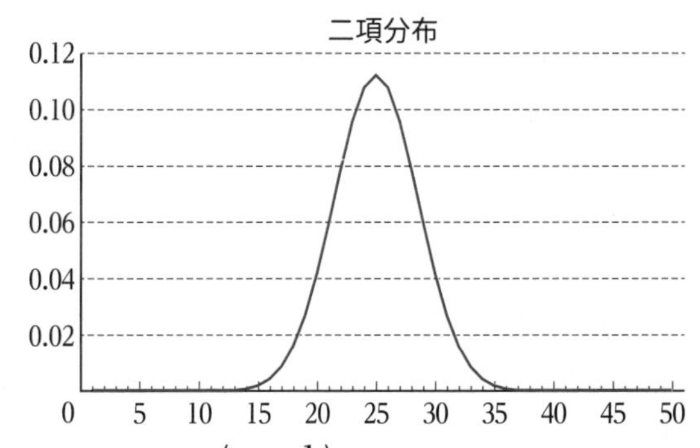

また，確率変数 X が二項分布 $B\left(50,\ \frac{1}{2}\right)$ に従うとき，期待値は $50\times\frac{1}{2}=25$，分散は $50\times\frac{1}{2}\times\frac{1}{2}=\frac{25}{2}$ であることから，正規分布 $N\left(25,\ \frac{25}{2}\right)$ の分布曲線をかくと，次の図のようになります。

↑ $f(x)=\frac{1}{\sqrt{2\pi}\sigma}e^{-\frac{(x-m)^2}{2\sigma^2}}$ のグラフ

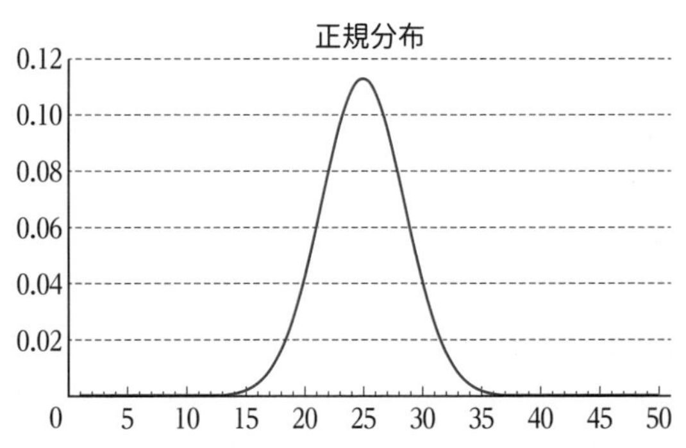

このようにほぼ同じ形となり，二項分布を正規分布で近似できていることがわかります。

Check Point 二項分布と正規分布

確率変数 X が二項分布 $B(n,\ p)$ に従うとき，n が十分に大きければ，
近似的に正規分布 $N(np,\ npq)$ に従う。（ただし，$q=1-p$）

例題41 1個のさいころを450回投げて，3の倍数の目が出る回数を X とする。このとき，X が155以上となる確率を **p.93** の正規分布表を用いて求めよ。

解答 確率変数 X は二項分布 $B\left(450,\ \frac{1}{3}\right)$ に従う。

このとき，期待値は，$E(X)=450\times\frac{1}{3}=150$ ←$E(X)=np$

分散は，$V(X)=450\times\frac{1}{3}\times\frac{2}{3}=100$ ←$V(X)=npq$

n は十分に大きいと考えられるので，近似的に正規分布 $N(150,\ 100)$ に従う。

X の期待値は150，標準偏差は $\sqrt{100}=10$ であるから，$Z=\frac{X-150}{10}$ とおくと，

確率変数 Z は標準正規分布 $N(0,\ 1)$ に従う。

$Z=\frac{X-150}{10}$ より，$X=10Z+150$ であるから，

$X\geqq155 \Longleftrightarrow 10Z+150\geqq155 \Longleftrightarrow Z\geqq0.5$ ←Z の範囲を求める

よって，求める確率は，図の色のついた部分であるから，

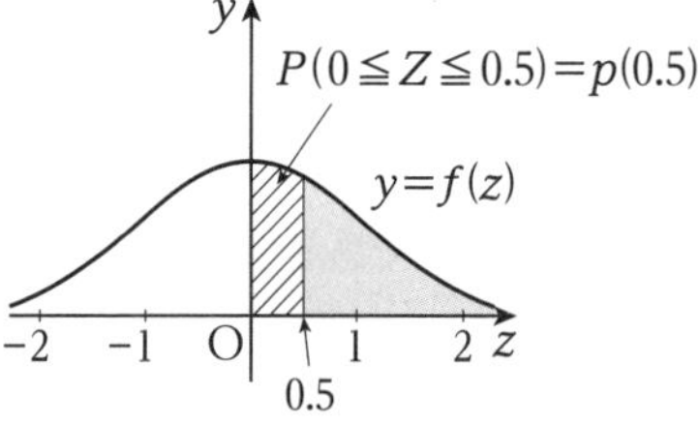

$P(X\geqq155)=P(Z\geqq0.5)$
$=0.5-p(0.5)$
$=0.5-0.1915$ ←正規分布表で調べる
$=\mathbf{0.3085}$ … 答

演習問題 37

次の問いに答えよ。

(1) 硬貨を1600回投げて，表が出る回数を X とする。X が750以下の値をとる確率を，正規分布表を用いて求めよ。

(2) さいころ1個を50回投げ，3の倍数の目が出る回数を X とする。このとき，3の倍数の目が20回以上22回以下となる確率を正規分布表を用いて求めよ。

解答▶別冊25ページ

第3節 統計的な推測

1 全数調査と標本調査，母集団分布

統計調査には，調査する対象全体をもれなく調べる**全数調査**と，調査する対象の一部を取り出して調べ，その結果から全体の結果を推測する**標本調査**があります。標本調査では，調査の対象全体を**母集団**といい，母集団の要素の個数を**母集団の大きさ**といいます。そして，母集団から抜き出した要素全体を**標本**といい，標本の要素の個数を**標本の大きさ**といいます。また，母集団から標本を抜き出すことを**抽出**といいます。

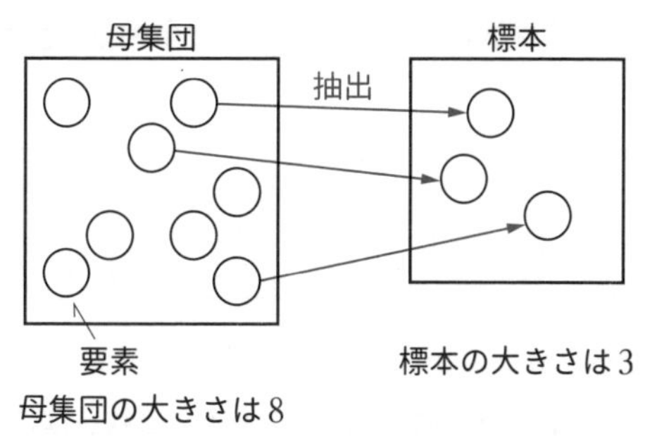

日本国内を走る車の色は何色が多いでしょうか？
日本で1日に売れる食パンは何枚切りのものが多いでしょうか？
このようなことを調べるとき，全数調査をすることは難しいですね。全数調査には多くの時間や費用がかかる場合や，食品などの商品の場合（すべて味見するわけにはいきませんね）は，標本調査を用いて母集団の特徴を推測することを考えます。そのためには，偏りが出ないように標本を抽出する必要があります。つまり，母集団の要素のいずれについても抽出される確率が等しくなるようにしなければいけません。このような抽出法を**無作為抽出**といい，偏りなく抽出された標本を**無作為標本**といいます。

無作為抽出のためには，カード，さいころ，ルーレットなどの器具や**乱数表**を利用します。乱数表は0から9までの数字を不規則に並べたもので，各数字の出現確率が等しくなるように工夫された表です。

乱数表（一部）

05	89	66	75	80	83	75	…
97	11	78	69	79	79	06	…
23	04	34	39	70	34	62	…
…	…	…	…	…	…	…	…

大きさ N の母集団において，変量 x の値を

x_1，x_2，x_3，…，x_r $(r<N)$

とし，それぞれの値をとる度数を

f_1，f_2，f_3，…，f_r

とするとき，右のような度数分布表になります。

よって，この母集団から 1 個の要素を無作為抽出するとき，変量 x の値が x_k となる確率 p_k は，

$$p_k=\frac{f_k}{N}\ (k=1,\ 2,\ 3,\ \cdots,\ r)$$

です。

階級値	度数
x_1	f_1
x_2	f_2
x_3	f_3
⋮	⋮
x_r	f_r
合計	N

したがって，変量 x の値 **X は次の表のような確率分布をもつ確率変数と考えることができます。**

X	x_1	x_2	x_3	…	x_r	計
P	$\frac{f_1}{N}$	$\frac{f_2}{N}$	$\frac{f_3}{N}$	…	$\frac{f_r}{N}$	1

一般に，母集団における変量 x の分布を**母集団分布**といい，母集団分布の平均，分散，標準偏差を**母平均**，**母分散**，**母標準偏差**といいます。これらは，大きさ 1 の変量 x の値 X を確率変数とみたときの，確率分布，期待値，分散，標準偏差と一致します。

よって，離散型確率変数の定義より母平均は，

$$E(X)=x_1\cdot\frac{f_1}{N}+x_2\cdot\frac{f_2}{N}+x_3\cdot\frac{f_3}{N}+\cdots+x_r\cdot\frac{f_r}{N}$$
$$=\sum_{k=1}^{r}x_k\cdot\frac{f_k}{N}$$

母分散は，

$$V(X)=E(X^2)-\{E(X)\}^2$$

母標準偏差は，

$$\sigma(X)=\sqrt{V(X)}$$

一般に，母平均，母分散，母標準偏差は m，σ^2，σ で表します。また，これらの数値をまとめて**母数**といいます。

Check Point　母集団分布と標本

大きさ 1 の無作為標本の確率分布は母集団分布と一致し，その期待値・分散・標準偏差は，母平均・母分散・母標準偏差と一致する。

例題42 1と書かれたカード1枚，2と書かれたカード2枚，3と書かれたカード3枚，4と書かれたカード4枚がある。この10枚のカードを母集団とし，この中から1枚を無作為抽出して，そこに書かれたカードの数字をXとするとき，母平均と母標準偏差をそれぞれ求めよ。

解答 母集団分布は，大きさ1の無作為標本の確率分布と一致するので，次の表のようになる。

X	1	2	3	4	計
P	$\frac{1}{10}$	$\frac{2}{10}$	$\frac{3}{10}$	$\frac{4}{10}$	1

よって，**母平均** m は，

$$m=1\cdot\frac{1}{10}+2\cdot\frac{2}{10}+3\cdot\frac{3}{10}+4\cdot\frac{4}{10}=\mathbf{3}\ \cdots \text{答}$$

母分散σ^2 は，

$$\sigma^2=\left(1^2\cdot\frac{1}{10}+2^2\cdot\frac{2}{10}+3^2\cdot\frac{3}{10}+4^2\cdot\frac{4}{10}\right)-3^2 \quad \leftarrow V(X)=E(X^2)-\{E(X)\}^2$$

$$=1$$

よって，**母標準偏差**σは，

$$\sigma=\sqrt{1}=\mathbf{1}\ \cdots \text{答}$$

演習問題 38

1，2，2，3，3，3，4，4，4，4，5，5，5，5，5の数字を1つずつ記した15枚のカードがある。この15枚のカードを母集団とし，この中から1枚を無作為抽出して，そこに書かれたカードの数字をXとするとき，母集団分布，母平均，母標準偏差を求めよ。

解答▶別冊26ページ

2 標本平均の期待値・分散・標準偏差

母集団から標本を抽出するとき，抽出のたびに要素をもとに戻しながら次のものを1個ずつ取り出すことを**復元抽出**といいます。これに対して，もとに戻さないで続けて取り出すことを**非復元抽出**といいます。

母集団から n 個の要素を無作為抽出したとき，取り出した n 個の要素における変量 x の値を X_1，X_2，X_3，…，X_n とします。この標本が非復元抽出によって得られた場合，X_1，X_2，X_3，…，X_n は互いに独立ではありませんが，**母集団の大きさが無作為標本の大きさより十分に大きいときは非復元抽出である場合も復元抽出の場合と同様に X_1，X_2，X_3，…，X_n は互いに独立であるとみなして考えます**。

非復元抽出では，取り出すたびに全体の要素の個数が減っていくので次の試行に影響していますが，母集団の大きさが十分に大きい場合は，何個か取り出しても全体の大きさはほとんど変わらないとみて，ほぼ影響がないと考えることができるからです。

ここからは，母集団の大きさが無作為標本の大きさ n より十分に大きく，無作為標本の要素はすべて独立な確率変数であると考えます。

母集団から無作為抽出した大きさ n の標本について，得られた n 個の変量を X_1，X_2，X_3，…，X_n とするとき，その**標本平均** $\overline{X}$ は次のように定義されています。

$$\overline{X}=\frac{1}{n}(X_1+X_2+X_3+\cdots+X_n)$$

標本平均 $\overline{X}$ も，無作為抽出を繰り返すたびに変化する確率変数です。無作為抽出を行うたびに，その標本の平均はさまざまな値をとります。標本から母集団を推定するためにも，**標本平均が母集団とどのような関係があるのか**を調べることにしましょう。

まず，**標本平均 $\overline{X}$ の期待値 $E(\overline{X})$ を調べます。**←「平均の平均を考える」というイメージ

母集団の母平均が m，母標準偏差が σ であるとき，大きさ n の無作為標本 X_1，X_2，X_3，…，X_n を考えます。これらの各変数は，それぞれが大きさ1の標本で母集団分布に従う独立な確率変数であると考えることができます。

よって，**それぞれの期待値は母平均に等しい**ので，

$$E(X_1)=E(X_2)=E(X_3)=\cdots=E(X_n)=m$$

このことより，標本平均 $\overline{X}$ の期待値 $E(\overline{X})$ は，

$$E(\overline{X})=E\left(\frac{X_1+X_2+X_3+\cdots+X_n}{n}\right)$$

$$=\frac{1}{n}E(X_1+X_2+X_3+\cdots+X_n)$$ ← $E(aX+b)=aE(X)+b$

$$=\frac{1}{n}\{E(X_1)+E(X_2)+E(X_3)+\cdots+E(X_n)\}$$ ← $E(X+Y)=E(X)+E(Y)$

$$=\frac{1}{n}(\underbrace{m+m+m+\cdots+m}_{n\text{ 個の和}})$$ ← $E(X_1)=E(X_2)=E(X_3)=\cdots=E(X_n)=m$

$$=\frac{1}{n}\cdot nm=m$$

同様にして，標本平均 $\overline{X}$ の分散 $V(\overline{X})$ を調べます。

各変数の分散も母分散に等しいので，

$$V(X_1)=V(X_2)=V(X_3)=\cdots=V(X_n)=\sigma^2$$

このことより，標本平均 $\overline{X}$ の分散 $V(\overline{X})$ は，

$$V(\overline{X})=V\left(\frac{X_1+X_2+X_3+\cdots+X_n}{n}\right)$$

$$=\frac{1}{n^2}V(X_1+X_2+X_3+\cdots+X_n)$$ ← $V(aX+b)=a^2V(X)$

$$=\frac{1}{n^2}\{V(X_1)+V(X_2)+V(X_3)+\cdots+V(X_n)\}$$ ← X，Y が互いに独立のとき，$V(X+Y)=V(X)+V(Y)$

$$=\frac{1}{n^2}(\underbrace{\sigma^2+\sigma^2+\sigma^2+\cdots+\sigma^2}_{n\text{ 個の和}})$$

$$=\frac{1}{n^2}\cdot n\sigma^2$$ ← $V(X_1)=V(X_2)=V(X_3)=\cdots=V(X_n)=\sigma^2$

$$=\frac{1}{n}\sigma^2$$

さらに標本平均 $\overline{X}$ の標準偏差 $\sigma(\overline{X})$ は，

$$\sigma(\overline{X})=\sqrt{V(\overline{X})}=\sqrt{\frac{1}{n}\sigma^2}=\frac{\sigma}{\sqrt{n}}$$

Check Point 標本平均の期待値・分散・標準偏差

母平均 m，母標準偏差 σ の母集団から大きさ n の無作為標本を抽出するとき，標本平均 $\overline{X}$ に対して，

標本平均の期待値 $E(\overline{X})=m$ ←標本平均の期待値は母平均に等しい

標本平均の分散 $V(\overline{X})=\dfrac{\sigma^2}{n}$

標本平均の標準偏差 $\sigma(\overline{X})=\dfrac{\sigma}{\sqrt{n}}$

標本平均の期待値，分散，標準偏差と母数(母集団の各数値)との関係がわかりましたね。

例題43 ある農場で生産されるニワトリの卵の重さの平均値は 60g で，標準偏差は 0.6g である。この農場で 400 個の卵を無作為抽出で選ぶとき，400 個の卵の重さの平均値 $\overline{X}$ の期待値と標準偏差を求めよ。

解答 母平均 60g，母標準偏差が 0.6g の母集団から 400 個の無作為抽出を行ったと考えるので，**期待値** $E(\overline{X})$ は，

$E(\overline{X})=\mathbf{60}$ … 答 $\leftarrow E(\overline{X})=m$

標準偏差 $\sigma(\overline{X})$ は，

$\sigma(\overline{X})=\dfrac{1}{\sqrt{400}}\times 0.6=\mathbf{0.03}$ … 答 $\leftarrow \sigma(\overline{X})=\dfrac{\sigma}{\sqrt{n}}$

演習問題 39

あるホームセンターで売っている肥料の重さの平均値は 12kg，標準偏差は 0.4 kg である。このホームセンターで 200 個の肥料を無作為抽出で選ぶときの肥料の重さの平均 $\overline{X}$ の期待値と標準偏差を求めよ。 解答▶別冊 26 ページ

3 標本平均の分布

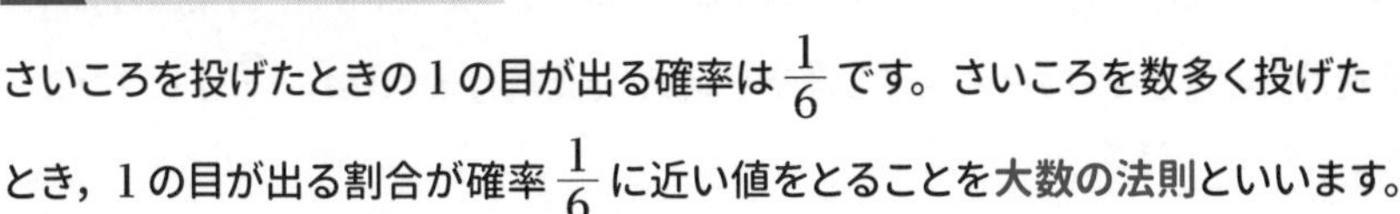

さいころを投げたときの1の目が出る確率は $\frac{1}{6}$ です。さいころを数多く投げたとき，1の目が出る割合が確率 $\frac{1}{6}$ に近い値をとることを**大数の法則**といいます。

大数の法則は，標本平均についても同様のことがいえることがわかっています。

p.103 の Check Point より，標本平均 $\overline{X}$ の期待値は母平均 m に等しく，標本平均 $\overline{X}$ の標準偏差 $\sigma(\overline{X})$ は $\frac{\sigma}{\sqrt{n}}$ より，標本の大きさ n を大きくすると小さくなることがわかります。つまり，n を大きくすると，標準偏差は0に近づく(標本平均 $\overline{X}$ の散らばりがほとんどなくなる)ので，$\overline{X}$ の分布は下のグラフのようになります。このことは**どのような標本平均 $\overline{X}$ も n を大きくするにつれて母平均 m に近い値をとるということを表しています**。

↑ここが重要！

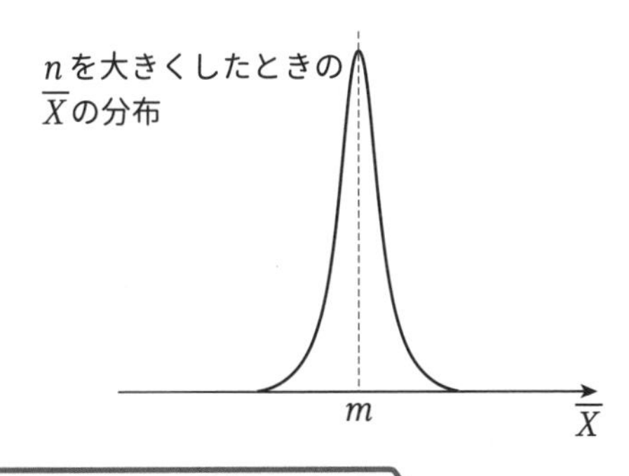

Check Point 標本平均と大数の法則

> 母平均 m の母集団から，大きさ n の無作為標本を抽出するとき，n が大きくなると，標本平均 $\overline{X}$ は母平均 m に近い値をとるようになる。
>
> [大数の法則]

さらに，標本平均 $\overline{X}$ は標本の大きさ n が大きいとき，次のようなことが成り立つことがわかっています。このことは**中心極限定理**といいます。

Check Point 中心極限定理

> 母平均 m，母標準偏差 σ の母集団から抽出された大きさ n の標本の標本平均 $\overline{X}$ は，n が大きいとき，正規分布 $N\left(m, \frac{\sigma^2}{n}\right)$ に従うとみなすことができる。

Advice 中心極限定理は，母集団がどのような分布でも成り立つ定理ですが，**母集団分布が正規分布の場合は n が小さくても標本平均 $\overline{X}$ は正規分布 $N\left(m,\ \dfrac{\sigma^2}{n}\right)$ に従う**ことがわかっています。

例題 44 平均が 80 点，標準偏差が 36 点であるテストがある。この母集団から 900 人の標本を無作為抽出したとき，標本平均 $\overline{X}$ が 83 点より大きい値をとる確率を，**p.93** の正規分布表を用いて求めよ。

解答

標本の大きさが十分に大きいので，標本平均 $\overline{X}$ は正規分布

$$N\left(80,\ \frac{36^2}{900}\right)=N(80,\ 1.44)$$

に従うとみなすことができる。

ここで，$Z=\dfrac{\overline{X}-80}{\sqrt{1.44}}=\dfrac{\overline{X}-80}{1.2}$ とおくと，Z は標準正規分布 $N(0,\ 1)$ に従う。

よって，

$$P(\overline{X}>83)=P(\overline{X}\geqq 83)$$ ← $P(X=83)=\int_{83}^{83}f(x)dx=0$ より，等号を含めても同じ

$$=P(Z\geqq 2.5)$$
$$=0.5-p(2.5)$$
$$=0.5-0.4938$$
$$=\mathbf{0.0062}$$ … 答

演習問題 40

ある地域では，木の高さの平均が 224cm であり，標準偏差が 50cm である。この母集団から大きさ 100 の標本を無作為抽出するとき，標本平均が 220cm よりも小さい値をとる確率を，**p.93** の正規分布表を用いて求めよ。

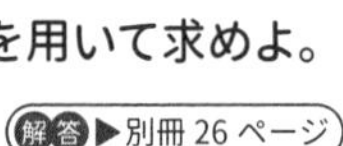

解答 ▶別冊 26 ページ

4 母平均の推定

母集団分布の数値がどのような値をとるのかを推測することを**推定**といいます。
推定には，標本をもとに母集団分布の数値を 1 つの値でピンポイントに推定する**点推定**と，幅を持たせて推定する**区間推定**があります。ここでは，区間推定の方法について考えます。

一般に母集団の大きさが十分に大きい場合，母集団分布に関する数値はわかっていないことが多い(実際に数えるのが難しいからですね)ため，それらの数値を標本から推定することを考えます。
例えば，ある高校で無作為抽出した高校生 100 人の座高を調べたところ，平均値が 90cm であったとします。この高校の座高の標準偏差を 3.5cm としたとき，**母平均を含む確率が 95%であるような区間を推定する**ことを考えます。

無作為抽出した要素の平均値が 90cm であったことから，母平均も 90cm に近いと考えられます。この標本平均から母平均は大体どのくらいの値の範囲に入るかを考える，ということです。

母平均を m とすると，$n=100$ であるから(十分に大きいと考えて)，
標本平均 $\overline{X}$ は正規分布 $N\left(m,\ \dfrac{3.5^2}{100}\right)$ に従うとみなすことができます。
標準化することを考えると，確率変数

$$Z=\frac{90-m}{\dfrac{3.5}{\sqrt{100}}}$$ ←分母は標準偏差である点に注意

は**標準正規分布 $N(0,\ 1)$ に従う**ことになります。
分布曲線の対称性より 95÷2=47.5(%) となる値を **p.93** の正規分布表から探すと，
$P(0 \leqq Z \leqq 1.96)=0.4750$ であるとわかります。
よって，95%となる Z の区間は $-1.96 \leqq Z \leqq 1.96$ であるから，

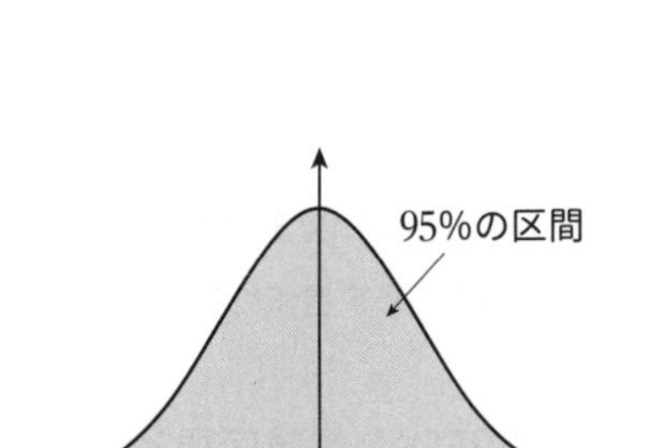

$$-1.96 \leqq \frac{90-m}{\dfrac{3.5}{\sqrt{100}}} \leqq 1.96$$

$$-1.96 \cdot \frac{3.5}{\sqrt{100}} \leqq 90-m \leqq 1.96 \cdot \frac{3.5}{\sqrt{100}}$$

$$-90-1.96\cdot\frac{3.5}{\sqrt{100}} \leqq -m \leqq -90+1.96\cdot\frac{3.5}{\sqrt{100}}$$

$$90-1.96\cdot\frac{3.5}{\sqrt{100}} \leqq m \leqq 90+1.96\cdot\frac{3.5}{\sqrt{100}}$$

この m の値の範囲が，母平均を含む確率が 95%であるような区間を示しています。この区間を母平均 m に対する**信頼度 95%の信頼区間**，または **95%信頼区間**といい，次のように表します。

$$\left[90-1.96\cdot\frac{3.5}{\sqrt{100}},\ 90+1.96\cdot\frac{3.5}{\sqrt{100}}\right] \quad \leftarrow [a,\ b] \Longleftrightarrow a \leqq x \leqq b$$

また，このときの $90-1.96\cdot\frac{3.5}{\sqrt{100}}$ を**下側信頼限界**，$90+1.96\cdot\frac{3.5}{\sqrt{100}}$ を**上側信頼限界**といいます。

参考 上の[ ]内の 2 式を解くと [89.314，90.686] となります。
つまり，$89.314 \leqq m \leqq 90.686$ です。

Check Point　母平均の 95%信頼区間 ①

標本の大きさ n が十分に大きく，母標準偏差が σ のとき，母平均 m に対する 95%信頼区間は，

$$\overline{X}-1.96\cdot\frac{\sigma}{\sqrt{n}} \leqq m \leqq \overline{X}+1.96\cdot\frac{\sigma}{\sqrt{n}}$$

信頼区間を 95%とするのは絶対ではなく，扱いやすい数値であるというのが一因です。信頼区間を 99%とするのであれば $0.99\div2=0.495$ なので正規分布表より $p(2.58)=0.4951$ であることを利用します。

先ほどの座高の 95%信頼区間は [89.314，90.686] でしたが母平均 m が 89.314cm 以上 90.686cm 以下の区間に必ず含まれるとは限りません。

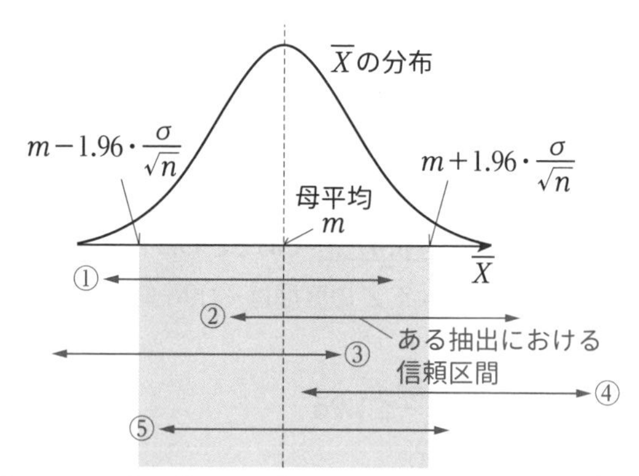

信頼度 95%の信頼区間とは，**「100 回抽出と推定を行うと 95 回くらいは信頼区間が母平均 m を含む」**という意味です。区間は標本ごとに異なるので，上の図の④のように母平均 m を含まない区間もあります。「m が信頼区間に含まれる確率」ではなく，「信頼区間が m を含む確率」です。**変動するの**

は母平均ではなく信頼区間のほうであることに注意します。

Advice **Check Point**の式は覚えなくても大丈夫です。要は**標準正規分布の分布曲線の**$Z=\pm 1.96$ **の間にあればよい**だけです。

参考 実際に母集団分布がわからない場合，母標準偏差σの値もわかっていない場合がほとんどになります。その場合，**標本の大きさが十分に大きい場合は，母標準偏差の代わりに標本の標準偏差の値を用いても信頼区間に大きな違いがない**ことがわかっています。

Check Point 母平均の 95%信頼区間 ②

標本の大きさnが十分に大きく，標本の標準偏差がsのとき，母平均mに対する 95%信頼区間は，

$$\overline{X}-1.96\cdot\frac{s}{\sqrt{n}}\leqq m\leqq\overline{X}+1.96\cdot\frac{s}{\sqrt{n}}$$

例題 45 あるコンビニエンスストアで売る予定のおむすびの中から，100 個を無作為抽出して重さを量ったところ，平均値が 112g であった。重さの母標準偏差を 11g として，このおむすび 1 個の重さの平均値を信頼度 95%で推定せよ。なお，答えは小数第 2 位を四捨五入して答えよ。

解答 母平均mに対する 95%信頼区間は，

$$112-1.96\cdot\frac{11}{\sqrt{100}}\leqq m\leqq 112+1.96\cdot\frac{11}{\sqrt{100}}$$

$$109.844\leqq m\leqq 114.156$$

小数第 2 位を四捨五入すると，

$$109.8\leqq m\leqq 114.2$$

よって，**[109.8，114.2]（ただし，単位は g）** … 答

演習問題 41

あるパン工場で製造されているパンの中から，任意に 2500 個を無作為抽出して重さを量ると，平均値 425g，標準偏差 55g であった。このパンの平均の重さを信頼度 95%で推定せよ。

解答▶別冊 26 ページ

5 標本比率の分布

例えば,「納豆が好きか嫌いか」「朝食は食べるかそうでないか」といった数値ではないもので表されるデータを扱う場合,「納豆が好きな人の割合はどのくらいか」「朝食を食べる人の割合はどのくらいか」を考えることになります。
母集団の中で，ある特性 A をもつ要素の割合を**母比率**といい，抽出された標本の中で特性 A をもつ要素の割合を**標本比率**といいます。

特性 A の母比率が p である十分に大きい母集団があり，ここから大きさ n の無作為標本の抽出を考え，各要素 1 つ 1 つについて特性 A をもつ個数を X_1，X_2，…，X_n で表します(もちろん，0 か 1 しかありません)。このとき，$X_k(1 \leqq k \leqq n)$ はすべて右の確率分布に従います。

X_k	0	1	計
P	$1-p$	p	1

X_k はすべて互いに独立な確率変数です。ここで,

$$X_1+X_2+X_3+\cdots+X_n=X$$ ←「特性 A をもつものの個数が X 個」ということ

とおくとき，標本平均 $\overline{X}$ は,

$$\overline{X}=\frac{X_1+X_2+X_3+\cdots+X_n}{n}=\frac{X}{n}$$

特性 A の標本比率を R とすると, $R=\frac{X}{n}$ であるから, **標本平均 $\overline{X}$ は標本比率 R と等しい**ことがわかります。また，確率変数 X_k は 0 か 1 のいずれかですから，確率変数 X は二項分布 $B(n, p)$ に従います。このとき，R の期待値は,

$$E(R)=E(\overline{X})=E\left(\frac{X}{n}\right)$$
$$=\frac{1}{n}E(X)$$ ← $E(aX+b)=aE(X)+b$
$$=\frac{1}{n}\cdot np=p$$ ← $E(X)=np$ (二項分布の性質)

また，分散 $V(R)$ は，$q=1-p$ とすると,

$$V(R)=V(\overline{X})=V\left(\frac{X}{n}\right)$$
$$=\frac{1}{n^2}V(X)$$ ← $V(aX+b)=a^2V(X)$
$$=\frac{1}{n^2}\cdot npq=\frac{pq}{n}$$ ← $V(X)=npq$ (二項分布の性質)

確率変数が二項分布に従うとき，n が十分に大きければ二項分布と同じ期待値，分散をもつ正規分布に従うと考えることができます。よって，**標本比率 R=標本平均 $\overline{X}=\frac{X}{n}$ は近似的に正規分布 $N\left(p, \frac{pq}{n}\right)$ に従う**とみなすことができます。

p.98 で学んだように，確率変数 X が二項分布 $B(n,\ p)$ に従うとき，n が十分に大きければ近似的に正規分布 $N(np,\ npq)$ に従います。

例題 46 ある県では全世帯の $\frac{1}{3}$ が自家用車を 2 台持っているという。この県の世帯から 200 世帯を無作為抽出したとき，自家用車を 2 台持っている世帯の割合を R とする。

このとき，標本比率 R の期待値 $E(R)$ と標準偏差 $\sigma(R)$ を求めよ。

また，$0.35 \leqq R \leqq 0.4$ となる確率を，**p.93** の正規分布表を用いて求めよ。

解答 母比率を p とすると，$p=\frac{1}{3}$ であるから，

$$\boldsymbol{E(R)=\frac{1}{3}} \cdots \text{答} \quad \leftarrow E(R)=p$$

$$\sigma(R)=\sqrt{\frac{\frac{1}{3}\cdot\frac{2}{3}}{200}}=\boldsymbol{\frac{1}{30}} \cdots \text{答} \quad \leftarrow \sigma(R)=\sqrt{V(R)}=\sqrt{\frac{pq}{n}}$$

よって，R は近似的に正規分布 $N\left(\frac{1}{3},\left(\frac{1}{30}\right)^2\right)$ に従う。$Z=\dfrac{R-\frac{1}{3}}{\frac{1}{30}}=30R-10$ と

おくと，Z は標準正規分布 $N(0,\ 1)$ に従う。以上より，

$$\boldsymbol{P(0.35 \leqq R \leqq 0.4)}=P(0.5 \leqq Z \leqq 2)=p(2)-p(0.5)=0.4772-0.1915$$

$$=\boldsymbol{0.2857} \cdots \text{答}$$

演習問題 42

ある種類の花では，赤い花と白い花の咲く割合が等しい。その花を 400 本無作為抽出したときの赤い花の割合を R とする。

(1) 標本比率 R の期待値 $E(R)$ と標準偏差 $\sigma(R)$ を求めよ。

(2) $0.49 \leqq R \leqq 0.51$ となる確率を，**p.93** の正規分布表を用いて求めよ。

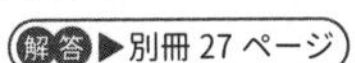
解答▶別冊 27 ページ

6 母比率の推定

p.110 で学んだ通り，**標本比率 R は標本平均 $\overline{X}$ に等しく，標本比率 R は n が十分に大きいとき，近似的に正規分布 $N\left(p,\ \dfrac{pq}{n}\right)=N\left(p,\ \dfrac{p(1-p)}{n}\right)$ に従うとみなすことができます。**$\overline{X}$ が近似的に正規分布 (m,σ^2) に従うとき，母平均 m の 95%信頼区間は，

$$\overline{X}-1.96\cdot\frac{\sigma}{\sqrt{n}}\leqq m\leqq\overline{X}+1.96\cdot\frac{\sigma}{\sqrt{n}}$$

母比率 p の 95%信頼区間は，標本比率 R が正規分布 $N\left(p,\ \dfrac{p(1-p)}{n}\right)$ に従うので，

$$R-1.96\sqrt{\frac{p(1-p)}{n}}\leqq p\leqq R+1.96\sqrt{\frac{p(1-p)}{n}}\quad\leftarrow\overline{X}=R$$

この式は左辺にも右辺にも求めたい母比率 p を含んでいるので，p の推定ができたことになりません。そこで，**n が十分に大きい場合，標本比率 R は母比率 p に近い(大数の法則)と考えて代入したもの**が母比率 p に対する 95%信頼区間になります。

Check Point　母比率の 95%信頼区間

標本の大きさ n が十分に大きいとき，母比率 p に対する 95%信頼区間は，

$$R-1.96\sqrt{\frac{R(1-R)}{n}}\leqq p\leqq R+1.96\sqrt{\frac{R(1-R)}{n}}$$

例題47 ある農家でとれた野菜を 400 個無作為抽出してチェックしたところ，8 個が虫に食われるなどして商品にできなかった。野菜全体の不良品の割合を信頼度 95%で推定せよ。

解答 不良品の標本比率は，$R=\dfrac{8}{400}=0.02$

野菜全体の不良品の割合(母比率)p に対する 95%信頼区間は，

$$0.02-1.96\sqrt{\frac{0.02\times0.98}{400}}\leqq p\leqq0.02+1.96\sqrt{\frac{0.02\times0.98}{400}}$$

$0.00628\leqq p\leqq0.03372$　よって，**[0.00628，0.03372]** … 答

演習問題 43

ある都市の市長選挙で世論調査を行った。有権者 300 人を無作為抽出したところ，180 人が候補者 X の支持者であった。有権者全体における候補者 X の支持率を信頼度 95%で推定せよ。ただし，$\sqrt{2}=1.41$ として計算し，小数第 3 位を四捨五入して答えよ。

解答▶別冊 27 ページ

7 母平均の仮説検定

ある主張（仮説）が正しいかどうかを統計的に判断していく方法を**仮説検定**といいます。

例えば，「成績が上がるサプリメント」なるものがあったとしましょう。これを飲んだ100人のうち，60人が「サプリメントの効果があった」と答えたとします。このとき，このサプリメントには効果があると判断できるかどうかを考えます。

仮説検定ではまず主張を否定する次のような仮説を立てます（背理法のような考え方です）。

「効果があったという回答もそうでない回答も $\frac{1}{2}$ の確率で起こる（全くの偶然で起こる＝効果があると実感できていない）。」

そして，**この仮説が成り立つと仮定したとき，100人中60人が「効果があった」と答える確率が5%以下ならば，この仮説は正しくない，つまり「効果があると実感できていない」は正しくないと判断します。**

回答は効果があったかそうでないかの2通りであるから，ベルヌーイ試行です。

よって,「効果があった」と答える人数 X は，二項分布 $B\left(100,\ \frac{1}{2}\right)$ に従う確率変数です。

このとき，期待値 m と分散 σ^2 は，

$$m=100\times\frac{1}{2}=50$$

$$\sigma^2=100\times\frac{1}{2}\times\frac{1}{2}=25$$

$n=100$ は十分に大きいと考えることができるので，正規分布 $N(50,\ 25)$ に従うと近似できます。このとき，

$$Z=\frac{X-50}{\sqrt{25}}=\frac{X-50}{5}$$

とおくと，Z は標準正規分布 $N(0,\ 1)$ に従う確率変数です。$X=60$ のとき，

$$Z=\frac{60-50}{5}=2$$

であるから，**p.93** の正規分布表より，

$$P(X\geqq 60)=P(Z\geqq 2)$$

$$=0.5-0.4772$$

$$=0.0228 \quad \leftarrow 約2.3\%$$

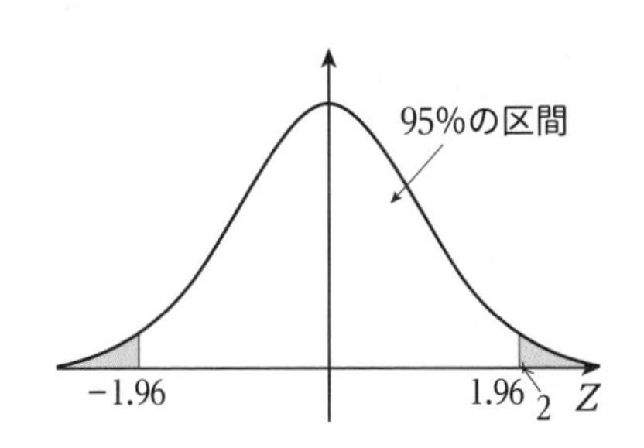

よって，仮説が成り立つと仮定したとき，100 人中 60 人が「効果があった」と答える確率は 5%以下です。このことから，**普通は起きないような可能性の小さいことが起きたことになるので，仮説は正しくない，つまり「効果があると実感できていない」は正しくないと判断できます。**
よって,**「このサプリメントには効果がある」と判断できる**ことになります。

もし効果があったという回答もそうでない回答も $\frac{1}{2}$ の確率で起こるのであれば，回答は 50 人ずつ等しくなることが最もありえそうです。ですので,「効果があった」と答える人数が 60 人にまで偏ることはめったにない，ということです。

一般に，否定できるかどうかの判断を下す仮説（先ほどの例では「効果があったという回答もそうでない回答も $\frac{1}{2}$ の確率で起こる」という仮説）を帰無仮説といいます。逆に帰無仮説を否定する仮説（先ほどの例では「このサプリメントは効果がある」という仮説）を対立仮説といいます。帰無仮説は扱いやすいものに設定をするのが基本です。

「どちらの回答も確率が $\frac{1}{2}$ ずつ」と扱いやすいので帰無仮説に用いた訳です。

帰無仮説を否定してもよいと考えられる値の範囲を棄却域といい，それ以外の範囲を採択域といいます。この棄却域に入る確率を有意水準または危険率といいます。先ほどの例では有意水準 α は $\alpha=0.05$(5%) に設定しました。$\alpha=0.05$ や $\alpha=0.01$ の場合が多いです。また，$\alpha=0.05$ のときは「有意水準 5%の仮説検定」といいます。
求めた標本平均や標本比率の仮説検定を行うとき，その値が棄却域に入ればその帰無仮説は否定できると考えます。このことを「帰無仮説を棄却する」といい，採択域に入る場合は帰無仮説は否定できない，つまり判断を保留することになり「帰無仮説を棄却しない」といいます。あくまでも否定する根拠が不足しているだけなので，**帰無仮説を肯定できるわけではない**点に注意しましょう。

もし，このサプリメントの例で帰無仮説が採択域に入った場合，「効果があったという回答もそうでない回答も $\frac{1}{2}$ の確率で起こる（効果があると実感できていない）」が否定できないことになります。
例えば，2 と 3 以外の素数は 2 でも 3 でも割り切れない数です。よって 2 や 3 で割り切れれば「2 と 3 以外の素数でない」ことは示されますが，2 と 3 で割り切れなかったからといって 2 と 3 以外の素数であるとは肯定できないですね（例えば 35 などです）。

p.108 の**Check Point** より，母集団の母平均 m と母標準偏差 σ がわかっている場合，無作為抽出した大きさ n の標本の標本平均 $\overline{X}$ について，

$$\overline{X}-1.96\cdot\frac{\sigma}{\sqrt{n}} \leqq m \leqq \overline{X}+1.96\cdot\frac{\sigma}{\sqrt{n}}$$

が成り立つ確率は95%です。よって，帰無仮説として母平均が m であると仮定したとき，標本平均 $\overline{X}$ に対する有意水準 5%の棄却域はその逆で，

$$m<\overline{X}-1.96\cdot\frac{\sigma}{\sqrt{n}}，または，\overline{X}+1.96\cdot\frac{\sigma}{\sqrt{n}}<m$$

扱いやすくするために変形すると，

$$\overline{X}-m<-1.96\cdot\frac{\sigma}{\sqrt{n}}，または，1.96\cdot\frac{\sigma}{\sqrt{n}}<\overline{X}-m$$

とできるので絶対値を用いて，次のようにまとめます。

Check Point　正規分布を利用した母平均の仮説検定 ①

母標準偏差が σ で標本の大きさ n が十分に大きい場合，帰無仮説として母平均が m であると仮定したときの標本平均 $\overline{X}$ に対する有意水準 5%の棄却域は，

$$|\overline{X}-m|>1.96\cdot\frac{\sigma}{\sqrt{n}}$$

この式は覚えられなくても大丈夫です。要は**標準正規分布の分布曲線の $Z=\pm1.96$ より外側の範囲が棄却域と考えればよい**だけです。

参考　さらに，標本の大きさ n が十分に大きい場合は，**母標準偏差を標本の標準偏差 s でおき換えても大きな違いがない**ので，棄却域は以下のように書き換えることができます。

Check Point　正規分布を利用した母平均の仮説検定 ②

標本の標準偏差が s で標本の大きさ n が十分に大きい場合，帰無仮説として母平均が m であると仮定したときの標本平均 $\overline{X}$ に対する有意水準 5%の棄却域は，

$$|\overline{X}-m|>1.96\cdot\frac{s}{\sqrt{n}}$$

例題48 2L 入りのペットボトルのお茶を作る工場が，1 本の平均値 2L，標準偏差 0.1L の正規分布に従うように製品を製造している。ある日，出荷前の製品の中から 25 本を無作為抽出したところ，ペットボトル内の容量の平均値は 1.95L であった。この結果より，

「ペットボトル内の容量の平均値は 2L ではない」

と判断してよいか。有意水準 5%で仮説検定せよ。

考え方〉「正規分布に従うように製品を製造している」とあるので，標本の大きさが大きくなくても問題ありません。

解答 ペットボトル内の容量の母平均を m とすると，帰無仮説は「$m=2$L」，対立仮説は「$m \neq 2$L」である。標本平均 $\overline{X}$ の棄却域は，

$$|\overline{X}-m|>1.96 \cdot \frac{0.1}{\sqrt{25}}=0.0392$$

ここで，$\overline{X}=1.95$，$m=2$ であるから，

$$|\overline{X}-m|=|1.95-2|=0.05>0.0392$$ ←棄却域の内部

であるから，帰無仮説は棄却されるから，対立仮説を受け入れる。

つまり，**「ペットボトル内の容量の平均値は 2L ではない」と判断できる。** …答

別解 棄却域の不等式を覚えてなくても問題ありません。標準化より，標準正規分布を考えて，絶対値が 1.96 より大きいかどうかを確認すればよいわけです。

標本平均 $\overline{X}$ は正規分布 $N\left(2,\ \dfrac{0.1^2}{25}\right)$ に従うので，$Z=\dfrac{\overline{X}-2}{\frac{0.1}{5}}$ とおくと，確率変数 Z は標準正規分布 $N(0,\ 1)$ に従う。

$\overline{X}=1.95$ のとき，$Z=-2.5$ となり，棄却域である $Z \leqq -1.96$ 内に存在する。

よって，帰無仮説は棄却されるから，対立仮説を受け入れる。

つまり，**「ペットボトル内の容量の平均値は 2L ではない」と判断できる。** …答

演習問題 44

ジャガイモを袋に詰める機械があり，1 袋の重さは平均 5kg，標準偏差 0.4kg の正規分布に従うという。

ある日，9 袋を無作為抽出したところ，袋の重さの平均は 5.27kg であった。帰無仮説を「機械が故障していない」として，有意水準 5%で仮説検定せよ。

解答▶別冊 27 ページ

8 母比率の仮説検定

母比率が p である母集団から無作為抽出した標本の標本比率を R とするとき，
標本の大きさ n が十分に大きい場合，

$$R-1.96\sqrt{\frac{p(1-p)}{n}} \leqq p \leqq R+1.96\sqrt{\frac{p(1-p)}{n}}$$

が成り立つ確率は 95%です。よって，帰無仮説として母比率が p であると仮定したとき，
標本比率 R に対する有意水準 5%の棄却域は，

$$p<R-1.96\sqrt{\frac{p(1-p)}{n}}\text{，または，}R+1.96\sqrt{\frac{p(1-p)}{n}}<p$$

絶対値を用いてまとめると次のようになります。

Check Point 正規分布を利用した母比率の仮説検定

標本の大きさ n が十分に大きい場合，帰無仮説として母比率が p であると
仮定したときの標本比率 R に対する有意水準 5%の棄却域は，

$$|R-p|>1.96\sqrt{\frac{p(1-p)}{n}}$$

例題49 ある風邪薬 A は 7 割の患者に効果があるとされている。別の風邪薬 B を
無作為抽出した患者 1000 人に投与したところ，650 人に効果があったとする。
このとき，風邪薬 A と風邪薬 B には効果の違いがあるといえるか，有意水準
5%で仮説検定せよ。計算に電卓を用いてもよい。

解答 母比率 $p=0.7$，標本比率 $R=\dfrac{650}{1000}=0.65$ である。

帰無仮説は，「風邪薬 B で効果のある患者の母比率は 0.7」である。←「効果の違いがない」が帰無仮説

このとき，R の棄却域は，

$$|R-p|>1.96\sqrt{\frac{p(1-p)}{n}}=1.96\sqrt{\frac{0.7\times0.3}{1000}}\fallingdotseq 0.028$$

↑この計算に電卓を利用します

$R=0.65$，$p=0.7$ であるから，

$$|R-p|=|0.65-0.7|=0.05>0.028$$ ←棄却域の内部

であるから，帰無仮説は棄却される。

つまり**風邪薬 A と風邪薬 B には効果の違いがあるといえる。** … 答

演習問題 45

ある居酒屋では，1 月に 500 本の焼酎の注文があり，そのうち 266 本が鹿児島県産，残りが宮崎県産であった。この居酒屋では，鹿児島県産の焼酎の注文が多いといえるか。帰無仮説を「鹿児島県産と宮崎県産の注文は同数である」として，有意水準 5%の仮説検定をせよ。なお，$\sqrt{5}=2.24$ とする。

ベクトル

第1節　平面上のベクトルの演算

1　有向線分とベクトル・ベクトルの相等

直線 AB のうち，点 A から点 B までの部分を線分 AB といいました。この線分に向きを指定した線分を**有向線分**といいます。
「有向線分 AB」というとき，A をその**始点**，B をその**終点**といいます。また，始点と終点がわかるように，図示するときは右の図のように矢印を利用して示します。

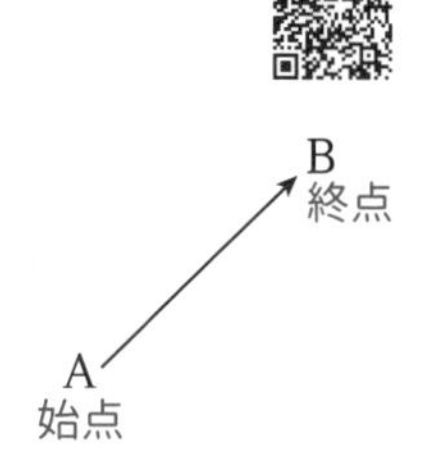

有向線分は始点と終点を決めることでただ 1 つに定めることができます。言い換えれば，**有向線分は始点(位置)と向き，そして有向線分の大きさ(長さ)でただ 1 つに定めることができます。**

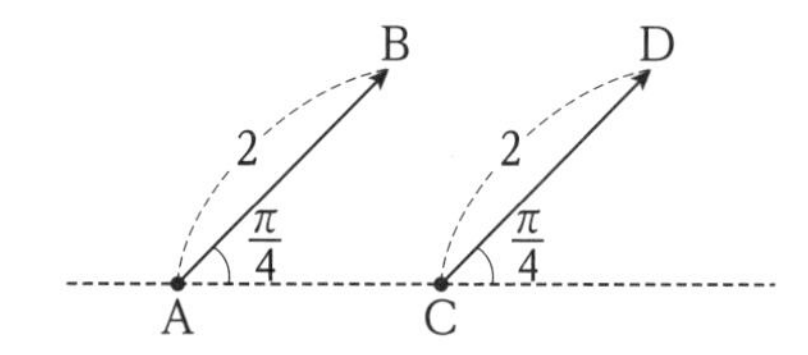

よって，図のように 2 つの有向線分 AB と CD は，向きと大きさは等しいですが，始点(位置)が異なるために**この 2 つの有向線分は異なる**といえます。逆に，位置を考えなければ向きと大きさは等しいことがいえます。
位置を考えず，**向きと大きさだけで決まる量**を**ベクトル**といいます。つまり，上の図の**ベクトル AB とベクトル CD は同じものである**と考えることができます。
有向線分 AB で表されるベクトルを$\overrightarrow{AB}$と表します。ベクトルは，有向線分の始点・終点を用いずに$\vec{a}$のように表すこともあります。
また，$\overrightarrow{AB}$，$\vec{a}$の大きさはそれぞれ$|\overrightarrow{AB}|$，$|\vec{a}|$と表します。特に，大きさが 1 であるベクトルを**単位ベクトル**といいます。

Check Point　ベクトルの相等

> $\vec{a}$と$\vec{b}$の向きと大きさが等しいとき，
> 「$\vec{a}$と$\vec{b}$は等しい」といい，$\vec{a}=\vec{b}$と表す。

Advice　逆も成り立ちます。つまり，$\vec{a}=\vec{b}$のとき，$\vec{a}$と$\vec{b}$の向きと大きさが等しいといえます。

例題50 下の図において，次の条件を満たすベクトルを表す有向線分はどれとどれか答えよ。

(1) 大きさの等しいベクトル　(2) 向きの等しいベクトル　(3) 等しいベクトル

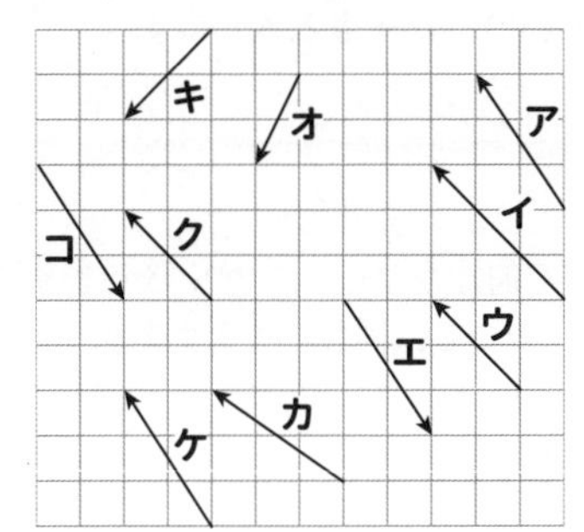

解答 (1) **アとエとカとケとコ，ウとキとク** … 答

(2) **アとケ，イとウとク，エとコ** … 答

(3) (1)と(2)を同時に満たす組み合わせは，

アとケ，エとコ，ウとク … 答

演習問題 46

下の図において，次の条件を満たすベクトルを表す有向線分はどれとどれか答えよ。

(1) 大きさの等しいベクトル

(2) 向きの等しいベクトル

(3) 等しいベクトル

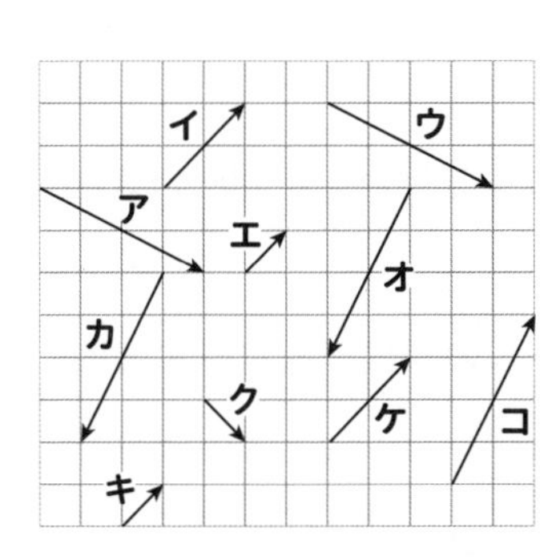

解答▶別冊 28 ページ

2 ベクトルの加法・減法

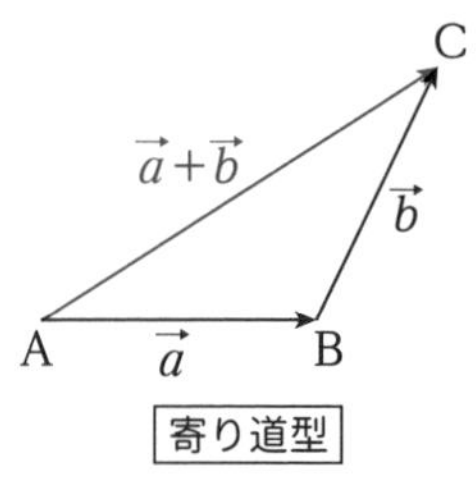

右の図のように，ベクトル $\vec{a}$，$\vec{b}$ に対して，1 点 A を定めて，$\vec{a}=\overrightarrow{AB}$，$\vec{b}=\overrightarrow{BC}$ となる点 B，C をとります。このとき，$\overrightarrow{AC}$ を $\vec{a}$ と $\vec{b}$ の和といい，$\vec{a}+\vec{b}$ と表します。

A を出発して C にまっすぐ向かうのも，A から B に寄り道して C に向かうのも，**結局 C に到着することについては同じ**，と考えます。

3 点のアルファベットを用いて表すと，

$$\overrightarrow{AB}+\overrightarrow{BC}=\overrightarrow{AC} \quad \cdots\cdots(*)$$ ←寄り道型

このBを消してつめる

とできるので，**前のベクトルの終点と後のベクトルの始点が一致するときは，前のベクトルの始点と後のベクトルの終点を結んだベクトルに等しい**といえます。

右の図のように，平行四辺形 ABCD を考えると，

$$\overrightarrow{BC}=\overrightarrow{AD}=\vec{b}$$ ←向きと大きさが等しい = ベクトルが等しい

ですから，**始点が等しい 2 つのベクトルの和は，その 2 つのベクトルでつくる平行四辺形の対角線上にとることができる**と考えることもできます。

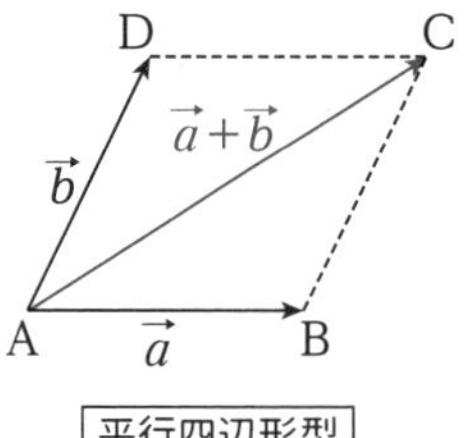

よって，先ほどの ($*$) の式は，

$$\overrightarrow{AB}+\overrightarrow{AD}=\overrightarrow{AC}$$ ←平行四辺形型

とできます。

ベクトルの和では次に示す交換法則と結合法則が成り立ちます。これらは，図示することで簡単に確認できます。

Check Point ベクトルの交換法則と結合法則

交換法則 $\vec{a}+\vec{b}=\vec{b}+\vec{a}$ ←たし算の順序は逆にしても同じ

結合法則 $(\vec{a}+\vec{b})+\vec{c}=\vec{a}+(\vec{b}+\vec{c})$ ←どれを先に加えても同じ

例題51 次の図の$\overrightarrow{a}$，$\overrightarrow{b}$において，$\overrightarrow{a}+\overrightarrow{b}$を図示せよ。

(1)

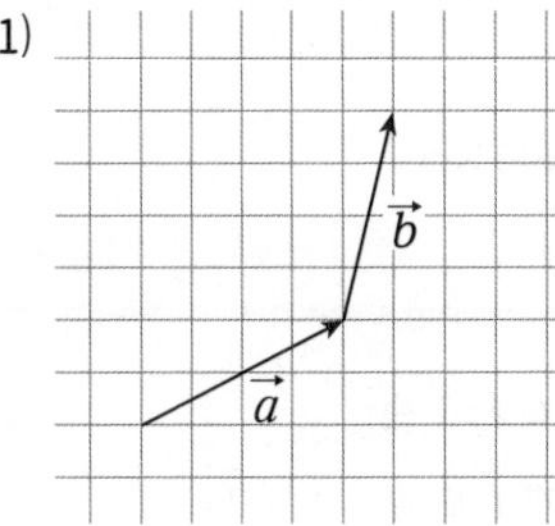

(2)

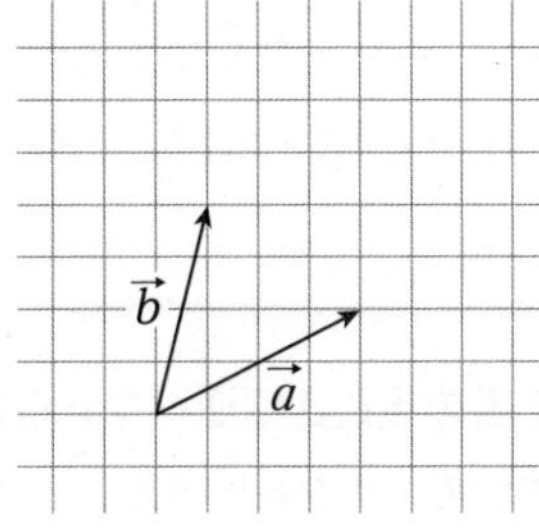

(3)

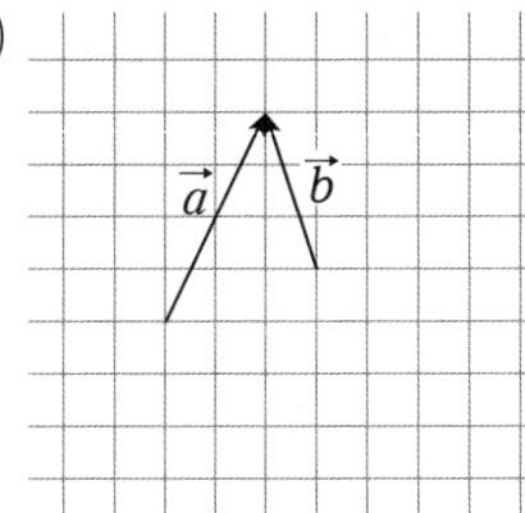

(4)

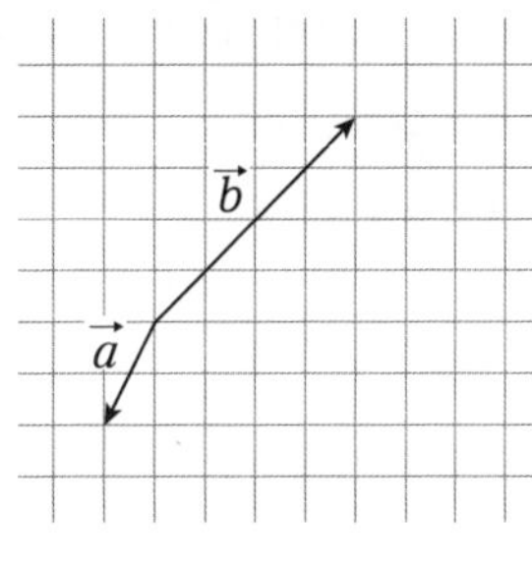

解答

(1)

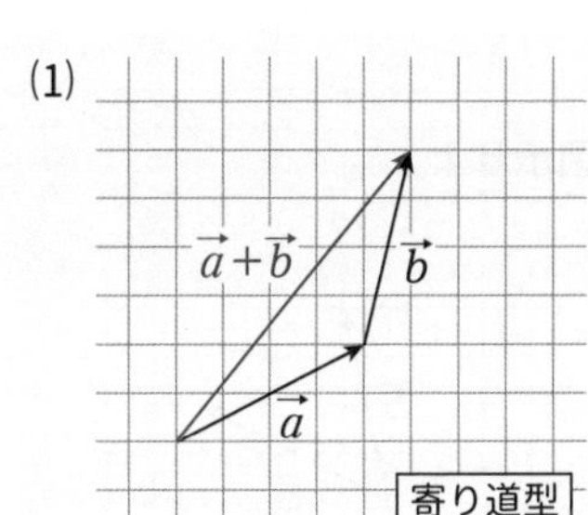

(2)

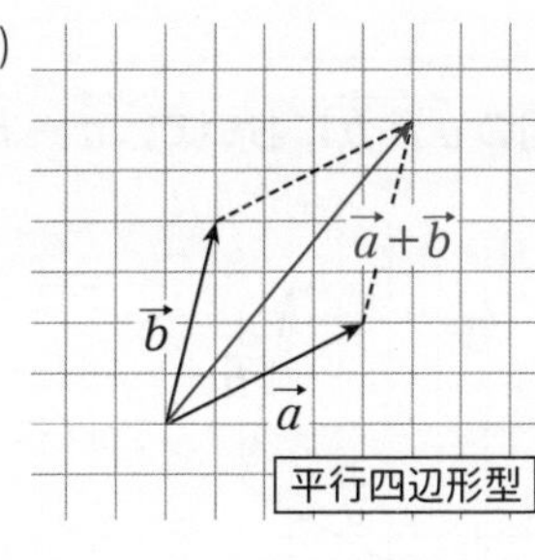

(3)

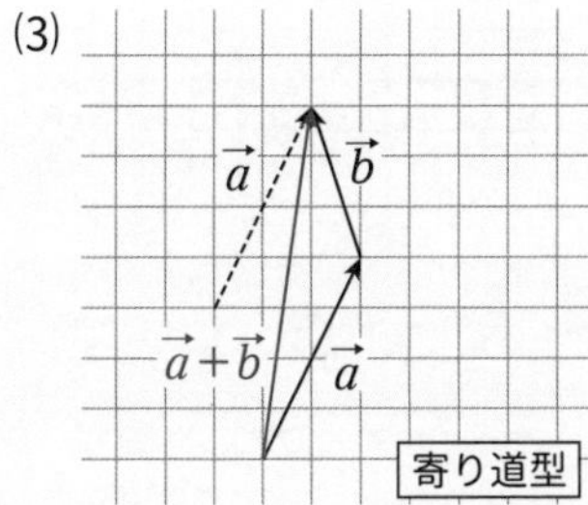

(4)

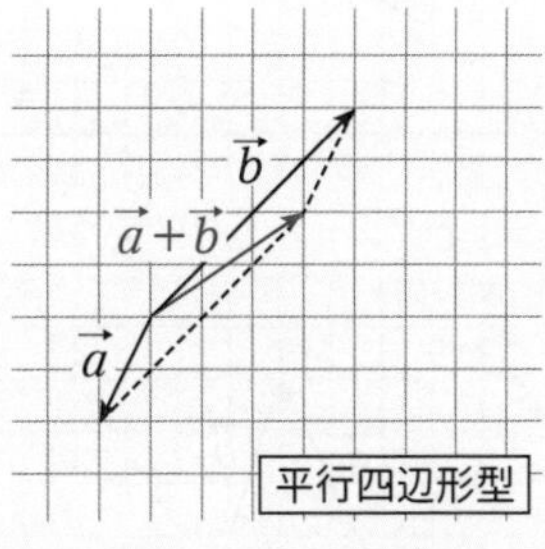

確認 上の解答はあくまでも一例です。ベクトルでは，位置は関係ないので，平行移動して向きと大きさが上の解答と一致するのであれば正解です。

$\vec{a}$に対して，$-\vec{a}$を$\vec{a}$の逆ベクトルといい，**大きさは同じで向きが逆のベクトル**を指します。

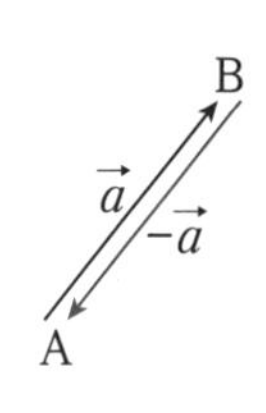

$\vec{a}=\overrightarrow{AB}$ とすると，$-\vec{a}=\overrightarrow{BA}$ であるから，

$\overrightarrow{BA}=-\overrightarrow{AB}$ ←マイナスをつけると始点と終点が逆になる

となります。

ベクトルの差を求めるときは逆ベクトルとの和を考えます。右の図において，ベクトルの差$\vec{a}-\vec{b}$はまず$\vec{b}$の逆ベクトル$-\vec{b}$を作図し，次に$\vec{a}$と$-\vec{b}$の和を考えて求めることができます。つまり，

$$\vec{a}-\vec{b}=\vec{a}+\left(-\vec{b}\right)$$

と考えます。

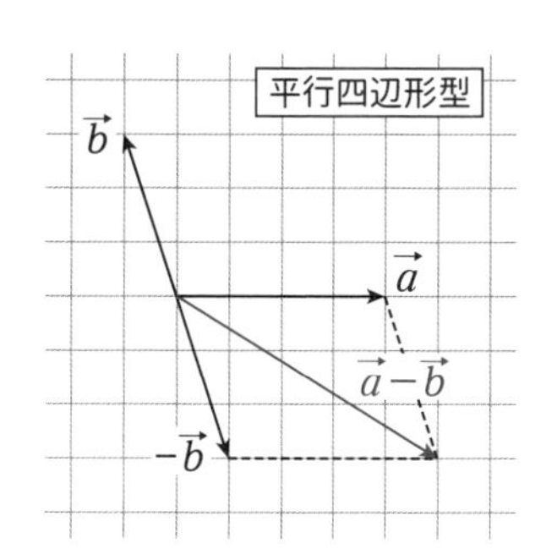

例題52 次の図の$\vec{a}$，$\vec{b}$において，$\vec{a}-\vec{b}$を図示せよ。

(1)

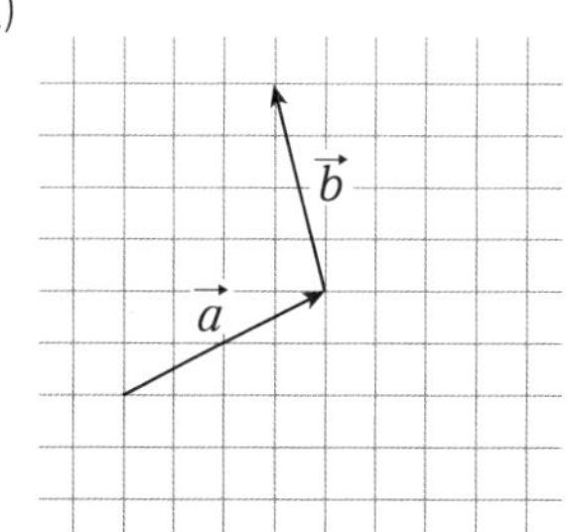

(2)

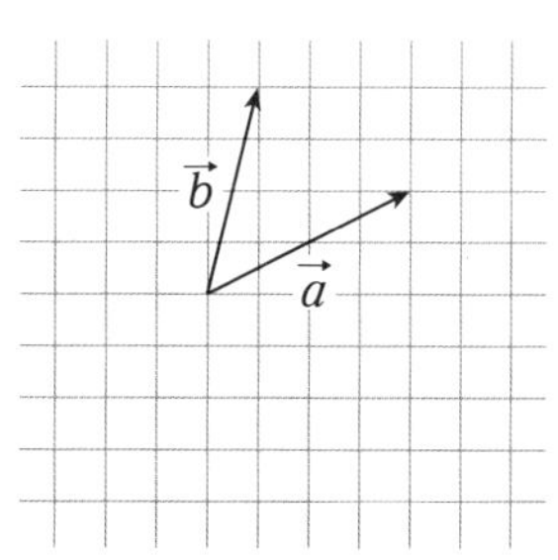

(3)

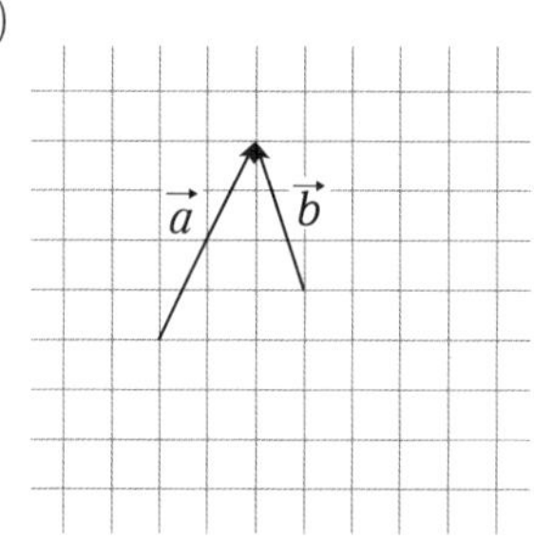

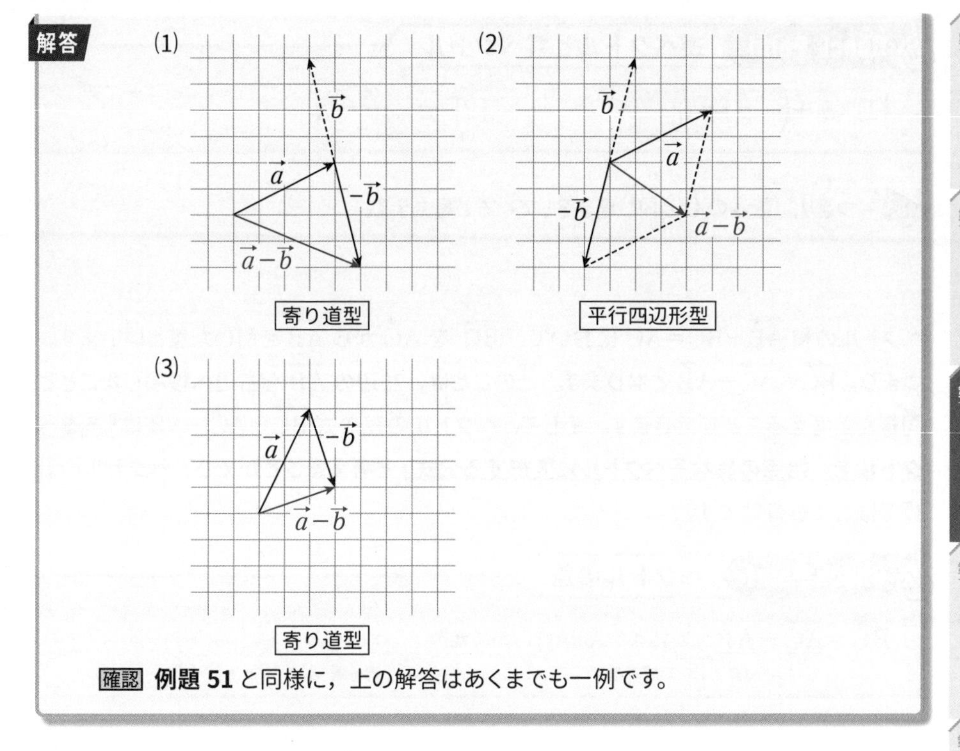

確認 **例題 51** と同様に，上の解答はあくまでも一例です。

次の図のように逆ベクトルどうしの和 $\overrightarrow{AB}+\left(-\overrightarrow{AB}\right)$ は，もとの場所に戻るためベクトルの大きさが 0 となります（向きは考えません）。

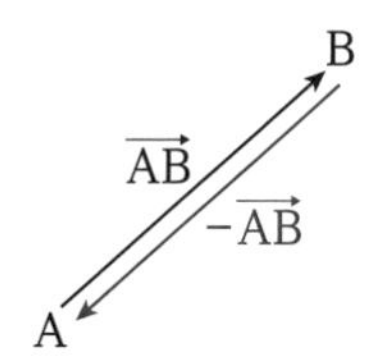

このようなベクトルを**零**（れい）**ベクトル**といい（「ゼロベクトル」ということもあります），$\vec{0}$ で表します。

また，

$$\overrightarrow{AB}+\left(-\overrightarrow{AB}\right)=\overrightarrow{AB}+\overrightarrow{BA}=\overrightarrow{AA}$$

であるから，**任意の点 A に対して $\overrightarrow{AA}=\vec{0}$ が成り立ちます。**

このことから例えば 3 点 A，B，C を考えたとき，図をかくとわかるように

$$\overrightarrow{AB}+\overrightarrow{BC}+\overrightarrow{CA}=\overrightarrow{AA}=\vec{0}$$ ←B と C に寄り道しても，最後は A に戻ってきている

が成り立ちます。

Check Point 逆ベクトルと零ベクトル

[1] $\vec{a}+(-\vec{a})=\vec{0}$　　　　[2] $\vec{a}+\vec{0}=\vec{a}$

つまり，数字の 0 と同じ働きをしていると考えます。

ベクトルの和 $\overrightarrow{AB}+\overrightarrow{BC}=\overrightarrow{AC}$ において，$\overrightarrow{BC}$ を $\overrightarrow{AC}$ から $\overrightarrow{AB}$ を引いた差といいます。つまり，$\overrightarrow{BC}=\overrightarrow{AC}-\overrightarrow{AB}$ となります。このことは，左辺の $\overrightarrow{AB}$ を右辺へ移項したことと同様だと考えることができます。そして，ベクトルの差の式 $\overrightarrow{BC}=\overrightarrow{AC}-\overrightarrow{AB}$ は**「あるベクトルを，始点の異なるベクトルに変形する公式」**と考えることができ，ベクトルの計算ではとても有効です。

Check Point ベクトルの差

$\overrightarrow{BC}=\underline{\overrightarrow{AC}-\overrightarrow{AB}}$ ←始点が A になるように変形

↑(A と $\overrightarrow{BC}$ の終点を結ぶベクトル)−(A と $\overrightarrow{BC}$ の始点を結ぶベクトル)

例題53 下の図の長方形 ABCD において，対角線の交点を O とし，$\overrightarrow{OA}=\vec{a}$，$\overrightarrow{OB}=\vec{b}$ とするとき，次のベクトルを $\vec{a}$，$\vec{b}$ で表せ。

(1) $\overrightarrow{OC}$　　(2) $\overrightarrow{AB}$　　(3) $\overrightarrow{BC}$

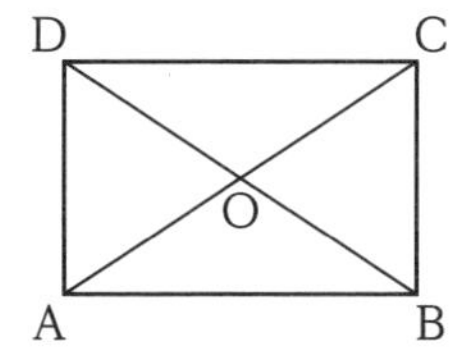

考え方 (2)，(3)は始点を O に直して考えます。

解答 (1) $\overrightarrow{OC}=-\overrightarrow{OA}=-\vec{a}$ … 答

(2) $\overrightarrow{AB}=\underline{\overrightarrow{OB}-\overrightarrow{OA}}=\vec{b}-\vec{a}$ … 答
↑始点が O になるように変形

(3) $\overrightarrow{BC}=\underline{\overrightarrow{OC}-\overrightarrow{OB}}=-\vec{a}-\vec{b}$ … 答
↑始点が O になるように変形

演習問題 47

1 次の図の $\vec{a}$，$\vec{b}$ において，$\vec{a}+\vec{b}$ を図示せよ。

(1)

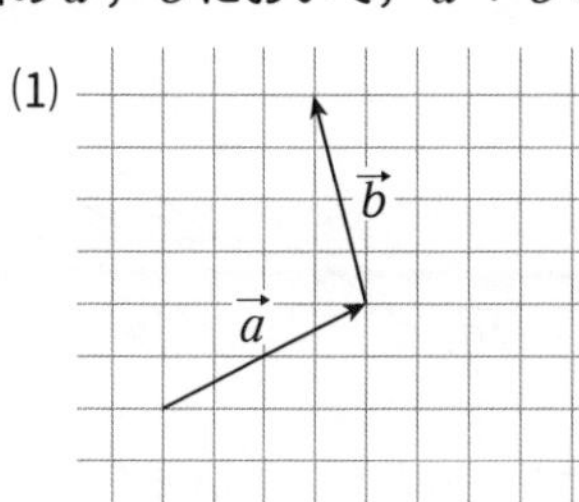

(2)

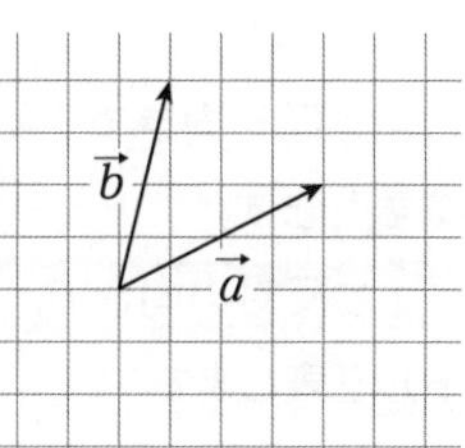

(3)

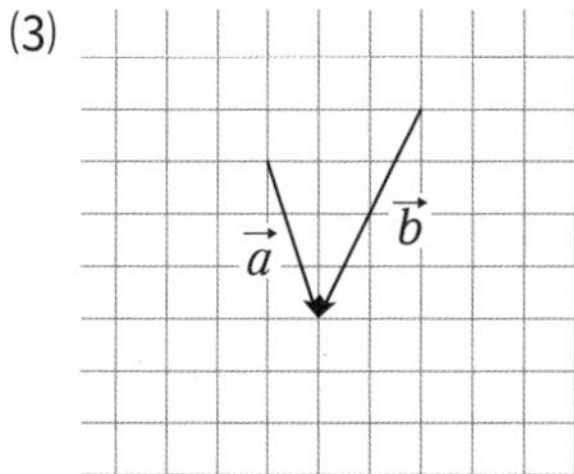

(4)

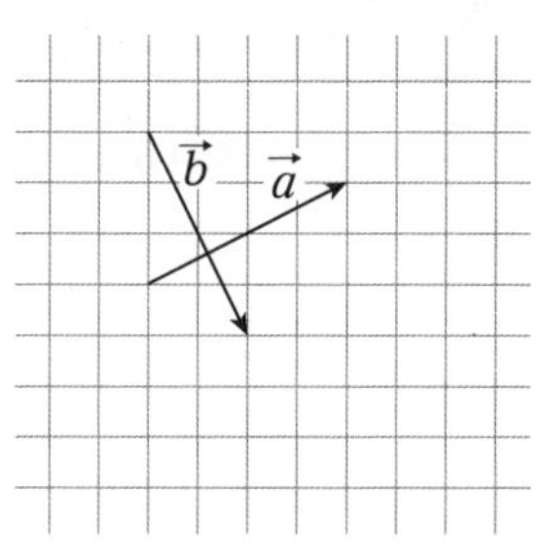

2 次の図の $\vec{a}$，$\vec{b}$ において，$\vec{a}-\vec{b}$ を図示せよ。

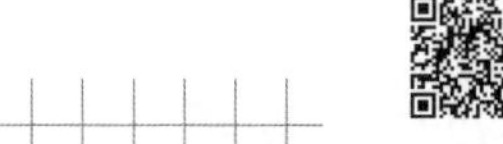

(1)

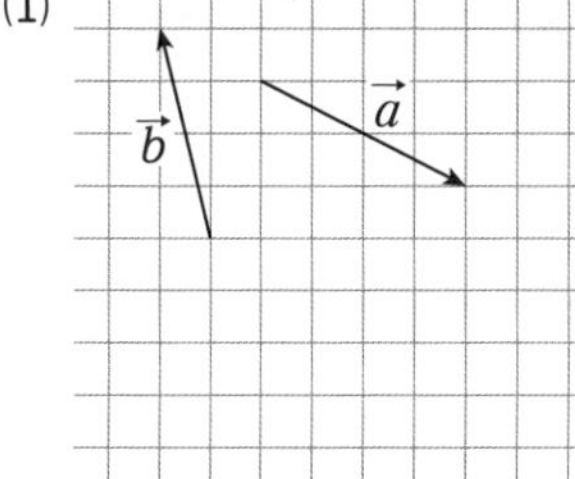

(2)

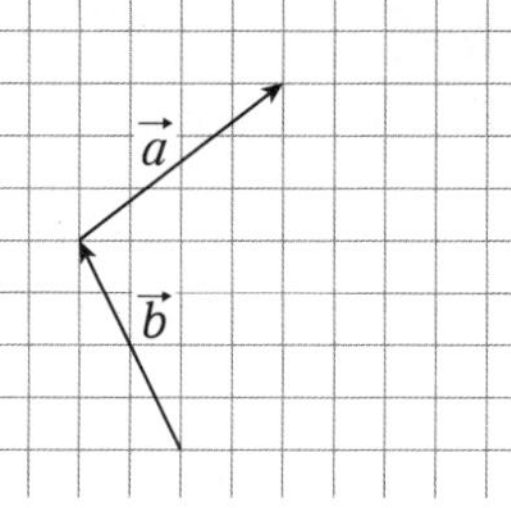

3 右の図の正方形 ABCD において，次のベクトルを図示せよ。

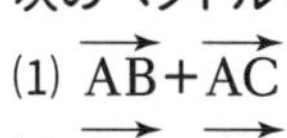

(1) $\overrightarrow{AB}+\overrightarrow{AC}$

(2) $\overrightarrow{AC}+\overrightarrow{BA}+\overrightarrow{DB}$

(3) $\overrightarrow{BD}-\overrightarrow{BC}+\overrightarrow{CD}$

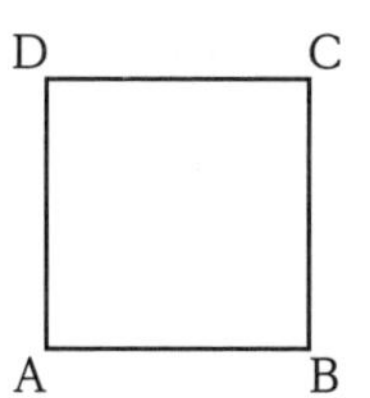

解答▶別冊 28 ページ

3 ベクトルの実数倍と平行条件・ベクトルの分解

ベクトル$\vec{a}$と実数kに対して，$\vec{a}$のk倍$k\vec{a}$は，

$k>0$のとき，$\vec{a}$と同じ向きで，大きさがk倍のベクトルを表します。

$k<0$のとき，$\vec{a}$と反対の向きで，大きさが$|k|$倍のベクトルを表します。

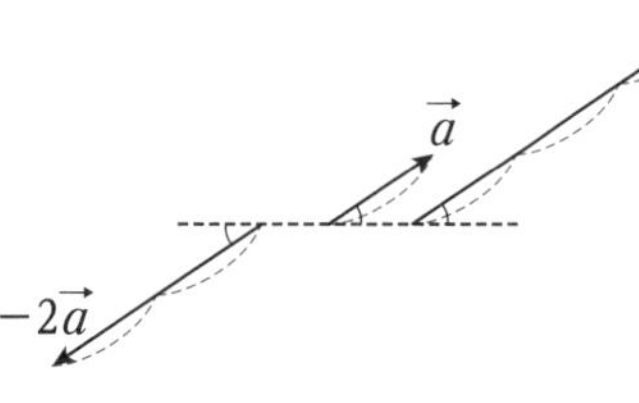

また，実数k，lに対して，次のことが成り立つことがわかっています。

Check Point　ベクトルの実数倍

[1]　$k(l\vec{a})=l(k\vec{a})=(kl)\vec{a}$

[2]　$(k+l)\vec{a}=k\vec{a}+l\vec{a}$　　$k(\vec{a}+\vec{b})=k\vec{a}+k\vec{b}$

また，**「実数倍の関係にある2つのベクトルは同じ向き，または反対の向きであるから平行である」**といえます。

Check Point　ベクトルの平行条件

$\vec{a}\neq\vec{0}$，$\vec{b}\neq\vec{0}$であるとき，

$\vec{a}=k\vec{b}$となる実数kが存在する$\Longleftrightarrow\vec{a}\,/\!/\,\vec{b}$

例題54　右の図の$\vec{a}$，$\vec{b}$を用いて，次のベクトルを図示せよ。

(1)　$\dfrac{1}{2}\vec{a}$

(2)　$\dfrac{3}{2}\vec{a}+\vec{b}$

(3)　$\vec{a}-\dfrac{1}{2}\vec{b}$

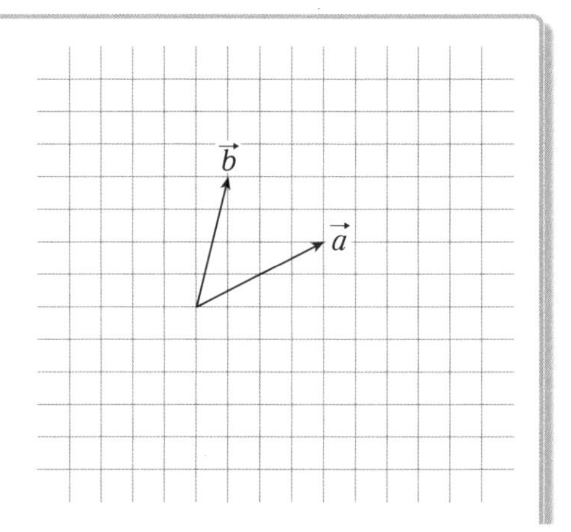

解答

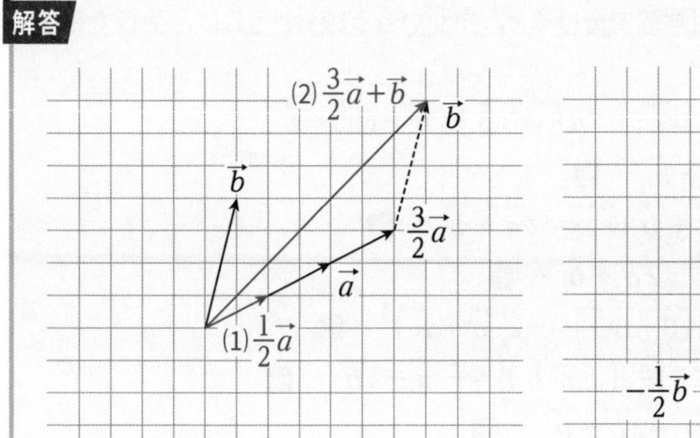

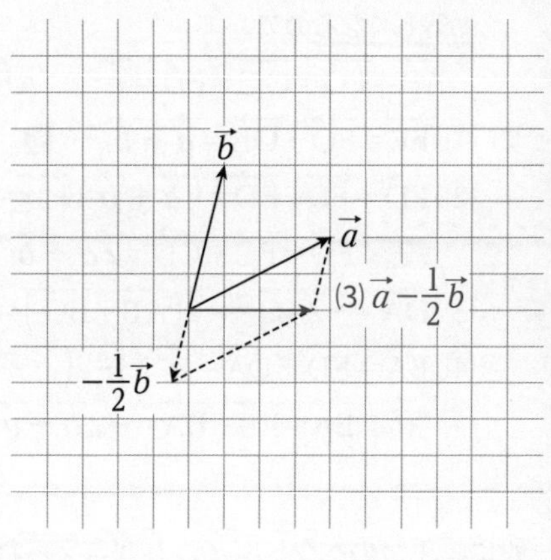

ベクトルの和・差・実数倍では，$\vec{a}$，$\vec{b}$，$\vec{c}$などを文字式と同じようにして計算することができます。

例題55 次の計算をせよ。

(1) $2(\vec{a}-2\vec{b})-3(3\vec{a}+\vec{b})$　　(2) $\frac{1}{2}(\vec{a}-\vec{b})-\frac{1}{3}(2\vec{a}+3\vec{b})$

解答 (1) $2(\vec{a}-2\vec{b})-3(3\vec{a}+\vec{b})=2\vec{a}-4\vec{b}-9\vec{a}-3\vec{b}$

$=(2-9)\vec{a}+(-4-3)\vec{b}$　←同類項をまとめるのと同様

$=\boldsymbol{-7\vec{a}-7\vec{b}}$ … 答

(2) $\frac{1}{2}(\vec{a}-\vec{b})-\frac{1}{3}(2\vec{a}+3\vec{b})=\frac{1}{2}\vec{a}-\frac{1}{2}\vec{b}-\frac{2}{3}\vec{a}-\vec{b}$

$=\left(\frac{1}{2}-\frac{2}{3}\right)\vec{a}+\left(-\frac{1}{2}-1\right)\vec{b}$　←同類項をまとめるのと同様

$=\boldsymbol{-\frac{1}{6}\vec{a}-\frac{3}{2}\vec{b}}$ … 答

例題56 右の図の正六角形 ABCDEF において，$\overrightarrow{AB}=\vec{a}$，$\overrightarrow{AF}=\vec{b}$とするとき，次のベクトルを$\vec{a}$，$\vec{b}$を用いて表せ。

(1) $\overrightarrow{FE}$　　(2) $\overrightarrow{FD}$　　(3) $\overrightarrow{DA}$　　(4) $\overrightarrow{EA}$

考え方 (2)，(4)はそれぞれ(1)，(3)の利用を考えます。

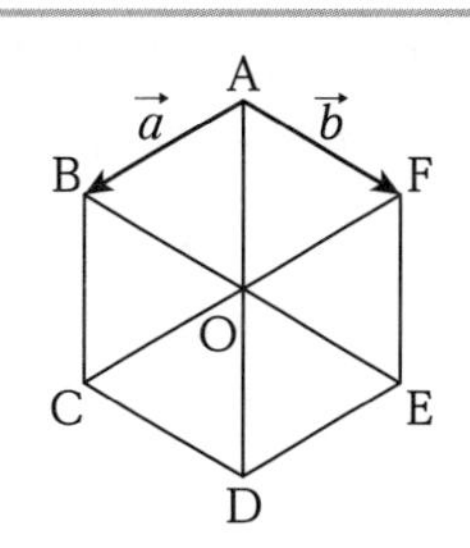

解答 図のように正六角形を対角線で分けると，向かい合う線分どうしは，平行で長さも等しくなるので，

$\overrightarrow{AB}=\overrightarrow{FO}=\overrightarrow{OC}=\overrightarrow{ED}=\vec{a}$　　$\overrightarrow{AF}=\overrightarrow{BO}=\overrightarrow{OE}=\overrightarrow{CD}=\vec{b}$

(1) $\overrightarrow{FE}=\overrightarrow{FO}+\overrightarrow{OE}=\boldsymbol{\vec{a}+\vec{b}}$ … 答

(2) $\overrightarrow{FD}=\overrightarrow{FE}+\overrightarrow{ED}=(\vec{a}+\vec{b})+\vec{a}=\boldsymbol{2\vec{a}+\vec{b}}$ … 答

別解 $\overrightarrow{FD}=\overrightarrow{FC}+\overrightarrow{CD}=\boldsymbol{2\vec{a}+\vec{b}}$ … 答

(3) $\overrightarrow{DA}=-2\overrightarrow{AO}=-2(\overrightarrow{AB}+\overrightarrow{BO})=\boldsymbol{-2(\vec{a}+\vec{b})}$ … 答

(4) $\overrightarrow{EA}=\overrightarrow{ED}+\overrightarrow{DA}=\vec{a}+\{-2(\vec{a}+\vec{b})\}=\boldsymbol{-\vec{a}-2\vec{b}}$ … 答

別解 $\overrightarrow{EA}=\overrightarrow{EB}+\overrightarrow{BA}=\boldsymbol{-2\vec{b}-\vec{a}}$ … 答

一般に，2 つのベクトル$\vec{a}$，$\vec{b}$が与えられたとき，次のことが成り立ちます。

Check Point　ベクトルの分解

平行でなく，かつ$\vec{0}$でない 2 つのベクトル$\vec{a}$，$\vec{b}$を用いて，任意のベクトル$\vec{p}$は，次の形にただ 1 通りで表すことができる。

$\vec{p}=s\vec{a}+t\vec{b}$　ただし，s，t は実数

演習問題 48

1 右の図の平行四辺形 ABCD において，辺 AB，BC，CD，DA の中点をそれぞれ E，F，G，H とし，線分 EG と FH の交点を O とする。$\overrightarrow{AB}=\vec{a}$，$\overrightarrow{AH}=\vec{b}$とするとき，次のベクトルを$\vec{a}$，$\vec{b}$で表せ。

(1) $\overrightarrow{OF}$　(2) $\overrightarrow{HC}$　(3) $\overrightarrow{DF}$　(4) $\overrightarrow{BD}$

(5) $\overrightarrow{OA}$　(6) $\overrightarrow{GB}$

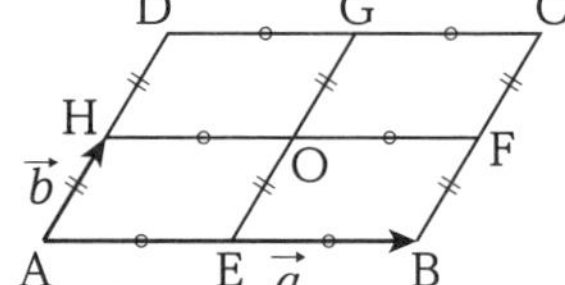

2 右の図の正六角形 ABCDEF において，CD の中点を M，AE と OF の交点を N とする。$\overrightarrow{AB}=\vec{a}$，$\overrightarrow{AF}=\vec{b}$とするとき，次のベクトルを$\vec{a}$，$\vec{b}$を用いて表せ。

(1) $\overrightarrow{CE}$　(2) $\overrightarrow{AE}$　(3) $\overrightarrow{AM}$　(4) $\overrightarrow{NM}$

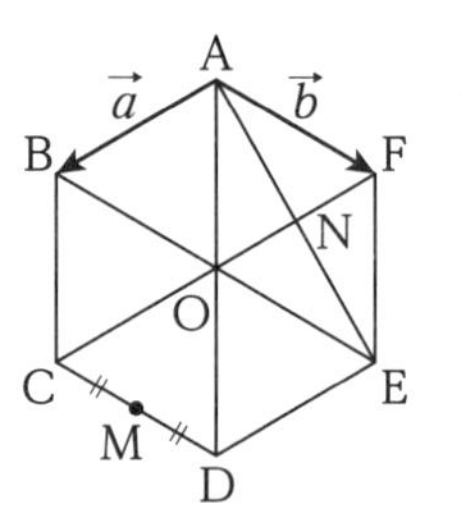

解答▶別冊 29 ページ

4 ベクトルの成分表示

座標平面上において，A(1，2)，B(3，3) のとき $\overrightarrow{AB}$ を考えると，右の図のように x 座標は A から B へ 2 増加し，y 座標は A から B へ 1 増加しています。このことを

$\overrightarrow{AB}=(2,\ 1)$

と表すことにします。このときの 2，1 を $\overrightarrow{AB}$ の**成分**といい，特に x 座標の変化量を **x 成分**，y 座標の変化量を **y 成分**といいます。ベクトルを成分で表す表し方を**成分表示**といいます。

また，このときの $\overrightarrow{AB}$ の大きさは三平方の定理より，

$|\overrightarrow{AB}|=\sqrt{2^2+1^2}=\sqrt{5}$

と求められます。

Check Point　ベクトルの成分と大きさ

$\vec{a}=(a_1,\ a_2)$ のとき，$|\vec{a}|=\sqrt{a_1{}^2+a_2{}^2}$　←$\sqrt{(x\text{成分})^2+(y\text{成分})^2}$

点 A$(a_1,\ a_2)$，B$(b_1,\ b_2)$ においてベクトルの和 $\overrightarrow{OA}+\overrightarrow{OB}$ を考えると，下の図 1 より，

$\overrightarrow{OA}+\overrightarrow{OB}=(a_1+b_1,\ a_2+b_2)$

また，k を実数とするとき，下の図 2 より，

$k\overrightarrow{OA}=(ka_1,\ ka_2)$

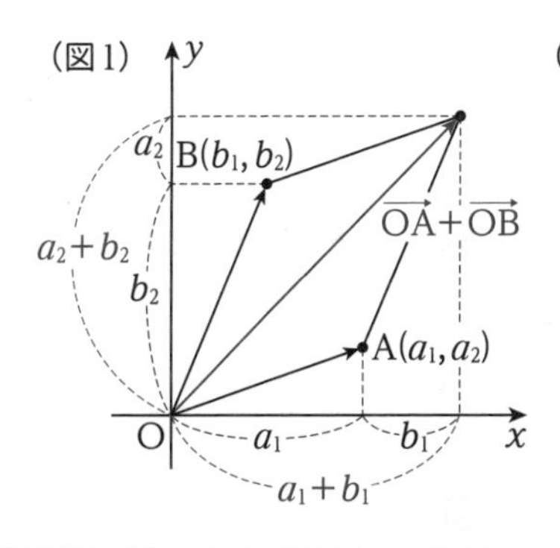

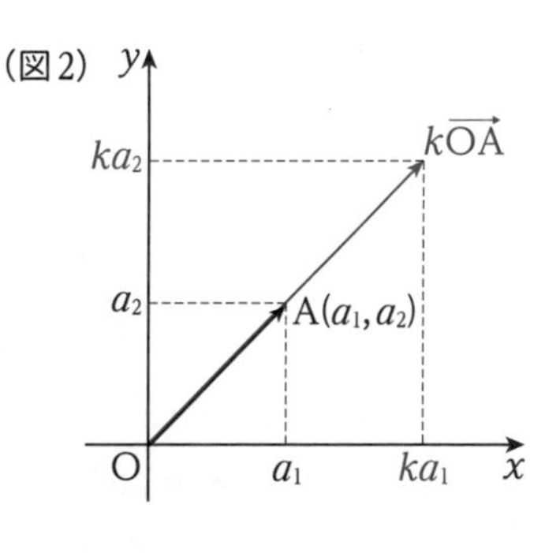

Check Point　成分によるベクトルの演算 ①

$(a_1,\ a_2)+(b_1,\ b_2)=(a_1+b_1,\ a_2+b_2)$　←成分どうし加える

$k(a_1,\ a_2)=(ka_1,\ ka_2)$　←各成分 k 倍

単位ベクトルとは，大きさが1であるベクトルでした。例えば，$\vec{a}$と同じ向きの単位ベクトルは$\vec{a}$を実数倍したベクトルですが，$\vec{a}$の大きさが5の場合，$\frac{1}{5}$倍すれば大きさが1になります。一般に，**$\vec{a}$の大きさの逆数倍のベクトルが$\vec{a}$と同じ向きの単位ベクトル**になります。

Check Point　単位ベクトル

$\vec{a}$と同じ向きの単位ベクトルは，$\dfrac{1}{|\vec{a}|}\vec{a}$

例題57　ベクトル$\vec{a}=(5,\ -12)$と同じ向きの単位ベクトル$\vec{e}$を求めよ。

解答　$|\vec{a}|=\sqrt{5^2+(-12)^2}=13$であるから，求める単位ベクトルは，

$\vec{e}=\dfrac{1}{|\vec{a}|}\vec{a}=\dfrac{1}{13}(5,\ -12)=\left(\dfrac{5}{13},\ -\dfrac{12}{13}\right)$ … 答

Check Point「成分によるベクトルの演算 ①」より，k，lを実数として，

$k(a_1,\ a_2)+l(b_1,\ b_2)=(ka_1+lb_1,\ ka_2+lb_2)$

が成り立つことがわかります。そして，$k=1$，$l=-1$とすると，次のように差の計算も成分どうしの差を考えればよいことがわかります。

Check Point　成分によるベクトルの演算 ②

$(a_1,\ a_2)-(b_1,\ b_2)=(a_1-b_1,\ a_2-b_2)$　←成分どうし引く

例題58　$\vec{a}=(3,5)$，$\vec{b}=(-4,3)$であるとき，次のベクトルの成分と大きさを求めよ。

(1) $\vec{a}+\vec{b}$　　(2) $\vec{a}-\vec{b}$　　(3) $2\vec{a}-3\vec{b}$

解答 (1) $\vec{a}+\vec{b}=(3+(-4),\ 5+3)=(-1,\ 8)$ … 答

$|\vec{a}+\vec{b}|=\sqrt{(-1)^2+8^2}=\sqrt{65}$ … 答

(2) $\vec{a}-\vec{b}=(3-(-4),\ 5-3)=(7,\ 2)$ … 答

$|\vec{a}-\vec{b}|=\sqrt{7^2+2^2}=\sqrt{53}$ … 答

(3) $2\vec{a}-3\vec{b}=(2\cdot3-3\cdot(-4),\ 2\cdot5-3\cdot3)=(18,\ 1)$ … 答

$|2\vec{a}-3\vec{b}|=\sqrt{18^2+1^2}=5\sqrt{13}$ … 答

例題 59 $\vec{a}=(3,\ 6)$，$\vec{b}=(4,\ -2)$ のとき，$2\vec{a}-2\vec{x}=3\vec{b}$ を満たす $\vec{x}$ の成分表示を答えよ。

解答 $2\vec{a}-2\vec{x}=3\vec{b}$

$\vec{x}=\vec{a}-\dfrac{3}{2}\vec{b}$　←文字式と同様に式変形できるので，まず $\vec{x}$ について解く

よって，この式に成分をあてはめて計算すると，

$$\vec{x}=(3,\ 6)-\frac{3}{2}(4,\ -2)$$
$$=\left(3-\frac{3}{2}\cdot 4,\ 6+\frac{3}{2}\cdot 2\right)$$
$$=(-3,\ 9)$$ … 答

例題 60 $\vec{a}=(-2,\ 3)$，$\vec{b}=(1,\ -2)$ のとき，$\vec{c}=(1,\ -4)$ を $\vec{a}$，$\vec{b}$ を用いて表せ。

解答 p，q を実数として，$\vec{c}=p\vec{a}+q\vec{b}$ とする。この式に成分をあてはめると，
←ベクトルの分解

$$(1,\ -4)=p(-2,\ 3)+q(1,\ -2)$$
$$=(-2p+q,\ 3p-2q)$$

よって，両辺の各成分を比較すると，←ベクトルが等しい⟺各成分が等しい

$$\begin{cases} 1=-2p+q \\ -4=3p-2q \end{cases}$$

これより，$p=2$，$q=5$

よって，$\vec{c}=2\vec{a}+5\vec{b}$ … 答

点 $A(a_1,\ a_2)$ をとるとき，$\overrightarrow{OA}$ は次のように表すことができます。

$\overrightarrow{OA}=(a_1,\ a_2)$

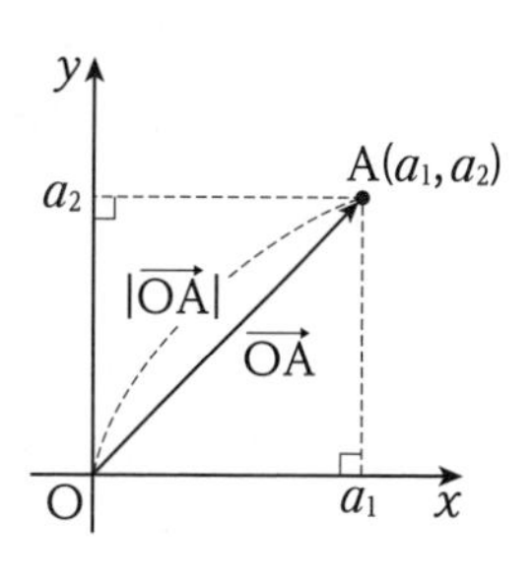

右の図からわかる通り，原点を始点とする有向線分で考えているので，**$\overrightarrow{OA}$ の成分は A の座標 $(a_1,\ a_2)$ と一致します。**

次のような座標に関する問題では，ベクトルを利用して解くことができます。

例題61 3点 A(1, 1), B(6, 3), D(2, 5) があるとき，四角形 ABCD が平行四辺形となるような点 C の座標を求めよ。

解答 平行四辺形では，向かい合う辺は平行で長さが等しいので，向かい合うベクトルは等しい。

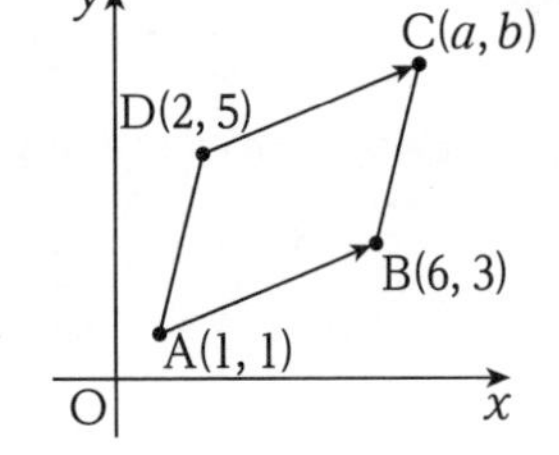

$\overrightarrow{AB}=\overrightarrow{DC}$

$\overrightarrow{OB}-\overrightarrow{OA}=\overrightarrow{OC}-\overrightarrow{OD}$ ←O を始点とするベクトルに直す

これより，

$\overrightarrow{OC}=\overrightarrow{OB}-\overrightarrow{OA}+\overrightarrow{OD}$

$=(6,\ 3)-(1,\ 1)+(2,\ 5)$ ←O を始点とするベクトルの成分は座標に等しい

$=(7,\ 7)$

よって，点 C の座標は $\overrightarrow{OC}$ の成分に等しいので，**(7, 7)** … 答

別解 点 C の座標を $(a,\ b)$ とおく。これより

$\overrightarrow{AB}=\overrightarrow{DC}$

$(5,\ 2)=(a-2,\ b-5)$ ←直接変化量を求める

よって，両辺の各成分を比較すると，

$$\begin{cases} 5=a-2 \\ 2=b-5 \end{cases}$$

これより，$a=7$，$b=7$

したがって，点 C の座標は，**(7, 7)** … 答

p.128 で実数倍の関係にある 2 つのベクトルは平行であることを学びました。例えば，$\vec{a}$ と $\vec{b}$ が平行であるとき，k を実数として，

$\vec{a}=k\vec{b}$

が成り立ちます。

例題62 $\vec{a}=(3,\ 1)$，$\vec{b}=(1,\ -1)$，$\vec{c}=(1,\ 2)$ であるとき，次の問いに答えよ。

(1) t を実数とするとき，$\vec{a}+t\vec{b}$ の大きさが最小となる t の値と，そのときの最小値を求めよ。

(2) t を実数とするとき，$\vec{a}+t\vec{b}$ と $\vec{c}$ が平行となるような t の値を求めよ。

解答 (1) $\vec{a}+t\vec{b}=(3,\ 1)+t(1,\ -1)=(3+t,\ 1-t)$ であるから，

$|\vec{a}+t\vec{b}|=\sqrt{(3+t)^2+(1-t)^2}=\sqrt{2t^2+4t+10}$

この式が最小となるのは，ルート内が最小となるときである。

$(\text{ルート内})=2t^2+4t+10=2(t+1)^2+8$

よって，$t=-1$ のときルート内は最小値 8 をとる。

このとき，$\vec{a}+t\vec{b}$ の大きさも最小となり，最小値 $\sqrt{8}=2\sqrt{2}$ をとる。

以上より，**$t=-1$ のとき最小値 $2\sqrt{2}$** … 答

(2) $\vec{a}+t\vec{b}$ と $\vec{c}$ が平行であるとき，k を実数として，

$\vec{a}+t\vec{b}=k\vec{c}$ ←ベクトルが平行 ⟺ 実数倍の関係

$(3+t,\ 1-t)=(k,\ 2k)$

よって，両辺の各成分を比較すると，

$\begin{cases} 3+t=k \\ 1-t=2k \end{cases}$ これより，$k=\dfrac{4}{3}$，$t=-\dfrac{5}{3}$ … 答

演習問題 49

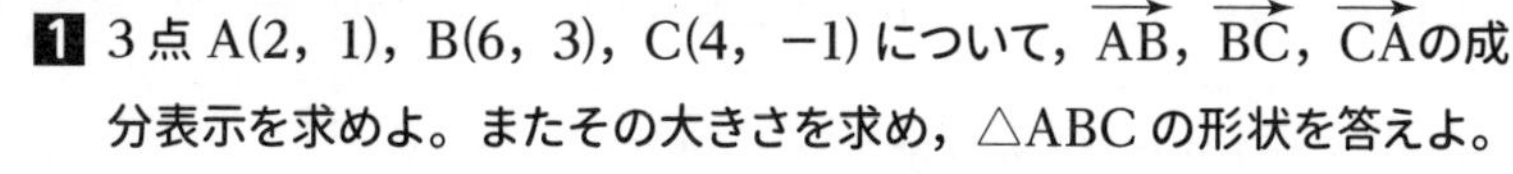

1 3 点 A(2，1)，B(6，3)，C(4，−1) について，$\overrightarrow{AB}$，$\overrightarrow{BC}$，$\overrightarrow{CA}$ の成分表示を求めよ。またその大きさを求め，△ABC の形状を答えよ。

2 $\vec{a}=(1,\ -2)$，$\vec{b}=(0,\ -4)$ に対して，$\vec{p}=t\vec{a}+\vec{b}$ とする。t が任意の実数値をとるとき，$|\vec{p}|$ の最小値とそのときの t の値を求めよ。

3 2 つのベクトル $\vec{a}=(1,\ 2)$，$\vec{b}=(3,\ 1)$ に対して，次の問いに答えよ。

(1) $\vec{a}-\vec{b}$ と同じ向きの単位ベクトルを成分で表せ。

(2) t を実数とするとき，$\vec{p}=\vec{a}+t\vec{b}$ の大きさが 5 となる t の値と $\vec{p}$ を求めよ。

4 $\vec{a}=(1,\ 1)$，$\vec{b}=(1,\ -1)$，$\vec{c}=(5,\ 1)$ であるとき，$\vec{c}$ を $\vec{a}$，$\vec{b}$ を用いて表せ。

5 4 点 A(−2，1)，B(a，4)，C(4，b)，D(−1，3) を頂点とする四角形 ABCD が平行四辺形であるとき，実数 a，b の値を定めよ。

6 $\vec{a}=(3,\ 2)$，$\vec{b}=(-2,\ 0)$，$\vec{c}=(-4,\ -1)$ であるとき，$\vec{a}+t\vec{b}$ と $2\vec{c}$ が平行になるように実数 t の値を定めよ。

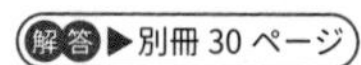
解答▶別冊 30 ページ

5 ベクトルの内積

$\vec{0}$ でない 2 つのベクトルを $\vec{a}$，$\vec{b}$ とします。

右の図のように，点 O を定め，$\vec{a}=\overrightarrow{OA}$，$\vec{b}=\overrightarrow{OB}$ となる点 A，B をとるとき，半直線 OA，OB のなす角 θ のうち，$0 \leqq \theta \leqq \pi$ であるものを，ベクトル $\vec{a}$，$\vec{b}$ のなす角といいます。

また，$|\vec{a}||\vec{b}|\cos\theta$ を $\vec{a}$ と $\vec{b}$ の内積といい，記号 $\vec{a}\cdot\vec{b}$ で表します。

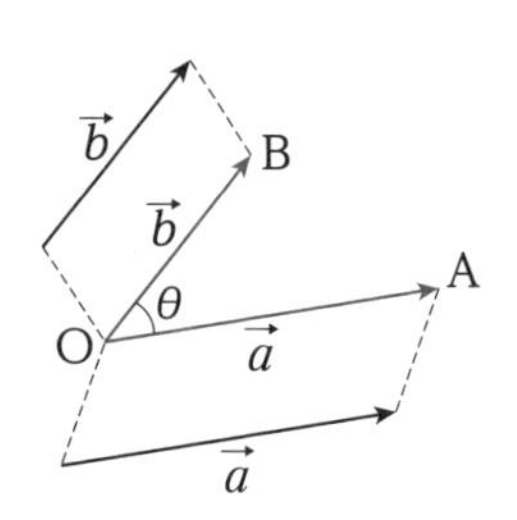

Check Point ベクトルの内積の定義

$\vec{0}$ でない 2 つのベクトル $\vec{a}$ と $\vec{b}$ のなす角を θ とすると，

$$\vec{a}\cdot\vec{b}=|\vec{a}||\vec{b}|\cos\theta$$

内積の定義について，次のことに注意します。

- ベクトルとベクトルの間にある「・」は内積を表す記号です。**省略はできません。**
- θ は，$\vec{a}$ と $\vec{b}$ の始点をそろえたときのなす角です。
- **ベクトルの内積の結果はベクトルではなく，ある数（実数）になります。**
- $\vec{a}=\vec{0}$，または $\vec{b}=\vec{0}$ のときは，$\vec{a}\cdot\vec{b}=0$ と定めます。

例題 63 右の図のような 1 辺の長さが 2 の正方形 ABCD において，対角線の交点を O とする。このとき次の内積の値を求めよ。

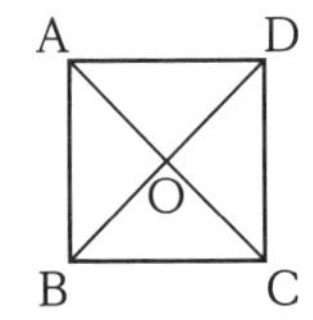

(1) $\overrightarrow{AB}\cdot\overrightarrow{AC}$　　(2) $\overrightarrow{OB}\cdot\overrightarrow{BC}$

(3) $\overrightarrow{AC}\cdot\overrightarrow{OD}$　　(4) $\overrightarrow{AB}\cdot\overrightarrow{DC}$

解答 (1) $\overrightarrow{AB}$ と $\overrightarrow{AC}$ のなす角は $\frac{\pi}{4}$ であるから，

$$\begin{aligned}\overrightarrow{AB}\cdot\overrightarrow{AC}&=|\overrightarrow{AB}||\overrightarrow{AC}|\cos\frac{\pi}{4}\\&=2\times2\sqrt{2}\times\frac{1}{\sqrt{2}}\\&=\mathbf{4}\end{aligned}$$ … 答

(2) $\overrightarrow{OB}$ と $\overrightarrow{BC}$ のなす角は右の図より $\frac{3}{4}\pi$ であるから，

↑なす角は始点をそろえて考えるとよい

$$\begin{aligned}\overrightarrow{OB}\cdot\overrightarrow{BC}&=|\overrightarrow{OB}||\overrightarrow{BC}|\cos\frac{3}{4}\pi\\&=\sqrt{2}\times2\times\left(-\frac{1}{\sqrt{2}}\right)\\&=\mathbf{-2}\end{aligned}$$ … 答

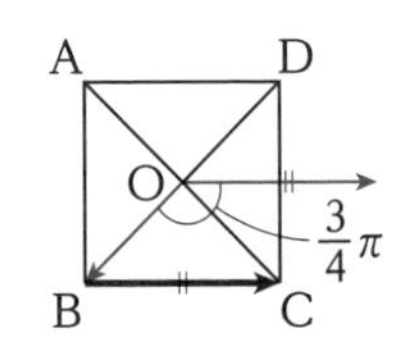

(3) $\overrightarrow{AC}$ と $\overrightarrow{OD}$ のなす角は右の図より $\dfrac{\pi}{2}$ であるから，

$\overrightarrow{AC}\cdot\overrightarrow{OD}=|\overrightarrow{AC}||\overrightarrow{OD}|\cos\dfrac{\pi}{2}$ 　↑なす角は始点をそろえて考えるとよい

$=2\sqrt{2}\times\sqrt{2}\times 0$

$=0$ … 答

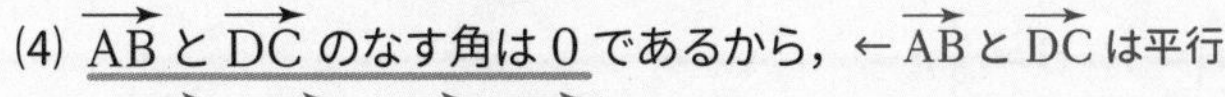

(4) $\overrightarrow{AB}$ と $\overrightarrow{DC}$ のなす角は 0 であるから，←$\overrightarrow{AB}$ と $\overrightarrow{DC}$ は平行

$\overrightarrow{AB}\cdot\overrightarrow{DC}=|\overrightarrow{AB}||\overrightarrow{DC}|\cos 0$

$=2\times 2\times 1$

$=4$ … 答

上の例題の(3)のように，2 つのベクトルのなす角が直角のとき，内積の値は 0 になります。また逆に，$\vec{a}$，$\vec{b}$ がともに $\vec{0}$ ではないとき、内積が 0 になるのは 2 つのベクトルのなす角が直角のときだけです。

Check Point　ベクトルの内積と垂直条件

$\vec{a}$，$\vec{b}$ がともに $\vec{0}$ ではないとき，

$\vec{a}\perp\vec{b} \Longleftrightarrow \vec{a}\cdot\vec{b}=0$

内積が 0 だということから「$\vec{a}=\vec{0}$ または $\vec{b}=\vec{0}$」と考えてしまいがちです。ベクトルでは直角のとき $\vec{0}$ でなくても内積が 0 になる点に注意しましょう。つまり，「$\vec{a}=\vec{0}$ または $\vec{b}=\vec{0}$ ならば $\vec{a}\cdot\vec{b}=0$」ですが，逆が成り立つとは限りません。

逆に，ベクトルの内積からベクトルのなす角を求めることができます。

例題 64 $|\vec{a}|=4$, $|\vec{b}|=3$，$\vec{a}\cdot\vec{b}=6$ のとき，$\vec{a}$ と $\vec{b}$ のなす角 θ $(0\leqq\theta\leqq\pi)$ を求めよ。

解答 内積の定義より，

$\vec{a}\cdot\vec{b}=|\vec{a}||\vec{b}|\cos\theta$

$6=4\cdot 3\cos\theta$

よって，$\cos\theta=\dfrac{1}{2}$

$0\leqq\theta\leqq\pi$ であるから，$\theta=\dfrac{\pi}{3}$ … 答

演習問題 50

1 $\vec{a}$と$\vec{b}$のなす角を$\theta(0\leqq\theta\leqq\pi)$とするとき，次の場合の内積$\vec{a}\cdot\vec{b}$を求めよ。

(1) $|\vec{a}|=3$，$|\vec{b}|=2$，$\theta=\dfrac{\pi}{6}$

(2) $|\vec{a}|=5$，$|\vec{b}|=3$，$\theta=\dfrac{2}{3}\pi$

2 下の図のような1辺の長さが2の正六角形ABCDEFにおいて，次の内積の値を求めよ。

(1) $\overrightarrow{AB}\cdot\overrightarrow{AF}$　(2) $\overrightarrow{AB}\cdot\overrightarrow{BC}$　(3) $\overrightarrow{AC}\cdot\overrightarrow{AD}$

(4) $\overrightarrow{BE}\cdot\overrightarrow{DF}$　(5) $\overrightarrow{AC}\cdot\overrightarrow{DF}$　(6) $\overrightarrow{AC}\cdot\overrightarrow{EA}$

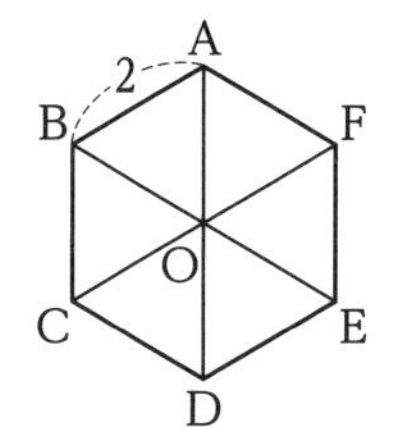

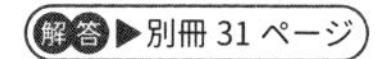
解答▶別冊 31 ページ

6 内積の成分表示と内積の性質

ベクトルの内積を，成分で表すことを考えてみます。

$\vec{0}$ でない 2 つのベクトル $\vec{a}$，$\vec{b}$ について，$\vec{a}=(a_1,\ a_2)$，$\vec{b}=(b_1,\ b_2)$，$\vec{a}$ と $\vec{b}$ のなす角が θ のとき，右の図のような三角形 OAB に**余弦定理を用いる**と，

$$AB^2=OA^2+OB^2-2OA\cdot OB\cos\theta$$

$$|\vec{b}-\vec{a}|^2=|\vec{a}|^2+|\vec{b}|^2-2|\vec{a}||\vec{b}|\cos\theta$$

内積の定義

ここで，$\vec{b}-\vec{a}=(b_1-a_1,\ b_2-a_2)$ であるから，

$$\left(\sqrt{(b_1-a_1)^2+(b_2-a_2)^2}\right)^2=\left(\sqrt{a_1{}^2+a_2{}^2}\right)^2+\left(\sqrt{b_1{}^2+b_2{}^2}\right)^2-2\vec{a}\cdot\vec{b}$$

$$(b_1-a_1)^2+(b_2-a_2)^2=a_1{}^2+a_2{}^2+b_1{}^2+b_2{}^2-2\vec{a}\cdot\vec{b}$$

$$\vec{a}\cdot\vec{b}=a_1b_1+a_2b_2 \quad \cdots\cdots ①$$

$\vec{a}=(0,\ 0)$ または $\vec{b}=(0,\ 0)$ のとき，$\vec{a}\cdot\vec{b}=0$ であるから，このときも①を満たす。

$\vec{a}=(a_1,\ a_2)$，$\vec{b}=(b_1,\ b_2)$ のとき，

$\vec{a}\cdot\vec{b}=a_1b_1+a_2b_2$ ← x 成分どうしの積＋y 成分どうしの積

例題65 2 つのベクトル $\vec{a}=(-1,\ 3)$，$\vec{b}=(2,\ 4)$ について，次の問いに答えよ。

(1) 内積 $\vec{a}\cdot\vec{b}$ を求めよ。

(2) $\vec{a}$ と $\vec{b}$ のなす角 $\theta\ (0\leqq\theta\leqq\pi)$ を求めよ。

考え方 ベクトルの内積を求めてから，なす角を考えます。

解答 (1) $\vec{a}\cdot\vec{b}=-1\cdot2+3\cdot4$ ← x 成分どうしの積＋y 成分どうしの積

$=\mathbf{10}$ … 答

(2) $|\vec{a}|=\sqrt{(-1)^2+3^2}=\sqrt{10}$，$|\vec{b}|=\sqrt{2^2+4^2}=2\sqrt{5}$ である。

内積の定義より，

$\vec{a}\cdot\vec{b}=|\vec{a}||\vec{b}|\cos\theta$

$10=\sqrt{10}\cdot2\sqrt{5}\cos\theta$

$\cos\theta=\dfrac{1}{\sqrt{2}}$

$0\leqq\theta\leqq\pi$ より，$\boldsymbol{\theta=\dfrac{\pi}{4}}$ … 答

また，内積には次のような性質があります。

Check Point　内積の性質

[1] $\vec{a}\cdot\vec{a}=|\vec{a}|^2$　←同じベクトルの内積＝大きさの２乗

[2] $\vec{a}\cdot\vec{b}=\vec{b}\cdot\vec{a}$　←内積の順序を入れかえても値は同じ

[3] $\vec{a}\cdot(\vec{b}+\vec{c})=\vec{a}\cdot\vec{b}+\vec{a}\cdot\vec{c}$
$(\vec{a}+\vec{b})\cdot\vec{c}=\vec{a}\cdot\vec{c}+\vec{b}\cdot\vec{c}$　←展開できる

[4] $(k\vec{a})\cdot\vec{b}=\vec{a}\cdot(k\vec{b})=k(\vec{a}\cdot\vec{b})$　←k は実数

証明

[1] 同じベクトルはなす角が 0 であるから，
$\vec{a}\cdot\vec{a}=|\vec{a}||\vec{a}|\cos 0=|\vec{a}|^2$　← $\cos 0=1$　〔証明終わり〕

[2] $\vec{a}\cdot\vec{b}=|\vec{a}||\vec{b}|\cos\theta=|\vec{b}||\vec{a}|\cos\theta=\vec{b}\cdot\vec{a}$　〔証明終わり〕

[3] $\vec{a}=(a_1,\ a_2)$，$\vec{b}=(b_1,\ b_2)$，$\vec{c}=(c_1,\ c_2)$ とすると，
$\vec{b}+\vec{c}=(b_1+c_1,\ b_2+c_2)$ であるから，
$\vec{a}\cdot(\vec{b}+\vec{c})=a_1(b_1+c_1)+a_2(b_2+c_2)$　← x 成分どうしの積＋y 成分どうしの積
$=(a_1b_1+a_2b_2)+(a_1c_1+a_2c_2)=\vec{a}\cdot\vec{b}+\vec{a}\cdot\vec{c}$　〔証明終わり〕

[4] $\vec{a}=(a_1,\ a_2)$，$\vec{b}=(b_1,\ b_2)$ とすると，
$k\vec{a}=k(a_1,\ a_2)=(ka_1,\ ka_2)$ であるから，
$(k\vec{a})\cdot\vec{b}=ka_1b_1+ka_2b_2=k(a_1b_1+a_2b_2)=k(\vec{a}\cdot\vec{b})$　〔証明終わり〕

Advice　とても重要な性質が[1]の $\vec{a}\cdot\vec{a}=|\vec{a}|^2$ です。同じベクトルの内積ですが文字式の計算と混同して，**大きさの２乗 $|\vec{a}|^2$ ではなくベクトルの２乗「$\vec{a}^2$」にしてしまっている間違い**をよく見かけます。

例題 66　等式 $|\vec{a}+\vec{b}|^2=|\vec{a}|^2+2\vec{a}\cdot\vec{b}+|\vec{b}|^2$ が成り立つことを証明せよ。

解答
$|\vec{a}+\vec{b}|^2$
$=(\vec{a}+\vec{b})\cdot(\vec{a}+\vec{b})$　← $\vec{a}\cdot\vec{a}=|\vec{a}|^2$
$=\vec{a}\cdot\vec{a}+\vec{a}\cdot\vec{b}+\vec{b}\cdot\vec{a}+\vec{b}\cdot\vec{b}$　← $\vec{a}\cdot(\vec{b}+\vec{c})=\vec{a}\cdot\vec{b}+\vec{a}\cdot\vec{c}$
$=\vec{a}\cdot\vec{a}+\vec{a}\cdot\vec{b}+\vec{a}\cdot\vec{b}+\vec{b}\cdot\vec{b}$　← $\vec{a}\cdot\vec{b}=\vec{b}\cdot\vec{a}$
$=|\vec{a}|^2+2\vec{a}\cdot\vec{b}+|\vec{b}|^2$　〔証明終わり〕

Advice 展開公式と同じように考えますが，**2 乗の部分は大きさの 2 乗になる点**に注意しましょう。

例題67 $\vec{a}$，$\vec{b}$において，$|\vec{a}|=2\sqrt{3}$，$|\vec{b}|=5$，$|\vec{a}-\vec{b}|=\sqrt{7}$ のとき，内積$\vec{a}\cdot\vec{b}$と，大きさ$|3\vec{a}-2\vec{b}|$の値を求めよ。

考え方 ベクトルの和や差の形の大きさは，成分が与えられていないのであれば 2 乗して変形を考えます。2 乗することで，$|\vec{a}|$ や$\vec{a}\cdot\vec{b}$などを利用できるようになります。

解答 $|\vec{a}-\vec{b}|=\sqrt{7}$ の両辺を 2 乗すると，

$$|\vec{a}-\vec{b}|^2=(\sqrt{7})^2$$
$$|\vec{a}|^2-2\vec{a}\cdot\vec{b}+|\vec{b}|^2=7$$
$$(2\sqrt{3})^2-2\vec{a}\cdot\vec{b}+5^2=7$$
$$\boldsymbol{\vec{a}\cdot\vec{b}=15}\ \cdots \text{答}$$

次に，$|3\vec{a}-2\vec{b}|$を 2 乗すると，

$$|3\vec{a}-2\vec{b}|^2=9|\vec{a}|^2-12\vec{a}\cdot\vec{b}+4|\vec{b}|^2$$
$$=9\cdot(2\sqrt{3})^2-12\cdot15+4\cdot5^2$$
$$=28$$

上で求めた内積$\vec{a}\cdot\vec{b}$の値を用いる

よって，$\boldsymbol{|3\vec{a}-2\vec{b}|=2\sqrt{7}}$ … 答

例題68 次の 2 つのベクトルが，与えられた条件に適するように定数 t の値を定めよ。

(1) $\vec{a}=(2,\ -1)$，$\vec{b}=(t,\ -4)$ が垂直である

(2) $\vec{c}=(2,\ t)$，$\vec{d}=(t+1,\ 3)$ が平行である

解答 (1) $\vec{a}$と$\vec{b}$が垂直であるから内積は 0 である。よって，

$$\vec{a}\cdot\vec{b}=0$$
$$2t+(-1)\cdot(-4)=0$$

← x 成分どうしの積＋y 成分どうしの積

$\boldsymbol{t=-2}$ … 答

(2) $\vec{c}$と$\vec{d}$が平行であるから，k を実数として，

$$\vec{c}=k\vec{d}$$

←ベクトルが平行 ⟺ 実数倍の関係

$$(2,\ t)=k(t+1,\ 3)$$

両辺の各成分を比較すると，

$\begin{cases} 2=k(t+1) \\ t=3k \end{cases}$　これより，$(k,\ t)=(-1,\ -3),\ \left(\dfrac{2}{3},\ 2\right)$

よって，$\boldsymbol{t=-3,\ 2}$ … 答

演習問題 51

1 次の 2 つのベクトルの内積を求めよ。

(1) $\vec{a}=(1,\ 2),\ \vec{b}=(3,\ 4)$

(2) $\vec{a}=(\sqrt{3}-1,\ \sqrt{2}),\ \vec{b}=(\sqrt{3}+1,\ -2\sqrt{2})$

2 座標平面上に 3 点 $\mathrm{A}(-1,\ 1)$, $\mathrm{B}(1,\ 1+2\sqrt{3})$, $\mathrm{C}(0,\ 1-\sqrt{3})$ がある。

△ABC について，次の問いに答えよ。

(1) $\overrightarrow{\mathrm{AB}}\cdot\overrightarrow{\mathrm{AC}}$ を求めよ。

(2) ∠BAC を求めよ。

3 次の問いに答えよ。

(1) $\vec{a}=(2,\ 1),\ \vec{b}=(t,\ -6)$ が垂直となるように実数 t の値を定めよ。

(2) $\vec{a}=(-4,\ 3)$ とする。$\vec{b}=(x,\ y)$ が $\vec{a}$ に対して垂直な単位ベクトルであるとき，実数 $x,\ y$ の値を定めよ。

(3) $\vec{a}=(4,\ 2),\ \vec{b}=(3,\ -1),\ \vec{x}=(p,\ q)$ とする。$\vec{x}$ と $\vec{a}-\vec{b}$ は平行で，$\vec{x}-\vec{b}$ と $\vec{a}$ は垂直であるとき，実数 p と q の値を求めよ。

4 次の等式を証明せよ。

(1) $(3\vec{a}+2\vec{b})\cdot(3\vec{a}-2\vec{b})=9|\vec{a}|^2-4|\vec{b}|^2$

(2) $|\vec{a}+\vec{b}|^2+|\vec{a}-\vec{b}|^2=2\left(|\vec{a}|^2+|\vec{b}|^2\right)$

5 次の問いに答えよ。

(1) $\vec{a},\ \vec{b}$ において，$|\vec{a}|=1,\ |\vec{b}|=2,\ |3\vec{a}+2\vec{b}|=\sqrt{13}$ のとき，内積 $\vec{a}\cdot\vec{b}$ と，$|\vec{a}+\vec{b}|$ の値を求めよ。

(2) $\vec{a},\ \vec{b}$ において，$|\vec{a}|=3,\ |\vec{b}|=1,\ |\vec{a}+\vec{b}|=\sqrt{13}$ のとき，$\vec{a}$ と $\vec{b}$ のなす角を求めよ。また，$|\vec{a}-\vec{b}|$ の値を求めよ。

解答▶別冊 31 ページ

第2節 ベクトルと平面図形

1 位置ベクトルと内分点・外分点

ある定点 O を始点として考えると，平面上の任意の点 P は $\vec{p}=\overrightarrow{\mathrm{OP}}$ によって位置を定めることができます。このとき，$\vec{p}$ を点 O に関する点 P の**位置ベクトル**といいます。また，位置ベクトルが $\vec{p}$ である点 P を $\mathrm{P}(\vec{p})$ で表します。ある点 O はどこに定めてもよく，今後特に断りがない場合は位置ベクトルの始点は O であるものとします。これは終点のみに着目するときに便利です。

2 点 $\mathrm{A}(\vec{a})$，$\mathrm{B}(\vec{b})$ を結ぶ線分 AB を $m:n$ に内分する点 $\mathrm{P}(\vec{p})$ を考えてみます。
右の図より，

$$\begin{aligned}\overrightarrow{\mathrm{OP}}&=\overrightarrow{\mathrm{OA}}+\overrightarrow{\mathrm{AP}}\\&=\overrightarrow{\mathrm{OA}}+\frac{m}{m+n}\overrightarrow{\mathrm{AB}}\\&=\overrightarrow{\mathrm{OA}}+\frac{m}{m+n}\left(\overrightarrow{\mathrm{OB}}-\overrightarrow{\mathrm{OA}}\right)\\&=\left(1-\frac{m}{m+n}\right)\overrightarrow{\mathrm{OA}}+\frac{m}{m+n}\overrightarrow{\mathrm{OB}}\\&=\frac{n}{m+n}\overrightarrow{\mathrm{OA}}+\frac{m}{m+n}\overrightarrow{\mathrm{OB}}\end{aligned}$$

ベクトルの差

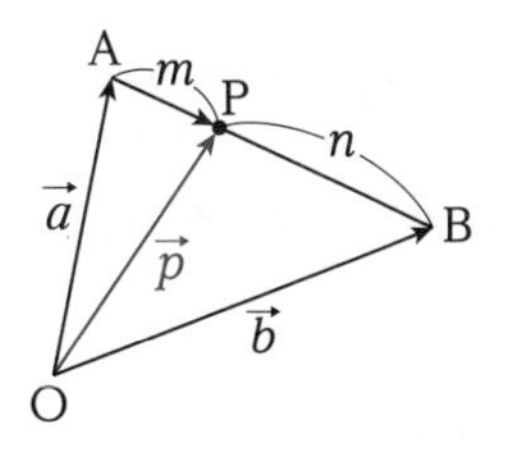

よって，

$$\vec{p}=\frac{n}{m+n}\vec{a}+\frac{m}{m+n}\vec{b}$$

Check Point 線分の内分点の位置ベクトル

2 点 $\mathrm{A}(\vec{a})$，$\mathrm{B}(\vec{b})$ を結ぶ線分 AB を $m:n$ に内分する点 $\mathrm{P}(\vec{p})$ は，

$$\vec{p}=\frac{n}{m+n}\vec{a}+\frac{m}{m+n}\vec{b}$$ ←分母は比の和，分子は遠いほうの比を掛ける

内分点の位置ベクトルの係数の和は $\dfrac{n}{m+n}+\dfrac{m}{m+n}=1$ となり，比に関係なく常に 1 で一定であることがわかります。このことは内分点の位置ベクトルを求めたときは簡単な検算として使えますし，この事実を利用して解く問題も後で学びます。

特に点 M($\vec{m}$) が線分 AB の中点であるとき，つまり $m=n=1$ のとき，

$$\vec{m}=\frac{1}{2}\vec{a}+\frac{1}{2}\vec{b}=\frac{\vec{a}+\vec{b}}{2}$$ ←中点は足して 2 で割る

次に，$m>n$ のとき，2 点 A($\vec{a}$)，B($\vec{b}$) を結ぶ線分 AB を $m:n$ に外分する点 P($\vec{p}$) を考えてみます。

右の図より，

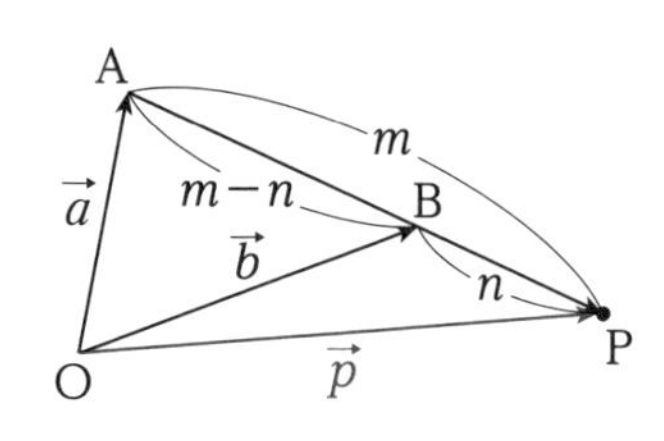

$$\begin{aligned}\overrightarrow{OP}&=\overrightarrow{OA}+\overrightarrow{AP}\\&=\overrightarrow{OA}+\frac{m}{m-n}\overrightarrow{AB}\\&=\overrightarrow{OA}+\frac{m}{m-n}\left(\overrightarrow{OB}-\overrightarrow{OA}\right)\\&=\left(1-\frac{m}{m-n}\right)\overrightarrow{OA}+\frac{m}{m-n}\overrightarrow{OB}\\&=\frac{-n}{m-n}\overrightarrow{OA}+\frac{m}{m-n}\overrightarrow{OB}\end{aligned}$$

（ベクトルの差）

よって，

$$\vec{p}=\frac{-n}{m-n}\vec{a}+\frac{m}{m-n}\vec{b}$$

$m<n$ のときも同様にして，

$$\vec{p}=\frac{-n}{m-n}\vec{a}+\frac{m}{m-n}\vec{b}$$

が成り立ちます。

Check Point　線分の外分点の位置ベクトル

2 点 A($\vec{a}$)，B($\vec{b}$) を結ぶ線分 AB を $m:n$ に外分する点 P($\vec{p}$) は，

$$\vec{p}=\frac{-n}{m-n}\vec{a}+\frac{m}{m-n}\vec{b}$$ ←内分点の位置ベクトルの公式で n を $-n$ としたもの

$m:n$ に外分する点の位置ベクトルは，$m:(-n)$ に内分すると考え，内分点の位置ベクトルの公式を利用して求めることができます。つまり，内分点の公式を覚えておけば，外分点の計算もできることになります。また，$(-m):n$ に内分すると考えても同じ結果が得られます。

内分点の位置ベクトルと同様に，**外分点の位置ベクトルの係数の和も 1 に等しくなります。**

例題69 2点 A($\vec{a}$)，B($\vec{b}$) に対して，線分 AB を 3：2 に内分する点を C，1：2 に外分する点を D とするとき，次のベクトルを $\vec{a}$，$\vec{b}$ を用いて表せ。

(1) 点 C の位置ベクトル $\vec{c}$

(2) 点 D の位置ベクトル $\vec{d}$

解答

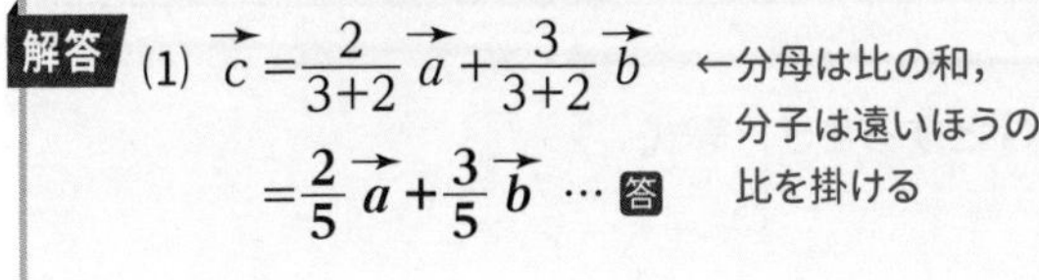

(1) $\vec{c}=\dfrac{2}{3+2}\vec{a}+\dfrac{3}{3+2}\vec{b}$ ←分母は比の和，分子は遠いほうの比を掛ける

$=\boldsymbol{\dfrac{2}{5}\vec{a}+\dfrac{3}{5}\vec{b}}$ … 答

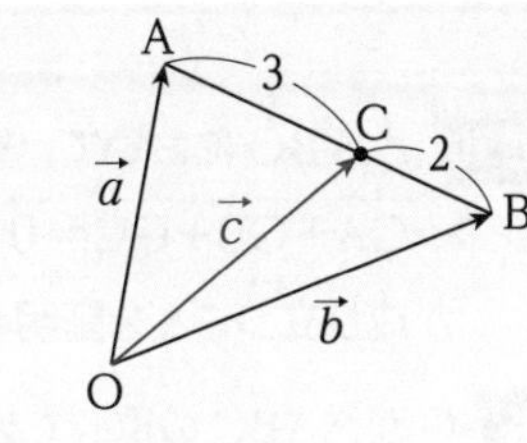

(2) 1：(−2) に内分すると考えて，

$\vec{d}=\dfrac{-2}{1+(-2)}\vec{a}+\dfrac{1}{1+(-2)}\vec{b}$ ←分母は比の和，分子は遠いほうの比を掛ける

$=\boldsymbol{2\vec{a}-\vec{b}}$ … 答

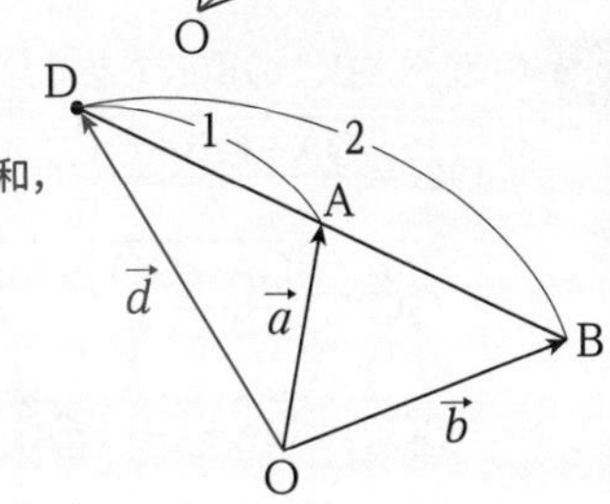

別解 (−1)：2 に内分すると考えて，

$\vec{d}=\dfrac{2}{(-1)+2}\vec{a}+\dfrac{-1}{(-1)+2}\vec{b}$

$=\boldsymbol{2\vec{a}-\vec{b}}$ … 答

右の図で，A($\vec{a}$)，B($\vec{b}$)，C($\vec{c}$) とします。△ABC の辺 BC の中点を M($\vec{m}$) とし，重心を G($\vec{g}$) とするとき，M は辺 BC の中点であるから，

$\vec{m}=\dfrac{\vec{b}+\vec{c}}{2}$ ←中点は足して 2 で割る

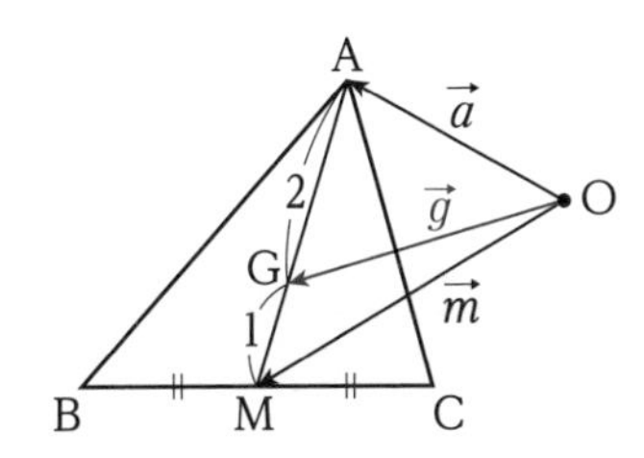

また，**重心 G は中線 AM を 2：1 に内分する点**であるから，

$\vec{g}=\dfrac{1}{2+1}\vec{a}+\dfrac{2}{2+1}\vec{m}$

$=\dfrac{1}{3}\vec{a}+\dfrac{2}{3}\vec{m}$

$=\dfrac{1}{3}\vec{a}+\dfrac{2}{3}\cdot\dfrac{\vec{b}+\vec{c}}{2}$

$=\dfrac{\vec{a}+\vec{b}+\vec{c}}{3}$

Check Point 重心の位置ベクトル

3点 $A(\vec{a})$, $B(\vec{b})$, $C(\vec{c})$ において，△ABC の重心を $G(\vec{g})$ とするとき，

$$\vec{g}=\frac{\vec{a}+\vec{b}+\vec{c}}{3}$$ ←重心は足して 3 で割る

例題70 △ABC において，重心を G とするとき，等式

$$\overrightarrow{GA}+\overrightarrow{GB}+\overrightarrow{GC}=\vec{0}$$

が成り立つことを証明せよ。

解答 G が△ABC の重心であるから，

$$\overrightarrow{OG}=\frac{\overrightarrow{OA}+\overrightarrow{OB}+\overrightarrow{OC}}{3}$$ ←重心は足して 3 で割る

$$-\overrightarrow{GO}=\frac{(\overrightarrow{GA}-\overrightarrow{GO})+(\overrightarrow{GB}-\overrightarrow{GO})+(\overrightarrow{GC}-\overrightarrow{GO})}{3}$$ ←始点を G に変える $\overrightarrow{AB}=-\overrightarrow{BA}$ $\overrightarrow{BC}=\overrightarrow{AC}-\overrightarrow{AB}$

$$-3\overrightarrow{GO}=\overrightarrow{GA}+\overrightarrow{GB}+\overrightarrow{GC}-3\overrightarrow{GO}$$

$$\overrightarrow{GA}+\overrightarrow{GB}+\overrightarrow{GC}=\vec{0}$$ 〔証明終わり〕

別解 条件式から変形して証明することもできます。

$$\begin{aligned}\overrightarrow{GA}+\overrightarrow{GB}+\overrightarrow{GC}&=(\overrightarrow{OA}-\overrightarrow{OG})+(\overrightarrow{OB}-\overrightarrow{OG})+(\overrightarrow{OC}-\overrightarrow{OG})\\&=\overrightarrow{OA}+\overrightarrow{OB}+\overrightarrow{OC}-3\overrightarrow{OG}\\&=\overrightarrow{OA}+\overrightarrow{OB}+\overrightarrow{OC}-3\cdot\frac{\overrightarrow{OA}+\overrightarrow{OB}+\overrightarrow{OC}}{3}\\&=\vec{0}\end{aligned}$$

←始点を O に変える

←重心は足して 3 で割る

〔証明終わり〕

別解 位置ベクトルにおける始点 O はどこでもよいので，例えば G にすることもできます。重心の位置ベクトル

$$\overrightarrow{OG}=\frac{\overrightarrow{OA}+\overrightarrow{OB}+\overrightarrow{OC}}{3}$$ ←重心は足して 3 で割る

において，O を G に一致させる（つまり，O を G に変える）と，

$$\overrightarrow{GG}=\frac{\overrightarrow{GA}+\overrightarrow{GB}+\overrightarrow{GC}}{3}$$

$$\vec{0}=\frac{\overrightarrow{GA}+\overrightarrow{GB}+\overrightarrow{GC}}{3}$$

よって，$\overrightarrow{GA}+\overrightarrow{GB}+\overrightarrow{GC}=\vec{0}$ 〔証明終わり〕

$\overrightarrow{GA}+\overrightarrow{GB}+\overrightarrow{GC}=\vec{0}$ より，**重心から各頂点へ伸ばしたベクトルの和は零ベクトルになることがわかります。**

内分点などを求めるときは，座標で考えるよりもベクトルで考えたほうが計算しやすいです。位置ベクトルは始点によらないため扱いが楽です。

例題 71 △ABC の各辺 AB，BC，CA をそれぞれ 2：1 に内分する点を D，E，F とする。このとき，△ABC の重心と△DEF の重心の位置が一致することを示せ。

解答 A$(\vec{a})$，B$(\vec{b})$，C$(\vec{c})$ とする。△ABC の重心を $G_1(\vec{g_1})$ とすると，

$$\vec{g_1}=\frac{\vec{a}+\vec{b}+\vec{c}}{3}$$ ←足して 3 で割る

また，AB を 2：1 に内分する点が D であるから，D$(\vec{d})$ とすると，

$$\vec{d}=\frac{1}{2+1}\vec{a}+\frac{2}{2+1}\vec{b}$$
$$=\frac{1}{3}\vec{a}+\frac{2}{3}\vec{b}$$

E$(\vec{e})$，F$(\vec{f})$ とすると，同様にして，

$$\vec{e}=\frac{1}{3}\vec{b}+\frac{2}{3}\vec{c}$$
$$\vec{f}=\frac{1}{3}\vec{c}+\frac{2}{3}\vec{a}$$

以上より，△DEF の重心を $G_2(\vec{g_2})$ とすると，

$$\vec{g_2}=\frac{\vec{d}+\vec{e}+\vec{f}}{3}$$ ←足して 3 で割る

$$=\frac{1}{3}\left\{\left(\frac{1}{3}\vec{a}+\frac{2}{3}\vec{b}\right)+\left(\frac{1}{3}\vec{b}+\frac{2}{3}\vec{c}\right)+\left(\frac{1}{3}\vec{c}+\frac{2}{3}\vec{a}\right)\right\}$$
$$=\frac{\vec{a}+\vec{b}+\vec{c}}{3}=\vec{g_1}$$

よって，位置ベクトルが等しいので重心 G_1 と G_2 の位置は一致している。

〔証明終わり〕

位置ベクトルは始点が等しいので，ベクトルが等しいことがいえたということは終点が等しいことがいえたことになります。つまり，$\vec{g_1}=\vec{g_2}$ より，G_1 と G_2 が一致していることがいえたわけです。また，ベクトルを用いずに，$A(a_1,\ a_2)$，$B(b_1,\ b_2)$，$C(c_1,\ c_2)$ とおいて座標で示すこともできますが，計算量がかなり多くなります。

演習問題 52

1 A($\vec{a}$)，B($\vec{b}$) とする。線分 AB を次の比に内分・外分する点 P の位置ベクトル $\vec{p}$ を求めよ。

(1) 2：3 に内分　　(2) 4：1 に内分

(3) 3：2 に外分　　(4) 2：5 に外分

2 △ABC の辺 AB，BC，CA の中点をそれぞれ D，E，F とするとき，△ABC の重心と△DEF の重心が一致することを，位置ベクトルを用いて示せ。

3 座標平面上に△ABC がある。AB，AC の中点 D，E の座標がそれぞれ (−1，4)，(4，4) であり，△ABC の重心 G の座標が (2，3) である。このとき，A，B，C のそれぞれの位置ベクトルの成分を求めよ。

4 右下の図のような AD//BC である台形で，AD：BC=3：4 である。このとき，AC と BD の交点を E とする。さらに，E を通り AD に平行な直線と CD の交点を F とする。
点 A に関する点 B，点 D の位置ベクトルをそれぞれ $\vec{b}$，$\vec{d}$ とするとき，次の問いに答えよ。

(1) $\overrightarrow{AC}$ を $\vec{b}$ と $\vec{d}$ を用いて表せ。

(2) $\overrightarrow{AE}$ を $\vec{b}$ と $\vec{d}$ を用いて表せ。

(3) $\overrightarrow{AF}$ を $\vec{b}$ と $\vec{d}$ を用いて表せ。

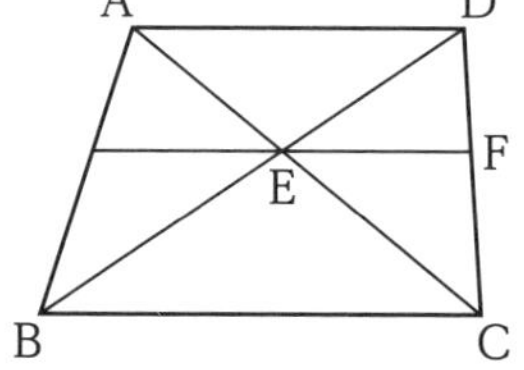

2 一直線上の点

2つのベクトルが平行であるとき，互いに実数倍の関係にあることを学びました。
例えば，$\overrightarrow{AB}$ と $\overrightarrow{CD}$ が平行であるとき，k を実数として $\overrightarrow{AB}=k\overrightarrow{CD}$ が成り立ちます。
平行な2つのベクトルの始点をそろえると，2つのベクトルは重なります。つまり，次の図のように，3点A，B，Dが一直線上に並びます。

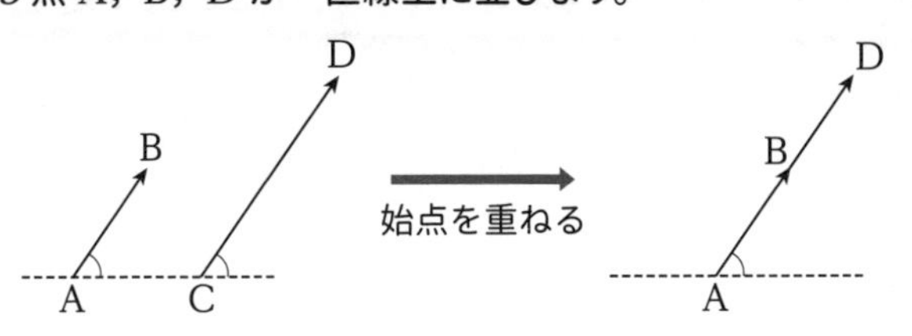

Check Point　3点が一直線上

2点A，Bが異なるとき，
　3点A，B，Cが一直線上にある
　$\Longleftrightarrow \overrightarrow{AC}=k\overrightarrow{AB}$ となる実数 k がある　←始点をそろえて実数倍

例題72 平行四辺形ABCDの辺CDの中点をEとし，対角線BDを2：1に内分する点をFとする。
このとき，$\overrightarrow{AE}$，$\overrightarrow{AF}$ をそれぞれ $\overrightarrow{AB}$ と $\overrightarrow{AD}$ で表すことにより3点A，E，Fが一直線上にあることを示せ。

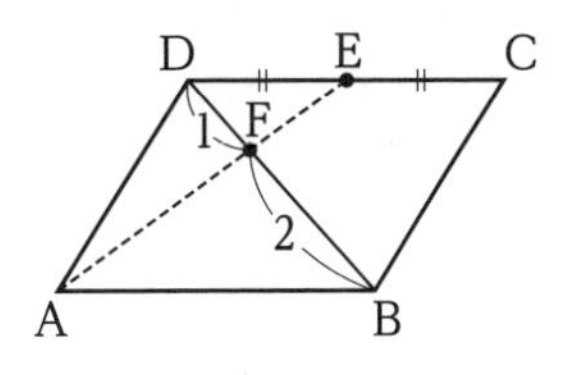

解答

$$\overrightarrow{AE}=\overrightarrow{AD}+\overrightarrow{DE}=\overrightarrow{AD}+\frac{1}{2}\overrightarrow{DC}$$
$$=\overrightarrow{AD}+\frac{1}{2}\overrightarrow{AB} \quad \cdots\cdots①$$

また，FはBDを2：1に内分する点であるから，

$$\overrightarrow{AF}=\frac{1}{2+1}\overrightarrow{AB}+\frac{2}{2+1}\overrightarrow{AD}$$
$$=\frac{1}{3}\overrightarrow{AB}+\frac{2}{3}\overrightarrow{AD} \quad \cdots\cdots②$$

①，②より，$\overrightarrow{AF}=\frac{2}{3}\overrightarrow{AE}$　←始点をそろえて実数倍

よって，3点A，E，Fは一直線上にある。　〔証明終わり〕

確認 相似からでもわかることですが，$\overrightarrow{AF}=\frac{2}{3}\overrightarrow{AE}$ よりAFの長さはAEの $\frac{2}{3}$ 倍，つまりAE：AF=3：2になります。

この例題の①，②を一見すると，$\overrightarrow{AF}$ が $\overrightarrow{AE}$ の何倍なのか求めにくいと感じるかもしれません。この場合は $\overrightarrow{AD}$ の係数に着目すると①は 1，②は $\frac{2}{3}$ ですから，$\frac{2}{3}$ 倍だと推測できます。そのうえで，$\overrightarrow{AB}$ の係数も $\frac{2}{3}$ 倍して正しいことを確認します。式全体で考えるのではなく，まず 1 つのベクトルに着目するのがポイントです。
また，$\overrightarrow{AE}$ が $\overrightarrow{AF}$ の何倍かを考えて，$\overrightarrow{AE}=\frac{3}{2}\overrightarrow{AF}$ としても問題ありません。

演習問題 53

1 平行四辺形 OABC において，辺 AB を 1：3 に内分する点を P，対角線 CA を 4：1 に内分する点を Q とする。このとき，3 点 O，P，Q は一直線上にあることを証明せよ。

2 △ABC の頂点 $A(\vec{a})$，$B(\vec{b})$，$C(\vec{c})$ に対し，辺 BC を 2：1 の比に外分する点を P，辺 CA の中点を Q，辺 AB を 1：2 の比に内分する点を R とすると，3 点 P，Q，R が一直線上にあることを証明せよ。

解答▶別冊 35 ページ

3 2直線の交点の位置ベクトル

Pが線分AB上の点であるとき，AB：AP=1：t ($0<t<1$) であるとします（APの長さがABの t 倍であるとイメージするとわかりやすいでしょう）。このとき，点PはABを t：$(1-t)$ に内分している点といえるので，

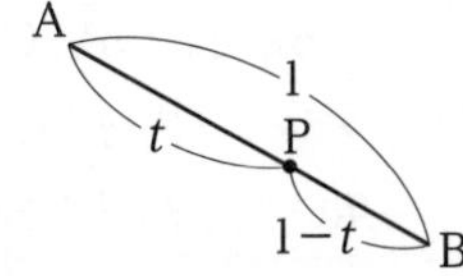

$$\overrightarrow{OP}=\frac{1-t}{t+(1-t)}\overrightarrow{OA}+\frac{t}{t+(1-t)}\overrightarrow{OB}$$
$$=(1-t)\overrightarrow{OA}+t\overrightarrow{OB}$$

となり，簡潔な形で表すことができます。

Check Point　内分点の位置ベクトル

Pが線分ABの内分点であるとき，t($0<t<1$) を定数として，

$\overrightarrow{OP}=(1-t)\overrightarrow{OA}+t\overrightarrow{OB}$　←内分点なので，係数の和が1に等しいことに着目

参考 もちろん，$\overrightarrow{OP}=t\overrightarrow{OA}+(1-t)\overrightarrow{OB}$ とおくこともできます。

p.130 で学んだように，**平行でなく，かつ $\vec{0}$ でない2つのベクトル $\vec{a}$，$\vec{b}$ を用いて**，任意のベクトル $\vec{p}$ は，

$\vec{p}=s\vec{a}+t\vec{b}$　(s，t は実数)

の形にただ1通りに表されることがわかっています。つまり，$\vec{a}$ と $\vec{b}$ の係数を決めることで $\vec{p}$ を決めることができます。このとき，次のことが成り立ちます。

$s\vec{a}+t\vec{b}=s'\vec{a}+t'\vec{b} \Longleftrightarrow s=s'$ かつ $t=t'$

$\vec{p}$ は $\vec{a}$，$\vec{b}$ を用いてただ1通りにしか表せないので，係数は等しくなることがわかります。

もし，$\vec{a}$ と $\vec{b}$ が平行であるとき，k を実数として $\vec{b}=k\vec{a}$ と表すことができ，

$$s\vec{a}+t\vec{b}=s\vec{a}+t\cdot k\vec{a}$$
$$=(s+kt)\vec{a}$$

となるので，$\vec{b}$ の係数を比べられなくなります。

$\vec{a}$，$\vec{b}$ が $\vec{0}$ のときも同様です。

2直線の交点の位置ベクトルを求めるときにこのことを利用します。

そのために，**先ほど学んだ「内分点の位置ベクトル」や p.149 で学んだ「3点が一直線上」の考え方を利用してベクトルの式を2つ立てます。**

例題73 $\triangle$OAB で辺 OA を 3：2 に内分する点を C，辺 OB を 1：2 に内分する点を D とする。線分 AD と BC の交点を P，直線 OP と辺 AB の交点を Q とするとき，$\overrightarrow{OP}$，$\overrightarrow{OQ}$ をそれぞれ $\overrightarrow{OA}$ と $\overrightarrow{OB}$ で表せ。

考え方〉「内分点の位置ベクトル」を 2 回用いる方法，「3 点が一直線上」を 2 回用いる方法，「内分点の位置ベクトル」と「3 点が一直線上」を合わせて用いる方法，のように解法をいろいろ考えることができます。

解答

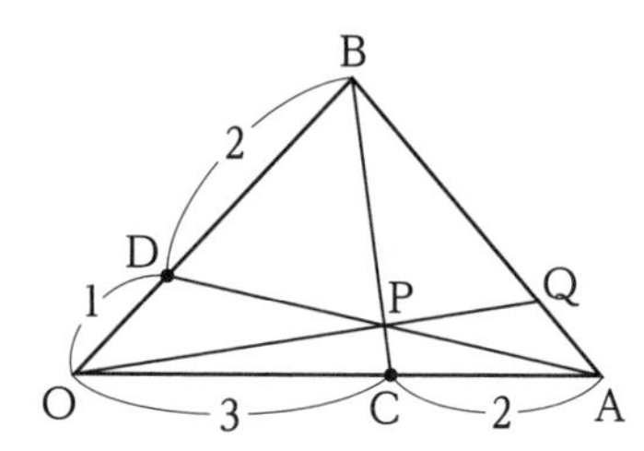

まず，$\overrightarrow{OP}$ を求める。

【内分点の位置ベクトルを 2 回用いる方法】

P は AD の内分点であるから，s を定数として AP：PD$=s：(1-s)$ とおくと，

$$\overrightarrow{OP}=(1-s)\overrightarrow{OA}+s\overrightarrow{OD}$$
$$=(1-s)\overrightarrow{OA}+s\cdot\frac{1}{3}\overrightarrow{OB} \quad \cdots\cdots①$$

P は BC の内分点でもあるから，t を定数として BP：PC$=t：(1-t)$ とおくと，

$$\overrightarrow{OP}=(1-t)\overrightarrow{OB}+t\overrightarrow{OC}$$
$$=(1-t)\overrightarrow{OB}+t\cdot\frac{3}{5}\overrightarrow{OA} \quad \cdots\cdots②$$

①，②より，$\overrightarrow{OA}$，$\overrightarrow{OB}$ は平行でなく，かつ $\vec{0}$ でないので，

$1-s=\frac{3}{5}t$ かつ $\frac{1}{3}s=1-t$　←係数比較ができる

これより，

$s=\frac{1}{2}$，$t=\frac{5}{6}$

よって，①，②に代入して，

$$\overrightarrow{OP}=\frac{1}{2}\overrightarrow{OA}+\frac{1}{6}\overrightarrow{OB} \cdots \text{答}$$

【3 点が一直線上を 2 回用いる方法】

3 点 D，P，A は一直線上にあるから，k を定数として，

$$\overrightarrow{DP}=k\overrightarrow{DA}$$
$$\overrightarrow{OP}-\overrightarrow{OD}=k\left(\overrightarrow{OA}-\overrightarrow{OD}\right)$$

$\overrightarrow{OP}=k\overrightarrow{OA}+(1-k)\overrightarrow{OD}$

$\quad=k\overrightarrow{OA}+(1-k)\cdot\frac{1}{3}\overrightarrow{OB}$ ……①

また，3 点 B，P，C も一直線上にあるから，l を定数として，

$\overrightarrow{BP}=l\overrightarrow{BC}$

$\overrightarrow{OP}-\overrightarrow{OB}=l(\overrightarrow{OC}-\overrightarrow{OB})$

$\overrightarrow{OP}=l\overrightarrow{OC}+(1-l)\overrightarrow{OB}$

$\quad=l\cdot\frac{3}{5}\overrightarrow{OA}+(1-l)\overrightarrow{OB}$ ……②

①，②より，$\overrightarrow{OA}$，$\overrightarrow{OB}$ は平行でなく，かつ $\vec{0}$ でないので，

$k=\frac{3}{5}l$ かつ $\frac{1}{3}(1-k)=1-l$ ←係数比較ができる

これより，

$k=\frac{1}{2}$，$l=\frac{5}{6}$

よって，①，②に代入して，

$\boldsymbol{\overrightarrow{OP}=\frac{1}{2}\overrightarrow{OA}+\frac{1}{6}\overrightarrow{OB}}$ … 答

参考 $\overrightarrow{OP}$ は，「AD の内分点の位置ベクトル」と「3 点 B，P，C が一直線上」で 1 つずつ立式して求めることもできます。

次に，$\overrightarrow{OQ}$ を求める。

Q は BA の内分点であるから，u を定数として AQ：QB$=u：(1-u)$ とおくと，

$\overrightarrow{OQ}=(1-u)\overrightarrow{OA}+u\overrightarrow{OB}$ ……③ ←「A，Q，B が一直線上」と考えてもよい

また，3 点 O，P，Q は一直線上にあるから，m を定数として，

$\overrightarrow{OQ}=m\overrightarrow{OP}$

$\quad=m\left(\frac{1}{2}\overrightarrow{OA}+\frac{1}{6}\overrightarrow{OB}\right)$

$\quad=\frac{1}{2}m\overrightarrow{OA}+\frac{1}{6}m\overrightarrow{OB}$ ……④

③，④より，$\overrightarrow{OA}$，$\overrightarrow{OB}$ は平行でなく，かつ $\vec{0}$ でないので，

$1-u=\frac{1}{2}m$ かつ $u=\frac{1}{6}m$ ←係数比較ができる

これより，

$u=\frac{1}{4}$，$m=\frac{3}{2}$

よって，③，④に代入して，

$\boldsymbol{\overrightarrow{OQ}=\frac{3}{4}\overrightarrow{OA}+\frac{1}{4}\overrightarrow{OB}}$ … 答

別解 「係数の和が 1 に等しい」ということを利用して計算を簡単にすることができます。先に「3 点が一直線上」を用いて立式するのがポイントです。

3 点 O，P，Q は一直線上にあるから，m を定数として，

$$\overrightarrow{OQ}=m\overrightarrow{OP}$$
$$=m\left(\frac{1}{2}\overrightarrow{OA}+\frac{1}{6}\overrightarrow{OB}\right)$$
$$=\frac{1}{2}m\overrightarrow{OA}+\frac{1}{6}m\overrightarrow{OB}$$

ここで，Q は AB の内分点であるから，$\overrightarrow{OA}$ と $\overrightarrow{OB}$ の係数の和は 1 に等しい。

$\frac{1}{2}m+\frac{1}{6}m=1$ より，$m=\frac{3}{2}$

よって，

$$\boldsymbol{\overrightarrow{OQ}=\frac{3}{4}\overrightarrow{OA}+\frac{1}{4}\overrightarrow{OB}} \cdots \text{答}$$

この方法だと，文字を 1 つしか扱わないので，計算が楽にできます。

また，垂直である条件も交点の位置ベクトルを求める際に用いることがあります。

例題 74 △OAB において，OA=5，OB=4，$\angle AOB=\frac{\pi}{3}$ とし，O から辺 AB に垂線を引き，辺 AB との交点を H とする。このとき，$\overrightarrow{OH}$ を $\overrightarrow{OA}$ と $\overrightarrow{OB}$ を用いて表せ。

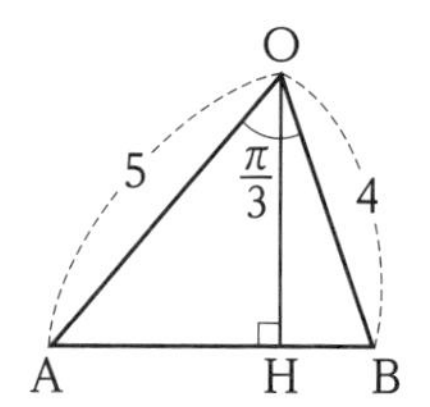

解答 H は AB の内分点であるから，t を定数として AH：BH=t：$(1-t)$ とおくと，

$$\overrightarrow{OH}=(1-t)\overrightarrow{OA}+t\overrightarrow{OB} \quad \cdots\cdots ①$$

また，$\overrightarrow{OH}$ と $\overrightarrow{AB}$ は垂直であるから，

$$\boldsymbol{\overrightarrow{OH}\cdot\overrightarrow{AB}=0}$$
$$\left\{(1-t)\overrightarrow{OA}+t\overrightarrow{OB}\right\}\cdot\left(\overrightarrow{OB}-\overrightarrow{OA}\right)=0$$
$$-(1-t)\overrightarrow{OA}\cdot\overrightarrow{OA}+(1-2t)\overrightarrow{OA}\cdot\overrightarrow{OB}+t\overrightarrow{OB}\cdot\overrightarrow{OB}=0$$
$$-(1-t)\left|\overrightarrow{OA}\right|^2+(1-2t)\left|\overrightarrow{OA}\right|\left|\overrightarrow{OB}\right|\cos\frac{\pi}{3}+t\left|\overrightarrow{OB}\right|^2=0$$

同じベクトルの内積 = 大きさの 2 乗

$$-(1-t)\cdot 25+(1-2t)\cdot 5\cdot 4\cdot\frac{1}{2}+t\cdot 16=0$$
$$-25+25t+10-20t+16t=0$$
$$t=\frac{5}{7}$$

これを①に代入して，

$\overrightarrow{OH}=\frac{2}{7}\overrightarrow{OA}+\frac{5}{7}\overrightarrow{OB}$ … 答

この例題では，「内分点の位置ベクトル」と「内積」を用いて求めました。

演習問題 54

1 △ABC において，辺 AB の中点を D，辺 AC を 3：2 に内分する点を E，BE と CD の交点を F とする。
$\overrightarrow{AF}$ を $\overrightarrow{AB}$ と $\overrightarrow{AC}$ を用いて表せ。

2 △OAB において，辺 OA の中点を M，辺 OB を 2：1 に内分する点を C，辺 AB を 2：3 に内分する点を D，CM と OD の交点を P とする。このとき，$\overrightarrow{OP}$ を $\overrightarrow{OA}$ と $\overrightarrow{OB}$ を用いて表せ。

3 平行四辺形 OABC がある。辺 CB を 2：1 に内分する点を P，辺 OC を 1：2 に内分する点を Q とする。さらに，OP と AQ の交点を M とする。次の問いに答えよ。

(1) OM：MP を求めよ。

(2) $\overrightarrow{QM}$ を $\overrightarrow{OA}$ と $\overrightarrow{OC}$ を用いて表せ。

4 平行四辺形 ABCD において，辺 AB を 3：2 に内分する点を P とし，辺 DC を 3：2 に外分する点を Q とする。線分 PC と線分 BD の交点を R とし，線分 PQ と線分 BD の交点を S とするとき，次の問いに答えよ。

(1) $\overrightarrow{PR}$ を $\overrightarrow{AB}$ と $\overrightarrow{AD}$ を用いて表せ。

(2) $\overrightarrow{PS}$ を $\overrightarrow{AB}$ と $\overrightarrow{AD}$ を用いて表せ。

5 例題 73 の $\overrightarrow{OP}$ を，$\overrightarrow{OQ}$ の 別解 と同じ解法で求めよ。

6 △ABC において，AB=3，AC=4，∠BAC=$\frac{\pi}{3}$ とし，A から BC に垂線を引き，BC との交点を H とする。このとき，$\overrightarrow{AH}$ を $\overrightarrow{AB}$ と $\overrightarrow{AC}$ を用いて表せ。

解答 ▶別冊 36 ページ

4 ベクトルから位置関係

ここまでは，与えられた図形の条件からベクトルの式を求めていました。ここでは逆に，ベクトルの式から平面上の図形における位置関係を考えてみましょう。その場合も**基本は「内分点の位置ベクトル」と「3 点が一直線上」の考え方を組み合わせて考えます。**

例題75 △ABC の内部および周上に点 P がある。次の等式を満たすとき，点 P が△ABC に対してどのような位置にあるかを説明せよ。

(1) $\overrightarrow{PA}+\overrightarrow{PB}+\overrightarrow{PC}=\overrightarrow{AB}$

(2) $\overrightarrow{PA}+3\overrightarrow{PB}+5\overrightarrow{PC}=\vec{0}$

考え方 求める点 P を 1 つにまとめるために，まず始点を別の点に変えます。

解答 (1)

$\overrightarrow{PA}+\overrightarrow{PB}+\overrightarrow{PC}=\overrightarrow{AB}$

$-\overrightarrow{AP}+(\overrightarrow{AB}-\overrightarrow{AP})+(\overrightarrow{AC}-\overrightarrow{AP})=\overrightarrow{AB}$ ← $\overrightarrow{AB}=-\overrightarrow{BA}$，$\overrightarrow{BC}=\overrightarrow{AC}-\overrightarrow{AB}$

$\overrightarrow{AP}=\dfrac{1}{3}\overrightarrow{AC}$

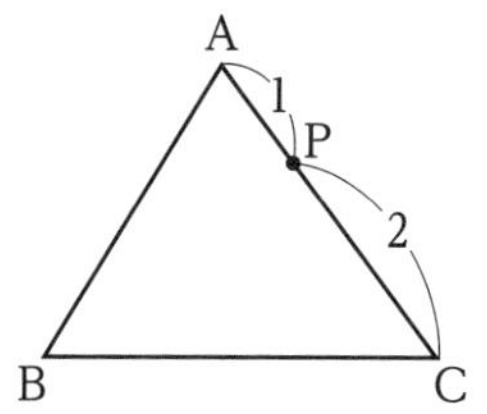

よって，3 点 A，P，C は一直線上にある。 ←始点そろえて実数倍

また，係数に着目すると**点 P は辺 AC を 1：2 に内分する点** … 答

(2)

$\overrightarrow{PA}+3\overrightarrow{PB}+5\overrightarrow{PC}=\vec{0}$

$-\overrightarrow{AP}+3(\overrightarrow{AB}-\overrightarrow{AP})+5(\overrightarrow{AC}-\overrightarrow{AP})=\vec{0}$ ← $\overrightarrow{AB}=-\overrightarrow{BA}$，$\overrightarrow{BC}=\overrightarrow{AC}-\overrightarrow{AB}$

$9\overrightarrow{AP}=3\overrightarrow{AB}+5\overrightarrow{AC}$ ←右辺の係数の和を 1 にしたい

$\dfrac{9}{8}\overrightarrow{AP}=\dfrac{3}{8}\overrightarrow{AB}+\dfrac{5}{8}\overrightarrow{AC}$ ←右辺の係数の和は 8 であったので，両辺を 8 で割った

$\overrightarrow{AP}=\dfrac{8}{9}\left(\dfrac{3}{8}\overrightarrow{AB}+\dfrac{5}{8}\overrightarrow{AC}\right)$

ここで，BC を 5：3 に内分する点を D とすると，$\dfrac{3}{8}\overrightarrow{AB}+\dfrac{5}{8}\overrightarrow{AC}$ は $\overrightarrow{AD}$ を表している。よって，

$\overrightarrow{AP}=\dfrac{8}{9}\overrightarrow{AD}$ ←3 点 A，P，D は一直線上

また，この式より点 P は AD を 8：1 に内分する点である。

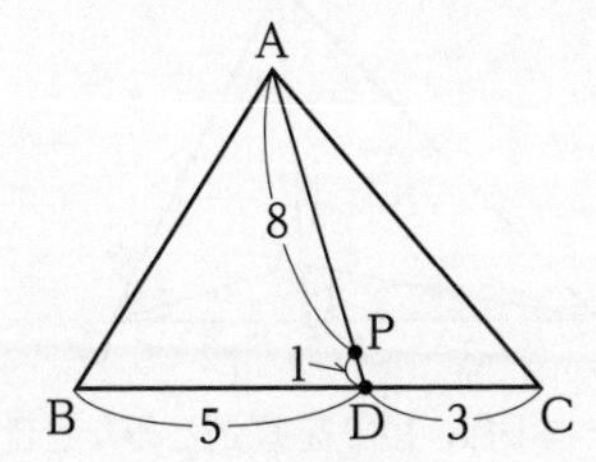

以上より，

BC を 5：3 に内分する点を D とするとき，点 P は AD を 8：1 に内分する点 …答

平面上の図形における位置関係を求める問題では，面積比を問う問題が有名です。

例題 76 △ABC の内部に点 P があり，等式 $\overrightarrow{PA}+2\overrightarrow{PB}+3\overrightarrow{PC}=\vec{0}$ が成り立っている。直線 AP と辺 BC の交点を D とする。
△BDP の面積が $3S$ のとき，△CDP，△ABP，△ACP の面積をそれぞれ S を用いて表せ。

考え方〉まず始点をそろえて，点 P と△ABC の位置関係を考えます。

解答

$\overrightarrow{PA}+2\overrightarrow{PB}+3\overrightarrow{PC}=\vec{0}$

$-\overrightarrow{AP}+2(\overrightarrow{AB}-\overrightarrow{AP})+3(\overrightarrow{AC}-\overrightarrow{AP})=\vec{0}$ ←始点を A にそろえた

$6\overrightarrow{AP}=2\overrightarrow{AB}+3\overrightarrow{AC}$ ←右辺の係数の和を 1 にしたい

$\dfrac{6}{5}\overrightarrow{AP}=\dfrac{2}{5}\overrightarrow{AB}+\dfrac{3}{5}\overrightarrow{AC}$ ←右辺の係数の和は 5 であったので，両辺を 5 で割った

$\overrightarrow{AP}=\dfrac{5}{6}\left(\dfrac{2}{5}\overrightarrow{AB}+\dfrac{3}{5}\overrightarrow{AC}\right)$

ここで，BC を 3：2 に内分する点を Q とすると，$\dfrac{2}{5}\overrightarrow{AB}+\dfrac{3}{5}\overrightarrow{AC}$ は $\overrightarrow{AQ}$ を表している。よって，

$\overrightarrow{AP}=\dfrac{5}{6}\overrightarrow{AQ}$ ←3 点 A，P，Q は一直線上

このことより，点 Q は BC 上かつ 3 点 A，P，Q は一直線上にある点である。
つまり，この点 Q が D のことである。
また，点 P は AD を 5：1 に内分する点である。

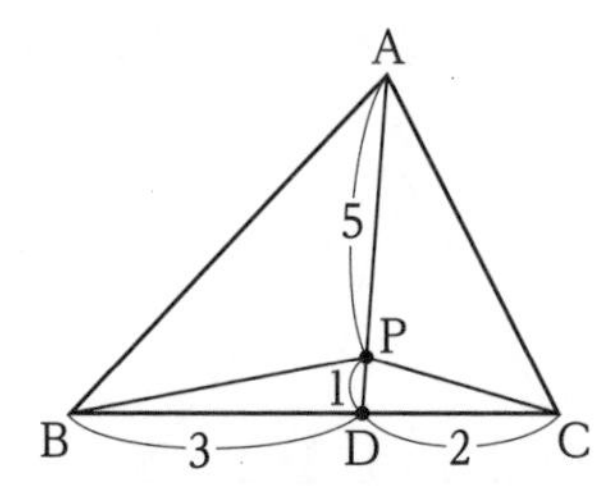

△BDP と△CDP はそれぞれ BD，DC を底辺とみたとき，高さが等しいので，底辺の比が面積比に等しい。△CDP の底辺は△BDP の $\frac{2}{3}$ 倍であるから，面積も $\frac{2}{3}$ 倍である。よって，**△CDP**$=\frac{2}{3}\cdot 3S=\mathbf{2}S$ … 答

△BDP と△ABP はそれぞれ DP，PA を底辺とみたとき，高さが等しいので，底辺の比が面積比に等しい。△ABP の底辺は△BDP の 5 倍であるから，面積も 5 倍である。よって，**△ABP**$=5\cdot 3S=\mathbf{15}S$ … 答

△CDP と△ACP はそれぞれ DP，PA を底辺とみたとき，高さが等しいので，底辺の比が面積比に等しい。△ACP の底辺は△CDP の 5 倍であるから，面積も 5 倍である。よって，**△ACP**$=5\cdot 2S=\mathbf{10}S$ … 答

参考 後半部分は，中学数学で学習する平面図形の分野の問題です。点 P の位置を求めるところまでがベクトルの仕事でした。

演習問題 55

1 △ABC と点 P との間に，$4\overrightarrow{PA}+3\overrightarrow{PB}=3\overrightarrow{PC}+4\overrightarrow{CA}$ が成り立つとき，点 P は△ABC に対してどのような位置にあるかを説明せよ。

2 △ABC の内部に点 P を $2\overrightarrow{PA}+3\overrightarrow{PB}+4\overrightarrow{PC}=\vec{0}$ を満たすようにとる。△ABP の面積を S_1，△ABC の面積を S_2 とするとき，$S_1 : S_2$ を求めよ。

3 △ABC の内部に点 P があり，$6\overrightarrow{AP}+3\overrightarrow{BP}+2\overrightarrow{CP}=\vec{0}$ が成り立つ。△PAB：△PBC：△PCA を求めよ。

4 △ABC とその内部の点 P があり，△PAB，△PBC，△PCA の面積比を 1：2：3 とする。このとき，$\overrightarrow{AP}$ を $\overrightarrow{AB}$ と $\overrightarrow{AC}$ を用いて表せ。

解答▶別冊 39 ページ

5 直線のベクトル方程式

直線 l 上の任意の点 P の位置ベクトルを $\vec{p}$ とするとき，$\vec{p}$ の満たす式をその直線の**ベクトル方程式**といいます。

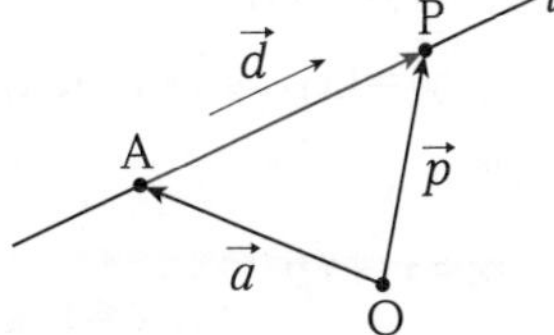

点 A$(\vec{a})$ を通り，$\vec{0}$ でないベクトル $\vec{d}$ に平行な直線を l として，直線 l 上の任意の点 P の位置ベクトル $\vec{p}$ を求めることを考えます。右の図より，

$\overrightarrow{\mathrm{OP}}=\overrightarrow{\mathrm{OA}}+\overrightarrow{\mathrm{AP}}$

ここで，$\overrightarrow{\mathrm{AP}}$ と $\vec{d}$ は平行であるから，$\overrightarrow{\mathrm{AP}}=t\vec{d}$ であり，

$\vec{p}=\vec{a}+t\vec{d}$

と表すことができます。

点 A$(\vec{a})$ を通り，$\vec{0}$ でないベクトル $\vec{d}$ に平行な直線上の点 P$(\vec{p})$ の位置ベクトルは，

$\vec{p}=\vec{a}+t\vec{d}$

t を**媒介変数**または**パラメーター**といいます。また，$\vec{d}$ のように直線 l の方向を定めるベクトルを，直線 l の**方向ベクトル**といいます。

t は「**点 A から点 P まで方向ベクトル何個分離れているか**」を表しています。負の値をとるときは，方向ベクトルの逆向きに何個分離れているか，ということになります。

例題77 点 A(2,3) を通り，方向ベクトルが $\vec{d}=(3,\ -2)$ である直線の方程式を求めよ。

解答 求める直線上の点を P$(x,\ y)$ とすると，直線のベクトル方程式は，

$\overrightarrow{\mathrm{OP}}=\overrightarrow{\mathrm{OA}}+t\vec{d}$

$(x,\ y)=(2,\ 3)+t(3,\ -2)$

$\quad=(2+3t,\ 3-2t)$

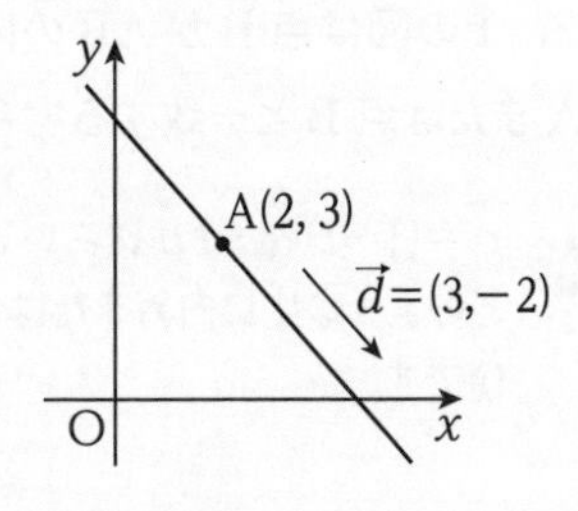

よって，

$$\begin{cases} x=2+3t \\ y=3-2t \end{cases}$$

であるから，この 2 式から t を消去すると，$\mathbf{2x+3y=13}$ … 答

一般に，通る点 A の座標を (x_1, y_1)，方向ベクトル $\vec{d}$ の成分を (p, q) とすると，直線上の点 $P(x, y)$ は，

$$\overrightarrow{OP}=\overrightarrow{OA}+t\vec{d}$$

$$(x, y)=(x_1, y_1)+t(p, q)$$

よって，

$$\begin{cases} x=x_1+tp \\ y=y_1+tq \end{cases}$$ ← t を媒介変数とする**媒介変数表示（パラメーター表示）**という

ここから，t を消去すると直線の方程式

$$\boldsymbol{q(x-x_1)-p(y-y_1)=0}$$ ←例題 77 ならば，$-2(x-2)-3(y-3)=0$ より，$2x+3y-13=0$ と求められます

が求められます。

通る 2 点 $A(\vec{a})$，$B(\vec{b})$ が与えられている直線上の点 $P(\vec{p})$ は，P が線分 AB の分点であると考えることで方程式を求めることができます。AP：BP$=t$：$(1-t)$ とおくと，

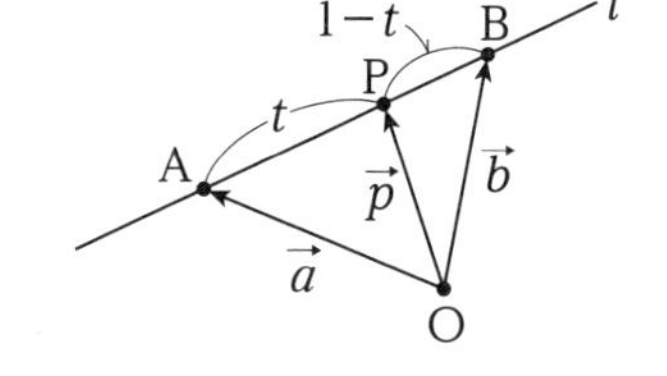

$$\overrightarrow{OP}=(1-t)\overrightarrow{OA}+t\overrightarrow{OB}$$

$$\vec{p}=(1-t)\vec{a}+t\vec{b}$$

Check Point　直線のベクトル方程式②

異なる 2 点 $A(\vec{a})$，$B(\vec{b})$ を通る直線上の点 $P(\vec{p})$ の位置ベクトルは，

$$\vec{p}=(1-t)\vec{a}+t\vec{b}$$

比のとり方を逆にして $\vec{p}=t\vec{a}+(1-t)\vec{b}$ とおいても問題ありません。

また，上の図は点 P が AB の内分点の場合ですが，点 P が AB の外分点の場合や，点 A または点 B と一致する場合も含みます。

$\vec{p}=(1-t)\vec{a}+t\vec{b}$ において，t は P が AB をどのような比に内分または外分しているかを表す値です。

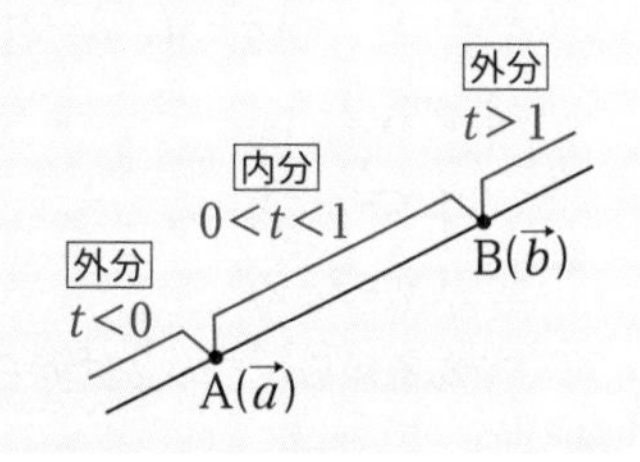

例題78 2点 A(3, −2), B(5, 3) を通る直線の方程式を，ベクトルを用いて求めよ。

解答 求める直線上の点を P(x, y) とすると，直線のベクトル方程式は，

$\overrightarrow{\mathrm{OP}}=(1-t)\overrightarrow{\mathrm{OA}}+t\overrightarrow{\mathrm{OB}}$

$(x,\ y)=(1-t)(3,\ -2)+t(5,\ 3)$

$\quad =(2t+3,\ 5t-2)$

よって，

$\begin{cases} x=2t+3 \\ y=5t-2 \end{cases}$

であるから，この2式から t を消去すると，

$\mathbf{5x-2y=19}$ … 答

別解 $\overrightarrow{\mathrm{AB}}=(5-3,\ 3-(-2))=(2,\ 5)$ を直線の方向ベクトルとみて考えてもよい。この場合「直線のベクトル方程式 ①」より，

$\overrightarrow{\mathrm{OP}}=\overrightarrow{\mathrm{OA}}+t\overrightarrow{\mathrm{AB}}$

$(x,\ y)=(3,\ -2)+t(2,\ 5)$

$\quad =(3+2t,\ -2+5t)$

よって，

$\begin{cases} x=3+2t \\ y=-2+5t \end{cases}$

であるから，この2式から t を消去すると，

$\mathbf{5x-2y=19}$ … 答

次に，点 A($\vec{a}$) を通り，$\vec{0}$ でないベクトル $\vec{n}$ に垂直な直線のベクトル方程式を考えます。右の図のように，直線 l 上の任意の点を P($\vec{p}$) とすると，$\overrightarrow{\mathrm{AP}}$ と $\vec{n}$ が垂直，もしくは $\overrightarrow{\mathrm{AP}}=\vec{0}$ (P が A と一致するとき) が成り立つので，いずれの場合も

$\overrightarrow{\mathrm{AP}}\cdot\vec{n}=0$

が成り立つといえます。つまり，位置ベクトルを用いて，

$(\vec{p}-\vec{a})\cdot\vec{n}=0$

と表すことができます。

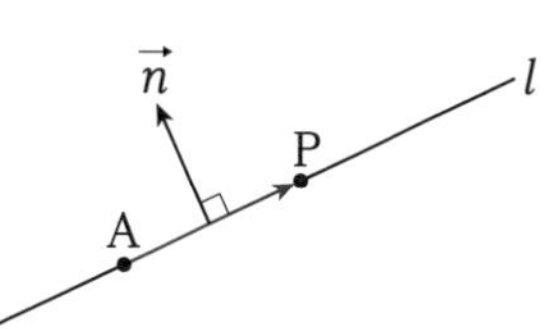

Check Point 直線のベクトル方程式③

点 $A(\vec{a})$ を通り，$\vec{0}$ でないベクトル $\vec{n}$ に垂直な直線上の点を $P(\vec{p})$ とすると，

$$(\vec{p}-\vec{a})\cdot\vec{n}=0$$

$\vec{n}$ のように直線 l に垂直なベクトルを，直線 l の**法線ベクトル**といいます。

例題79 点 $A(4,\ 2)$ を通り，$\vec{n}=(3,\ 2)$ に垂直な直線の方程式を求めよ。

解答 求める直線上の点を $P(x,\ y)$ とすると，直線のベクトル方程式は，

$$(\overrightarrow{OP}-\overrightarrow{OA})\cdot\vec{n}=0$$

$\overrightarrow{OP}-\overrightarrow{OA}=(x-4,\ y-2)$，$\vec{n}=(3,\ 2)$ であるから，

$3(x-4)+2(y-2)=0$ ←x 成分どうしの積＋y 成分どうしの積

よって，$\mathbf{3x+2y-16=0}$ … 答

法線ベクトルを用いた直線のベクトル方程式は，円の接線などでよく用います。

例題80 円 $x^2+y^2=r^2$ 上の点 $A(x_1,\ y_1)$ における接線の方程式を，ベクトルを用いて求めよ。

解答 求める直線上の点を $P(x,\ y)$ とすると，右の図より，

$\overrightarrow{AP}\perp\overrightarrow{OA}$ であるから，

$\overrightarrow{AP}\cdot\overrightarrow{OA}=0$

$(\overrightarrow{OP}-\overrightarrow{OA})\cdot\overrightarrow{OA}=0$

$\overrightarrow{OP}-\overrightarrow{OA}=(x-x_1,\ y-y_1)$，$\overrightarrow{OA}=(x_1,\ y_1)$ であるから，

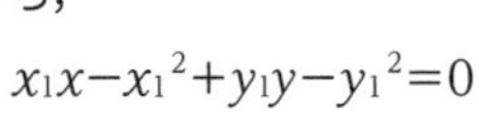

$x_1x-x_1{}^2+y_1y-y_1{}^2=0$

$x_1x+y_1y=x_1{}^2+y_1{}^2$ ……①

ここで，点 $A(x_1,\ y_1)$ は円 $x^2+y^2=r^2$ 上の点であるから，

$x_1{}^2+y_1{}^2=r^2$ ……②

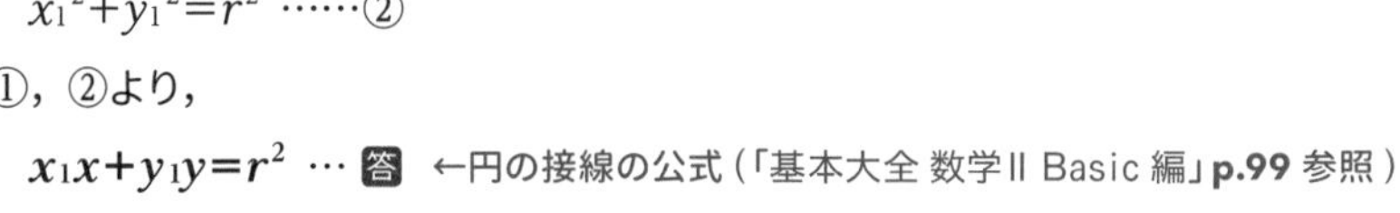

①，②より，

$\mathbf{x_1x+y_1y=r^2}$ … 答 ←円の接線の公式（「基本大全 数学Ⅱ Basic 編」**p.99** 参照）

「直線のベクトル方程式③」において，通る点Aの座標を $(x_1,\ y_1)$，点Pの座標を $(x,\ y)$，法線ベクトル $\vec{n}$ の成分を $(p,\ q)$ とすると，

$$(\vec{p}-\vec{a})\cdot\vec{n}=0$$

$\vec{p}-\vec{a}=(x-x_1,\ y-y_1)$ であるから，直線の方程式

$\boldsymbol{p(x-x_1)+q(y-y_1)=0}$ ……(＊)　← x 成分どうしの積＋y 成分どうしの積

が求められます。

上の (＊) の式を展開して整理すると，

$$px+qy-px_1-qy_1=0$$

となり，**法線ベクトル $\vec{n}$ の成分 $(p,\ q)$ は一般形($ax+by+c=0$ の形の式のこと)で表した直線の方程式の x，y の係数に等しい**ことがわかります。

つまり，直線 $ax+by+c=0$ の法線ベクトル $\vec{n}$ の成分は，

$\vec{n}=(a,\ b)$　← x，y の係数に等しい

また，右の図のように2直線 l，m のなす角を θ，直線 l，m の法線ベクトルをそれぞれ $\vec{n_1}$，$\vec{n_2}$ とするとき，**l，m のなす角と $\vec{n_1}$，$\vec{n_2}$ のなす角は等しくなります。**

これらのことを用いることで，2直線のなす角を求めることができます。

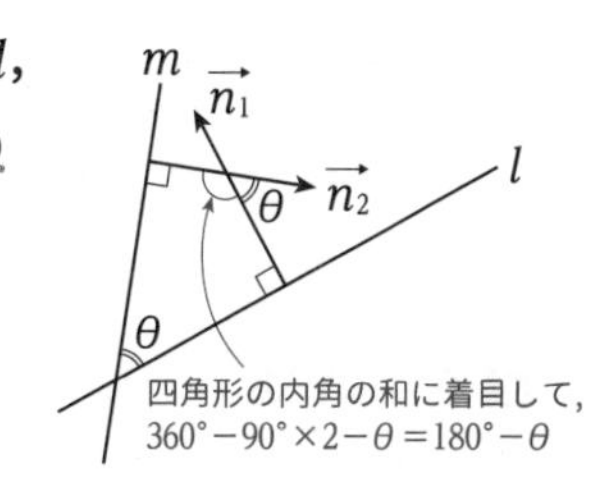

例題81　2直線 $l_1:x+\sqrt{3}y-2=0$，$l_2:x-\sqrt{3}y+1=0$ のなす角のうち鋭角であるものを求めよ。

解答　l_1，l_2 のそれぞれの法線ベクトル $\vec{n_1}$，$\vec{n_2}$ は x，y の係数に着目すると，

$\vec{n_1}=(1,\ \sqrt{3})$，$\vec{n_2}=(1,\ -\sqrt{3})$

$\vec{n_1}$ と $\vec{n_2}$ のなす角を考える。なす角を θ とすると，内積の定義より，

$\vec{n_1}\cdot\vec{n_2}=|\vec{n_1}||\vec{n_2}|\cos\theta$

$1\cdot1+\sqrt{3}\cdot(-\sqrt{3})=2\cdot2\cos\theta$　← $|\vec{n_1}|=\sqrt{1^2+(\sqrt{3})^2}=2$，$|\vec{n_2}|=\sqrt{1^2+(-\sqrt{3})^2}=2$

$-2=4\cos\theta$ より，$\cos\theta=-\dfrac{1}{2}$

よって，$\theta=\dfrac{2}{3}\pi$

求めるなす角は鋭角のほうであるから，$\pi-\dfrac{2}{3}\pi=\dfrac{\pi}{3}$ … 答

この例題のように，**法線ベクトルの向きによってなす角が鋭角でないものが求められる場合があります。**その際は，例題のようにπから引いて求めます。
この問題では，右の図のように，$\overrightarrow{n_1}$と$-\overrightarrow{n_2}$のなす角が鋭角であることがわかります。

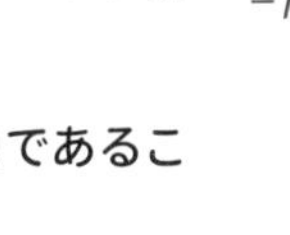

演習問題 56

1 次の条件を満たす直線の方程式をベクトルを用いて求めよ。ただし，(3)はtを媒介変数とする媒介変数表示で答えよ。

(1) 点 A(1，1) を通り，方向ベクトルが$\vec{d}=(2,\ 3)$である直線

(2) 2 点 A(5，7)，B(−1，−2) を通る直線

(3) 2 点 A($\sqrt{3}$，2)，B(−1，$\sqrt{3}$) を通る直線

(4) 点 A(2，3) を通り，$\vec{n}=(-1,\ 2)$に垂直な直線

2 中心が A(2，−1) である円周上の点 B(−1，3) で接する接線の方程式をベクトルを用いて求めよ。

3 直線lに原点 O から垂線を引き，lとの交点を H とし，OH の長さを$p(p \neq 0)$，OH がx軸の正の向きとなす角をαとする。l上の任意の点を P(x，y) とするとき，直線lの方程式が$x\cos\alpha+y\sin\alpha=p$となることを証明せよ。

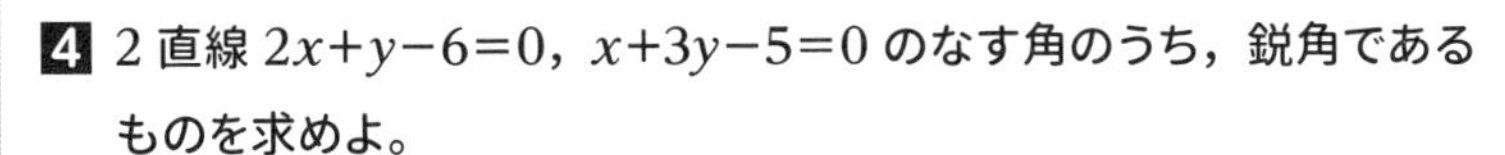

4 2 直線$2x+y-6=0$，$x+3y-5=0$のなす角のうち，鋭角であるものを求めよ。

解答▶別冊 41 ページ

6 円のベクトル方程式

中心が $\mathrm{C}(\vec{c})$，半径が r の円周上の任意の点を $\mathrm{P}(\vec{p})$ とします。

円周上の点は中心との距離が半径 r で一定であるから，

$$|\overrightarrow{\mathrm{CP}}|=r$$

$$|\vec{p}-\vec{c}|=r$$

これを円のベクトル方程式といいます。

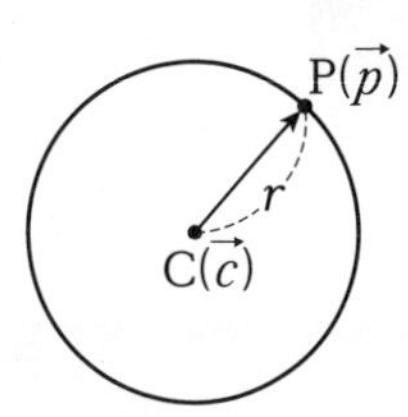

Check Point　円のベクトル方程式 ①

中心が点 $\mathrm{C}(\vec{c})$，半径が r の円周上に点 $\mathrm{P}(\vec{p})$ があるとき，

$$|\vec{p}-\vec{c}|=r$$

ここで，中心の座標を $\mathrm{C}(a,\ b)$，円周上の任意の点を $\mathrm{P}(x,\ y)$ とすると，

$$|\vec{p}-\vec{c}|=r$$

$$\sqrt{(x-a)^2+(y-b)^2}=r$$

$$(x-a)^2+(y-b)^2=r^2$$

となります。

例題 82 動点 P の位置ベクトル $\vec{p}$ が次の等式を満たすとき，点 P は円周上を動く。その円の中心の位置ベクトルと半径を求めよ。なお，点 $\mathrm{A}(\vec{a})$，点 $\mathrm{B}(\vec{b})$，点 $\mathrm{C}(\vec{c})$ は定点とする。

(1) $|\vec{p}+2\vec{a}|=1$　　(2) $|3\vec{p}+\vec{a}|=3$

(3) $|\overrightarrow{\mathrm{AP}}+\overrightarrow{\mathrm{BP}}+\overrightarrow{\mathrm{CP}}|=9$　　(4) $\vec{p}\cdot\vec{p}-4\vec{a}\cdot\vec{p}=0$

解答 (1) $|\vec{p}+2\vec{a}|=1$

$|\vec{p}-(-2\vec{a})|=1$　←絶対値の中は差の形

よって，**円の中心の位置ベクトル $-2\vec{a}$，半径 1** … 答

(2) $|3\vec{p}+\vec{a}|=3$

$\left|\vec{p}+\dfrac{1}{3}\vec{a}\right|=1$　←$\vec{p}$ の係数は 1 にする

$\left|\vec{p}-\left(-\dfrac{1}{3}\vec{a}\right)\right|=1$　←絶対値の中は差の形

よって，**円の中心の位置ベクトル $-\dfrac{1}{3}\vec{a}$，半径 1** … 答

(3) $|\overrightarrow{AP}+\overrightarrow{BP}+\overrightarrow{CP}|=9$

$|(\vec{p}-\vec{a})+(\vec{p}-\vec{b})+(\vec{p}-\vec{c})|=9$ ← 位置ベクトルに直す

$|3\vec{p}-\vec{a}-\vec{b}-\vec{c}|=9$

$\left|\vec{p}-\dfrac{\vec{a}+\vec{b}+\vec{c}}{3}\right|=3$ ←$\vec{p}$の係数は1にする

よって，**円の中心の位置ベクトル $\dfrac{\vec{a}+\vec{b}+\vec{c}}{3}$，半径3** … 答

参考 つまり，中心は△ABCの重心です。

(4) $\vec{p}\cdot\vec{p}-4\vec{a}\cdot\vec{p}=0$

$(\vec{p}-2\vec{a})\cdot(\vec{p}-2\vec{a})-4\vec{a}\cdot\vec{a}=0$ ← 同じベクトルの内積をつくる

$|\vec{p}-2\vec{a}|^2-4|\vec{a}|^2=0$ ← $\vec{a}\cdot\vec{a}=|\vec{a}|^2$

$|\vec{p}-2\vec{a}|^2=4|\vec{a}|^2$

$|\vec{p}-2\vec{a}|=2|\vec{a}|$

よって，**円の中心の位置ベクトル $2\vec{a}$，半径 $2|\vec{a}|$** … 答

参考 (4)の変形は，次のような p の2次方程式の平方完成と同じイメージで考えます。

$p^2-4ap=0$

$(p-2a)^2-(2a)^2=0$

$(p-2a)^2=4a^2$

ただし，同じベクトルの内積は大きさの2乗に等しくなることに注意が必要です。

次に，円の直径の両端の点が与えられている場合を考えてみましょう。
右の図のように，直径の両端の点が $A(\vec{a})$，$B(\vec{b})$ である円周上に任意の点 $P(\vec{p})$ があり，点PがA，Bとは異なる点のとき，

$\overrightarrow{AP}\perp\overrightarrow{BP}$ ←中心角(∠AOB)がπなので，円周角$\angle APB=\dfrac{1}{2}\angle AOB=\dfrac{\pi}{2}$

よって，

$\overrightarrow{AP}\cdot\overrightarrow{BP}=0$

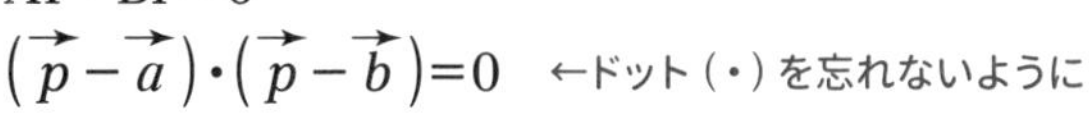

$(\vec{p}-\vec{a})\cdot(\vec{p}-\vec{b})=0$ ←ドット(・)を忘れないように

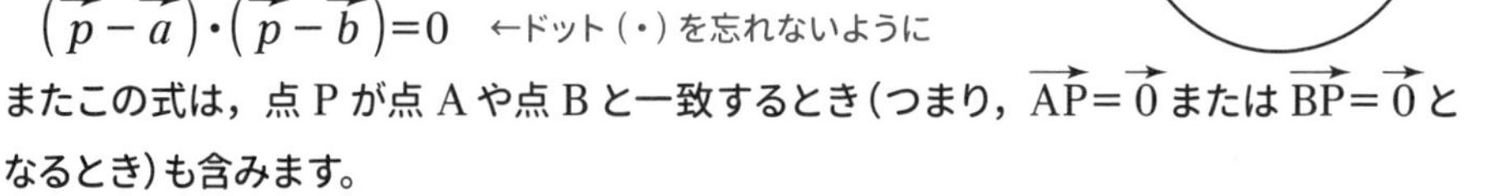

またこの式は，点Pが点Aや点Bと一致するとき(つまり，$\overrightarrow{AP}=\vec{0}$ または $\overrightarrow{BP}=\vec{0}$ となるとき)も含みます。

Check Point 円のベクトル方程式 ②

直径の両端の点が点 $A(\vec{a})$，点 $B(\vec{b})$ である円の円周上に点 $P(\vec{p})$ があるとき，

$$(\vec{p}-\vec{a})\cdot(\vec{p}-\vec{b})=0$$

ここで，直径の両端の点の座標を $A(a_1,\ a_2)$，$B(b_1,\ b_2)$ とすると，

$(\vec{p}-\vec{a})\cdot(\vec{p}-\vec{b})=0$

$\vec{p}-\vec{a}=(x-a_1,\ y-a_2)$，$\vec{p}-\vec{b}=(x-b_1,\ y-b_2)$ であるから，

$(x-a_1)(x-b_1)+(y-a_2)(y-b_2)=0$

となります。この式は，円の中心の座標や半径を必要としないので便利です。

例題 83 動点 P の位置ベクトル $\vec{p}$ が次の等式を満たすとき，点 P はどのような図形上を動くか。なお，点 $A(\vec{a})$，点 $B(\vec{b})$ は定点とする。

(1) $(\vec{p}-\vec{a})\cdot(\vec{p}+\vec{b})=0$

(2) $(3\vec{p}-\vec{a})\cdot(2\vec{p}+\vec{b})=0$

(3) $|\vec{p}|^2-7\vec{a}\cdot\vec{p}+12|\vec{a}|^2=0$

解答 (1) $(\vec{p}-\vec{a})\cdot(\vec{p}+\vec{b})=0$

$(\vec{p}-\vec{a})\cdot\{\vec{p}-(-\vec{b})\}=0$ ←かっこ内は差の形

よって，**位置ベクトルが $\vec{a}$，$-\vec{b}$ である点を直径の両端とする円** … 答

(2) $(3\vec{p}-\vec{a})\cdot(2\vec{p}+\vec{b})=0$

$\left(\vec{p}-\frac{1}{3}\vec{a}\right)\cdot\left(\vec{p}+\frac{1}{2}\vec{b}\right)=0$ ←両辺を 6 で割る（左のかっこは 3, 右のかっこは 2 で割る）

$\left(\vec{p}-\frac{1}{3}\vec{a}\right)\cdot\left\{\vec{p}-\left(-\frac{1}{2}\vec{b}\right)\right\}=0$ ←かっこ内は差の形

よって，**位置ベクトルが $\frac{1}{3}\vec{a}$，$-\frac{1}{2}\vec{b}$ である点を直径の両端とする円** … 答

(3) $|\vec{p}|^2-7\vec{a}\cdot\vec{p}+12|\vec{a}|^2=0$

$\vec{p}\cdot\vec{p}-7\vec{a}\cdot\vec{p}+12\vec{a}\cdot\vec{a}=0$ ← $|\vec{a}|^2=\vec{a}\cdot\vec{a}$

$(\vec{p}-3\vec{a})\cdot(\vec{p}-4\vec{a})=0$

よって，**位置ベクトルが $3\vec{a}$，$4\vec{a}$ である点を直径の両端とする円** … 答

参考 この変形は，次のような p の 2 次方程式の因数分解と同じイメージで考えます。

$$p^2-7ap+12a^2=0$$

$$(p-3a)(p-4a)=0$$

ただし，ベクトルではかっこの間のドット（・）を忘れないようにしましょう。

別解 平方完成をイメージして「円のベクトル方程式 ①」で考えることもできます。

$$|\vec{p}|^2-7\vec{a}\cdot\vec{p}+12|\vec{a}|^2=0$$

$$\left(\vec{p}-\frac{7}{2}\vec{a}\right)\cdot\left(\vec{p}-\frac{7}{2}\vec{a}\right)-\frac{49}{4}\vec{a}\cdot\vec{a}+12|\vec{a}|^2=0$$

$$\left|\vec{p}-\frac{7}{2}\vec{a}\right|^2=\frac{1}{4}|\vec{a}|^2$$

$$\left|\vec{p}-\frac{7}{2}\vec{a}\right|=\frac{1}{2}|\vec{a}|$$

よって，**中心の位置ベクトル $\frac{7}{2}\vec{a}$，半径 $\frac{1}{2}|\vec{a}|$ の円** … 答

演習問題 57

1 動点 P の位置ベクトル $\vec{p}$ が次の等式を満たすとき，点 P はどのような図形上を動くか。なお，点 $\mathrm{A}(\vec{a})$，点 $\mathrm{B}(\vec{b})$ は定点とする。

(1) $|\vec{p}+\vec{a}|^2=4$

(2) $|\overrightarrow{\mathrm{PA}}+\overrightarrow{\mathrm{PB}}|=6$

(3) $\vec{p}\cdot\vec{p}+4\vec{a}\cdot\vec{p}+3\vec{a}\cdot\vec{a}=0$

(4) $|\vec{p}|^2-\vec{a}\cdot\vec{p}=0$

2 次の円の方程式を，ベクトルを用いて求めよ。

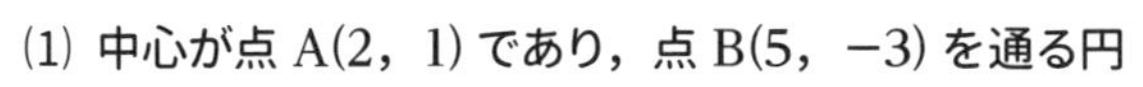

(1) 中心が点 A(2，1) であり，点 B(5，−3) を通る円

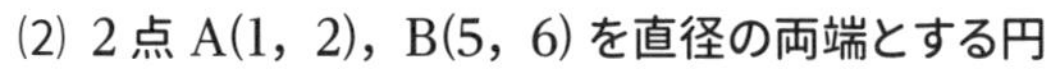

(2) 2 点 A(1，2)，B(5，6) を直径の両端とする円

解答▶別冊 43 ページ

第3節 空間のベクトルの演算

1 空間ベクトルの基本

空間内に原点 O をとり，O で互いに直交する 3 本の直線をそれぞれ x 軸，y 軸，z 軸とします。このときの 3 本の直線を**座標軸**といいます。

右の図のように，

　x 軸と y 軸で定まる平面を xy 平面

　y 軸と z 軸で定まる平面を yz 平面

　z 軸と x 軸で定まる平面を zx 平面

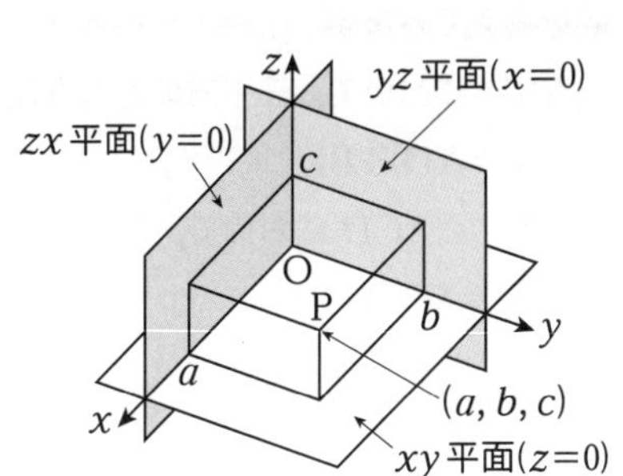

といい，これらをまとめて**座標平面**といいます。そして，空間上の点 P を通って各座標軸に垂直な平面が x 軸，y 軸，z 軸と交わる点の座標をそれぞれ a，b，c とするとき，その 3 つの数字の組 (a, b, c) を点 P の**座標**といいます。この a, b, c がそれぞれ点 P の x 座標，y 座標，z 座標となります。また，このような座標が定められた空間を**座標空間**といいます。

xy 平面上では常に z 座標が 0 に等しいので $z=0$ という方程式が成り立ちます。

同様にして，yz 平面は $x=0$，zx 平面は $y=0$ という方程式が成り立ちます。

例題84 点 A(1，3，4) に対して，次の点の座標を求めよ。

(1) xy 平面に関して対称な点 B　　(2) zx 平面に関して対称な点 C

(3) y 軸に関して対称な点 D　　(4) 原点に関して対称な点 E

解答 右の図より，

(1) **B(1，3，−4)**

(2) **C(1，−3，4)**

(3) **D(−1，3，−4)**

(4) **E(−1，−3，−4)** … 答

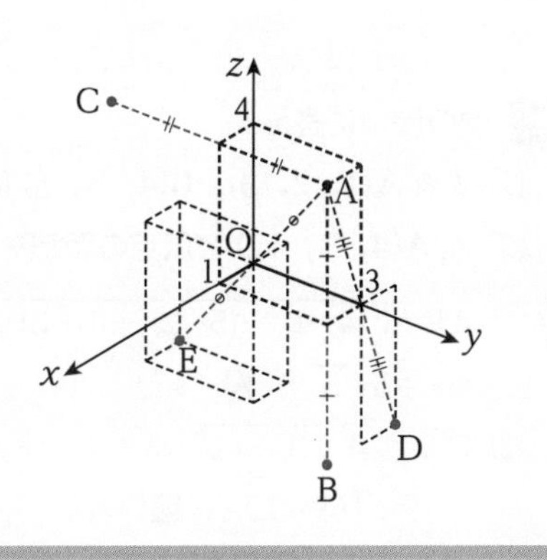

前ページの**例題**のような対称な点の座標を求めるときは，各座標の絶対値は変化しないので，符号の変化のみに注目するとよいでしょう。

右の図のような直方体 ACDE-FGBH で，座標空間における 2 点 $A(x_1,\ y_1,\ z_1)$ と $B(x_2,\ y_2,\ z_2)$ の間の距離を考えてみます。

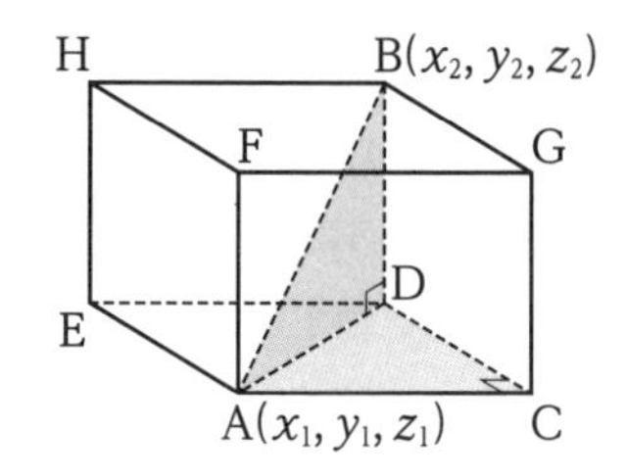

△ABD において，三平方の定理を用いると，

$AB^2=AD^2+BD^2$ ……①

ここで，△ACD において，三平方の定理を用いると，

$AD^2=AC^2+CD^2$

これを①に代入すると，

$$AB^2=(AC^2+CD^2)+BD^2$$
$$=|x_2-x_1|^2+|y_2-y_1|^2+|z_2-z_1|^2$$

よって，

$$AB=\sqrt{(x_2-x_1)^2+(y_2-y_1)^2+(z_2-z_1)^2}$$

Check Point　座標空間における 2 点間の距離

2 点 $A(x_1,\ y_1,\ z_1)$，$B(x_2,\ y_2,\ z_2)$ 間の距離は，

$$AB=\sqrt{(x_2-x_1)^2+(y_2-y_1)^2+(z_2-z_1)^2}$$

└ x 座標の差の 2 乗＋y 座標の差の 2 乗＋z 座標の差の 2 乗

特に，原点 O と点 A の距離は，

$$OA=\sqrt{x_1{}^2+y_1{}^2+z_1{}^2}$$

例題 85　次の問いに答えよ。

(1) 2 点 A(1，2，3)，B(4，5，6) 間の距離を求めよ。

(2) 点 A(4，3，12) と原点の距離を求めよ。

解答　(1) $AB=\sqrt{(4-1)^2+(5-2)^2+(6-3)^2}$

$=3\sqrt{3}$ … **答**

(2) $OA=\sqrt{4^2+3^2+12^2}$

$=\sqrt{169}=13$ … **答**

平面の場合と同様に，空間において有向線分 AB で表されるベクトルを $\overrightarrow{AB}$ と表します。また，位置が違っていても，向きが同じで大きさが等しい場合，ベクトルは等しいといえます。例えば，右の図のような直方体では，

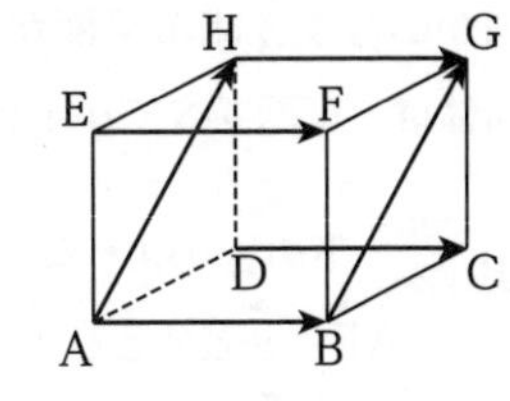

$\overrightarrow{AB}=\overrightarrow{DC}=\overrightarrow{HG}=\overrightarrow{EF}$，$\overrightarrow{AH}=\overrightarrow{BG}$

などが成り立つことがわかります。

次のように，空間ベクトルの交換法則と結合法則，実数倍，逆ベクトル，零ベクトルも平面ベクトルの場合と同様に成り立ちます。

Check Point　空間ベクトルの演算の法則

[1] $\vec{a}+\vec{b}=\vec{b}+\vec{a}$

[2] $(\vec{a}+\vec{b})+\vec{c}=\vec{a}+(\vec{b}+\vec{c})$

[3] $k(l\vec{a})=l(k\vec{a})=(kl)\vec{a}$

[4] $(k+l)\vec{a}=k\vec{a}+l\vec{a}$　　$k(\vec{a}+\vec{b})=k\vec{a}+k\vec{b}$

[5] $\vec{a}+(-\vec{a})=\vec{0}$

[6] $\vec{a}+\vec{0}=\vec{a}$

例題 86　右の図の立方体において，

$\overrightarrow{AB}+\overrightarrow{BC}+\overrightarrow{CH}+\overrightarrow{HA}=\vec{0}$

であることを証明せよ。

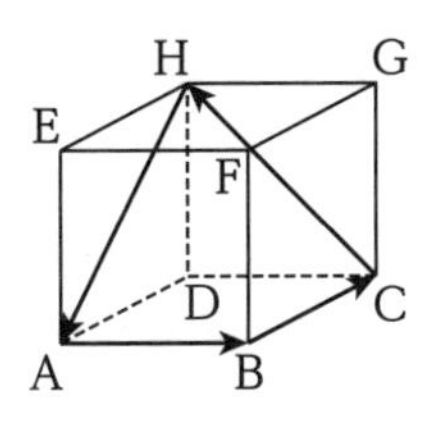

解答

$\overrightarrow{AB}+\overrightarrow{BC}+\overrightarrow{CH}+\overrightarrow{HA}$

$=\{(\overrightarrow{AB}+\overrightarrow{BC})+\overrightarrow{CH}\}+\overrightarrow{HA}$　　$\overrightarrow{AB}+\overrightarrow{BC}=\overrightarrow{AC}$

$=(\overrightarrow{AC}+\overrightarrow{CH})+\overrightarrow{HA}$　　$\overrightarrow{AC}+\overrightarrow{CH}=\overrightarrow{AH}$

$=\overrightarrow{AH}+\overrightarrow{HA}$　　$\overrightarrow{HA}=-\overrightarrow{AH}$

$=\overrightarrow{AH}-\overrightarrow{AH}=\vec{0}$

〔証明終わり〕

結局，平面の場合と同様に，スタート地点とゴール地点が等しい場合，$\vec{0}$ に等しくなります。

向かい合う３組の平面がそれぞれ平行である六面体を平行六面体といいます。平行六面体は，６面すべてが平行四辺形です。

例題 87 下の図のような平行六面体 ABCD-EFGH において，$\overrightarrow{\mathrm{AB}}=\vec{b}$，$\overrightarrow{\mathrm{AD}}=\vec{d}$，$\overrightarrow{\mathrm{AE}}=\vec{e}$ とするとき，次のベクトルを $\vec{b}$，$\vec{d}$，$\vec{e}$ を用いて表せ。

(1) $\overrightarrow{\mathrm{AH}}$　　(2) $\overrightarrow{\mathrm{AG}}$　　(3) $\overrightarrow{\mathrm{HB}}$

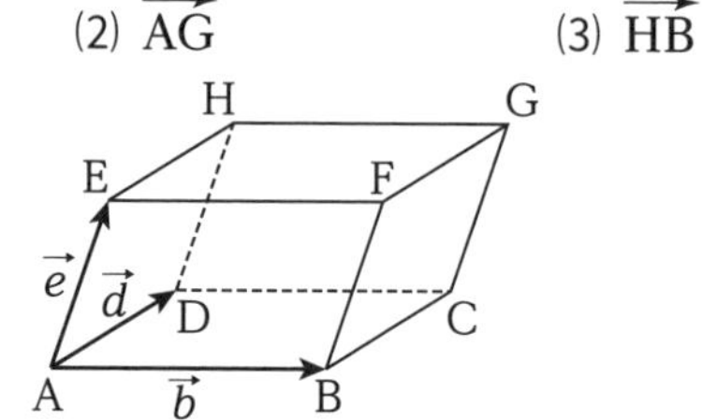

考え方 向かい合う等しいベクトルに着目します。

解答 (1) $\overrightarrow{\mathrm{AH}}=\overrightarrow{\mathrm{AD}}+\overrightarrow{\mathrm{DH}}$

$=\overrightarrow{\mathrm{AD}}+\overrightarrow{\mathrm{AE}}$

$=\vec{d}+\vec{e}$ …答

(2) $\overrightarrow{\mathrm{AG}}=\overrightarrow{\mathrm{AB}}+\overrightarrow{\mathrm{BC}}+\overrightarrow{\mathrm{CG}}$

$=\overrightarrow{\mathrm{AB}}+\overrightarrow{\mathrm{AD}}+\overrightarrow{\mathrm{AE}}$

$=\vec{b}+\vec{d}+\vec{e}$ …答

(3) $\overrightarrow{\mathrm{HB}}=\overrightarrow{\mathrm{AB}}-\overrightarrow{\mathrm{AH}}$

$=\vec{b}-(\vec{d}+\vec{e})$ ← (1)を利用

$=\vec{b}-\vec{d}-\vec{e}$ …答

上の**例題**のように，同一平面上にない３つのベクトル $\vec{a}$，$\vec{b}$，$\vec{c}$ があるとき，次のことが成り立ちます（詳しくは「基本大全 数学 B・C Core 編」で扱います）。

Check Point 空間ベクトルの分解

同一平面上にない３つのベクトル $\vec{a}$，$\vec{b}$，$\vec{c}$ を用いて，任意のベクトル $\vec{p}$ は次の形にただ１通りで表すことができる。

$\vec{p}=s\vec{a}+t\vec{b}+u\vec{c}$　ただし，s，t，u は実数

このことから，

$$s\vec{a}+t\vec{b}+u\vec{c}=s'\vec{a}+t'\vec{b}+u'\vec{c} \iff s=s' \text{ かつ } t=t' \text{ かつ } u=u'$$

が成り立ちます。

演習問題 58

1 点 A(6, −3, 2) に対して，次の点の座標を求めよ。

(1) xy 平面に関して対称な点 B

(2) yz 平面に関して対称な点 C

(3) z 軸に関して対称な点 D

(4) 原点に関して対称な点 E

2 次の問いに答えよ。

(1) 2 点 A(3, −2, 1), B(4, −1, 2) 間の距離を求めよ。

(2) 点 A(−6, 8, −10) と原点の距離を求めよ。

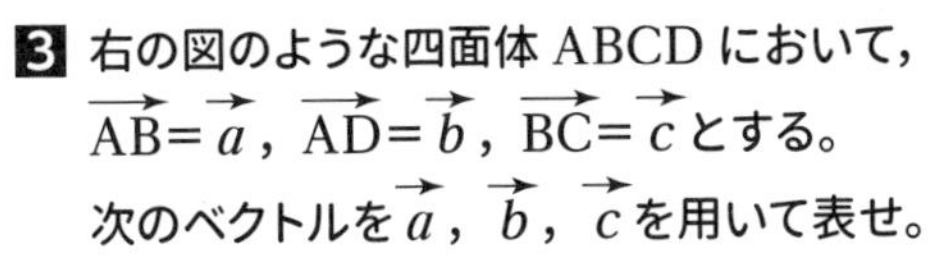

3 右の図のような四面体 ABCD において，$\overrightarrow{AB}=\vec{a}$，$\overrightarrow{AD}=\vec{b}$，$\overrightarrow{BC}=\vec{c}$ とする。
次のベクトルを $\vec{a}$，$\vec{b}$，$\vec{c}$ を用いて表せ。

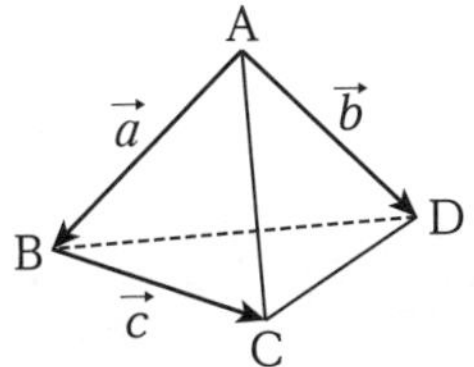

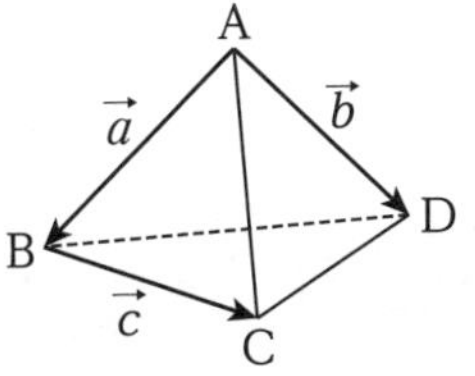

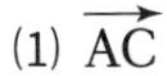

(1) $\overrightarrow{AC}$

(2) $\overrightarrow{BD}$

(3) $\overrightarrow{CD}$

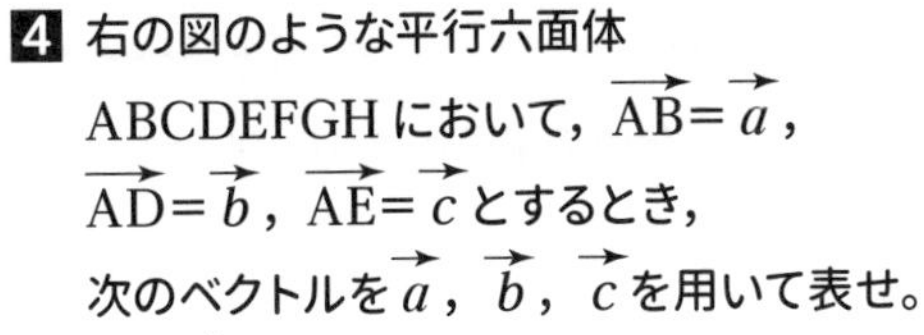

4 右の図のような平行六面体 ABCDEFGH において，$\overrightarrow{AB}=\vec{a}$，$\overrightarrow{AD}=\vec{b}$，$\overrightarrow{AE}=\vec{c}$ とするとき，
次のベクトルを $\vec{a}$，$\vec{b}$，$\vec{c}$ を用いて表せ。

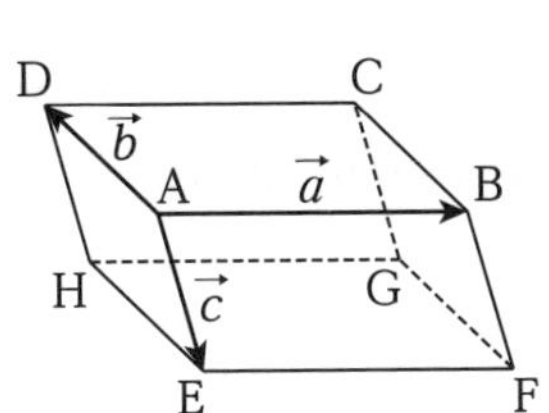

(1) $\overrightarrow{AF}$

(2) $\overrightarrow{AG}$

(3) $\overrightarrow{FD}$

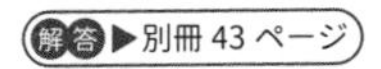
解答▶別冊 43 ページ

2 成分表示とベクトルの演算

右の図のように点 A(a_1, a_2, a_3) をとり，$\overrightarrow{OA}=\vec{a}$ とするとき，空間のベクトル $\vec{a}$ の成分表示は，平面のベクトルの場合と同様に，各軸方向の変化量を成分として，

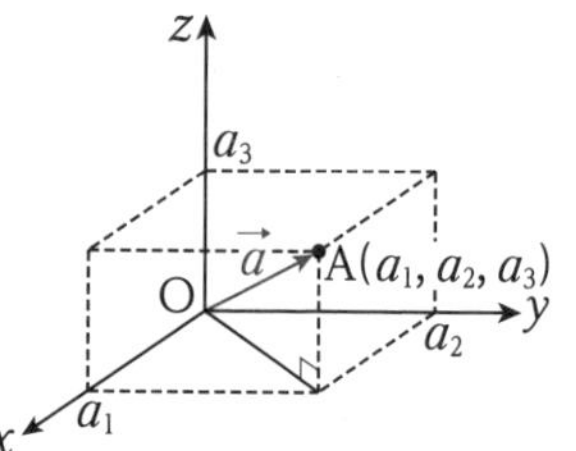

$\vec{a}=(a_1, a_2, a_3)$

のように表します。このときの a_1 を x 成分，a_2 を y 成分，a_3 を z 成分といいます。

また，原点を始点とした有向線分 OA をベクトル $\vec{a}$ で表した場合，**$\vec{a}$ の成分は点 A の座標と一致します。**

$\vec{a}$ の大きさ $|\vec{a}|$ は，線分 OA の長さに等しく，

$|\vec{a}|=\sqrt{a_1^2+a_2^2+a_3^2}$

となります。

Check Point　空間ベクトルの成分と大きさ

$\vec{a}=(a_1, a_2, a_3)$ のとき，

$|\vec{a}|=\sqrt{a_1^2+a_2^2+a_3^2}$　←$\sqrt{(x\text{ 成分})^2+(y\text{ 成分})^2+(z\text{ 成分})^2}$

成分による空間ベクトルの演算は，z 成分が増えるだけで平面ベクトルの場合と同様です。

Check Point　成分による空間ベクトルの演算

[1] $(a_1, a_2, a_3)+(b_1, b_2, b_3)=(a_1+b_1, a_2+b_2, a_3+b_3)$ ←成分どうし加える

[2] $k(a_1, a_2, a_3)=(ka_1, ka_2, ka_3)$ ←各成分 k 倍

[3] $(a_1, a_2, a_3)-(b_1, b_2, b_3)=(a_1-b_1, a_2-b_2, a_3-b_3)$ ←成分どうし引く

ベクトルの平行条件も，平面の場合と同様に成り立ちます。

Check Point　ベクトルの平行条件

$\vec{a}\neq\vec{0}$，$\vec{b}\neq\vec{0}$ であるとき，

$\vec{a}\,/\!/\,\vec{b} \iff \vec{a}=k\vec{b}$ となる実数 k が存在する

2点 $A(a_1, a_2, a_3)$, $B(b_1, b_2, b_3)$ を結ぶ有向線分 AB を用いたベクトル $\overrightarrow{AB}$ について，$\overrightarrow{OA}=(a_1, a_2, a_3)$, $\overrightarrow{OB}=(b_1, b_2, b_3)$ であるから，

$$\overrightarrow{AB}=\overrightarrow{OB}-\overrightarrow{OA}=(b_1, b_2, b_3)-(a_1, a_2, a_3)=(b_1-a_1, b_2-a_2, b_3-a_3)$$

となります。

Check Point $\overrightarrow{AB}$ の成分

$A(a_1, a_2, a_3)$, $B(b_1, b_2, b_3)$ のとき，
$\overrightarrow{AB}=(b_1-a_1, b_2-a_2, b_3-a_3)$ ←各成分「後ろ－前」

例題88 $\vec{a}=(4, 2, -3)$, $\vec{b}=(2, -2, 5)$, $\vec{c}=(1, 2, 3)$ のとき，
$\vec{a}+2\vec{b}-3\vec{c}$ の成分を求めよ。

解答
$\vec{a}+2\vec{b}-3\vec{c}=(4, 2, -3)+2(2, -2, 5)-3(1, 2, 3)$
$=(4, 2, -3)+(4, -4, 10)-(3, 6, 9)$ ←各成分実数倍
$=(4+4-3, 2-4-6, -3+10-9)$ ←成分どうしを加える，引く
$=\mathbf{(5, -8, -2)}$ … 答

例題89 3点 $A(-1, 2, -3)$, $B(4, -5, 6)$, $C(-7, 8, -9)$ について，次のベクトルの成分とその大きさを求めよ。

(1) $\overrightarrow{OA}$　(2) $\overrightarrow{AB}$　(3) $\dfrac{2}{3}\overrightarrow{CA}-\overrightarrow{AB}$

解答
(1) $\overrightarrow{OA}=\mathbf{(-1, 2, -3)}$ … 答
$|\overrightarrow{OA}|=\sqrt{(-1)^2+2^2+(-3)^2}=\sqrt{14}$ … 答

(2) $\overrightarrow{AB}=(4-(-1), -5-2, 6-(-3))$ ←各成分「後ろ－前」
$=\mathbf{(5, -7, 9)}$ … 答
$|\overrightarrow{AB}|=\sqrt{5^2+(-7)^2+9^2}=\sqrt{155}$ … 答

(3) $\overrightarrow{CA}=(-1-(-7), 2-8, -3-(-9))$ ←各成分「後ろ－前」
$=(6, -6, 6)$ であるから，
$\dfrac{2}{3}\overrightarrow{CA}-\overrightarrow{AB}=\dfrac{2}{3}(6, -6, 6)-(5, -7, 9)=(4-5, -4+7, 4-9)$
$=\mathbf{(-1, 3, -5)}$ … 答
$\left|\dfrac{2}{3}\overrightarrow{CA}-\overrightarrow{AB}\right|=\sqrt{(-1)^2+3^2+(-5)^2}=\sqrt{35}$ … 答

演習問題 59

1 次の 2 点 A，B において，$\overrightarrow{\mathrm{AB}}$ の成分を答えよ。また，$\overrightarrow{\mathrm{AB}}$ の大きさを求めよ。

(1) A$(0,\ 1,\ 2)$，B$(1,\ 5,\ 10)$

(2) A$(1,\ 1,\ -1)$，B$\left(-\dfrac{1}{2},\ \dfrac{5}{2},\ -1\right)$

2 ベクトル $\vec{a}=(2,\ 3,\ 6)$，$\vec{b}=(-2,\ 5,\ -6)$ において，次の等式を満たす $\vec{x}=(\alpha,\ \beta,\ \gamma)$ を求めよ。

(1) $\vec{x}+\vec{b}=\vec{a}$

(2) $2\vec{x}+\vec{a}=3\vec{b}$

(3) $3(\vec{x}-\vec{a})-2(\vec{x}+2\vec{b})=\vec{0}$

3 2 つのベクトル $\vec{p}=(x,\ 1,\ -2)$ と $\vec{q}=(3,\ y,\ 6)$ が平行になるとき，x，y の値を求めよ。

4 $\vec{a}=(1,\ 1,\ 0)$，$\vec{b}=(1,\ 0,\ 1)$，$\vec{c}=(0,\ 1,\ 1)$ であるとき，$\vec{x}=(3,\ 4,\ 5)$ に対して，

$$\vec{x}=s\vec{a}+t\vec{b}+u\vec{c}$$

となる定数 s，t，u の値を求めよ。

5 ベクトル $\vec{a}=(1,\ -2,\ 3)$，$\vec{b}=(2,\ 0,\ -4)$ に対して，$\vec{p}=\vec{a}+t\vec{b}$ とする。t が実数値をとって変化するとき，$|\vec{p}|$ の最小値を求めよ。

6 平行六面体 ABEC-DFHG において，A$(1,\ 1,\ 2)$，B$(0,\ -4,\ 0)$，C$(-1,\ 1,\ -2)$，D$(2,\ 3,\ 5)$ である。このとき，点 E$(p,\ q,\ r)$ と点 H$(s,\ t,\ u)$ の座標を求めよ。

3 空間ベクトルの内積

$\vec{0}$ でない 2 つのベクトル $\vec{a}$，$\vec{b}$ のなす角を θ とすると，空間ベクトルの場合も，平面ベクトルの場合と同様に，$\vec{a}$ と $\vec{b}$ の内積 $\vec{a}\cdot\vec{b}$ を次のように定義します。

Check Point　空間ベクトルの内積

$\vec{0}$ でない 2 つのベクトル $\vec{a}$ と $\vec{b}$ のなす角を θ とすると，

$\vec{a}\cdot\vec{b}=|\vec{a}||\vec{b}|\cos\theta$　ただし，$0\leqq\theta\leqq\pi$

平面ベクトルの場合と同様に，共に $\vec{0}$ でない 2 つのベクトルのなす角が $\dfrac{\pi}{2}$ のとき，内積が 0 に等しくなります。また，逆も成り立ちます。

Check Point　空間ベクトルの内積と垂直条件

$\vec{a}$，$\vec{b}$ がともに $\vec{0}$ ではないとき，

$\vec{a}\perp\vec{b}\iff\vec{a}\cdot\vec{b}=0$

平面ベクトルの場合と同様に，余弦定理を用いることで成分での内積は次のように示されます。

Check Point　空間ベクトルの内積の成分表示

$\vec{a}=(a_1,\ a_2,\ a_3)$，$\vec{b}=(b_1,\ b_2,\ b_3)$ のとき，

$\vec{a}\cdot\vec{b}=a_1b_1+a_2b_2+a_3b_3$　← x 成分どうしの積 + y 成分どうしの積 + z 成分どうしの積

内積の性質も，平面ベクトルの場合と同様です。

Check Point　空間ベクトルの内積の性質

[1] $\vec{a}\cdot\vec{a}=|\vec{a}|^2$　←同じベクトルの内積＝大きさの 2 乗

[2] $\vec{a}\cdot\vec{b}=\vec{b}\cdot\vec{a}$

[3] $\vec{a}\cdot(\vec{b}+\vec{c})=\vec{a}\cdot\vec{b}+\vec{a}\cdot\vec{c}$

$(\vec{a}+\vec{b})\cdot\vec{c}=\vec{a}\cdot\vec{c}+\vec{b}\cdot\vec{c}$

[4] $(k\vec{a})\cdot\vec{b}=\vec{a}\cdot(k\vec{b})=k(\vec{a}\cdot\vec{b})$　← k は実数

例題90 1辺の長さが2の立方体ABCD-EFGHにおいて，次の内積を求めよ。

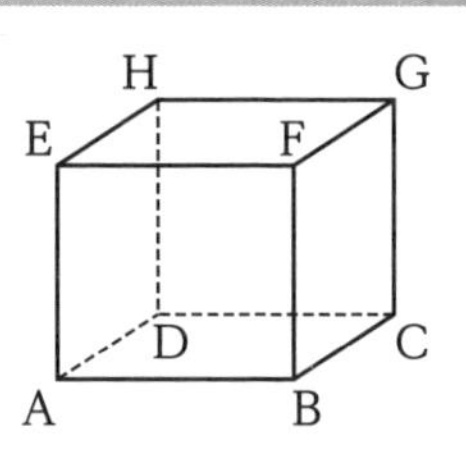

(1) $\overrightarrow{AC}\cdot\overrightarrow{AE}$

(2) $\overrightarrow{BD}\cdot\overrightarrow{FH}$

(3) $\overrightarrow{DG}\cdot\overrightarrow{AH}$

解答 (1) $\overrightarrow{AC}\perp\overrightarrow{AE}$ であるから，

$\overrightarrow{AC}\cdot\overrightarrow{AE}=\mathbf{0}$ … 答　←垂直⟺内積=0

(2) $\overrightarrow{BD}/\!/\overrightarrow{FH}$ であるから，

$\overrightarrow{BD}\cdot\overrightarrow{FH}=2\sqrt{2}\cdot2\sqrt{2}\cos0$

$=\mathbf{8}$ … 答

(3) 立方体の向かい合う辺は平行で長さは等しいから，ベクトルも等しい。

$\overrightarrow{DG}\cdot\overrightarrow{AH}=\overrightarrow{AF}\cdot\overrightarrow{AH}$

また，△AFHは正三角形であるから，$\overrightarrow{AF}$と$\overrightarrow{AH}$のなす角の大きさは$\frac{\pi}{3}$である。

よって，

$\overrightarrow{DG}\cdot\overrightarrow{AH}=2\sqrt{2}\cdot2\sqrt{2}\cdot\cos\frac{\pi}{3}$

$=\mathbf{4}$ … 答

例題91 2つのベクトル$\vec{a}=(4,\ -1,\ -1)$，$\vec{b}=(2,\ 1,\ -2)$について，次の問いに答えよ。

(1) 内積$\vec{a}\cdot\vec{b}$を求めよ。

(2) $\vec{a}$と$\vec{b}$のなす角$\theta\ (0\leqq\theta\leqq\pi)$を求めよ。

解答 (1) $\vec{a}\cdot\vec{b}=4\cdot2+(-1)\cdot1+(-1)\cdot(-2)$　←x成分どうしの積＋y成分どうしの積＋z成分どうしの積

$=\mathbf{9}$ … 答

(2) 内積の定義より，

$\vec{a}\cdot\vec{b}=|\vec{a}||\vec{b}|\cos\theta$

$9=\sqrt{4^2+(-1)^2+(-1)^2}\cdot\sqrt{2^2+1^2+(-2)^2}\cos\theta$

$\cos\theta=\frac{1}{\sqrt{2}}$より，

$\boldsymbol{\theta=\frac{\pi}{4}}$ … 答

演習問題 60

1 右の図のような直方体 ABCD-EFGH において，次の内積を求めよ。

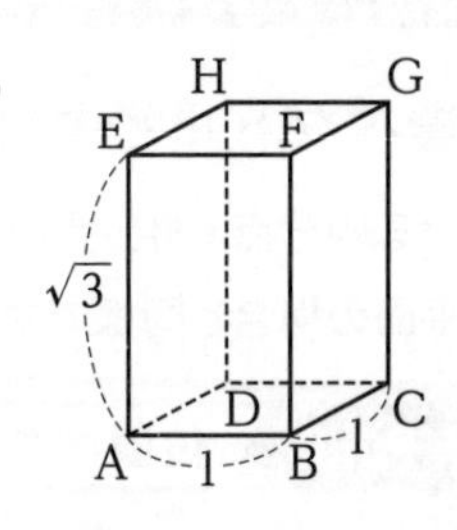

(1) $\overrightarrow{\mathrm{AB}} \cdot \overrightarrow{\mathrm{AD}}$

(2) $\overrightarrow{\mathrm{AB}} \cdot \overrightarrow{\mathrm{HG}}$

(3) $\overrightarrow{\mathrm{BC}} \cdot \overrightarrow{\mathrm{BD}}$

(4) $\overrightarrow{\mathrm{EG}} \cdot \overrightarrow{\mathrm{CD}}$

(5) $\overrightarrow{\mathrm{AC}} \cdot \overrightarrow{\mathrm{AG}}$

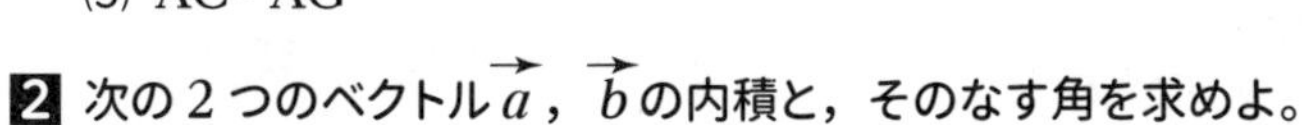

2 次の 2 つのベクトル $\vec{a}$，$\vec{b}$ の内積と，そのなす角を求めよ。

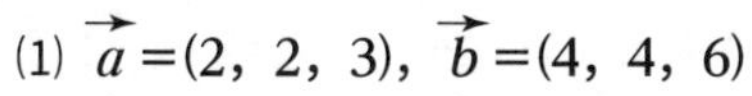

(1) $\vec{a}=(2,\ 2,\ 3)$，$\vec{b}=(4,\ 4,\ 6)$

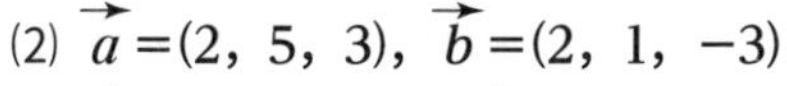

(2) $\vec{a}=(2,\ 5,\ 3)$，$\vec{b}=(2,\ 1,\ -3)$

(3) $\vec{a}=(1,\ -1,\ 1)$，$\vec{b}=(-1,\ \sqrt{6},\ 1)$

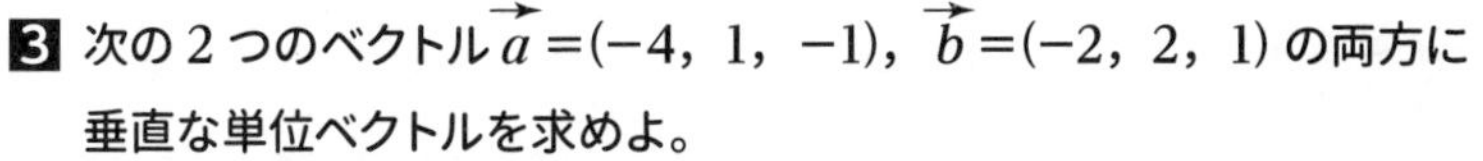

3 次の 2 つのベクトル $\vec{a}=(-4,\ 1,\ -1)$，$\vec{b}=(-2,\ 2,\ 1)$ の両方に垂直な単位ベクトルを求めよ。

解答 ▶別冊 45 ページ

第4節 ベクトルと座標空間における図形

1 位置ベクトルと内分点・外分点

空間における内分点・外分点の位置ベクトルや三角形の重心の位置ベクトルの求め方も平面の場合と同様です。

Check Point 位置ベクトル

[1] 2点 $A(\vec{a})$, $B(\vec{b})$ を結ぶ線分ABを $m:n$ に内分する点 $P(\vec{p})$ は,

$\vec{p}=\dfrac{n}{m+n}\vec{a}+\dfrac{m}{m+n}\vec{b}$ ←分母は比の和，分子は遠い方の比を掛ける

[2] 2点 $A(\vec{a})$, $B(\vec{b})$ を結ぶ線分ABを $m:n$ に外分する点 $P(\vec{p})$ は,

$\vec{p}=\dfrac{-n}{m-n}\vec{a}+\dfrac{m}{m-n}\vec{b}$ ←内分点の位置ベクトルの公式で n を $-n$ としたもの

[3] 3点 $A(\vec{a})$,$B(\vec{b})$,$C(\vec{c})$ において，△ABCの重心を $G(\vec{g})$ とするとき,

$\vec{g}=\dfrac{\vec{a}+\vec{b}+\vec{c}}{3}$ ←重心は足して3で割る

例題92 2つのベクトル $\overrightarrow{OA}=(0,\ -4,\ 5)$, $\overrightarrow{OB}=(-2,\ 6,\ 1)$ に対して，次のベクトルの成分を求めよ。

(1) 線分ABの中点をMとするとき，$\overrightarrow{OM}$

(2) 線分ABを2：1に内分する点をPとするとき，$\overrightarrow{OP}$

(3) 線分ABを2：1に外分する点をQとするとき，$\overrightarrow{OQ}$

解答

(1) $\overrightarrow{OM}=\dfrac{\overrightarrow{OA}+\overrightarrow{OB}}{2}$ ←足して2で割る

$=\dfrac{(0,\ -4,\ 5)+(-2,\ 6,\ 1)}{2}=\boldsymbol{(-1,\ 1,\ 3)}$ … 答

(2) $\overrightarrow{OP}=\dfrac{1}{2+1}\overrightarrow{OA}+\dfrac{2}{2+1}\overrightarrow{OB}$

$=\dfrac{(0,\ -4,\ 5)+2(-2,\ 6,\ 1)}{3}=\boldsymbol{\left(-\dfrac{4}{3},\ \dfrac{8}{3},\ \dfrac{7}{3}\right)}$ … 答

(3) $\overrightarrow{OQ}=\dfrac{-1}{2-1}\overrightarrow{OA}+\dfrac{2}{2-1}\overrightarrow{OB}$

$=-(0,\ -4,\ 5)+2(-2,\ 6,\ 1)=\boldsymbol{(-4,\ 16,\ -3)}$ … 答

例題93 四面体OABCの辺OA，BC上の点を，それぞれP，Qとする。Pは辺OAを5：3，Qは辺BCを7：1に内分するものとする。
$\overrightarrow{OA}=\vec{a}$，$\overrightarrow{OB}=\vec{b}$，$\overrightarrow{OC}=\vec{c}$とするとき，次の問いに答えよ。

(1) $\overrightarrow{OP}$，$\overrightarrow{OQ}$を$\vec{a}$，$\vec{b}$，$\vec{c}$を用いて表せ。

(2) 線分PQを4：3に内分する点をRとするとき，$\overrightarrow{OR}$を$\vec{a}$，$\vec{b}$，$\vec{c}$を用いて表せ。

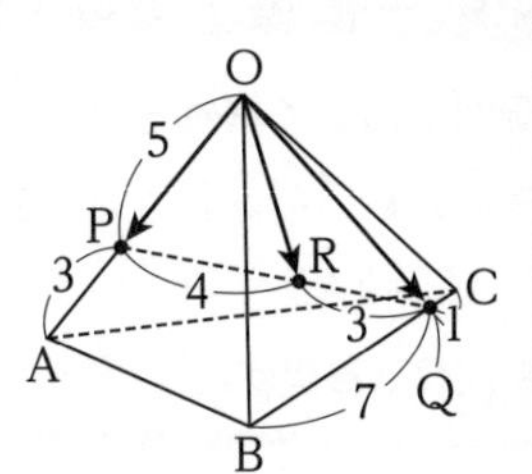

解答 (1) 図より，

$$\overrightarrow{OP}=\frac{5}{8}\vec{a} \cdots \text{答}$$

$$\overrightarrow{OQ}=\frac{1}{7+1}\overrightarrow{OB}+\frac{7}{7+1}\overrightarrow{OC}=\frac{1}{8}\vec{b}+\frac{7}{8}\vec{c} \cdots \text{答}$$

(2) (1)より，

$$\overrightarrow{OR}=\frac{3}{4+3}\overrightarrow{OP}+\frac{4}{4+3}\overrightarrow{OQ}$$
$$=\frac{3}{7}\cdot\frac{5}{8}\vec{a}+\frac{4}{7}\left(\frac{1}{8}\vec{b}+\frac{7}{8}\vec{c}\right)$$
$$=\frac{15}{56}\vec{a}+\frac{1}{14}\vec{b}+\frac{1}{2}\vec{c} \cdots \text{答}$$

演習問題 61

1 3点A(−1，3，2)，B(4，−2，−8)，C(−3，2，0)について，次の点の位置ベクトルの成分を求めよ。

(1) 線分BCの中点P　　(2) △ABCの重心Q

(3) 線分ACを2：1に内分する点R　　(4) 線分ABを2：3に外分する点S

2 四面体OABCにおいて，辺OAの中点をP，辺BCの中点をQ，辺OBの中点をS，辺CAの中点をTとする。
このとき，$\overrightarrow{PQ}$，$\overrightarrow{ST}$を$\overrightarrow{OA}$，$\overrightarrow{OB}$，$\overrightarrow{OC}$を用いて表せ。

3 四面体OABCにおいて，辺OAを4：3に内分する点をP，辺BCを5：3に内分する点をQとする。このとき，$\overrightarrow{PQ}$を$\overrightarrow{OA}$，$\overrightarrow{OB}$，$\overrightarrow{OC}$を用いて表せ。

解答▶別冊47ページ

2 一直線上の点・同一平面上の点

空間において異なる 3 点 A，B，C が一直線上に並ぶ場合，平面の場合と同様に実数倍の関係が成り立ちます。つまり k を実数として，

$\overrightarrow{AC}=k\overrightarrow{AB}$

が成り立ちます。

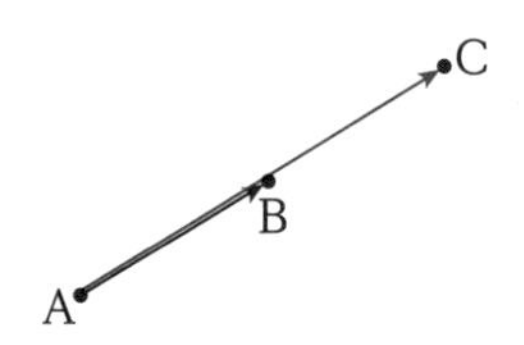

Check Point 一直線上の点

2 点 A，B が異なるとき，

3 点 A，B，C が一直線上にある

$\Longleftrightarrow \overrightarrow{AC}=k\overrightarrow{AB}$ となる実数 k がある ←始点をそろえて実数倍

例題 94 直方体 ABCD-EFGH において，△BDE の重心を Q とするとき，3 点 A，Q，G が一直線上にあることを示せ。また，そのときの AQ：QG を求めよ。

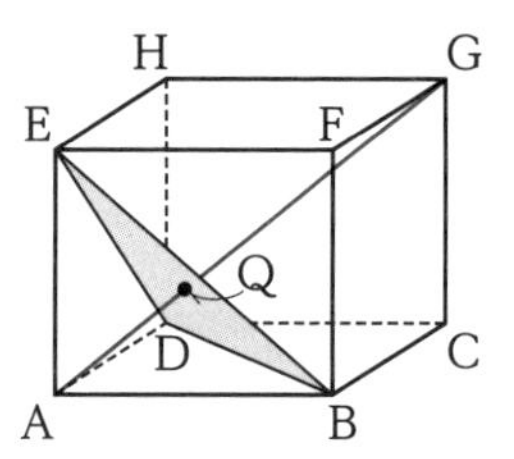

解答 点 Q は△BDE の重心であるから，

$\overrightarrow{AQ}=\dfrac{\overrightarrow{AB}+\overrightarrow{AD}+\overrightarrow{AE}}{3}$ ←足して 3 で割る

また，

$\overrightarrow{AG}=\overrightarrow{AB}+\overrightarrow{BC}+\overrightarrow{CG}$

$=\overrightarrow{AB}+\overrightarrow{AD}+\overrightarrow{AE}$

であるから，

$\overrightarrow{AG}=3\overrightarrow{AQ}$ ←始点をそろえて実数倍

が成り立つ。よって，3 点 A，Q，G は一直線上にある。〔証明終わり〕

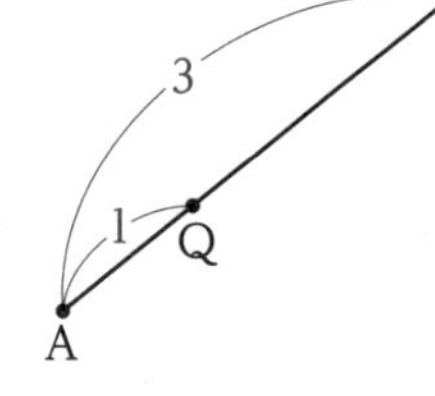

また，この結果から，

AQ：QG=1：2 … 答

p.130 の平面上の「ベクトルの分解」では，平行でなく，かつ$\vec{0}$でない2つのベクトル$\vec{a}$，$\vec{b}$と実数s，tを用いて，任意のベクトル$\vec{p}$は，

$$\vec{p}=s\vec{a}+t\vec{b}$$

と表すことができることを学びました。

同様に，空間でも，一直線上にない3点A，B，Cを通る平面αがあるとき，点Pが平面α上にあるならば，

$$\overrightarrow{AP}=s\overrightarrow{AB}+t\overrightarrow{AC}$$

が成り立ちます。

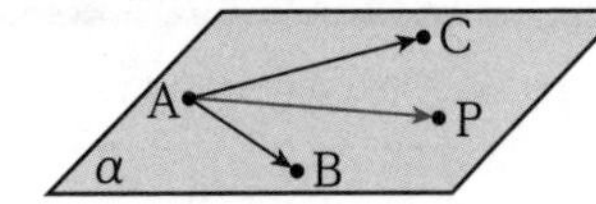

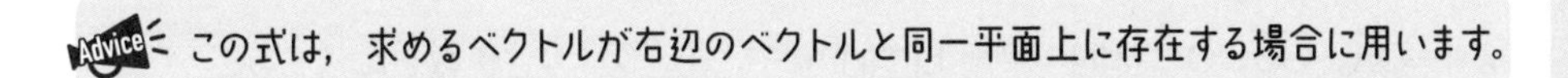

一直線上にない3点A，B，Cを通る平面α上の任意の点をPとすると，

$\overrightarrow{AP}=s\overrightarrow{AB}+t\overrightarrow{AC}$　ただし，s，tは実数

Advice この式は，求めるベクトルが右辺のベクトルと同一平面上に存在する場合に用います。

また，p.172 で学んだように，空間ベクトルでは次のことが成り立つことがわかっています。

$$s\vec{a}+t\vec{b}+u\vec{c}=s'\vec{a}+t'\vec{b}+u'\vec{c} \iff s=s' \text{ かつ } t=t' \text{ かつ } u=u'$$

ただし，平面ベクトルの場合と異なり，このことが成り立つのは**$\vec{a}$，$\vec{b}$，$\vec{c}$が同一平面上にないとき**です。

これらのことを利用して，交点の位置ベクトルを平面ベクトルの場合と同じようにして求めることができます。つまり，**交点の位置ベクトルの式を2つ立てて係数を比較します。**

例題95 四面体OABCにおいて，△ABCの重心をG，OGの中点をDとする。ADの延長が△OBCと交わる点をEとするとき，$\overrightarrow{OE}$を$\overrightarrow{OB}$と$\overrightarrow{OC}$を用いて表せ。

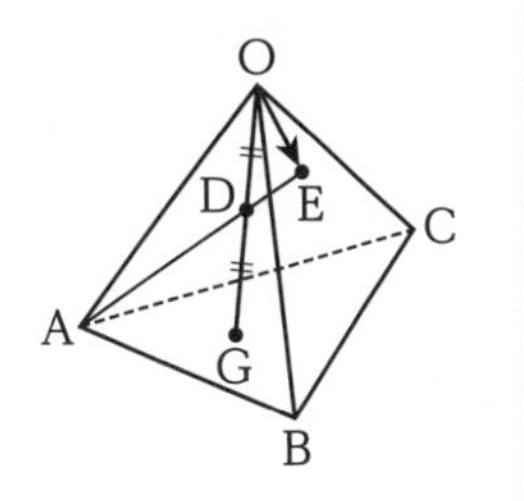

考え方 $\overrightarrow{OE}$を2通りの方法で表すことを考えます。まず，3点A，D，Eが一直線上にあることに着目します。

解答 点Gは△ABCの重心であるから，

$$\overrightarrow{OG}=\frac{\overrightarrow{OA}+\overrightarrow{OB}+\overrightarrow{OC}}{3}$$

点DはOGの中点であるから，

$$\overrightarrow{OD}=\frac{1}{2}\overrightarrow{OG}=\frac{\overrightarrow{OA}+\overrightarrow{OB}+\overrightarrow{OC}}{6}$$

3点A，D，Eが一直線上にあるから，kを実数として，

$$\overrightarrow{AE}=k\overrightarrow{AD}$$

$$\overrightarrow{OE}-\overrightarrow{OA}=k\left(\overrightarrow{OD}-\overrightarrow{OA}\right)$$

$$\overrightarrow{OE}=(1-k)\overrightarrow{OA}+k\overrightarrow{OD}$$

$$=(1-k)\overrightarrow{OA}+k\cdot\frac{\overrightarrow{OA}+\overrightarrow{OB}+\overrightarrow{OC}}{6}$$

$$=\left(1-\frac{5}{6}k\right)\overrightarrow{OA}+\frac{k}{6}\overrightarrow{OB}+\frac{k}{6}\overrightarrow{OC}\quad\cdots\cdots①$$

また，Eは3点O，B，Cを通る平面上の点であるから，s，tを実数として，

$\overrightarrow{OE}=s\overrightarrow{OB}+t\overrightarrow{OC}$ ……② ←同一平面上の点 ①

$\overrightarrow{OA}$，$\overrightarrow{OB}$，$\overrightarrow{OC}$は同一平面上にないので，①，②より，係数を比較すると，

$1-\frac{5}{6}k=0$ かつ $\frac{k}{6}=s$ かつ $\frac{k}{6}=t$

よって，$k=\frac{6}{5}$，$s=t=\frac{1}{5}$

これらを②に代入して，$\boldsymbol{\overrightarrow{OE}=\frac{1}{5}\overrightarrow{OB}+\frac{1}{5}\overrightarrow{OC}}$ … 答

Check Point「同一平面上の点 ①」の式が成り立つとき，平面α上にない点Oを考えると，点Pの位置ベクトル$\overrightarrow{OP}$は，次のように$\overrightarrow{OA}$，$\overrightarrow{OB}$，$\overrightarrow{OC}$を用いて表すことができます。

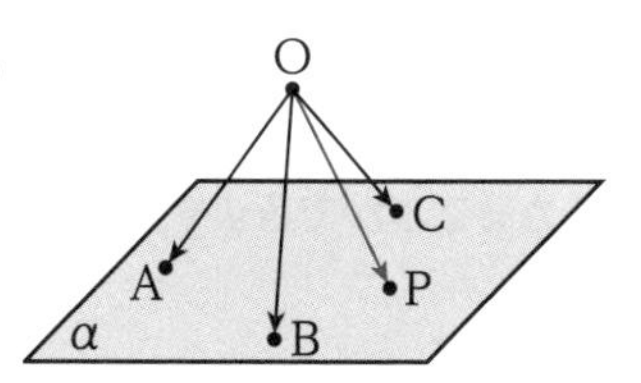

$$\overrightarrow{AP}=s\overrightarrow{AB}+t\overrightarrow{AC}$$

$$\overrightarrow{OP}-\overrightarrow{OA}=s\left(\overrightarrow{OB}-\overrightarrow{OA}\right)+t\left(\overrightarrow{OC}-\overrightarrow{OA}\right)$$

$$\overrightarrow{OP}=(1-s-t)\overrightarrow{OA}+s\overrightarrow{OB}+t\overrightarrow{OC}$$

このとき，$\overrightarrow{OA}$，$\overrightarrow{OB}$，$\overrightarrow{OC}$の各係数の和は

$$(1-s-t)+s+t=1$$

となり，**常に1に等しい**ことがわかります。

Check Point　同一平面上の点 ②

一直線上にない 3 点 A，B，C を通る平面 α 上の任意の点を P とすると，

$\overrightarrow{OP}=\alpha\overrightarrow{OA}+\beta\overrightarrow{OB}+\gamma\overrightarrow{OC}$ かつ $\alpha+\beta+\gamma=1$

この式は，求めるベクトルが右辺のベクトルと同一平面上に存在しない場合に用います。

例題 96 四面体 OABC において，辺 OA を 2：1 に内分する点を D，辺 OB を 1：3 に内分する点を E とする。

△ABC の重心を G，直線 OG と平面 CDE の交点を P とするとき，$\overrightarrow{OP}$ を $\overrightarrow{OA}$，$\overrightarrow{OB}$，$\overrightarrow{OC}$ を用いて表せ。

考え方〉直線 OG と平面 CDE の交点が P であるから，P を平面 CDE 上の点とみて，$\overrightarrow{OP}$ を 2 通りの方法で表すことを考えます。まず，3 点 O，P，G が一直線上にあることに着目します。

解答 条件より，

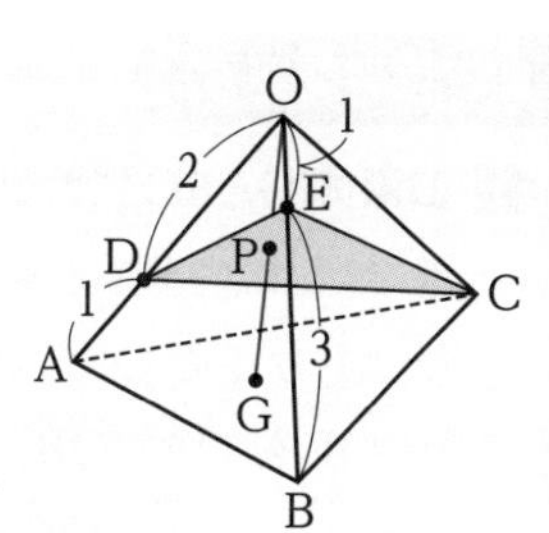

$$\overrightarrow{OD}=\frac{2}{3}\overrightarrow{OA},\quad \overrightarrow{OE}=\frac{1}{4}\overrightarrow{OB}$$

点 G は△ABC の重心であるから，

$$\overrightarrow{OG}=\frac{\overrightarrow{OA}+\overrightarrow{OB}+\overrightarrow{OC}}{3}$$

3 点 O，P，G が一直線上にあるから，k を実数として，

$$\begin{aligned}\overrightarrow{OP}&=k\overrightarrow{OG}\\&=k\cdot\frac{\overrightarrow{OA}+\overrightarrow{OB}+\overrightarrow{OC}}{3}\\&=\frac{k}{3}\left(\overrightarrow{OA}+\overrightarrow{OB}+\overrightarrow{OC}\right)\quad\cdots\cdots①\end{aligned}$$

また，P は 3 点 C，D，E を通る平面上の点であるから，α，β，γ を実数として，

$$\begin{aligned}\overrightarrow{OP}&=\alpha\overrightarrow{OC}+\beta\overrightarrow{OD}+\gamma\overrightarrow{OE}\quad\leftarrow\text{同一平面上の点 ②}\\&=\alpha\overrightarrow{OC}+\beta\cdot\frac{2}{3}\overrightarrow{OA}+\gamma\cdot\frac{1}{4}\overrightarrow{OB}\\&=\frac{2}{3}\beta\overrightarrow{OA}+\frac{\gamma}{4}\overrightarrow{OB}+\alpha\overrightarrow{OC}\quad\cdots\cdots②\end{aligned}$$

かつ，$\alpha+\beta+\gamma=1$ ……③である。

$\overrightarrow{OA}$, $\overrightarrow{OB}$, $\overrightarrow{OC}$ は同一平面上にないので，①，②より係数を比較すると，

$$\begin{cases} \frac{k}{3}=\frac{2}{3}\beta \\ \frac{k}{3}=\frac{\gamma}{4} \\ \frac{k}{3}=\alpha \end{cases} \iff \begin{cases} \alpha=\frac{k}{3} \\ \beta=\frac{k}{2} \\ \gamma=\frac{4}{3}k \end{cases}$$

これらを③に代入すると，

$\frac{k}{3}+\frac{k}{2}+\frac{4}{3}k=1$ より，$k=\frac{6}{13}$

①より，

$\overrightarrow{OP}=\frac{2}{13}\left(\overrightarrow{OA}+\overrightarrow{OB}+\overrightarrow{OC}\right)$ … 答

演習問題 62

1 四面体 OABC において，辺 AB を 1：2 に内分する点を D，線分 CD を 3：5 に内分する点を E，線分 OE を 1：3 に内分する点を F，直線 AF が平面 OBC と交わる点を G とする。次の問いに答えよ。

(1) $\overrightarrow{OF}$ を $\overrightarrow{OA}$, $\overrightarrow{OB}$, $\overrightarrow{OC}$ を用いて表せ。

(2) $\overrightarrow{OG}$ を $\overrightarrow{OB}$, $\overrightarrow{OC}$ を用いて表せ。

2 4 点 O(0, 0, 0)，A(x, 12, 5)，B(-1, 3, -2)，C(1, 2, 3) が同一平面上にあるように x の値を定めよ。

3 四面体 OABC の辺 OA の中点を D，辺 BC を 2：1 に内分する点を E，線分 DE の中点を F，直線 OF と平面 ABC の交点を P とする。このとき，$\overrightarrow{OP}$ を $\overrightarrow{OA}$, $\overrightarrow{OB}$, $\overrightarrow{OC}$ を用いて表せ。

解答▶別冊 47 ページ

3 空間図形と内積

空間ベクトルの内積を利用して，空間図形の問題を考えることができます。特に「$\vec{a}\cdot\vec{a}=|\vec{a}|^2$」や「$\vec{a}$，$\vec{b}$がともに$\vec{0}$ではないとき，$\vec{a}\perp\vec{b}\iff\vec{a}\cdot\vec{b}=0$」をよく用います。

例題97 1辺の長さが2である正四面体ABCDの辺AB，CDの中点をそれぞれM，Nとするとき，MNとABが垂直であることを示せ。また，MNとCDが垂直であることを示せ。

解答 始点をAとした位置ベクトルを考える。

$$\overrightarrow{MN}=\overrightarrow{AN}-\overrightarrow{AM}$$
$$=\frac{\overrightarrow{AC}+\overrightarrow{AD}}{2}-\frac{1}{2}\overrightarrow{AB}$$
$$=-\frac{1}{2}\overrightarrow{AB}+\frac{1}{2}\overrightarrow{AC}+\frac{1}{2}\overrightarrow{AD}$$

よって，

$$\overrightarrow{MN}\cdot\overrightarrow{AB}=\left(-\frac{1}{2}\overrightarrow{AB}+\frac{1}{2}\overrightarrow{AC}+\frac{1}{2}\overrightarrow{AD}\right)\cdot\overrightarrow{AB}$$
$$=-\frac{1}{2}|\overrightarrow{AB}|^2+\frac{1}{2}(\overrightarrow{AC}\cdot\overrightarrow{AB})+\frac{1}{2}(\overrightarrow{AD}\cdot\overrightarrow{AB})$$

ここで，正四面体であるから，$\overrightarrow{AC}$と$\overrightarrow{AB}$のなす角は$\frac{\pi}{3}$である。よって，

$$\overrightarrow{AC}\cdot\overrightarrow{AB}=2\cdot2\cdot\cos\frac{\pi}{3}=2$$

同様にして，$\overrightarrow{AD}\cdot\overrightarrow{AB}=2$であるから，

$$\overrightarrow{MN}\cdot\overrightarrow{AB}=-\frac{1}{2}\cdot2^2+\frac{1}{2}\cdot2+\frac{1}{2}\cdot2=0$$

よって，MNとABは垂直である。〔証明終わり〕

次に，

$$\overrightarrow{MN}\cdot\overrightarrow{CD}=\left(-\frac{1}{2}\overrightarrow{AB}+\frac{1}{2}\overrightarrow{AC}+\frac{1}{2}\overrightarrow{AD}\right)\cdot(\overrightarrow{AD}-\overrightarrow{AC})$$
$$=-\frac{1}{2}(\overrightarrow{AB}\cdot\overrightarrow{AD})+\frac{1}{2}(\overrightarrow{AC}\cdot\overrightarrow{AD})+\frac{1}{2}|\overrightarrow{AD}|^2$$
$$+\frac{1}{2}(\overrightarrow{AB}\cdot\overrightarrow{AC})-\frac{1}{2}|\overrightarrow{AC}|^2-\frac{1}{2}(\overrightarrow{AD}\cdot\overrightarrow{AC})$$

$\overrightarrow{AB}\cdot\overrightarrow{AD}=\overrightarrow{AC}\cdot\overrightarrow{AD}=\overrightarrow{AB}\cdot\overrightarrow{AC}=\overrightarrow{AD}\cdot\overrightarrow{AC}=2$であるから，

$$\overrightarrow{MN}\cdot\overrightarrow{CD}=-\frac{1}{2}\cdot2+\frac{1}{2}\cdot2+\frac{1}{2}\cdot2^2+\frac{1}{2}\cdot2-\frac{1}{2}\cdot2^2-\frac{1}{2}\cdot2$$
$$=0$$

よって，MNとCDは垂直である。〔証明終わり〕

△NAB や△MCD が二等辺三角形であることに気づけば，ベクトルを用いなくても示すことができます。しかし，ベクトルを用いることにより，図形の特徴に気づかなくても計算することで示すことができます。

演習問題 63

1 すべての辺の長さが 1 である正四角錐 O-ABCD において，$\overrightarrow{OA}=\vec{a}$，$\overrightarrow{OB}=\vec{b}$，$\overrightarrow{OC}=\vec{c}$ とする。辺 OB の中点を M，$\overrightarrow{MA}$ と $\overrightarrow{MC}$ のなす角をθとするとき，次の問いに答えよ。

(1) 内積 $\vec{a}\cdot\vec{b}$，$\vec{a}\cdot\vec{c}$ をそれぞれ求めよ。

(2) 内積 $\overrightarrow{MA}\cdot\overrightarrow{MC}$ を求めよ。

(3) $\cos\theta$の値を求めよ。

2 四面体 OABC において，辺 AB を 2：1 に内分する点を D，辺 AC を 2：1 に内分する点を E，CD と BE の交点を F とする。
$\overrightarrow{OA}=\vec{a}$，$\overrightarrow{OB}=\vec{b}$，$\overrightarrow{OC}=\vec{c}$ として，次の問いに答えよ。

(1) $\overrightarrow{OF}$ を $\vec{a}$，$\vec{b}$，$\vec{c}$ を用いて表せ。

(2) $\overrightarrow{AF}$ が $\overrightarrow{DE}$ に垂直ならば，$|\overrightarrow{AB}|=|\overrightarrow{AC}|$ であることを示せ。

3 四面体 ABCD において $\overrightarrow{AB}=\vec{b}$，$\overrightarrow{AC}=\vec{c}$，$\overrightarrow{AD}=\vec{d}$ とする。
これらのベクトルを利用して，$AC^2+BD^2=AD^2+BC^2$ ならば，
AB⊥CD であることを証明せよ。

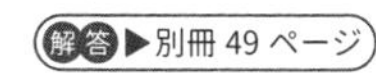
解答▶別冊 49 ページ

4 空間における直線と球面の方程式

空間における直線のベクトル方程式も，平面の場合と同様に考えることができます。

Check Point　直線のベクトル方程式

[1] 点 $A(\vec{a})$ を通り，$\vec{0}$ でないベクトル $\vec{d}$ に平行な直線上の点 $P(\vec{p})$ の位置ベクトルは，

$$\vec{p}=\vec{a}+t\vec{d}$$

[2] 異なる 2 点 $A(\vec{a})$，$B(\vec{b})$ を通る直線上の点 $P(\vec{p})$ の位置ベクトルは，

$$\vec{p}=(1-t)\vec{a}+t\vec{b}$$

[3] 点 $A(\vec{a})$ を通り，$\vec{0}$ でないベクトル $\vec{n}$ に垂直な直線上の点を $P(\vec{p})$ とすると，

$$(\vec{p}-\vec{a})\cdot\vec{n}=0$$

例題98 座標空間における 2 点 A(2，3，−1)，B(4，−1，3) を通る直線に対して，原点 O から引いた垂線との交点の座標を求めよ。

右の図のように，求める交点を H とする。

$\overrightarrow{AB}=(2,\ -4,\ 4)$ である。点 H は，点 A を通り方向ベクトルが $\overrightarrow{AB}$ である直線上の点であるから，

$\overrightarrow{OH}=\overrightarrow{OA}+t\overrightarrow{AB}$　←直線のベクトル方程式[1]

$=(2,\ 3,\ -1)+t(2,\ -4,\ 4)$

$=(2+2t,\ 3-4t,\ -1+4t)$……①

また，$\overrightarrow{OH}$ と $\overrightarrow{AB}$ は垂直であるから内積が 0 に等しい。よって，

$\overrightarrow{OH}\cdot\overrightarrow{AB}=0$

$(2+2t)\cdot 2+(3-4t)\cdot(-4)+(-1+4t)\cdot 4=0$　← x 成分どうしの積 $+y$ 成分どうしの積 $+z$ 成分どうしの積

$36t-12=0$　よって，$t=\dfrac{1}{3}$

これを①に代入すると，

$\overrightarrow{OH}=\left(\dfrac{8}{3},\ \dfrac{5}{3},\ \dfrac{1}{3}\right)$

位置ベクトルの成分は座標に等しいので，点 H の座標は，

$\left(\frac{8}{3}, \frac{5}{3}, \frac{1}{3}\right)$ … 答

参考 2 点 A，B が与えられているので，直線上の点 H の位置ベクトルは，

$\overrightarrow{OH}=(1-t)\overrightarrow{OA}+t\overrightarrow{OB}$ ←直線のベクトル方程式[2]

を用いて表すこともできます。

次に，点 $C(\vec{c})$ を中心とし，半径 r の球面上の点 $P(\vec{p})$ を考えます。球面上の点は中心との距離が半径 r で一定であるから，

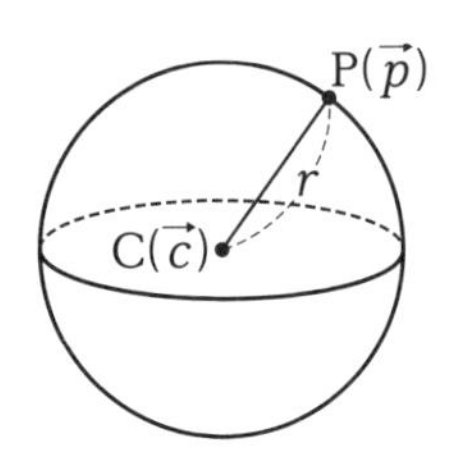

$|\overrightarrow{CP}|=r$

$|\vec{p}-\vec{c}|=r$

これを球面（または球）の**ベクトル方程式**といいます。

Check Point 球面のベクトル方程式

中心が $C(\vec{c})$，半径が r の球面上に点 $P(\vec{p})$ があるとき，

$|\vec{p}-\vec{c}|=r$

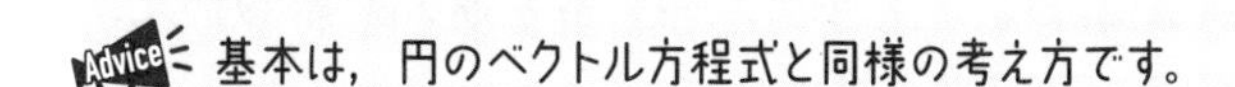

Advice 基本は，円のベクトル方程式と同様の考え方です。

ここで，$P(x, y, z)$，$C(a, b, c)$ とすると，$\vec{p}-\vec{c}=(x-a, y-b, z-c)$ であるから，

$|\vec{p}-\vec{c}|=r$

$\sqrt{(x-a)^2+(y-b)^2+(z-c)^2}=r$

$(x-a)^2+(y-b)^2+(z-c)^2=r^2$

となります。

Check Point 球面の方程式

中心が $C(a, b, c)$，半径が r の球面の方程式は，

$(x-a)^2+(y-b)^2+(z-c)^2=r^2$

特に，中心が原点，半径が r の球面の方程式は，

$x^2+y^2+z^2=r^2$

例題99 球面 $x^2-4x+y^2+6y+z^2-8z+4=0$ の中心の座標と半径を求めよ。

考え方 かっこの2乗の形をつくるために平方完成を行います。

解答
$$x^2-4x+y^2+6y+z^2-8z+4=0$$
$$(x-2)^2-2^2+(y+3)^2-3^2+(z-4)^2-4^2+4=0$$
$$(x-2)^2+(y+3)^2+(z-4)^2=25$$
$$(x-2)^2+\{y-(-3)\}^2+(z-4)^2=5^2$$
↑差の形に注意

これより，**中心 (2，−3，4)，半径 5** … 答

x 軸に垂直な平面を考えてみます。次の図のように，点 P$(a,\ b,\ c)$ を通り x 軸に垂直な平面上では x 座標が常に a で一定であることがわかります。つまり，点 P$(a,\ b,\ c)$ を通り x 軸に垂直な平面の方程式は $x=a$ となります。

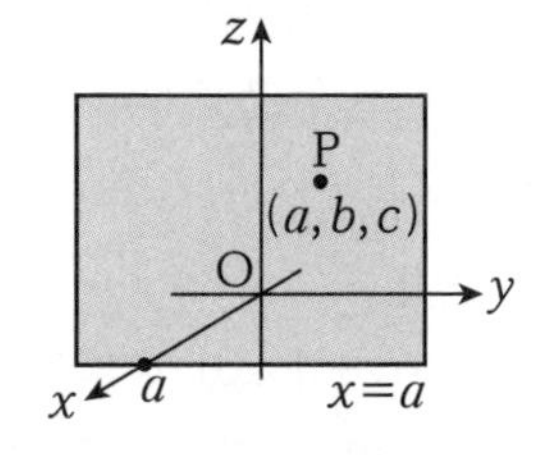

同様にして，次の図のように点 P$(a,\ b,\ c)$ を通り y 軸，z 軸に垂直な平面の方程式はそれぞれ $y=b$，$z=c$ となります。

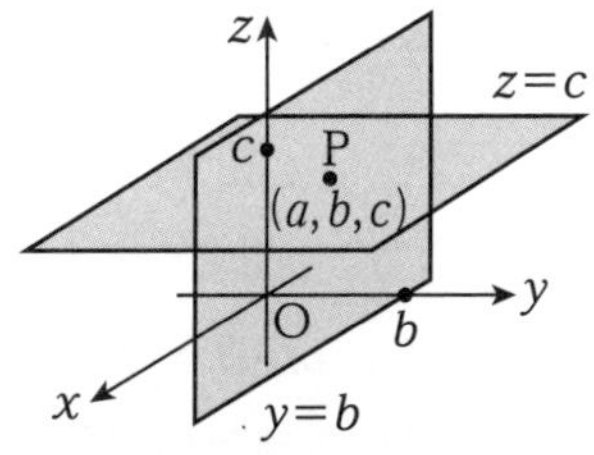

Check Point 座標軸に垂直な平面の方程式

点 P$(a,\ b,\ c)$ を通り，

x 軸に垂直な平面の方程式は，$x=a$

y 軸に垂直な平面の方程式は，$y=b$

z 軸に垂直な平面の方程式は，$z=c$

例題100 中心が (2, 3, 4), 半径が 5 である球面と xy 平面が交わってできる図形の方程式を求めよ。

解答 球面の方程式は,

$(x-2)^2+(y-3)^2+(z-4)^2=5^2$ ……①

xy 平面, つまり $z=0$ と交わってできる図形の方程式は, ①に $z=0$ を代入して,

$(x-2)^2+(y-3)^2+(0-4)^2=5^2$ かつ $z=0$

つまり,

$\boldsymbol{x^2-4x+y^2-6y+4=0}$ **かつ** $\boldsymbol{z=0}$ … 答

参考 $x^2-4x+y^2-6y+4=0$ は $(x-2)^2+(y-3)^2=3^2$ とできるので, 中心が (2, 3), 半径が 3 の円であることがわかります。

上の例題で注意したいのは, 求める図形の方程式は,

$x^2-4x+y^2-6y+4=0$

ではなく,

$x^2-4x+y^2-6y+4=0$ **かつ** $\boldsymbol{z=0}$

である点です。もし「$x^2-4x+y^2-6y+4=0$」を解答とすると,「z は任意」という意味をもつので, **すべての z 座標において中心が (2, 3, z), 半径が 3 の円, つまり右の図のように z 軸方向に無限に伸びている円柱を表している**ことになってしまいます。

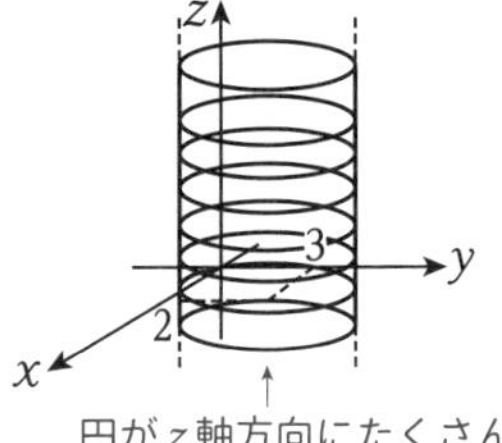

円が z 軸方向にたくさん並ぶイメージ

演習問題 64

1 点 A(1, 4, 5) を通り, 方向ベクトルが $\vec{d}=(2, 1, -1)$ である直線 l がある。点 B(8, 9, 12) から l に垂線を引いたときの l との交点 H の座標と, BH の長さを求めよ。

2 点 A(1, 2, 3) と点 B(−3, 4, −5) を直径の両端とする球面の方程式を求めよ。

3 中心が (1, 5, −2), 半径が 4 である球面と yz 平面が交わってできる円の方程式を求めよ。

解答▶別冊 51 ページ

複素数平面

第1節 複素数と複素数平面

1 共役複素数と実部・虚部

a，b を実数とし，i を虚数単位とするとき，$z=a+bi$ で表される数 z を複素数といいます。このとき，a を z の実部，b を z の虚部といいます。

複素数 z は $b=0$ のとき実数 a を表し，$b\neq0$ のとき虚数 $a+bi$ を表し，$a=0$，$b\neq0$ のとき純虚数 bi を表します。また，複素数 $z=a+bi$ に対して，虚部の符号が逆である複素数 $a-bi$ を共役複素数といい，$\overline{z}$ で表します。

複素数α，βの共役複素数$\overline{\alpha}$，$\overline{\beta}$について，次のような性質があります。

Check Point 共役複素数の性質

複素数α，βの共役複素数をそれぞれ$\overline{\alpha}$，$\overline{\beta}$とするとき，

[1] $\overline{\alpha+\beta}=\overline{\alpha}+\overline{\beta}$，$\overline{\alpha-\beta}=\overline{\alpha}-\overline{\beta}$ ←バーを分けてもよい

[2] $\overline{\alpha\times\beta}=\overline{\alpha}\times\overline{\beta}$，$\overline{\left(\dfrac{\alpha}{\beta}\right)}=\dfrac{\overline{\alpha}}{\overline{\beta}}$ ←バーを分けてもよい

[3] $\overline{\alpha^n}=(\overline{\alpha})^n$（$n$ は自然数） ←共役と n 乗はどちらが先でも同じ

[4] $\overline{\overline{\alpha}}=\alpha$ ←共役の共役はもとの複素数に等しい

証明 $\alpha=a+bi$，$\beta=c+di$（a，b，c，d は実数）とする。

[1]
$$\begin{aligned}\overline{\alpha+\beta}=\overline{(a+bi)+(c+di)}&=\overline{(a+c)+(b+d)i}\\&=(a+c)-(b+d)i\\&=(a-bi)+(c-di)\\&=\overline{\alpha}+\overline{\beta}\end{aligned}$$
〔証明終わり〕

$\overline{\alpha-\beta}=\overline{\alpha}-\overline{\beta}$ も同様に示すことができます。

[2]
$$\begin{aligned}\overline{\alpha\times\beta}=\overline{(a+bi)\times(c+di)}&=\overline{(ac-bd)+(ad+bc)i}\\&=(ac-bd)-(ad+bc)i\end{aligned}$$

$\overline{\alpha}\times\overline{\beta}=(a-bi)\times(c-di)=(ac-bd)-(ad+bc)i$

よって，$\overline{\alpha\times\beta}=\overline{\alpha}\times\overline{\beta}$ 〔証明終わり〕

$\overline{\left(\dfrac{\alpha}{\beta}\right)}=\dfrac{\overline{\alpha}}{\overline{\beta}}$ の証明は演習問題 65 で扱います。

[3]の$\overline{\alpha^n}=(\overline{\alpha})^n$（$n$は自然数）の証明　←数学的帰納法を用いる

$n=1$のとき$\overline{\alpha}=\overline{\alpha}$であるから成り立つ。

$n=k$(自然数)のときに成り立つと仮定すると，$\overline{\alpha^k}=(\overline{\alpha})^k$

この両辺に$\overline{\alpha}$を掛けると，

(左辺)$=\overline{\alpha^k}\times\overline{\alpha}=\overline{\alpha^k\times\alpha}$　←性質[2]を用いる

$=\overline{\alpha^{k+1}}$

(右辺)$=(\overline{\alpha})^k\times\overline{\alpha}=(\overline{\alpha})^{k+1}$

以上より，$n=k+1$のときも成り立つので，すべての自然数nで$\overline{\alpha^n}=(\overline{\alpha})^n$が成り立つ。　〔証明終わり〕

そして，$z=a+bi$と$\overline{z}=a-bi$を連立することで，次のように共役複素数を用いて実部や虚部を表すことができます。

Check Point　複素数の実部・虚部と共役複素数

a，bを実数，iを虚数単位とするとき，$z=a+bi$ならば，

実部 $a=\dfrac{z+\overline{z}}{2}$，虚部 $b=\dfrac{z-\overline{z}}{2i}$

演習問題 65

1 次の複素数の実部，虚部を答えよ。

(1) $z=2+3i$　(2) $z=-2+i$　(3) $z=-\dfrac{1}{2}-\sqrt{2}\,i$

2 次の複素数の共役複素数を求めよ。

(1) $z=(3-2i)+(4-3i)$　(2) $z=(3-5i)-(-1-2i)$

(3) $z=(3+i)(4-2i)$

3 $\overline{\left(\dfrac{\alpha}{\beta}\right)}=\dfrac{\overline{\alpha}}{\overline{\beta}}$が成り立つことを証明せよ。

4 複素数zが

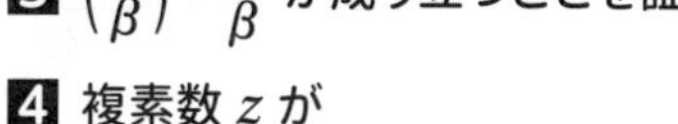

$z+\overline{z}=4$，$z-\overline{z}=-6i$

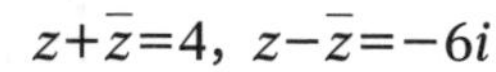

を満たすとき，zを求めよ。

解答▶別冊52ページ

2 複素数平面

複素数 $z=a+bi$ を座標平面上の点 $(a,\ b)$ で表したとき，この平面を**複素数平面（ガウス平面）**といいます。複素数平面により，すべての複素数は複素数平面上の1点で表され，逆に複素数平面上のすべての点はそれぞれ1つの複素数で表されることになります。

次の図のように複素数 $z=a+bi$ を表す複素数平面上の点をPとするとき，$\mathrm{P}(z)$ のように書きます。また，この点を単に**点 z** ということもあります。

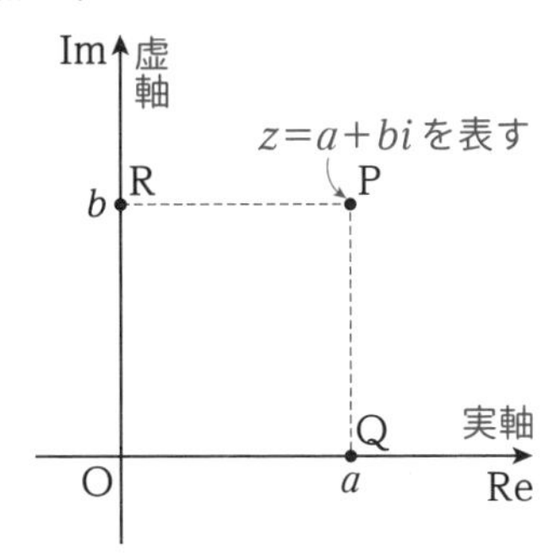

図のように，実部の値を表す横向きの軸を**実軸**といい，図示する際は「Re」と書きます。また，虚部の値を表す縦向きの軸を**虚軸**といい，図示する際は「Im」と書きます。図の**実軸上の点Qは虚部の値が0ですから実数を表し，虚軸上の点Rは実部の値が0ですから純虚数を表します。**ただし，0は実数とし，純虚数には含めないものとします。

それぞれ，実軸のReは「Real Axis」，虚軸のImは「Imaginary Axis」の略です。また，実軸を x 軸，虚軸を y 軸で表すこともあります。

共役複素数は実部が等しく，虚部の符号のみ異なるので，次の図のように，複素数平面上では**もとの複素数と共役複素数は実軸に関して対称な位置関係にある**ことがわかります。

さらに，図からわかる通り，点 z と点 $\overline{w}$ は符号が逆である複素数の関係にあります。つまり $\overline{w}=-z$ が成り立ちます。すなわち，**複素数 z と $-z$ は原点に関して対称な関係にあります。**

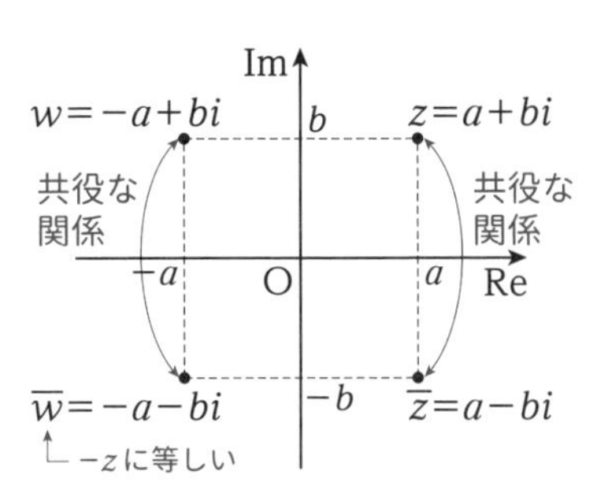

例題101 次の図の複素数平面上の点 A～E を表す複素数を答えよ。

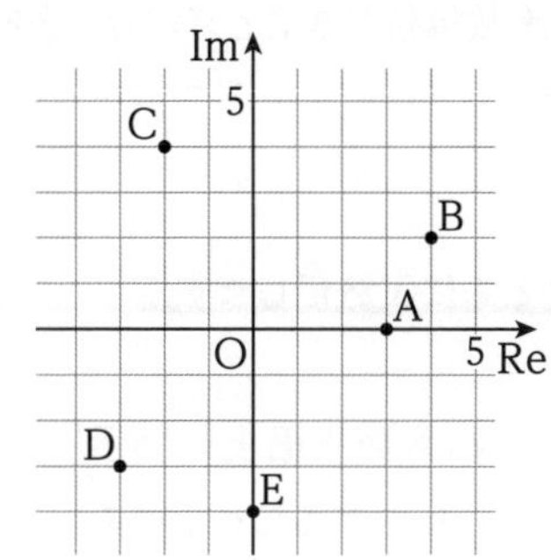

解答 A…3，B…$4+2i$，C…$-2+4i$，D…$-3-3i$，E…$-4i$ … 答

演習問題 66

1 複素数 $z=3+4i$ を表す点に対して，次の点が表す複素数を求めよ。

(1) 実軸に関して対称な点

(2) 虚軸に関して対称な点

(3) 原点に関して対称な点

2 次の点を複素数平面上に図示せよ。

(1) P$(4+3i)$　　(2) Q$(1-4i)$　　(3) R$(-3-2i)$

(4) S(3)　　(5) T$(-2i)$

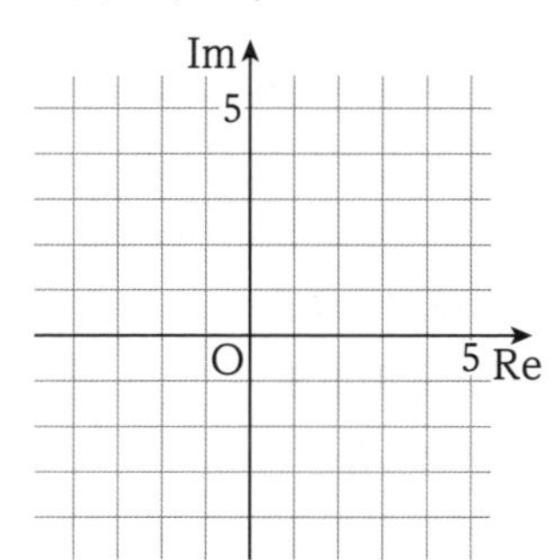

解答▶別冊 52 ページ

3 複素数の実数倍・加法・減法と複素数平面

a, b, c, d を実数とし，i を虚数単位とするとき，$\alpha=a+bi$，$\beta=c+di$ とします。また，複素数平面上で $\alpha=a+bi$ を表す点を $\mathrm{P}(\alpha)$，$\beta=c+di$ を表す点を $\mathrm{Q}(\beta)$ とします。

〈複素数の実数倍〉 **実部・虚部ともに実数倍します。**

$$k\alpha=k(a+bi)=ka+kbi$$

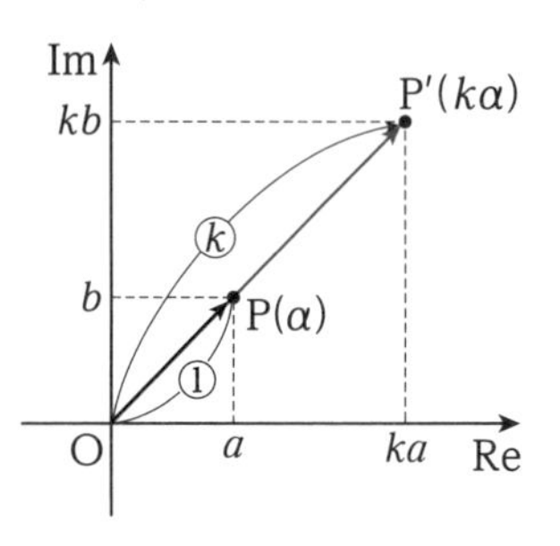

α を k 倍した点を $\mathrm{P}'(k\alpha)$ として複素数平面上に図示すると，右の図のようになります。k 倍することで複素数平面上では原点を中心として k 倍に拡大・縮小した点に移されることがわかります。

また，複素数 α にベクトル $\overrightarrow{\mathrm{OP}}$ を対応させると，**ベクトルの実数倍 $\overrightarrow{\mathrm{OP'}}=k\overrightarrow{\mathrm{OP}}$ (p.128 参照) と同様になることがわかります。**

〈複素数の加法〉 **実部どうし・虚部どうしの和を考えます。**

$$\alpha+\beta=(a+bi)+(c+di)=(a+c)+(b+d)i$$

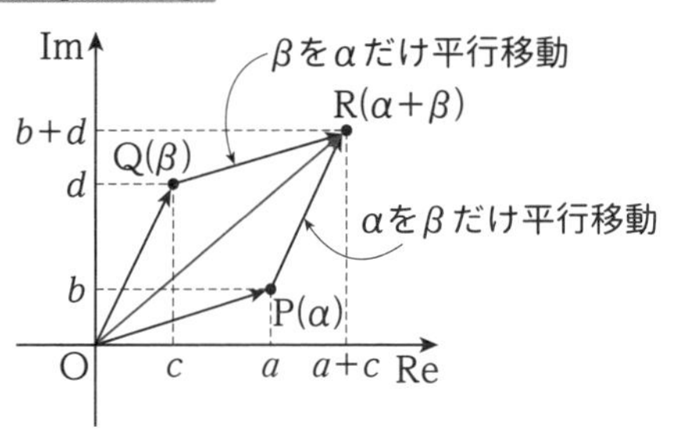

$\alpha+\beta$ を表す点を $\mathrm{R}(\alpha+\beta)$ として複素数平面上に図示すると，右の図のようになります。図のように，$\alpha+\beta$ の複素数平面上の位置は，**「複素数 β を α だけ平行移動した点」または「複素数 α を β だけ平行移動した点」**と考えることができます。

また，複素数の加法 $\alpha+\beta$ は，**ベクトルの加法 $\overrightarrow{\mathrm{OR}}=\overrightarrow{\mathrm{OP}}+\overrightarrow{\mathrm{OQ}}$ (p.122 参照) と同様になることがわかります。**

〈複素数の減法〉 **実部どうし・虚部どうしの差を考えます。**

$$\alpha-\beta=(a+bi)-(c+di)=(a-c)+(b-d)i$$

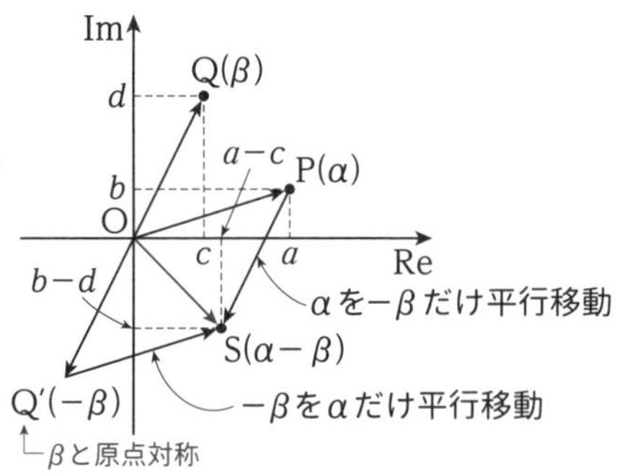

$\alpha-\beta$ を表す点を $\mathrm{S}(\alpha-\beta)$ として複素数平面上に図示すると，右の図のようになります。図のように，$\alpha-\beta$ の複素数平面上の位置は，**「複素数 α を $-\beta$ だけ平行移動した点」または，「複素数 $-\beta$ を α だけ平行移動した点」**と考えることができます。

また，複素数の減法$\alpha-\beta$ は，**ベクトルの減法 $\overrightarrow{OS}=\overrightarrow{OP}-\overrightarrow{OQ}$ (p.124 参照) と同様になることがわかります。**

結局，**複素数の実数倍・加法・減法は，平面ベクトルの実数倍・加法・減法と同様になる**ことがわかります。

演習問題 67

1 下の図の複素数平面上で，複素数 α，β を表す点をそれぞれ $A(\alpha)$，$B(\beta)$ とするとき，(1)～(8)の点を図示せよ。

(1) $P(5\alpha)$　(2) $Q(-4\beta)$　(3) $R(\alpha+\beta)$

(4) $S(3\alpha+2\beta)$　(5) $T(\beta-\alpha)$　(6) $U(2\alpha-3\beta)$

(7) $V(2\overline{\alpha}+2\beta)$　(8) $W(\overline{\alpha+\beta})$

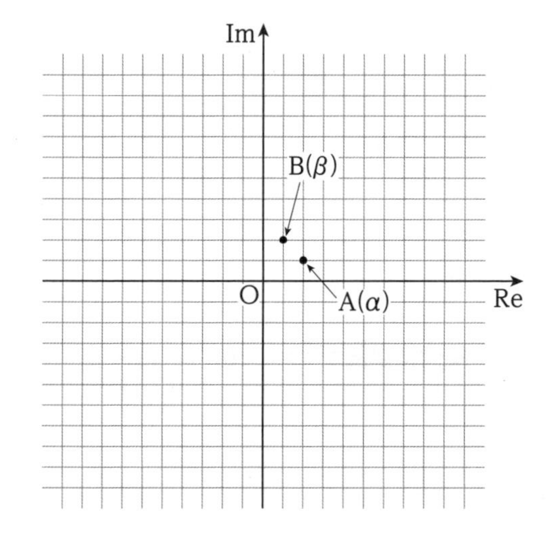

2 複素数 $\alpha=3+4i$，$\beta=-3-2i$ とする。点 α，β および原点 O を 3 頂点とするような平行四辺形のもう 1 つの頂点を表す複素数 γ のうち，実部も虚部も正であるものを答えよ。

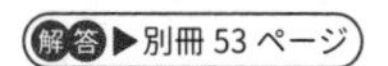
解答▶別冊 53 ページ

4 複素数の絶対値

複素数 $z=a+bi$ において**絶対値 $|z|$ は複素数平面上の原点と点 z の間の距離を表します。** よって，複素数平面で考えると次の関係式が成り立ちます。

Check Point 複素数の絶対値

複素数 $z=a+bi$ のとき，

$|z|=\sqrt{a^2+b^2}$ ←絶対値$=\sqrt{(実部)^2+(虚部)^2}$

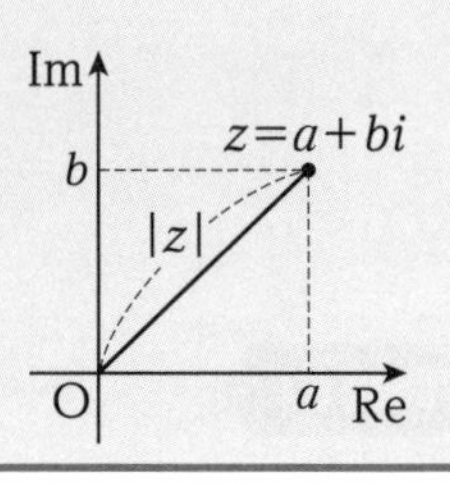

例題102 次の複素数の絶対値を求めよ。

(1) $z=3+4i$ (2) $z=-3-2i$ (3) $z=5$ (4) $z=3i$

考え方 (2)和の形で表したときの係数が実部・虚部です。

解答 (1) $|z|=\sqrt{3^2+4^2}=\mathbf{5}$ …答

(2) $z=(-3)+(-2)i$ であるから，

$|z|=\sqrt{(-3)^2+(-2)^2}=\sqrt{\mathbf{13}}$ …答

(3) $|z|=\sqrt{5^2+0^2}=\mathbf{5}$ …答

(4) $|z|=\sqrt{0^2+3^2}=\mathbf{3}$ …答

上の例題の(3)，(4)は複素数平面で考えれば計算しなくても求められますね。

また，複素数 $z=a+bi$ の共役複素数が $\bar{z}=a-bi$ で，絶対値 $|z|=\sqrt{a^2+b^2}$ なので，

$$
\begin{aligned}
z\times\bar{z}&=(a+bi)(a-bi)\\
&=a^2-b^2i^2\\
&=a^2+b^2 \quad (i^2=-1)\\
&=|z|^2
\end{aligned}
$$

Check Point 絶対値と共役複素数

複素数 $z=a+bi$ のとき

$z\times\bar{z}=|z|^2$ ←共役複素数どうしの積$=(絶対値)^2$

また，複素数 $z=a+bi$ において，$b=0$ のとき $z=a$（実数）であり，虚部をもたないので共役複素数も $\overline{z}=a$ となります。つまり，**複素数 z が実数であるとき，z と $\overline{z}$ は等しくなる**ことがわかります。

さらに，複素数 $z=a+bi$ において，$a=0$ かつ $b\neq0$ のとき $z=bi$（純虚数）であり，実部をもたないので共役複素数は $\overline{z}=-bi$ となります。つまり，**複素数 z が純虚数であるとき，z と $\overline{z}$ の符号が逆である**ことがわかります。

以上のことは，逆も成り立ちます（下の例題で確認しましょう）。

Check Point　共役複素数と実数・純虚数

z が実数である $\Longleftrightarrow \overline{z}=z$

z が純虚数である $\Longleftrightarrow \overline{z}=-z$ かつ $z\neq0$　← $z\neq0$ を忘れやすいので注意

例題103　次の問いに答えよ。

(1) $\overline{z}=z$ ならば，z が実数であることを示せ。

(2) $\overline{z}=-z$，$z\neq0$ ならば，z が純虚数であることを示せ。

解答　(1) a，b を実数，i を虚数単位として $z=a+bi$ とすると，$\overline{z}=a-bi$ である。

このとき，

$\overline{z}=z$

$a-bi=a+bi$

$2bi=0$　よって，$b=0$

以上より，$z=a$ となるので，$\overline{z}=z$ ならば，z は実数である。　〔証明終わり〕

(2) a，b を実数，i を虚数単位として $z=a+bi$，$z\neq0$ とすると，$\overline{z}=a-bi$ である。

このとき，

$\overline{z}=-z$

$a-bi=-(a+bi)$

$2a=0$　よって，$a=0$

$z\neq0$ であるから $b\neq0$ である。

以上より，$z=bi$ $(b\neq0)$ となるので，$\overline{z}=-z$，$z\neq0$ ならば，z は純虚数である。

〔証明終わり〕

例題 104 複素数α，β，γは異なり，$|\alpha|=|\beta|=|\gamma|=1$ を満たすとする。

このとき，$z=\dfrac{(\alpha+\beta)(\beta+\gamma)(\gamma+\alpha)}{\alpha\beta\gamma}$ が実数であることを示せ。

考え方 $z=\overline{z}$ が成り立つことを示します。

解答 $|\alpha|=1$ より，$|\alpha|^2=1$

つまり$\alpha\overline{\alpha}=1$ より$\overline{\alpha}=\dfrac{1}{\alpha}$ である。同様に，$\overline{\beta}=\dfrac{1}{\beta}$，$\overline{\gamma}=\dfrac{1}{\gamma}$ である。このとき，

$$\overline{z}=\frac{(\overline{\alpha}+\overline{\beta})(\overline{\beta}+\overline{\gamma})(\overline{\gamma}+\overline{\alpha})}{\overline{\alpha}\cdot\overline{\beta}\cdot\overline{\gamma}}$$

← p.194「共役複素数の性質」参照

$$=\frac{\left(\frac{1}{\alpha}+\frac{1}{\beta}\right)\left(\frac{1}{\beta}+\frac{1}{\gamma}\right)\left(\frac{1}{\gamma}+\frac{1}{\alpha}\right)}{\frac{1}{\alpha}\cdot\frac{1}{\beta}\cdot\frac{1}{\gamma}}$$

$$=\alpha\beta\gamma\cdot\frac{\beta+\alpha}{\alpha\beta}\cdot\frac{\gamma+\beta}{\beta\gamma}\cdot\frac{\alpha+\gamma}{\gamma\alpha}$$

$$=\frac{(\alpha+\beta)(\beta+\gamma)(\gamma+\alpha)}{\alpha\beta\gamma}=z$$

よって，z は実数である。　〔証明終わり〕

演習問題 68

1 次の複素数の絶対値を求めよ。

(1) $-2+2i$　(2) $1-3i$　(3) $-2i$

2 等式$|\alpha\beta|=|\alpha||\beta|$ を次の方法で証明せよ。

(1) $\alpha=a+bi$ (a，b は実数) のように実部，虚部を文字で表して示す。

(2) $z\times\overline{z}=|z|^2$の関係式を用いて示す。

3 複素数α，βにおいて，$|\alpha|=1$ のとき，

$|1-\overline{\alpha}\beta|^2-|\alpha-\beta|^2$の値を求めよ。

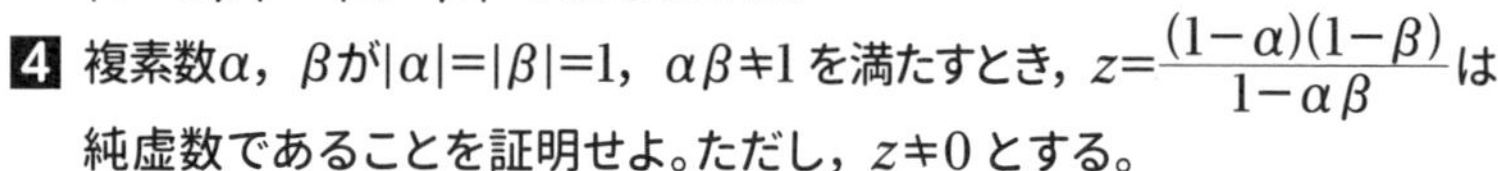

4 複素数α，βが$|\alpha|=|\beta|=1$，$\alpha\beta\neq1$ を満たすとき，$z=\dfrac{(1-\alpha)(1-\beta)}{1-\alpha\beta}$ は純虚数であることを証明せよ。ただし，$z\neq0$ とする。

解答▶別冊 54 ページ

第2節 複素数の極形式

1 極形式

次の図のように，複素数平面上で，0 でない複素数 $z=a+bi$ が表す点を P とします。

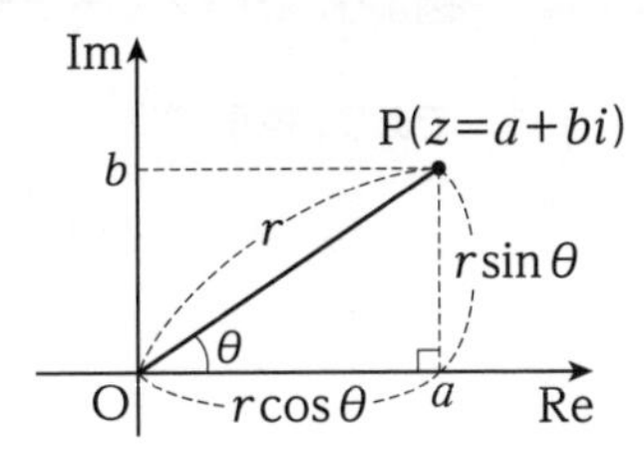

図のように線分 OP の長さを r，実軸の正の部分から線分 OP までの回転角をθとすると，

$$\begin{cases} a=r\cos\theta \\ b=r\sin\theta \end{cases}$$ ← $\cos\theta=\frac{a}{r}$, $\sin\theta=\frac{b}{r}$を変形

が成り立ちます。つまり，

$$z=a+bi=r\cos\theta+r\sin\theta\cdot i$$
$$=r(\cos\theta+i\sin\theta)$$

と表すことができます。この形を極形式といいます。このとき，**r は z の絶対値に等しく，$r=|z|$ と表されます。** また，θを z の偏角といい，$\theta=\arg z$ で表します。

偏角θは $0\leqq\theta<2\pi$ の範囲ではただ 1 通りに定まります。ふつうθは $0\leqq\theta<2\pi$ や $-\pi<\theta\leqq\pi$ の範囲で考えますが，一般角で考えることもあります。

「arg」は，偏角を表す単語「argument」を略したものです。

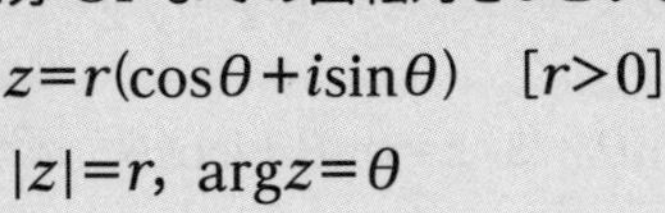

$z\neq0$ のとき，複素数平面上の点 P(z) において，
線分 OP の長さを r，実軸の正の部分から
線分 OP までの回転角をθとするとき，

$z=r(\cos\theta+i\sin\theta)$　$[r>0]$

$|z|=r$，$\arg z=\theta$

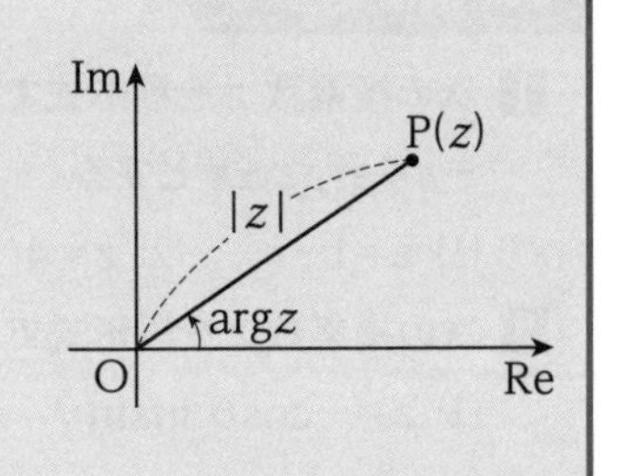

例題 105 次の複素数 z を極形式で表し，$|z|$，$\arg z$ を求めよ。ただし，$-\pi<\arg z\leqq\pi$ とする。

(1) $z=1+\sqrt{3}\,i$　(2) $z=2+2i$　(3) $z=-\sqrt{3}-i$

考え方〉複素数平面に図示して考えます。

解答 (1)

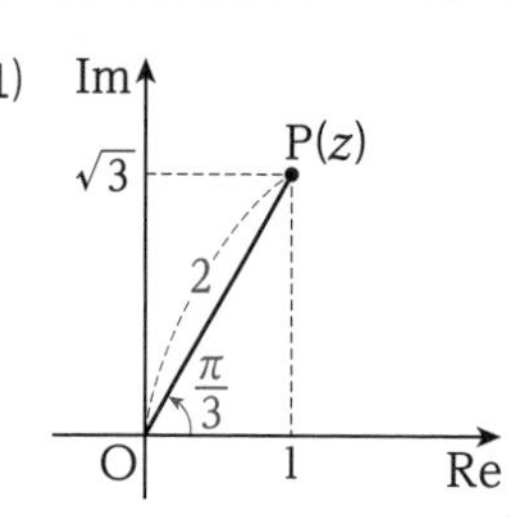

図より，$|z|=2$，$\arg z=\dfrac{\pi}{3}$ …答

であり，**極形式は**

$$z=2\left(\cos\frac{\pi}{3}+i\sin\frac{\pi}{3}\right)$$ …答

(2)

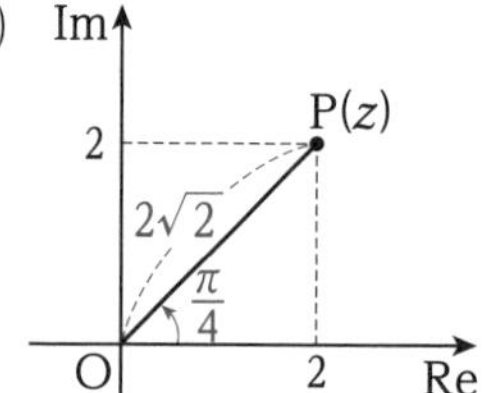

図より，$|z|=2\sqrt{2}$，$\arg z=\dfrac{\pi}{4}$ …答

であり，**極形式は**

$$z=2\sqrt{2}\left(\cos\frac{\pi}{4}+i\sin\frac{\pi}{4}\right)$$ …答

(3)

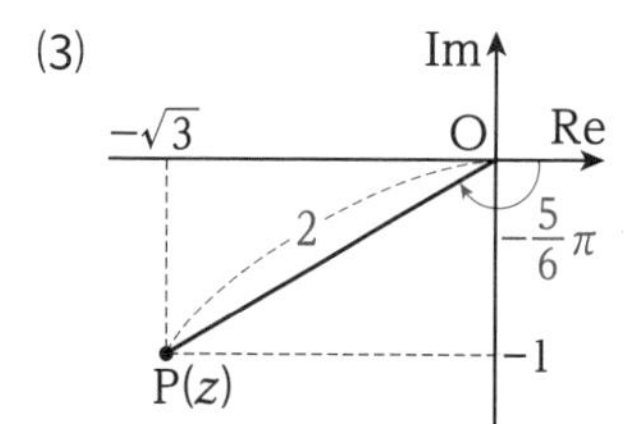

図より，$|z|=2$，$\arg z=-\dfrac{5}{6}\pi$ …答

であり，**極形式は**

$$z=2\left\{\cos\left(-\frac{5}{6}\pi\right)+i\sin\left(-\frac{5}{6}\pi\right)\right\}$$ …答

演習問題 69

1 次の複素数 z を極形式で表し，$|z|$ と $\arg z$ を求めよ。ただし，$-\pi<\arg z\leqq\pi$ とする。

(1) $z=1-i$　(2) $z=4i$　(3) $z=-\sqrt{3}+i$　(4) $z=-\dfrac{1}{\sqrt{2}}-\dfrac{1}{\sqrt{2}}i$

2 次の複素数 z を極形式で表せ。

(1) $z=-\cos\theta+i\sin\theta$　(2) $z=\cos\theta-i\sin\theta$　(3) $z=\sin\theta+i\cos\theta$

解答▶別冊 54 ページ

2 極形式の乗法・除法

0 でない 2 つの複素数 z_1，z_2 が極形式で

$z_1=r_1(\cos\theta_1+i\sin\theta_1)$

$z_2=r_2(\cos\theta_2+i\sin\theta_2)$

と表されるとき，

$$
\begin{aligned}
z_1\cdot z_2&=r_1(\cos\theta_1+i\sin\theta_1)\cdot r_2(\cos\theta_2+i\sin\theta_2)\\
&=r_1r_2\{(\cos\theta_1\cos\theta_2-\sin\theta_1\sin\theta_2)+i(\sin\theta_1\cos\theta_2+\cos\theta_1\sin\theta_2)\}\\
&=r_1r_2\{\cos(\theta_1+\theta_2)+i\sin(\theta_1+\theta_2)\}
\end{aligned}
$$

←加法定理を利用

複素数の積 z_1z_2 の極形式を求めることができました。このとき，r_1r_2 が z_1z_2 の絶対値を表し，$\theta_1+\theta_2$ が z_1z_2 の偏角を表しています。つまり，**積の絶対値は絶対値の積に等しく，積の偏角は偏角の和に等しい**ことがわかります。

Check Point 極形式の積

0 でない 2 つの複素数 z_1，z_2 において，

$|z_1\cdot z_2|=|z_1|\cdot|z_2|$　←積の絶対値は，絶対値の積

$\arg(z_1\cdot z_2)=\arg z_1+\arg z_2$　←積の偏角は，偏角の和

同様にして，

$$
\begin{aligned}
\frac{z_1}{z_2}&=\frac{r_1(\cos\theta_1+i\sin\theta_1)}{r_2(\cos\theta_2+i\sin\theta_2)}\\
&=\frac{r_1}{r_2}\cdot\frac{(\cos\theta_1+i\sin\theta_1)(\cos\theta_2-i\sin\theta_2)}{(\cos\theta_2+i\sin\theta_2)(\cos\theta_2-i\sin\theta_2)}\\
&=\frac{r_1}{r_2}\cdot\frac{\{(\cos\theta_1\cos\theta_2+\sin\theta_1\sin\theta_2)+i(\sin\theta_1\cos\theta_2-\cos\theta_1\sin\theta_2)\}}{\cos^2\theta_2-i^2\sin^2\theta_2}\\
&=\frac{r_1}{r_2}\cdot\{\cos(\theta_1-\theta_2)+i\sin(\theta_1-\theta_2)\}
\end{aligned}
$$

←分母の実数化

分子は加法定理を利用
分母は $\cos^2\theta_2-i^2\sin^2\theta_2=\cos^2\theta_2+\sin^2\theta_2=1$

複素数の商 $\frac{z_1}{z_2}$ の極形式を求めることができました。このとき，$\frac{r_1}{r_2}$ が $\frac{z_1}{z_2}$ の絶対値を表し，$\theta_1-\theta_2$ が $\frac{z_1}{z_2}$ の偏角を表しています。
つまり，**商の絶対値は絶対値の商に等しく，商の偏角は偏角の差に等しい**ことがわかります。

Check Point 極形式の商

0 でない 2 つの複素数 z_1, z_2 において，

$$\left|\frac{z_1}{z_2}\right|=\frac{|z_1|}{|z_2|}$$ ←商の絶対値は，絶対値の商

$$\arg\left(\frac{z_1}{z_2}\right)=\arg z_1-\arg z_2$$ ←商の偏角は，偏角の差（＝分子の偏角－分母の偏角）

例題 106 次の 2 つの複素数αとβの積$\alpha\beta$，商 $\dfrac{\beta}{\alpha}$ を求めよ。

$$\alpha=3\left(\cos\frac{\pi}{6}+i\sin\frac{\pi}{6}\right)$$

$$\beta=2\left(\cos\frac{\pi}{3}+i\sin\frac{\pi}{3}\right)$$

考え方 絶対値と偏角を別々に求めて積や商の極形式をつくります。

解答 $|\alpha\beta|=|\alpha||\beta|$ ←積の絶対値は，絶対値の積

$$=3\cdot2=6$$

$\arg\alpha\beta=\arg\alpha+\arg\beta$ ←積の偏角は，偏角の和

$$=\frac{\pi}{6}+\frac{\pi}{3}=\frac{\pi}{2}$$

よって，

$$\boldsymbol{\alpha\beta}=6\left(\cos\frac{\pi}{2}+i\sin\frac{\pi}{2}\right)=\boldsymbol{6i}$$ …答

$\left|\dfrac{\beta}{\alpha}\right|=\dfrac{|\beta|}{|\alpha|}$ ←商の絶対値は，絶対値の商

$$=\frac{2}{3}$$

$\arg\left(\dfrac{\beta}{\alpha}\right)=\arg\beta-\arg\alpha$ ←商の偏角は，偏角の差

$$=\frac{\pi}{3}-\frac{\pi}{6}=\frac{\pi}{6}$$

よって，

$$\boldsymbol{\frac{\beta}{\alpha}}=\frac{2}{3}\left(\cos\frac{\pi}{6}+i\sin\frac{\pi}{6}\right)=\boldsymbol{\frac{1}{\sqrt{3}}+\frac{1}{3}i}$$ …答

この結果から，複素数どうしの積や商を実際に計算することなく，簡単に求められることがわかります。

演習問題 70

1 次の 2 つの複素数 z_1 と z_2 の積 z_1z_2 と商 $\dfrac{z_1}{z_2}$ を極形式で表せ。ただし，偏角θの範囲は $0\leqq\theta<2\pi$ とする。

$$z_1=2\left(\cos\frac{\pi}{3}+i\sin\frac{\pi}{3}\right),\ z_2=\sqrt{2}\left(\cos\frac{\pi}{4}+i\sin\frac{\pi}{4}\right)$$

2 次の 2 つの複素数α，βにおいて，$\dfrac{\alpha}{\beta}$ の絶対値と偏角を求めよ。

(1) $\alpha=\sqrt{3}+i$，$\beta=\sqrt{3}-i$

(2) $\alpha=-5+i$，$\beta=2-3i$

3 $\theta=\dfrac{\pi}{12}$ のとき，$\dfrac{(\cos\theta+i\sin\theta)(\cos2\theta+i\sin2\theta)}{\cos3\theta-i\sin3\theta}$ の値を求めよ。

4 次の等式を証明せよ。

(1) △ABC において，

$(\cos A+i\sin A)(\cos B+i\sin B)(\cos C+i\sin C)=-1$

(2) $\dfrac{\cos\alpha+i\sin\alpha}{\cos\beta-i\sin\beta}+\dfrac{\cos\alpha-i\sin\alpha}{\cos\beta+i\sin\beta}=2\cos(\alpha+\beta)$

5 z を複素数とするとき，極形式を用いて等式

$z\bar{z}=|z|^2$

が成り立つことを証明せよ。

解答▶別冊 56 ページ

3 複素数の積と図形

複素数 z に対して，極形式 $\alpha=r(\cos\theta+i\sin\theta)$ との積を考えてみます。

$|\alpha z|=|\alpha||z|=r|z|$ ←積の絶対値は，絶対値の積

$\arg\alpha z=\arg\alpha+\arg z=\theta+\arg z$ ←積の偏角は，偏角の和

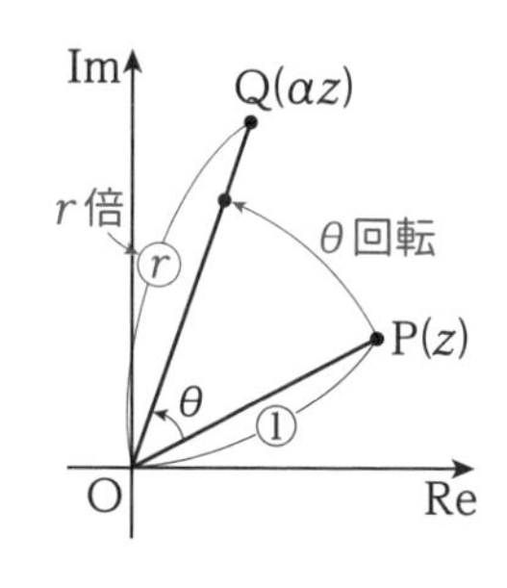

複素数 z は α を掛けることで，偏角は θ だけ増加し，絶対値は r 倍されます。つまり，複素数平面上では，右の図のように**原点を中心として θ だけ回転し，原点からの距離を r 倍した点に移る**ことがわかります。このことから，掛けられた複素数がどのように移動するかは，**掛ける複素数の絶対値と偏角に着目すればよい**ことがわかります。

例題107 0 でない複素数 z に対して複素数 α を次の値とするとき，複素数平面上において αz は点 z をどのように移動した点を表すか答えよ。

(1) $\alpha=\cos\frac{\pi}{4}+i\sin\frac{\pi}{4}$ (2) $\alpha=1+\sqrt{3}i$ (3) $\alpha=-1-i$

解答 (1) $|\alpha|=1$，$\arg\alpha=\frac{\pi}{4}$ であるから，**点 z を原点を中心として $\frac{\pi}{4}$ だけ回転した点を表す** …答

(2) $\alpha=2\left(\cos\frac{\pi}{3}+i\sin\frac{\pi}{3}\right)$ であり，$|\alpha|=2$，$\arg\alpha=\frac{\pi}{3}$ であるから，**点 z を原点を中心として $\frac{\pi}{3}$ だけ回転し，原点からの距離を 2 倍した点を表す** …答

(3) $\alpha=\sqrt{2}\left\{\cos\left(-\frac{3}{4}\pi\right)+i\sin\left(-\frac{3}{4}\pi\right)\right\}$ であり，$|\alpha|=\sqrt{2}$，$\arg\alpha=-\frac{3}{4}\pi$ であるから，**点 z を原点を中心として $-\frac{3}{4}\pi$ だけ回転し，原点からの距離を $\sqrt{2}$ 倍した点を表す** …答

このように，今まで表現するのが難しかった回転を表現することができるようになりました。

Check Point 極形式の積と図形

$\alpha=r(\cos\theta+i\sin\theta)$ とするとき，αz は点 z を原点を中心として θ だけ回転し，原点からの距離を r 倍した点を表す。

ここで，複素数 z に i(純虚数)を掛けたときの移動先の点について考えてみましょう。
i を極形式で表すと，

$$i=\cos\frac{\pi}{2}+i\sin\frac{\pi}{2}$$

つまり，**iz は z の偏角が $\frac{\pi}{2}$ だけ増加する点を表しています。**

例えば，$z=1$ とすると，$iz=i$ は点 1 を原点を中心として $\frac{\pi}{2}$ だけ回転した点であることがわかります。そして，さらに i を掛けると $\frac{\pi}{2}$ だけ回転することになり，その点を表す複素数は $i\times i=i^2=-1$ となります。よって，**$i^2(=-1)$ を掛けるということは原点を中心として π だけ回転することであり，原点に関して対称な点に移動する**ことがわかります。これは実数を -1 倍することが数直線上では原点対称の移動を表すことと同様であると考えることができます。

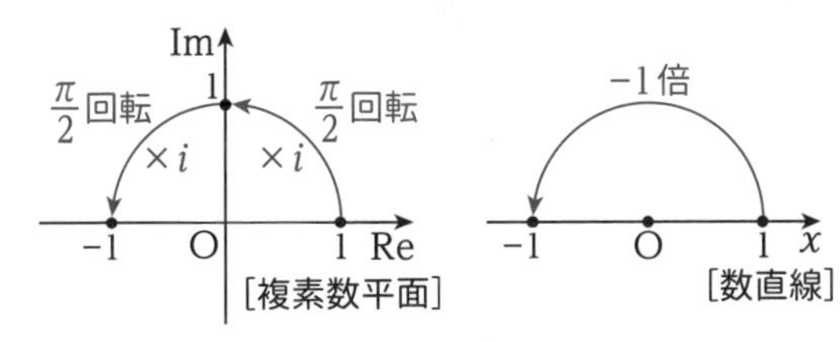

また，**i で割ることは偏角が $\frac{\pi}{2}$ だけ減少する移動(つまり逆向きに $\frac{\pi}{2}$ だけ回転すること)を表します。**

演習問題 71

1 0 でない複素数 z に対して次の数を掛けると，点 z はどのような点に移るか答えよ。

(1) i　(2) $\sqrt{3}-i$　(3) $\dfrac{1}{1+\sqrt{3}i}$　(4) $\cos\alpha-i\sin\alpha$

2 複素数平面上の点 P$(2+i)$ を次のように移動するとき，移動した点を表す複素数を求めよ。

(1) 原点を中心として $\frac{\pi}{3}$ だけ回転し，原点からの距離を $\sqrt{2}$ 倍する

(2) 原点を中心として $-\frac{3}{4}\pi$ だけ回転し，原点からの距離を $\dfrac{1}{\sqrt{3}}$ 倍する

解答▶別冊 57 ページ

4 ド・モアブルの定理

p.208〜209 で学んだ通り，0 でない複素数に**複素数 $\cos\theta+i\sin\theta$ を掛けると偏角が θ だけ増加します。**さらに $\cos\theta+i\sin\theta$ を掛ける，つまり 0 でない複素数に $(\cos\theta+i\sin\theta)^2$ を掛けることで偏角が $\theta+\theta=2\theta$ だけ増加することがわかります。同様にして，$(\cos\theta+i\sin\theta)^3$ を掛けることで偏角が 3θ だけ増加する，$(\cos\theta+i\sin\theta)^4$ を掛けることで偏角が 4θ だけ増加する，…というように，一般に次の等式が成り立つことがわかります。この定理をド・モアブルの定理といいます。

Check Point　ド・モアブルの定理

n を整数とするとき，

$$(\cos\theta+i\sin\theta)^n=\cos n\theta+i\sin n\theta$$

極形式の n 乗→偏角を n 倍する

証明　$z=\cos\theta+i\sin\theta$ とおく。

まず，1 以上の整数 n に対して $z^n=\cos n\theta+i\sin n\theta$ が成り立つことを証明する。

(i)　$n=1$ のとき $z=\cos\theta+i\sin\theta$ が成り立つ。

(ii)　$n=k$ のとき $z^k=\cos k\theta+i\sin k\theta$ が成り立つと仮定する。

このとき，$z^{k+1}=\cos(k+1)\theta+i\sin(k+1)\theta$ が成り立つことを示す。

$$\begin{aligned} z^{k+1}=z\cdot z^k&=(\cos\theta+i\sin\theta)(\cos k\theta+i\sin k\theta) \\ &=\cos(k+1)\theta+i\sin(k+1)\theta \end{aligned}$$

積の偏角は，偏角の和

よって，$n=k+1$ のときも成り立つ。←数学的帰納法で示した

(i),(ii) より，1 以上の整数 n に対して $z^n=\cos n\theta+i\sin n\theta$ が成り立つ。

次に，-1 以下の整数 n について考える。正の整数 m を用いて $n=-m$ とするとき，

$$\begin{aligned} z^n=z^{-m}=\frac{1}{z^m}&=\frac{\cos 0+i\sin 0}{\cos m\theta+i\sin m\theta} \\ &=\cos(0-m\theta)+i\sin(0-m\theta) \\ &=\cos(-m\theta)+i\sin(-m\theta) \\ &=\cos n\theta+i\sin n\theta \end{aligned}$$

商の偏角は，偏角の差

$-m=n$

よって，-1 以下の整数 n でも成り立つ。また，実数と同様に $z^0=1$（ただし $z\neq 0$）と定めると，右辺も $\cos 0+i\sin 0=1$ であるから，$n=0$ のときも成り立つ。

以上のことからすべての整数 n で成り立つことが示された。　〔証明終わり〕

複素数において**積の絶対値は，絶対値の積**であったので（**p.205** 参照），複素数の n 乗では絶対値は n 乗することになります。つまり，

$$\{r(\cos\theta+i\sin\theta)\}^n=r^n(\cos n\theta+i\sin n\theta)$$ ← n 乗の絶対値は絶対値の n 乗

が成り立ちます。

例題 108 次の式を計算せよ。

(1) $\left(\cos\frac{\pi}{6}+i\sin\frac{\pi}{6}\right)^3$　　(2) $(-\sqrt{3}+i)^4$　　(3) $\frac{1}{(1+i)^8}$

考え方 (2)，(3)複素数の n 乗の計算でド・モアブルの定理を用いるためには，極形式に直しておく必要があります。

解答 (1) $\left(\cos\frac{\pi}{6}+i\sin\frac{\pi}{6}\right)^3=\cos\left(3\times\frac{\pi}{6}\right)+i\sin\left(3\times\frac{\pi}{6}\right)$ ←ド・モアブルの定理

$=\cos\frac{\pi}{2}+i\sin\frac{\pi}{2}=\boldsymbol{i}$ …答

(2) $-\sqrt{3}+i=2\left(\cos\frac{5}{6}\pi+i\sin\frac{5}{6}\pi\right)$ であるから，　←まず極形式に直す

$(-\sqrt{3}+i)^4=\left\{2\left(\cos\frac{5}{6}\pi+i\sin\frac{5}{6}\pi\right)\right\}^4$

$=2^4\left\{\cos\left(4\times\frac{5}{6}\pi\right)+i\sin\left(4\times\frac{5}{6}\pi\right)\right\}$ ←ド・モアブルの定理

↑絶対値は 4 乗する

$=16\left(\cos\frac{10}{3}\pi+i\sin\frac{10}{3}\pi\right)=16\left(-\frac{1}{2}-\frac{\sqrt{3}}{2}i\right)$

$=\boldsymbol{-8-8\sqrt{3}i}$ …答

(3) $1+i=\sqrt{2}\left(\cos\frac{\pi}{4}+i\sin\frac{\pi}{4}\right)$ であるから，　←まず極形式に直す

$\frac{1}{(1+i)^8}=(1+i)^{-8}=\left\{\sqrt{2}\left(\cos\frac{\pi}{4}+i\sin\frac{\pi}{4}\right)\right\}^{-8}$

$=(\sqrt{2})^{-8}\left\{\cos\left(-8\times\frac{\pi}{4}\right)+i\sin\left(-8\times\frac{\pi}{4}\right)\right\}$ ←ド・モアブルの定理

↑絶対値は−8 乗する

$=\frac{1}{16}\{\cos(-2\pi)+i\sin(-2\pi)\}=\boldsymbol{\frac{1}{16}}$ …答

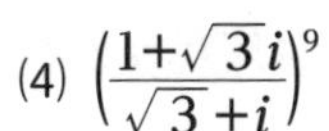

次の式を計算せよ。

(1) $\left(\cos\frac{\pi}{6}+i\sin\frac{\pi}{6}\right)^6$　　(2) $(-1+\sqrt{3}i)^{10}$　　(3) $\left(\frac{\sqrt{2}}{1+i}\right)^{100}$

(4) $\left(\frac{1+\sqrt{3}i}{\sqrt{3}+i}\right)^9$　　(5) $\left(\frac{2+\sqrt{3}-i}{2+\sqrt{3}+i}\right)^3$

5 複素数の n 乗根

正の整数 n と複素数 α に対して，$z^n=\alpha$ を満たす複素数 z を，α の n 乗根といいます。

複素数 α の n 乗根である z を求めるときは，ド・モアブルの定理を利用するので，**z は極形式で表します。**

例題 109 1 の 3 乗根を極形式を用いて求めよ。

解答 求める 3 乗根を z とすると，求める方程式は $z^3=1$ となる。

等式が成り立つので両辺の絶対値も等しく，

$$|z^3|=1$$
$$|z|^3=1 \quad \leftarrow |z^n|=|z|^n$$

$|z|$ は実数であるから，$|z|=1$

よって，$z=\cos\theta+i\sin\theta\,(0\leqq\theta<2\pi)$……①とおくことができる。

このとき，

$$z^3=1$$
$$(\cos\theta+i\sin\theta)^3=1$$
$$\cos3\theta+i\sin3\theta=\cos0+i\sin0$$

←左辺にド・モアブルの定理を用いる　右辺は極形式に直す

両辺の偏角を比較すると，

$$3\theta=0+2n\pi\ (n \text{ は整数}) \quad \leftarrow \text{一般角で表す}$$

つまり，$\theta=\frac{2}{3}n\pi$

$0\leqq\theta<2\pi$ にあてはまるのは $n=0,\ 1,\ 2$ のときで，

$$\theta=0,\ \frac{2}{3}\pi,\ \frac{4}{3}\pi$$

これらを①に代入すると，

$$z=\cos0+i\sin0,\ \cos\frac{2}{3}\pi+i\sin\frac{2}{3}\pi,\ \cos\frac{4}{3}\pi+i\sin\frac{4}{3}\pi$$

よって，求める 3 乗根は，

$$\boldsymbol{z=1,\ -\frac{1}{2}+\frac{\sqrt{3}}{2}i,\ -\frac{1}{2}-\frac{\sqrt{3}}{2}i} \quad \cdots\text{答}$$

θ の範囲からわかるように，あてはまる n の値は $n=0,\ 1,\ 2$ の 3 個でした。つまり 1 の 3 乗根は 3 個存在することがわかります。**一般に，1 の n 乗根では解が n 個存在します。**

1 の 3 乗根を複素数平面上に図示すると，次の図のように複素数平面上での単位円の 3 等分点になっていることがわかります。別の見方をすれば，1 を頂点として単位円に内接する正三角形の頂点を表しています。

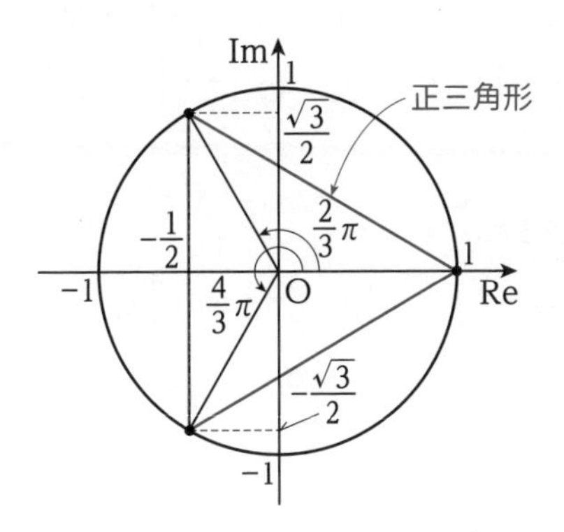

このことは 1 の n 乗根でも同様で，**n 個の解は 1 を頂点として単位円に内接する正 n 角形の頂点を表します。** また，円の等分点が解になることから，$z^n=1$ のような方程式を**円分方程式**といいます。

例題 109 で $0\leqq\theta<2\pi$ にあてはまる n は，$\theta=\frac{2}{3}n\pi$ に順に代入して求めましたが，解が 3 個であることがわかっているので，**0 以上の整数 n は小さい順に $n=0$，1，2 のみである**ことがすぐわかります。

1 以外の n 乗根でも同様です。

例題 110 方程式 $z^2=-1+\sqrt{3}i$ を解け。

解答 等式が成り立つので両辺の絶対値も等しく，

$$|z^2|=|-1+\sqrt{3}i|$$
$$|z|^2=2$$

（$|z^n|=|z|^n$）

$|z|$ は正の実数であるから，$|z|=\sqrt{2}$

よって，$z=\sqrt{2}(\cos\theta+i\sin\theta)(0\leqq\theta<2\pi)$ ……① とおくことができる。

このとき，

$$z^2=-1+\sqrt{3}i$$
$$\{\sqrt{2}(\cos\theta+i\sin\theta)\}^2=-1+\sqrt{3}i$$
$$2(\cos2\theta+i\sin2\theta)=2\left(\cos\frac{2}{3}\pi+i\sin\frac{2}{3}\pi\right)$$

（左辺にド・モアブルの定理を用いる　右辺は極形式に直す）

両辺の偏角を比較すると，

$$2\theta=\frac{2}{3}\pi+2n\pi \ (n\text{ は整数})$$ ←一般角で表す

つまり，$\theta=\frac{\pi}{3}+n\pi$

$0\leqq\theta<2\pi$ にあてはまるのは $n=0$，1 のときで，

$$\theta=\frac{\pi}{3},\ \frac{4}{3}\pi$$

これらを①に代入すると，

$$z=\sqrt{2}\left(\cos\frac{\pi}{3}+i\sin\frac{\pi}{3}\right),\ \sqrt{2}\left(\cos\frac{4}{3}\pi+i\sin\frac{4}{3}\pi\right)$$

よって，$\boldsymbol{z=\frac{\sqrt{2}}{2}+\frac{\sqrt{6}}{2}i,\ -\frac{\sqrt{2}}{2}-\frac{\sqrt{6}}{2}i}$ …答

演習問題 73

次の問いに答えよ。

(1) 1 の 6 乗根を求めよ。また，その解を複素数平面上に図示せよ。

(2) 方程式 $z^4=8(-1+\sqrt{3}i)$ を解け。

第3節 複素数と図形

1 線分の内分点・外分点

複素数平面上の複素数 P$(a+bi)$ は，平面上の点の位置ベクトル$\overrightarrow{\mathrm{OP}}=(a,\ b)$ に対応させて考えることができます。ですから，複素数平面上での線分の分点を表す複素数も，ベクトルの場合 (**p.143～148** 参照) と同様に，次の式が成り立ちます。

Check Point 複素数平面上の内分点・外分点と三角形の重心

複素数平面上の 3 点 A(α)，B(β)，C(γ) において，

[1] 線分 AB を $m:n$ に内分する点を表す複素数は，$\dfrac{n\alpha+m\beta}{m+n}$ ←分母は比の和，分子は遠いほうの比を掛ける

特に，線分 AB の中点を表す複素数は，$\dfrac{\alpha+\beta}{2}$ ←足して 2 で割る

[2] 線分 AB を $m:n$ に外分する点を表す複素数は，$\dfrac{-n\alpha+m\beta}{m-n}$

[3] △ABC の重心を表す複素数は，$\dfrac{\alpha+\beta+\gamma}{3}$ ←足して 3 で割る

ベクトルが苦手な人は，数学Ⅱの「図形と方程式」で学んだ内分点，外分点の公式をイメージするとよいでしょう。

例題111 次の複素数を求めよ。

(1) 2 点 A$(2+i)$ と B$(8+5i)$ を結ぶ線分 AB を 1：2 に内分する点を表す複素数

(2) 2 点 A$(-2+3i)$ と B$(-4+6i)$ を結ぶ線分 AB を 2：1 に外分する点を表す複素数

(3) 2 点 A$(3-2i)$ と B$(7-3i)$ を結ぶ線分 AB の中点を表す複素数

(4) 3 点 A$(2+4i)$，B$(6+i)$，C$(4+7i)$ を頂点とする三角形 ABC の重心を表す複素数

解答

(1) $\dfrac{2(2+i)+1\cdot(8+5i)}{1+2}=\mathbf{\dfrac{12+7i}{3}}$ …答

(2) $\dfrac{-1\cdot(-2+3i)+2(-4+6i)}{2-1}=\dfrac{-6+9i}{1}=\mathbf{-6+9i}$ …答 ←2：(−1) に内分とイメージするとよい

(3) $\dfrac{(3-2i)+(7-3i)}{2}=\mathbf{\dfrac{10-5i}{2}}$ …答 ←足して 2 で割る

(4) $\dfrac{(2+4i)+(6+i)+(4+7i)}{3}=\dfrac{12+12i}{3}=\mathbf{4+4i}$ …答 ←足して 3 で割る

演習問題 74

次の複素数を求めよ。

(1) 2 点 A$(1+5i)$ と B$(5+i)$ を結ぶ線分 AB を 2：1 に内分する点を表す複素数

(2) 2 点 A$(-3+2i)$ と B$(-1-4i)$ を結ぶ線分 AB を 3：2 に内分する点を表す複素数

(3) 2 点 A$(7-i)$ と B$(3-5i)$ を結ぶ線分 AB を 2：1 に外分する点を表す複素数

(4) 2 点 A$(-4-2i)$ と B$(-2-6i)$ を結ぶ線分 AB を 1：3 に外分する点を表す複素数

(5) 2 点 A$(4+8i)$ と B$(6+10i)$ を結ぶ線分 AB の中点を表す複素数

(6) 2 点 A$(-5+3i)$ と B$(-7+5i)$ を結ぶ線分 AB の中点を表す複素数

(7) 3 点 A$(2+4i)$，B$(4+i)$，C$(6+3i)$ を頂点とする三角形 ABC の重心を表す複素数

(8) 3 点 A$(-2+3i)$，B$(-4+5i)$，C$(-6+i)$ を頂点とする三角形 ABC の重心を表す複素数

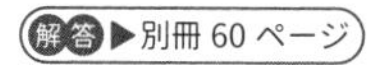
解答▶別冊 60 ページ

2 絶対値と 2 点間の距離

複素数平面上の 2 点 A(α)，B(β) 間の距離は $|\beta-\alpha|$ で表されます。

これは座標平面上の 2 点 A，B において，ベクトル$\overrightarrow{\mathrm{AB}}$の大きさが $|\overrightarrow{\mathrm{OB}}-\overrightarrow{\mathrm{OA}}|$ であることと同じようにイメージします。

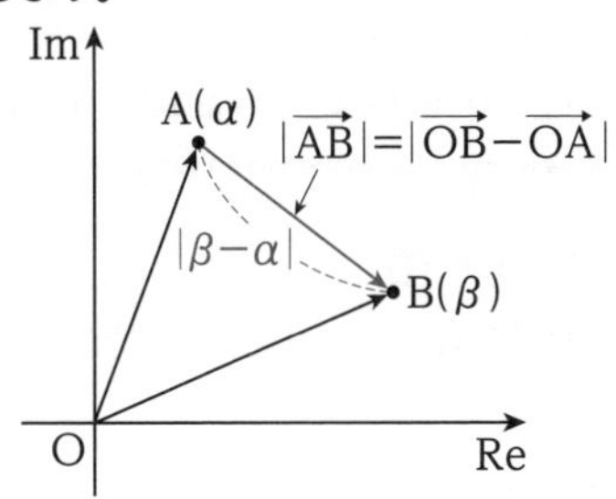

Check Point　複素数平面上の 2 点間の距離 ①

複素数平面上の 2 点 A(α)，B(β) において，

2 点 A，B 間の距離は $|\beta-\alpha|$

$|\alpha-\beta|$ でも同じ値を表しますが，ベクトルとの関連を意識できるように，$|\overrightarrow{\mathrm{OB}}-\overrightarrow{\mathrm{OA}}|$ と順番が同じである $|\beta-\alpha|$ で考えたほうがよいでしょう。

2 点を A$(a+bi)$，B$(c+di)$ のように実部と虚部で表すと，2 点 A，B 間の距離は，次の図のように三平方の定理を利用して$\sqrt{(c-a)^2+(d-b)^2}$と表されることがわかります。この形は，**座標平面上における 2 点間の距離の公式と同じ**です。

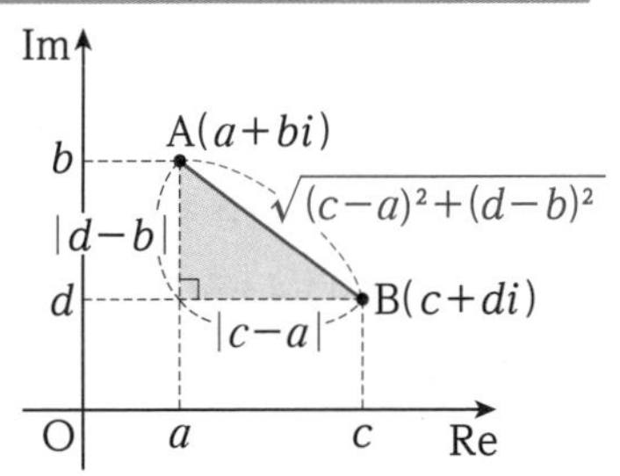

Check Point　複素数平面上の 2 点間の距離 ②

複素数平面上の 2 点 A$(a+bi)$，B$(c+di)$ において，

2 点 A，B 間の距離は　$\sqrt{(c-a)^2+(d-b)^2}$

例題112 次の長さを求めよ。

(1) 複素数平面上の 2 点 $A(1+2i)$ と $B(4+6i)$ を結ぶ線分 AB の長さ

(2) 複素数平面上の 2 点 $C(-3+5i)$ と $D(2-2i)$ を結ぶ線分 CD の長さ

解答 (1) $\alpha=1+2i$，$\beta=4+6i$ とすると，

$\beta-\alpha=(4+6i)-(1+2i)=3+4i$ ←まず $\beta-\alpha$ を求める

よって，線分 AB の長さは，

$|\beta-\alpha|=\sqrt{3^2+4^2}=\mathbf{5}$ …答

別解 **Check Point**「複素数平面上の 2 点間の距離 ②」より，

$\sqrt{(4-1)^2+(6-2)^2}=\mathbf{5}$ …答

(2) $\alpha=-3+5i$，$\beta=2-2i$ とすると，

$\beta-\alpha=(2-2i)-(-3+5i)=5-7i$ ←まず $\beta-\alpha$ を求める

よって，線分 CD の長さは，

$|\beta-\alpha|=\sqrt{5^2+(-7)^2}=\mathbf{\sqrt{74}}$ …答

別解 **Check Point**「複素数平面上の 2 点間の距離 ②」より，

$\sqrt{\{2-(-3)\}^2+(-2-5)^2}=\mathbf{\sqrt{74}}$ …答

演習問題 75

次の長さを求めよ。

(1) 複素数平面上の 2 点 $A(3+4i)$ と $B(1+2i)$ を結ぶ線分 AB の長さ

(2) 複素数平面上の 2 点 $C(-2-3i)$ と $D(4+5i)$ を結ぶ線分 CD の長さ

(3) 複素数平面上の 2 点 $E(5i)$ と $F(-3-4i)$ を結ぶ線分 EF の長さ

解答▶別冊 60 ページ

3 方程式の表す図形

複素数平面上の2点 A(α)，B(β) に対して，**線分 AB の長さは $|\beta-\alpha|$ で表されます**。このことを利用して，複素数平面上の図形を表す方程式について考えてみましょう。

2点 A と B から等距離にある点 P の軌跡は，線分 AB の垂直二等分線です。

Check Point 垂直二等分線を表す方程式

複素数平面上の2点 A(α)，B(β) を結ぶ線分 AB の垂直二等分線上の点 P(z) は，AP=BP より，

$|z-\alpha|=|z-\beta|$

を満たす点である。

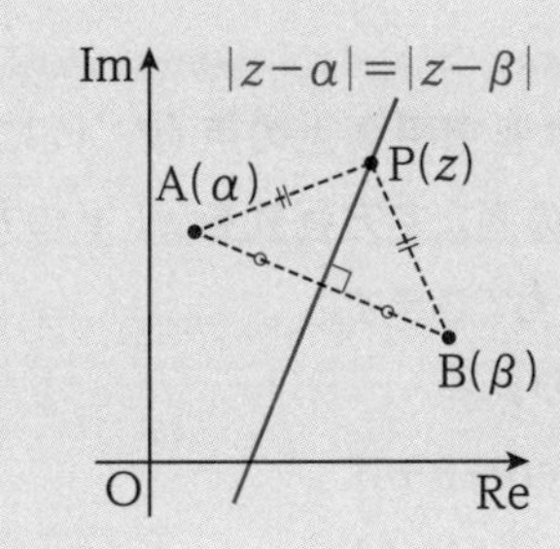

例題 113 次の問いに答えよ。

(1) 次の方程式を満たす複素数平面上の動点 P(z) の全体は，どのような図形を表すか。

$|z-2-3i|=|z-6+i|$

(2) 複素数平面上の定点 A(α) と動点 P(z) において，方程式

$|\alpha|^2-\overline{\alpha}z-\alpha\overline{z}=0$

を満たすとき，点 P(z) の全体はどのような図形を表すか。

考え方 (2)両辺に絶対値の2乗の形をつくるために，共役複素数の積の形を考えます。

解答 (1) 与式より，

$|z-(2+3i)|=|z-(6-i)|$ ←マイナスに注意

よって，点 P(z) の全体は

2 点 A($2+3i$)，B($6-i$) を結ぶ線分 AB の垂直二等分線を表す …答

(2) $|\alpha|^2-\overline{\alpha}z-\alpha\overline{z}=0$

$\alpha\overline{\alpha}-\overline{\alpha}z-\alpha\overline{z}=0$ 　$|\alpha|^2=\alpha\overline{\alpha}$

$(\alpha-z)(\overline{\alpha}-\overline{z})-z\overline{z}=0$

$(\alpha-z)(\overline{\alpha-z})=z\overline{z}$ 　$\overline{\alpha}\pm\overline{\beta}=\overline{\alpha\pm\beta}$

$|\alpha-z|^2=|z|^2$ 　$\alpha\overline{\alpha}=|\alpha|^2$

絶対値は正であるから，平方根をとると，

$|\alpha-z|=|z|$

$|z-\alpha|=|z-0|$ 　$|\alpha-\beta|=|\beta-\alpha|$

よって，点 P(z) の全体は**線分 OA の垂直二等分線を表す** …答

複素数平面上の点 P($x+yi$) は座標平面上の点 (x，y) に対応します。よって，**例題 113** で **$z=x+yi$ とおいて，z の満たす方程式を x，y の方程式に直して，次のように座標平面上で図形を考える**こともできます。

(1) $z=x+yi$ とおくと，与式より，

$|(x+yi)-2-3i|=|(x+yi)-6+i|$

$|(x-2)+(y-3)i|=|(x-6)+(y+1)i|$

$\sqrt{(x-2)^2+(y-3)^2}=\sqrt{(x-6)^2+(y+1)^2}$ 　$|a+bi|=\sqrt{a^2+b^2}$

両辺を 2 乗して，

$x^2-4x+y^2-6y+13=x^2-12x+y^2+2y+37$

$x-y-3=0$

よって，座標平面上において，直線 $x-y-3=0$ を表す

(2) a，b を定数として $\alpha=a+bi$，$z=x+yi$ とおくと，与式より，

$a^2+b^2-(a-bi)(x+yi)-(a+bi)(x-yi)=0$ ← $|a+bi|=\sqrt{a^2+b^2}$

$2ax+2by-a^2-b^2=0$

よって，座標平面上において，直線 $2ax+2by-a^2-b^2=0$ を表す

いずれも簡単に方程式は求められますが，垂直二等分線であることがわからなくなってしまいますね。

同様にして，円を表す方程式について考えます。

点 A から一定の距離 r にある点 P の軌跡は，中心が A，半径が r の円です。

Check Point 円を表す方程式

複素数平面上の点 $\mathrm{A}(\alpha)$ を中心とする

半径 r の円周上の点 $\mathrm{P}(z)$ は，$\mathrm{AP}=r$ より，

$|z-\alpha|=r$

を満たす点である。

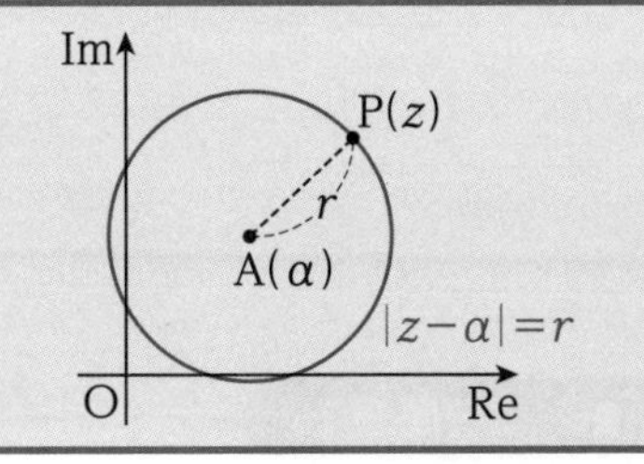

例題114 次の問いに答えよ。

(1) 方程式 $|z+1-2i|=3$ を満たす複素数平面上の動点 $\mathrm{P}(z)$ の全体は，どのような図形を表すか。

(2) 方程式 $2|z+1|=|z-2|$ を満たす点 z の全体は複素数平面上で円を表す。この円の中心を表す複素数と半径を求めよ。

考え方 (2)まず両辺を 2 乗して絶対値をはずして整理し，再び絶対値をつくります。

解答 (1) 与式より，

$|z-(-1+2i)|=3$ ←マイナスに注意

よって，**点 $-1+2i$ を中心とする半径 3 の円を表す** …答

(2) 両辺を 2 乗すると，

$4|z+1|^2=|z-2|^2$

$4(z+1)(\overline{z+1})=(z-2)(\overline{z-2})$ 　（$|z|^2=z\overline{z}$）

$4(z+1)(\overline{z}+1)=(z-2)(\overline{z}-2)$ 　（a を実数とするとき，$a=\overline{a}$）

$3z\overline{z}+6z+6\overline{z}=0$

$z\overline{z}+2z+2\overline{z}=0$

$(z+2)(\overline{z}+2)-4=0$

$(z+2)(\overline{z+2})-4=0$ 　（a を実数とするとき，$a=\overline{a}$，$\overline{\alpha}\pm\overline{\beta}=\overline{\alpha\pm\beta}$）

$|z+2|^2=4$ 　（$z\overline{z}=|z|^2$）

$|z-(-2)|=2$ ←マイナスに注意

よって，**中心…点 -2，半径…2** …答

これらの問題も，$z=x+yi$ とおいて，座標平面上の図形として考えることもできます。また，(2)の z は $|z+1|:|z-2|=1:2$ を満たす点であるから，アポロニウスの円（「基本大全 数学II Basic 編」**p.107** 参照）として考えることもできます。

演習問題 76

次の方程式を満たす複素数平面上の動点 P(z) の描く図形を求めよ。
また，その概形をかけ。

(1) $|z+2i|=|z+4|$

(2) $|z-1+i|=1$

(3) $z\overline{z}-4z-4\overline{z}=0$

(4) $|z-2|=2|z-i|$

解答▶別冊 61 ページ

4 一般の点を中心とする回転

p.208〜209で，複素数 z に対して，極形式で表された複素数

$\alpha=r(\cos\theta+i\sin\theta)$ との積 αz は，点 z を原点を中心として角 θ だけ回転し，原点からの距離を r 倍した点を表すことを学びました。

ここでは，原点以外の一般の点を中心とした回転や拡大・縮小をした場合の複素数の点の移動について考えてみます。一般の点を中心とした回転は，**回転の中心が原点になるように平行移動して考える**のがポイントです。

複素数平面上の異なる3点 $\mathrm{A}(\alpha)$，$\mathrm{B}(\beta)$，$\mathrm{C}(\gamma)$ があり，点Cは点Aを中心として点Bを角 θ だけ回転し，点Aからの距離を r 倍した点であるとします。ここで，α，β を用いて γ を求めることを考えます。

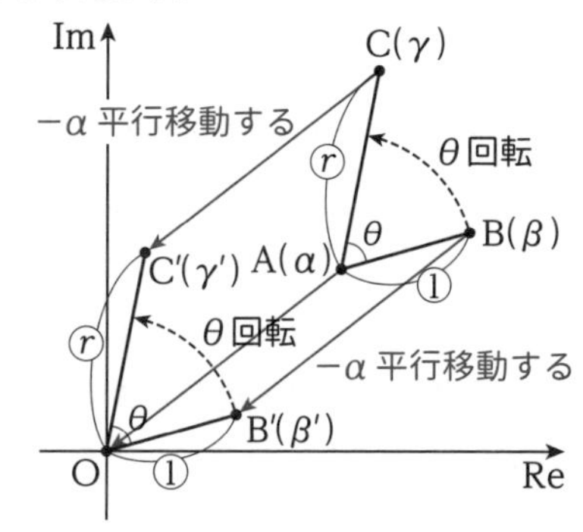

図のように，まず全体を $-\alpha$ だけ平行移動して点Aを原点Oに移動し，そのとき点Bが点 $\mathrm{B}'(\beta')$ に，点Cが点 $\mathrm{C}'(\gamma')$ に移動したと考えます。よって，

$\beta'=\beta-\alpha$，$\gamma'=\gamma-\alpha$ ……①

平行移動しただけなので，回転した角度の大きさや回転の中心からの距離の倍率は移動前と等しく，点 $\mathrm{C}'(\gamma')$ は原点Oを中心として点 $\mathrm{B}'(\beta')$ を角 θ だけ回転し，原点Oからの距離を r 倍した点になります。つまり，

$\gamma'=r(\cos\theta+i\sin\theta)\cdot\beta'$

r 倍 角 θ だけ回転

これより，

$\gamma-\alpha=r(\cos\theta+i\sin\theta)\cdot(\beta-\alpha)$ ←①を用いた

が成り立ちます。また，この式を変形することで，次のように γ を α，β を用いて表すことができます。

$\gamma=r(\cos\theta+i\sin\theta)\cdot(\beta-\alpha)+\alpha$

Check Point 一般の点を中心とする回転

異なる3点 A(α), B(β), C(γ) について，点Bを点Aを中心として角θだけ回転し，点Aからの距離をr倍した点がCであるとき，

$$\underline{\gamma-\alpha}=\underline{r(\cos\theta+i\sin\theta)}\cdot\underline{(\beta-\alpha)}$$

↑回転後のベクトル　↑r倍に拡大・縮小，θ回転　↑回転前のベクトル

複素数 $x+yi$ の実部と虚部は，平面の位置ベクトルの成分 $(x,\ y)$ に対応しているので，$\gamma-\alpha$は$\overrightarrow{\mathrm{AC}}$，$\beta-\alpha$は$\overrightarrow{\mathrm{AB}}$に対応していると考えるとイメージしやすいです。ただし，差のとり方（○－△なのか△－○なのか）に注意しましょう。

例題 115 次の問いに答えよ。

(1) 複素数平面上で，Oを原点，$1+i$を表す点をAとするとき，△OABが正三角形となるような点Bを表す複素数を求めよ。ただし，頂点O，A，Bはこの順に時計と反対まわりに並ぶものとする。

(2) 複素数平面上に2つの点$\alpha=1+i$，$\beta=3-i$がある。点A(α)とB(β)を結ぶ線分を斜辺とする直角二等辺三角形をつくるとき，残りの頂点Cを表す複素数γを求めよ。

考え方 (1)原点を中心とした回転は，一般の点を中心とする回転の式において$\alpha=0$のときと考えます。

解答 (1) B(β)とおくと，△OABは正三角形であるから，点Bは点A($1+i$)を点Oを中心として$\frac{\pi}{3}$だけ回転した点である。

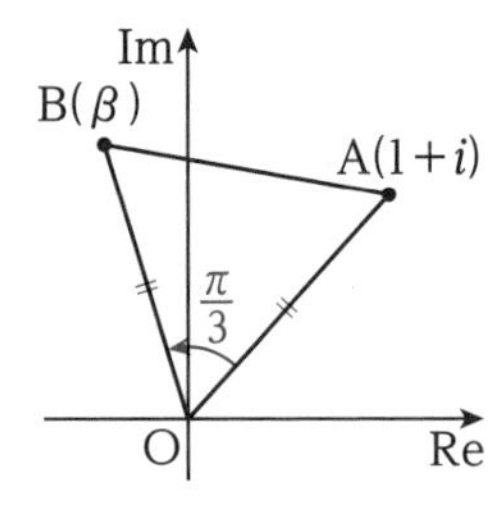

よって，

$$\beta=\left(\cos\frac{\pi}{3}+i\sin\frac{\pi}{3}\right)\cdot(1+i)$$

↑回転後のベクトル　↑回転前のベクトル

$$=\left(\frac{1}{2}+\frac{\sqrt{3}}{2}i\right)(1+i)$$

$$=\boldsymbol{\frac{1-\sqrt{3}}{2}+\frac{1+\sqrt{3}}{2}i}\ \cdots 答$$

(2) △ABCが直角二等辺三角形であるから，点Cは点Bを点Aを中心として$\pm\frac{\pi}{4}$だけ回転し，点Aからの距離を$\frac{1}{\sqrt{2}}$倍した点である。

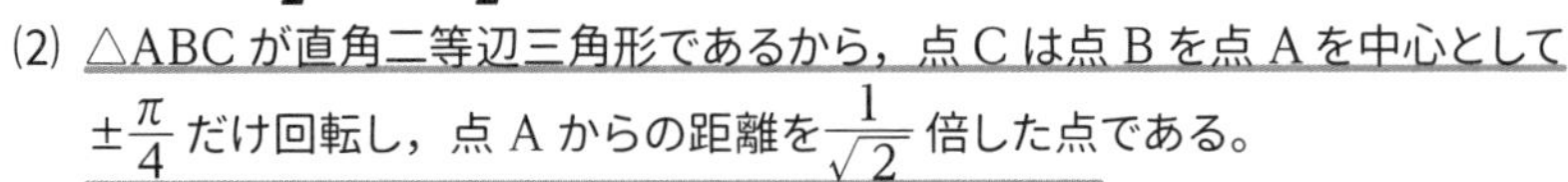

$\dfrac{\pi}{4}$ だけ回転したときの点は，

$$\underline{\gamma-\alpha}=\frac{1}{\sqrt{2}}\left(\cos\frac{\pi}{4}+i\sin\frac{\pi}{4}\right)\cdot\underline{(\beta-\alpha)}$$

↑回転後のベクトル　↑回転前のベクトル

$$\gamma=\left(\frac{1}{2}+\frac{1}{2}i\right)(2-2i)+(1+i)$$

$$=\mathbf{3+i}\ \cdots 答$$

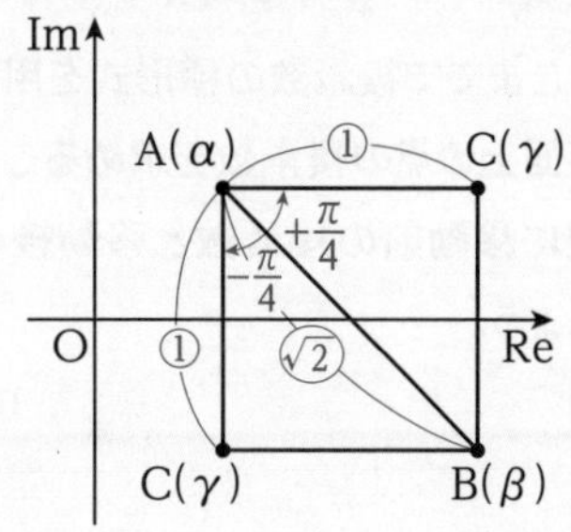

同様にして，$-\dfrac{\pi}{4}$ だけ回転したときの点は，

$$\underline{\gamma-\alpha}=\frac{1}{\sqrt{2}}\left\{\cos\left(-\frac{\pi}{4}\right)+i\sin\left(-\frac{\pi}{4}\right)\right\}\cdot\underline{(\beta-\alpha)}$$

↑回転後のベクトル　↑回転前のベクトル

$$\gamma=\left(\frac{1}{2}-\frac{1}{2}i\right)(2-2i)+(1+i)=\mathbf{1-i}\ \cdots 答$$

演習問題 77

1 複素数平面上の点 P$(1+i)$ を，原点を中心として$-\dfrac{3}{4}\pi$だけ回転し，原点からの距離を $\dfrac{1}{\sqrt{3}}$ 倍した点を表す複素数を求めよ。

2 複素数平面上で，A$(2+i)$，B$(4+4i)$ とする。線分 AB を 1 辺とする正方形 ABCD をつくるとき，他の頂点 C，D を表す複素数を求めよ。ただし，点 D は第 2 象限にあるものとする。

3 複素数平面上で点 A(1)，B(i)，C(γ) を頂点とする正三角形 ABC がある。複素数γを求めよ。

4 複素数平面上の点 A$(2+i)$ を，点 P を中心として $\dfrac{\pi}{3}$ だけ回転した点を表す複素数は $\left(\dfrac{3}{2}-\dfrac{3\sqrt{3}}{2}\right)+\left(-\dfrac{1}{2}+\dfrac{\sqrt{3}}{2}\right)i$ であった。点 P を表す複素数を求めよ。

5 複素数平面上で点 A$(\sqrt{3}+i)$ を 1 つの頂点とし，原点 O と A を結ぶ線分を直径とする円に内接する正三角形をつくるとき，残り 2 頂点を表す複素数を求めよ。

解答▶別冊 62 ページ

5 2つの半直線のなす角

ここまでで複素数の極形式を用いて，与えられた回転角から，移動した複素数平面上の点の複素数を求めることを学びました。

逆に移動前の複素数と移動後の複素数から，回転した角を求めることを考えてみましょう。

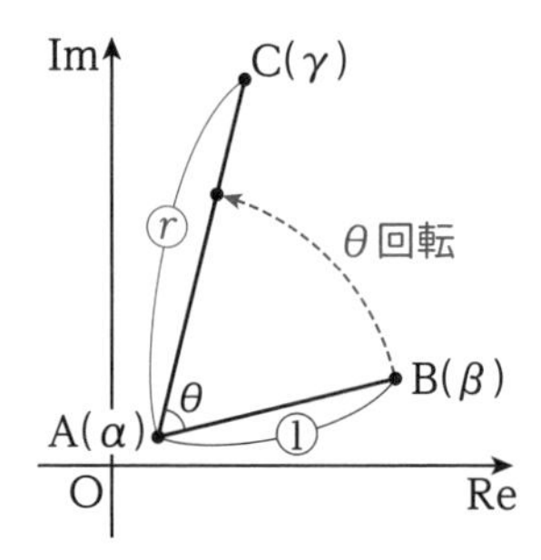

図のように，点 $\mathrm{B}(\beta)$ を点 $\mathrm{A}(\alpha)$ を中心として角 θ だけ回転し，点 A からの距離を r 倍した点が $\mathrm{C}(\gamma)$ であるとき，

$$\gamma-\alpha=r(\cos\theta+i\sin\theta)(\beta-\alpha)$$

が成り立ちます。この式を変形して，

$$\frac{\gamma-\alpha}{\beta-\alpha}=r(\cos\theta+i\sin\theta)$$

以上より，**2つの半直線 AB と AC のなす角 θ は $\dfrac{\gamma-\alpha}{\beta-\alpha}$ を極形式で表したときの偏角に等しいことがわかります。**このとき，**分母と分子のマイナスの後ろにある複素数が2つの半直線の交点(上の例では α)を表している**点に注意しましょう。

Check Point　2つの半直線のなす角

異なる3点 $\mathrm{A}(\alpha)$，$\mathrm{B}(\beta)$，$\mathrm{C}(\gamma)$ について，点 A を端とする2つの半直線 AB と AC のなす角は，$\dfrac{\gamma-\alpha}{\beta-\alpha}$ の偏角に等しい。

↑半直線の交点

分母と分子のマイナスの後ろにある同じ複素数 α が回転の中心を表す複素数です。分子と分母は逆でも構いません。また，**結論を覚えるよりも，「一般の点を中心とする回転」の式から変形できる，ということを理解しておくほうが大切**です。

例題 116 $\alpha=-1+2i$, $\beta=3+4i$, $\gamma=-4+3i$ のとき，A(α), B(β), C(γ) とする。このとき，∠BAC の大きさを求めよ。ただし，大きさは 0 以上 π 以下とする。

解答

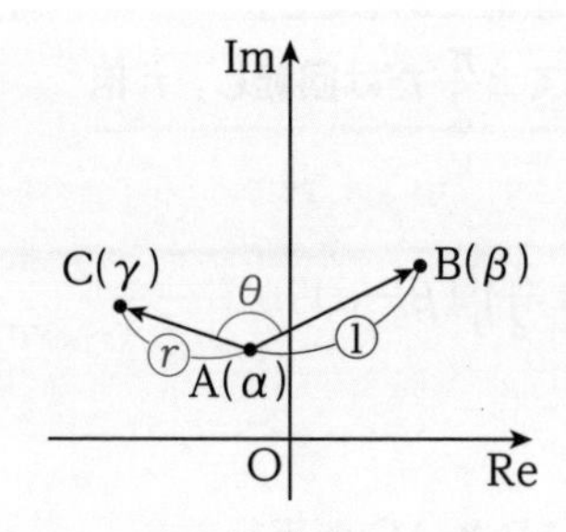

図より，点 B を点 A を中心として角 θ だけ回転し，点 A からの距離を r 倍した点を C とすると，

$$\gamma-\alpha=r(\cos\theta+i\sin\theta)(\beta-\alpha)$$

これより，

$$\frac{\gamma-\alpha}{\beta-\alpha}=r(\cos\theta+i\sin\theta)$$

回転，拡大・縮小の式から変形してつくる

であるから，このときの偏角に着目すればよい。

$$\frac{\gamma-\alpha}{\beta-\alpha}=\frac{-3+i}{4+2i}$$

$$=\frac{(-3+i)(2-i)}{2(2+i)(2-i)}$$ ←分母を実数化

$$=\frac{1}{2}(-1+i)$$

$$=\frac{1}{2}\cdot\sqrt{2}\left(\cos\frac{3}{4}\pi+i\sin\frac{3}{4}\pi\right)$$

$$=\frac{1}{\sqrt{2}}\left(\cos\frac{3}{4}\pi+i\sin\frac{3}{4}\pi\right)$$

このときの偏角に等しく，

$$\angle\mathrm{BAC}=\arg\frac{\gamma-\alpha}{\beta-\alpha}$$

$$=\frac{3}{4}\pi$$ …**答**

ちなみに極形式の絶対値より，点 A からの距離は $\frac{1}{\sqrt{2}}(=r)$ 倍になっているので，AB と AC の長さの比が $\sqrt{2}:1$ であることもわかります。

半直線のなす角から，2 つの半直線が垂直である場合や平行である場合を考えてみましょう。

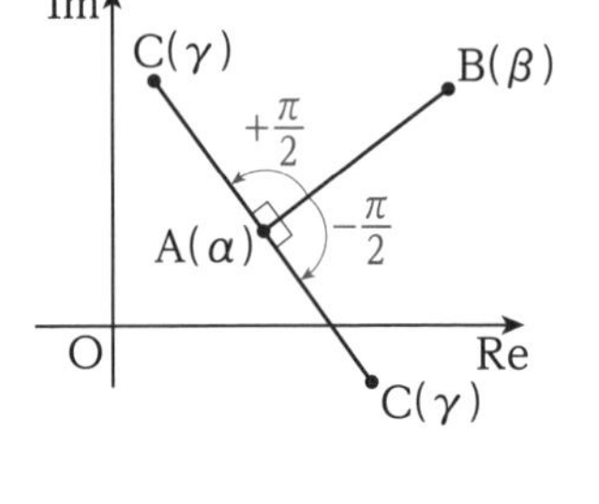

右の図のように，AB と AC が垂直であるとき，**点 C は点 B を点 A を中心として$\pm\frac{\pi}{2}$だけ回転し，r 倍した点**であるから，

$$\gamma-\alpha=r\left\{\cos\left(\pm\frac{\pi}{2}\right)+i\sin\left(\pm\frac{\pi}{2}\right)\right\}(\beta-\alpha)$$

$\dfrac{\gamma-\alpha}{\beta-\alpha}=\pm ri$ **（純虚数）**

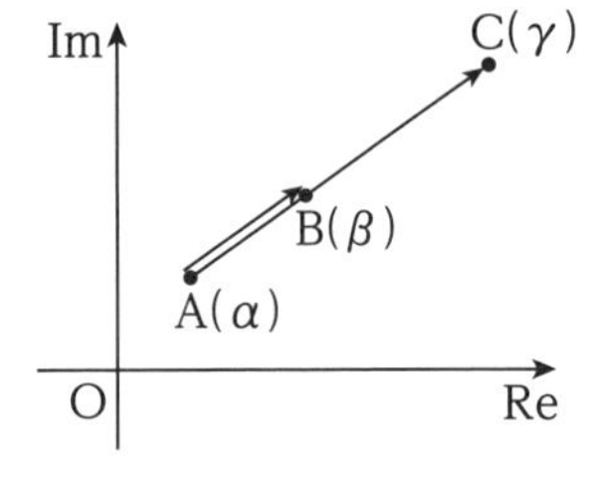

同様にして，右の図のように，AB と AC が平行であるとき，つまり 2 つの半直線 AB と AC が同じ向きに一直線上に並ぶとき，**点 C は点 B を点 A を中心として 0(ラジアン)だけ回転し，r 倍した点**であるから，

$$\gamma-\alpha=r(\cos 0+i\sin 0)(\beta-\alpha)$$

$\dfrac{\gamma-\alpha}{\beta-\alpha}=r$ **（実数）**

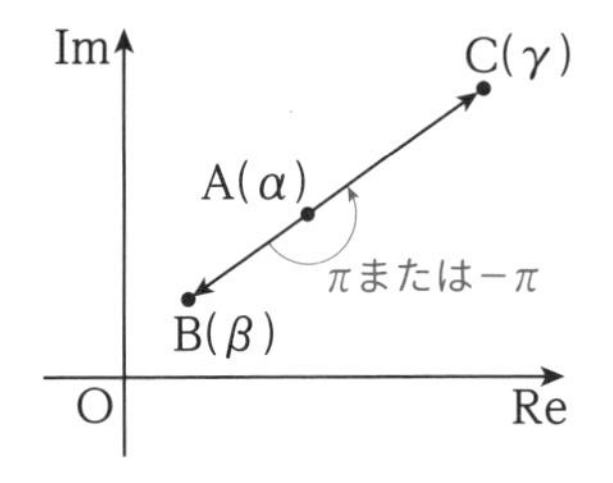

右の図のように，逆向きの場合も同様に考えます。このとき回転した角が$\pm\pi$ であると考えます。

$$\gamma-\alpha=r\{\cos(\pm\pi)+i\sin(\pm\pi)\}(\beta-\alpha)$$

$\dfrac{\gamma-\alpha}{\beta-\alpha}=-r$ **（実数）**

以上より，次のようにまとめることができます。

Check Point　垂直と 3 点が一直線上

異なる 3 点 A(α)，B(β)，C(γ) について，

AB と AC が垂直である $\Longleftrightarrow \dfrac{\gamma-\alpha}{\beta-\alpha}$ が純虚数

3 点 A，B，C が一直線上にある $\Longleftrightarrow \dfrac{\gamma-\alpha}{\beta-\alpha}$ が実数

例題117 複素数平面上の2点 z_1, z_2 に対して，$w_1=z_1+z_2i$，$w_2=z_2-z_1i$ の表す点をそれぞれR，Sとするとき，OR⊥OS となることを証明せよ。

解答 OR⊥OS となる，つまり，$\dfrac{w_1}{w_2}$ が純虚数であることを示せばよい。

$$\frac{w_1}{w_2}=\frac{z_1+z_2i}{z_2-z_1i}$$
$$=\frac{(z_1+z_2i)(z_2+z_1i)}{(z_2-z_1i)(z_2+z_1i)}$$
分母の実数化の考え方を利用
$$=\frac{z_1{}^2+z_2{}^2}{z_2{}^2+z_1{}^2}i=i$$

となり，これは純虚数である。

したがって，OR⊥OS である。〔証明終わり〕

例題118 複素数平面上において，3点 A(i)，B(3)，C($1+ai$) が一直線上にあるように実数 a の値を定めよ。

解答 $\alpha=i$，$\beta=3$，$\gamma=1+ai$ とする。

3点A，B，Cが一直線上にあるための条件は $\dfrac{\gamma-\beta}{\alpha-\beta}$ が実数であることである。

$$\frac{\gamma-\beta}{\alpha-\beta}=\frac{-2+ai}{-3+i}=\frac{(-2+ai)(-3-i)}{(-3+i)(-3-i)}$$
←分母の実数化
$$=\frac{(6+a)+(2-3a)i}{10}$$

この値が実数であるためには虚部が0になればよい。

$2-3a=0$ より，$\boldsymbol{a=\dfrac{2}{3}}$ …答

別解 実数となるための条件式 $\overline{\left(\dfrac{\gamma-\alpha}{\beta-\alpha}\right)}=\dfrac{\gamma-\alpha}{\beta-\alpha}$ を用いることもできます。

$\dfrac{\gamma-\beta}{\alpha-\beta}=\dfrac{(6+a)+(2-3a)i}{10}$ であるとき，$\dfrac{\gamma-\beta}{\alpha-\beta}$ が実数となるのは

$$\overline{\left(\frac{(6+a)+(2-3a)i}{10}\right)}=\frac{(6+a)+(2-3a)i}{10} \quad \frac{(6+a)-(2-3a)i}{10}=\frac{(6+a)+(2-3a)i}{10}$$

$2-3a=0$ より，$\boldsymbol{a=\dfrac{2}{3}}$ …答

実部・虚部がはっきりしているときには，あまり必要のない解法になってしまいますね。

この問題で大切なのは，分数の形を $\dfrac{\gamma-\alpha}{\beta-\alpha}$ ではなく，$\dfrac{\gamma-\beta}{\alpha-\beta}$ とした点です。
もちろん $\dfrac{\gamma-\alpha}{\beta-\alpha}$ でも解くことができますが，**最も計算しやすい $\dfrac{\gamma-\beta}{\alpha-\beta}$ の形が最適であると判断した**わけです。

演習問題 78

1 $\alpha=-2+2i$，$\beta=3+i$，$\gamma=5-2i$ とする。$\mathrm{A}(\alpha)$，$\mathrm{B}(\beta)$，$\mathrm{C}(\gamma)$ とするとき，$\angle\mathrm{ABC}$ の大きさを求めよ。

2 $z=1+2i$ とする。複素数平面上で 1，z，z^2 を表す点をそれぞれ A，B，C とするとき，$\angle\mathrm{BAC}$ の大きさを求めよ。

3 $\alpha=2-2i$，$\beta=1+i$，$\gamma=a-i$（a は実数）とする。
$\mathrm{A}(\alpha)$，$\mathrm{B}(\beta)$，$\mathrm{C}(\gamma)$ とするとき，
(1) 3 点 A，B，C が一直線上にあるための a の値を定めよ。
(2) 線分 AB と AC が垂直となるような a の値を定めよ。

4 複素数平面上で複素数 z，z^2，z^3 を表す点をそれぞれ A，B，C とし，これらはすべて異なるとする。AB と AC が垂直であるとき，$z+\overline{z}$ の値を求めよ。

解答▶別冊 64 ページ

第5章 平面上の曲線

第1節 2次曲線

1 放物線の方程式

x，y の2次方程式で表される曲線を**2次曲線**といいます。

2次曲線には放物線・円・楕円・双曲線などがあります。

次の**Check Point**の図のように、平面上で，

定点Fからの距離と，Fを通らない定直線 l からの距離が等しい点Pの軌跡 ←定義

を**放物線**といい，点Fを**焦点**，直線 l を**準線**といいます。

Check Point 放物線(ヨコ型)

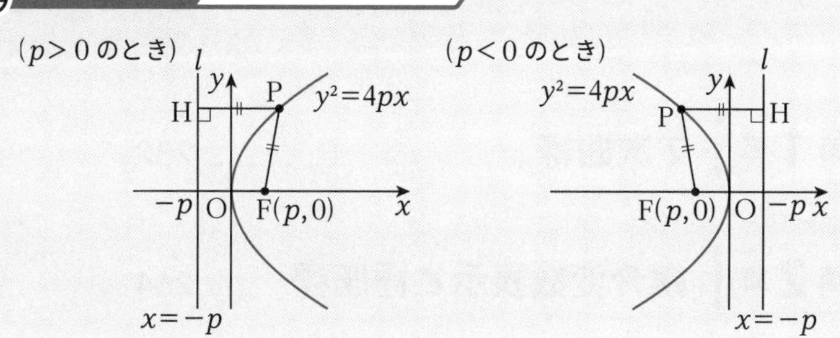

放物線の方程式が $y^2=4px$ で与えられているとき，いずれの場合も，

- 焦点F…$(p,\ 0)$，準線 l…$x=-p$，頂点…原点，軸…x 軸
- 放物線上の点Pから準線 l に下ろした垂線をPHとすると，

　$\text{PF}=\text{PH}$　←焦点までの距離＝準線までの距離(定義)

実際に，軌跡の考え方から放物線の方程式を示してみましょう。

放物線上の点を $\text{P}(x,\ y)$，焦点Fの座標を $(p,\ 0)\ [p\neq 0]$，準線 l の方程式を $x=-p$ とします。点Pから準線 l に下ろした垂線をPHとするとき，放物線の定義より

$$\text{PF}=\text{PH}$$

よって，$\text{PF}^2=\text{PH}^2$ であるから，

$$(x-p)^2+y^2=|x-(-p)|^2$$ ←右辺は絶対値を忘れないように

$$y^2=4px$$

次のように放物線の軸が y 軸の場合でも同様に方程式を示すことができます。

Check Point 放物線（タテ型）

（$p>0$ のとき）　$x^2=4py$

（$p<0$ のとき）　$x^2=4py$

放物線の方程式が $x^2=4py$ で与えられているとき，いずれの場合も，

- 焦点 F…$(0,\ p)$，準線 l…$y=-p$，頂点…原点，軸…y 軸
- 放物線上の点 P から準線 l に下ろした垂線を PH とすると，

　PF＝PH　←焦点までの距離＝準線までの距離（定義）

例題 119　次の放物線の焦点の座標と，準線の方程式を求め，その概形をかけ。

(1) $y^2=4x$　　(2) $y^2=-2x$　　(3) $y=x^2$

考え方 $y^2=4px$ または $x^2=4py$ の形をつくって考えます。

解答 (1) $y^2=4x$ より $y^2=4\cdot1\cdot x$ であるから，←$y^2=4px$：ヨコ型（右に開いた放物線）

焦点の座標は $(1,\ 0)$ …答　←焦点は $(p,\ 0)$

準線の方程式は $x=-1$ …答　←準線は $x=-p$

放物線の概形は次の図のようになる。

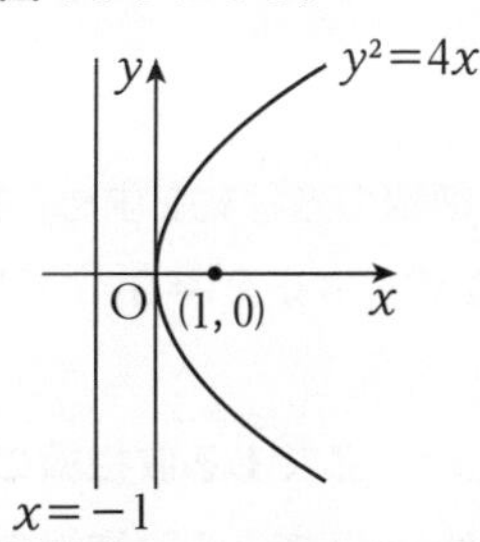

(2) $y^2=-2x$ より $y^2=4\cdot\left(-\frac{1}{2}\right)\cdot x$ であるから，←$y^2=4px$：ヨコ型（左に開いた放物線）

焦点の座標は $\left(-\frac{1}{2},\ 0\right)$ …答　←焦点は $(p,\ 0)$

準線の方程式は $x=\frac{1}{2}$ …答　←準線は $x=-p$

放物線の概形は次の図のようになる。

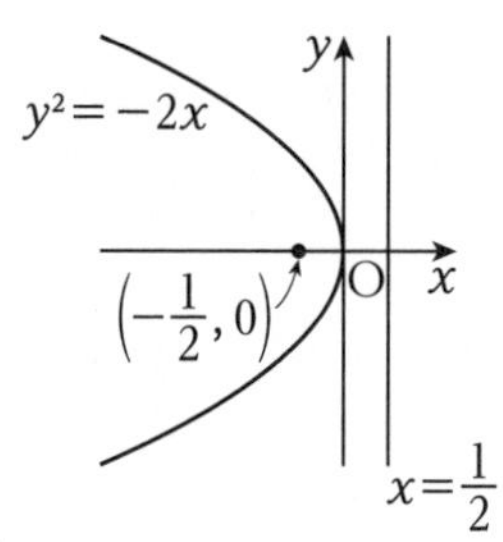

(3) $y=x^2$ より $x^2=4\cdot\frac{1}{4}\cdot y$ であるから， ← $x^2=4py$：タテ型（上に開いた放物線）

焦点の座標は $\left(0, \frac{1}{4}\right)$ …答　←焦点は $(0, p)$

準線の方程式は $y=-\frac{1}{4}$ …答　←準線は $y=-p$

放物線の概形は次の図のようになる。

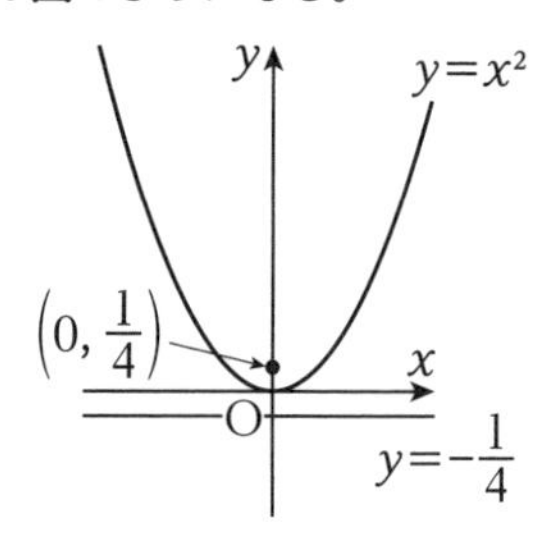

参考 焦点の具体的な意味は「基本大全 数学B・C Core 編」で学びます。

演習問題 79

1 次の放物線の焦点の座標と準線の方程式を求め，概形をかけ。

(1) $y^2=16x$　(2) $y^2=-2x$　(3) $x^2=6y$　(4) $y=-x^2$

2 次の問いに答えよ。

(1) 焦点が $(2, 0)$，準線が $x=-2$ である放物線の方程式を求めよ。

(2) 焦点が $(0, -3)$，準線が $y=3$ である放物線の方程式を求めよ。

(3) 頂点が原点，軸が x 軸，点 $(4, 2)$ を通る放物線の方程式を求めよ。

(4) 頂点が原点，軸が y 軸，焦点と準線の距離が 6 である放物線の方程式を求めよ。

(5) 点 $(-5, 0)$ と直線 $x=5$ から等距離にある点 P の軌跡を求めよ。

解答▶別冊 65 ページ

2 楕円の方程式

次の **Check Point** の図のように，平面上で，

2 定点 F，F´ からの距離の和が一定である点 P の軌跡 ←定義

を楕円（だえん）といい，2 点 F，F´ をその焦点といいます。また，線分 AA´ を長軸，線分 BB´ を短軸といい，長軸と短軸の交点を楕円の中心といいます。

Check Point 楕円（ヨコ型）

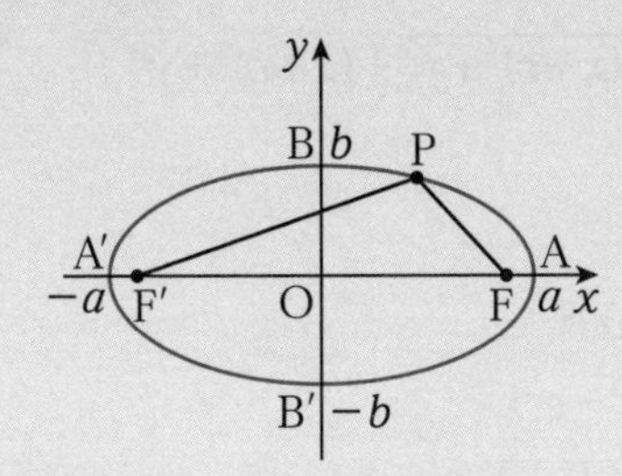

楕円の方程式が $\dfrac{x^2}{a^2}+\dfrac{y^2}{b^2}=1\ (a>b>0)$ で与えられているとき，

- 中心…原点 O，長軸の長さ…$2a$，短軸の長さ…$2b$
- 焦点…$\mathrm{F}(\sqrt{a^2-b^2},\ 0)$，$\mathrm{F}'(-\sqrt{a^2-b^2},\ 0)$ ←（$\pm\sqrt{\text{分母の差}}$，0）
- 楕円上の点 P について，

$$\mathrm{PF}+\mathrm{PF}'=2a$$ ←焦点までの距離の和＝長軸の長さ（定義）

$\mathrm{PF}+\mathrm{PF}'=2a$ であることを忘れても，楕円と x 軸との交点 A に点 P がある場合を考えれば，

$$\mathrm{PF}+\mathrm{PF}'=\mathrm{AF}+\mathrm{AF}'=\mathrm{A'F'}+\mathrm{AF}'=\mathrm{AA}'=2a$$

と考えることができます。

また，焦点 F の位置は，下の図のように，「線分 OA の長さを変えずに端点 O を点 B まで持ち上げたとき，端点 A が移動した位置」と考えることができます。

よって，焦点 F の x 座標は $\sqrt{a^2-b^2}$ であることがわかります。

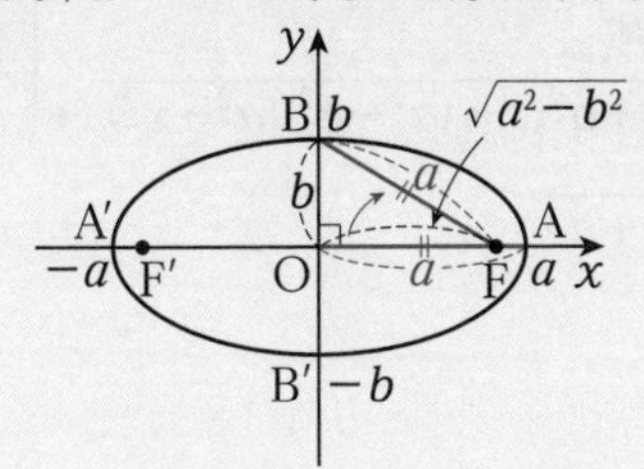

実際に，軌跡の考え方から楕円の方程式を示してみましょう。

楕円上の点を $\mathrm{P}(x,\ y)$，焦点 F の座標を $(c,\ 0)$，焦点 F´ の座標を $(-c,\ 0)$ とし，この 2 定点からの距離の和が $2a(0<c<a)$ である楕円の方程式を示します。$\mathrm{PF}+\mathrm{PF}'=2a$ であるから，

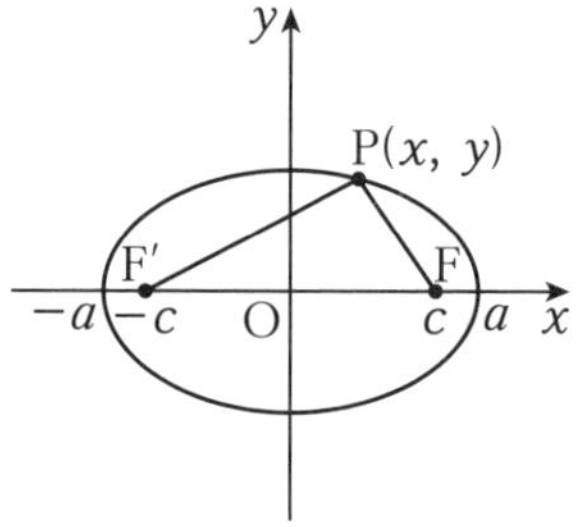

$$\sqrt{(x-c)^2+y^2}+\sqrt{(x+c)^2+y^2}=2a$$
$$\sqrt{(x-c)^2+y^2}=2a-\sqrt{(x+c)^2+y^2}$$

両辺を 2 乗すると，

$$(x-c)^2+y^2=4a^2-4a\sqrt{(x+c)^2+y^2}+(x+c)^2+y^2$$
$$a\sqrt{(x+c)^2+y^2}=a^2+cx$$

さらに両辺を 2 乗すると，

$$a^2\{(x+c)^2+y^2\}=(a^2+cx)^2$$
$$(a^2-c^2)x^2+a^2y^2=a^2(a^2-c^2)$$

$0<c<a$ であるから，$b=\sqrt{a^2-c^2}$ とおくと，

$$b^2x^2+a^2y^2=a^2b^2$$
$$\frac{x^2}{a^2}+\frac{y^2}{b^2}=1$$

楕円の式は求められましたが，途中の式変形で 2 乗しているために逆が成り立つかどうか確認が必要です。つまり，この式で表される曲線上の点がすべて $\mathrm{PF}+\mathrm{PF}'=2a$ を満たすことを確認します。

逆にこのとき，楕円上の点を $(x,\ y)$ として，$\dfrac{x^2}{a^2}+\dfrac{y^2}{b^2}=1$ より $y^2=b^2\left(1-\dfrac{x^2}{a^2}\right)$ であることに注意すると，

$$\begin{aligned}
\mathrm{PF}&=\sqrt{(x-c)^2+y^2}\\
&=\sqrt{(x-c)^2+b^2\left(1-\frac{x^2}{a^2}\right)}\\
&=\sqrt{\frac{a^2x^2-2a^2cx+a^2c^2+b^2(a^2-x^2)}{a^2}}\\
&=\frac{1}{a}\sqrt{a^2x^2-2a^2cx+a^2c^2+(a^2-c^2)(a^2-x^2)} \quad \leftarrow b=\sqrt{a^2-c^2}\\
&=\frac{1}{a}\sqrt{c^2x^2-2a^2cx+a^4}\\
&=\frac{1}{a}\sqrt{(cx-a^2)^2}\\
&=\frac{1}{a}|cx-a^2|
\end{aligned}$$

ここで，$0<c<a$ であり，$\underline{-a \leqq x \leqq a}$ より $\underline{-ac \leqq cx \leqq ac}<a^2$ であるから，

両辺を c 倍

$cx-a^2<0$

つまり，

$$\mathrm{PF}=\frac{1}{a}(a^2-cx)$$

同様にして，$\mathrm{PF}'=\frac{1}{a}(a^2+cx)$ であるから，

$$\mathrm{PF}+\mathrm{PF}'=\frac{1}{a}(a^2-cx)+\frac{1}{a}(a^2+cx)$$
$$=2a$$

以上より，楕円上のすべての点は $\mathrm{PF}+\mathrm{PF}'=2a$ を満たしている。

よって，楕円の方程式は $\frac{x^2}{a^2}+\frac{y^2}{b^2}=1$ である。　〔証明終わり〕

次のように焦点が y 軸上にある楕円の場合でも同様に方程式を示すことができます。

Check Point　楕円（タテ型）

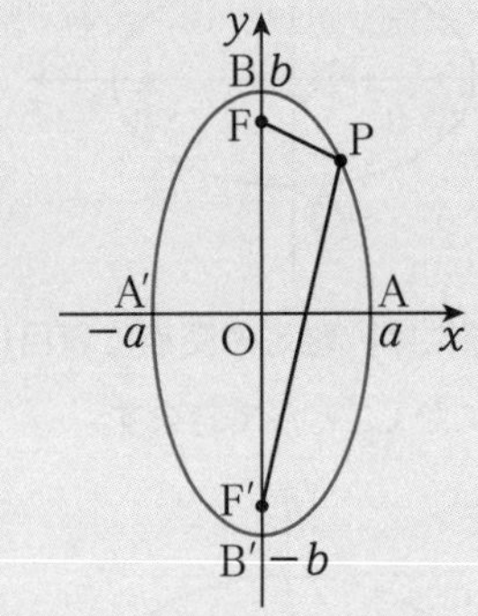

楕円の方程式が $\frac{x^2}{a^2}+\frac{y^2}{b^2}=1\ (b>a>0)$ で与えられているとき，

- 中心…原点 O，長軸の長さ…$2b$，短軸の長さ…$2a$
- 焦点…$\mathrm{F}(0,\ \sqrt{b^2-a^2})$，$\mathrm{F}'(0,\ -\sqrt{b^2-a^2})$　←$(0,\ \pm\sqrt{\text{分母の差}})$
- 楕円上の点 P について，

  $\mathrm{PF}+\mathrm{PF}'=2b$　←焦点までの距離の和＝長軸の長さ（定義）

Advice　焦点の y 座標を求めるときは，ルート内の a^2，b^2 の順序に注意しましょう。

例題 120 次の楕円の焦点の座標および長軸と短軸の長さを求め，その概形をかけ。

(1) $\dfrac{x^2}{9}+\dfrac{y^2}{3}=1$

(2) $5x^2+3y^2=15$

(3) $9x^2+4y^2=1$

考え方 (2)楕円の方程式は「$=1$」の形に直して考えます。

解答

(1) $\dfrac{x^2}{9}+\dfrac{y^2}{3}=1$ より，$\dfrac{x^2}{3^2}+\dfrac{y^2}{(\sqrt{3})^2}=1$　← $\dfrac{x^2}{a^2}+\dfrac{y^2}{b^2}=1$ $(a>b>0)$：ヨコ型

$\sqrt{9-3}=\sqrt{6}$であるから，

焦点の座標は，$(\sqrt{6},\ 0)$，$(-\sqrt{6},\ 0)$ …答　←焦点 $(\pm\sqrt{a^2-b^2},\ 0)$

長軸の長さは， $2\times3=$**6** …答　←長軸の長さ $2a$

短軸の長さは， $2\times\sqrt{3}=$**$2\sqrt{3}$** …答　←短軸の長さ $2b$

楕円の概形は次の図のようになる。

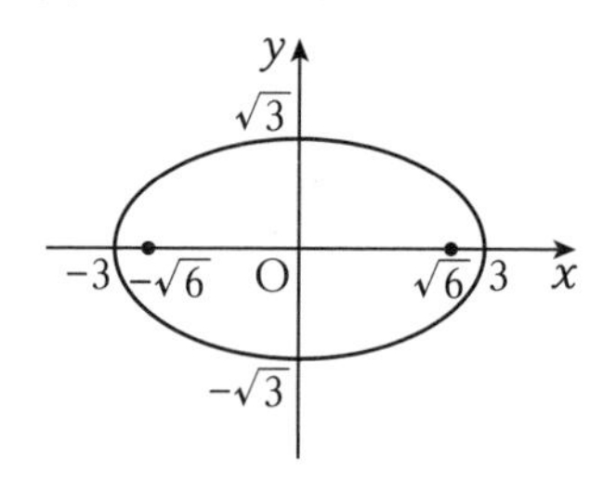

参考 楕円を図示する際には，軸との交点に着目して外接する長方形をかいてから図示するときれいにかくことができます。

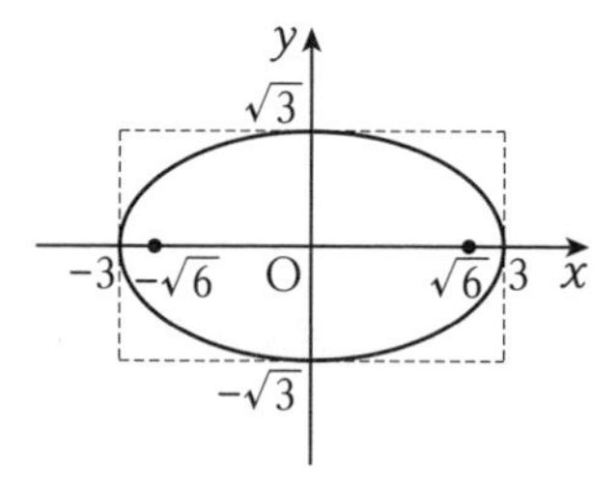

(2) $5x^2+3y^2=15$ より，$\dfrac{x^2}{3}+\dfrac{y^2}{5}=1$

つまり$\dfrac{x^2}{(\sqrt{3})^2}+\dfrac{y^2}{(\sqrt{5})^2}=1$　← $\dfrac{x^2}{a^2}+\dfrac{y^2}{b^2}=1$ $(b>a>0)$：タテ型

$\sqrt{5-3}=\sqrt{2}$であるから，

焦点の座標は，$(0,\sqrt{2})$，$(0,\ -\sqrt{2})$ …答　←焦点 $(0,\ \pm\sqrt{b^2-a^2})$

長軸の長さは, $2\times\sqrt{5}=\mathbf{2\sqrt{5}}$ …**答** ←長軸の長さ $2b$

短軸の長さは, $2\times\sqrt{3}=\mathbf{2\sqrt{3}}$ …**答** ←短軸の長さ $2a$

楕円の概形は次の図のようになる。

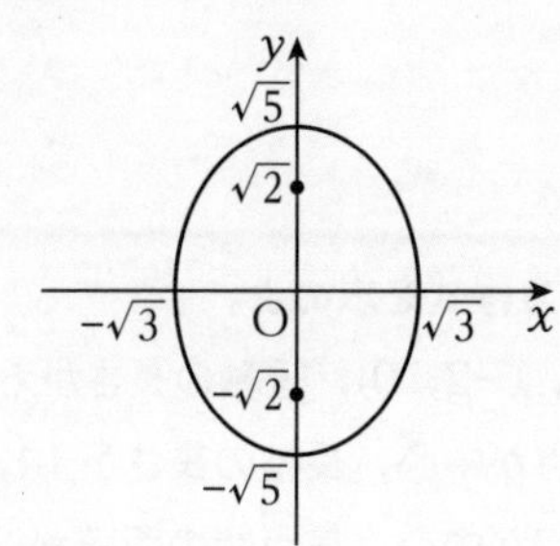

(3) $9x^2+4y^2=1$ より, $\dfrac{x^2}{\frac{1}{9}}+\dfrac{y^2}{\frac{1}{4}}=1$

つまり $\dfrac{x^2}{\left(\frac{1}{3}\right)^2}+\dfrac{y^2}{\left(\frac{1}{2}\right)^2}=1$ ← $\dfrac{x^2}{a^2}+\dfrac{y^2}{b^2}=1$ $(b>a>0)$：タテ型

$\sqrt{\dfrac{1}{4}-\dfrac{1}{9}}=\dfrac{\sqrt{5}}{6}$ であるから,

焦点の座標は, $\left(\mathbf{0},\ \dfrac{\sqrt{5}}{6}\right),\ \left(\mathbf{0},\ -\dfrac{\sqrt{5}}{6}\right)$ …**答** ←焦点 $(0,\ \pm\sqrt{b^2-a^2})$

長軸の長さは, $2\times\dfrac{1}{2}=\mathbf{1}$ …**答** ←長軸の長さ $2b$

短軸の長さは, $2\times\dfrac{1}{3}=\mathbf{\dfrac{2}{3}}$ …**答** ←短軸の長さ $2a$

楕円の概形は次の図のようになる。

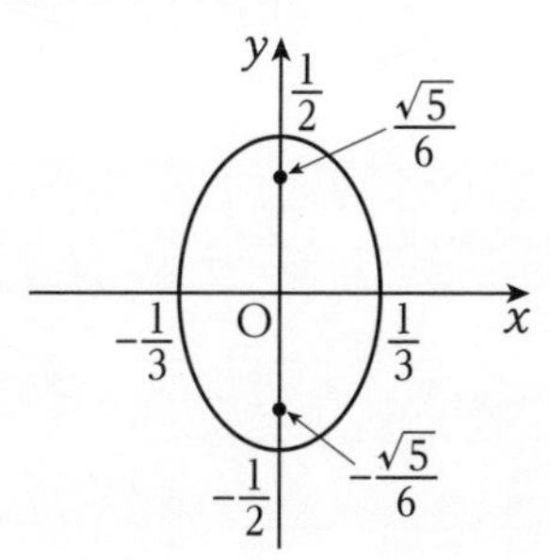

演習問題 80

1 次の楕円の焦点の座標，長軸の長さ，短軸の長さを求め，その概形をかけ。

(1) $\dfrac{x^2}{25}+\dfrac{y^2}{16}=1$

(2) $9x^2+4y^2=36$

2 次の条件を満たす楕円の方程式を求めよ。

(1) 焦点の座標が $(2,\ 0)$，$(-2,\ 0)$，短軸の長さが 6

(2) 長軸が y 軸上で，原点が中心，長軸の長さが 14，短軸の長さが 10

(3) 長軸が x 軸上で，原点が中心，焦点間の距離が 8，長軸の長さが 10

(4) 2 点 $(3,\ 0)$，$(-3,\ 0)$ を焦点とし，それぞれの焦点から楕円上の点までの距離の和が 10

解答▶別冊 66 ページ

3 双曲線の方程式

次の **Check Point** の図のように，平面上で，**2定点F，F′からの距離の差が一定である点Pの軌跡**を**双曲線**といい，2点F，F′をその**焦点**といいます。また，直線FF′と双曲線の2つの交点A，A′を**頂点**，線分FF′の中点を双曲線の**中心**といいます。
↑定義

Check Point 双曲線(ヨコ型)

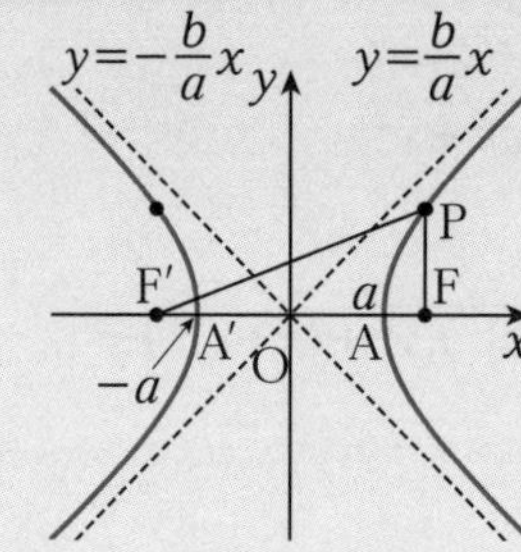

双曲線の方程式が $\frac{x^2}{a^2}-\frac{y^2}{b^2}=1$ $(a>0,\ b>0)$ で与えられているとき，

- 中心…原点O，頂点…$A(a,\ 0)$，$A'(-a,\ 0)$
- 焦点…$F(\sqrt{a^2+b^2},\ 0)$，$F'(-\sqrt{a^2+b^2},\ 0)$　← $(\pm\sqrt{分母の和},\ 0)$
- 漸近線…$y=\pm\frac{b}{a}x$
- 双曲線上の点Pについて，

　$|PF-PF'|=2a$　←焦点までの距離の差の絶対値＝頂点間の距離(定義)

双曲線の中心は2つの漸近線の交点でもあります。漸近線とは，十分に遠い場所で双曲線との距離が0に近づく直線のことなので，十分に遠い場所では曲線の概形が漸近線に近づくことになります。

漸近線の方程式 $y=\pm\frac{b}{a}x$ は，双曲線の方程式の右辺の「1」を「0」に変えた式 $\frac{x^2}{a^2}-\frac{y^2}{b^2}=0$ を解くことでつくり出すことができます。

$|PF-PF'|=2a$ であることを忘れても，双曲線と x 軸との交点Aに点Pがある場合を考えれば，
$|PF-PF'|=AF'-AF=AF'-A'F'=AA'=2a$
と考えることができます。また，中心から焦点F，F′までの距離は「右の図のように4点 $(a,\ b)$ $(a,\ -b)$，$(-a,\ b)$，$(-a,\ -b)$ を通る円の半径に等しい」と考えることができます。

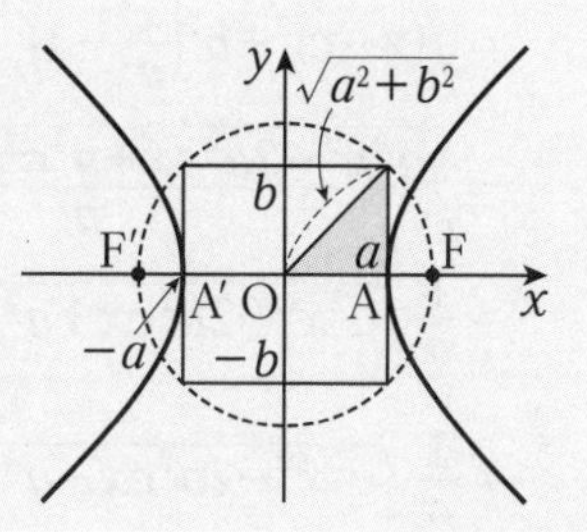

実際に，軌跡の考え方から双曲線の方程式を示してみましょう。

双曲線上の点を$\mathrm{P}(x,\ y)$，焦点Fの座標を$(c,\ 0)$，焦点F′の座標を$(-c,\ 0)$とし，この2点からの距離の差が$2a\ (0<a<c)$である双曲線の方程式を示します。

$|\mathrm{PF}-\mathrm{PF}'|=2a$であるから，

$$|\sqrt{(x-c)^2+y^2}-\sqrt{(x+c)^2+y^2}|=2a$$
$$\sqrt{(x-c)^2+y^2}-\sqrt{(x+c)^2+y^2}=\pm 2a$$
$$\sqrt{(x-c)^2+y^2}=\pm 2a+\sqrt{(x+c)^2+y^2}$$

両辺を2乗すると，

$$(x-c)^2+y^2=4a^2\pm 4a\sqrt{(x+c)^2+y^2}+(x+c)^2+y^2$$
$$\mp a\sqrt{(x+c)^2+y^2}=a^2+cx$$

さらに両辺を2乗すると，

$$a^2\{(x+c)^2+y^2\}=(a^2+cx)^2$$
$$(a^2-c^2)x^2+a^2y^2=a^2(a^2-c^2)$$

$0<a<c$であるから，$b=\sqrt{c^2-a^2}$とおくと，

$$-b^2x^2+a^2y^2=-a^2b^2$$
$$\frac{x^2}{a^2}-\frac{y^2}{b^2}=1$$

双曲線の式は求められましたが，途中の式変形で2乗しているために逆が成り立つかどうか確認が必要です。つまり，この式で表される曲線上の点がすべて$|\mathrm{PF}-\mathrm{PF}'|=2a$を満たすことを確認します。

逆にこのとき，双曲線上の点を$(x,\ y)$とおくと，$\dfrac{x^2}{a^2}-\dfrac{y^2}{b^2}=1$より$y^2=b^2\left(\dfrac{x^2}{a^2}-1\right)$であることに注意すると，

$$\mathrm{PF}=\sqrt{(x-c)^2+y^2}$$
$$=\sqrt{(x-c)^2+b^2\left(\frac{x^2}{a^2}-1\right)}$$
$$=\sqrt{\frac{a^2x^2-2a^2cx+a^2c^2+b^2(x^2-a^2)}{a^2}}$$
$$=\frac{1}{a}\sqrt{a^2x^2-2a^2cx+a^2c^2+(c^2-a^2)(x^2-a^2)}\quad \leftarrow b=\sqrt{c^2-a^2}$$
$$=\frac{1}{a}\sqrt{c^2x^2-2a^2cx+a^4}$$

$=\dfrac{1}{a}\sqrt{(cx-a^2)^2}$

$=\dfrac{1}{a}|cx-a^2|$

ここで，$0<a<c$ であり，$x\leqq -a$ のときは $cx\leqq -ac<-a^2<0$ であるから，
（両辺を c 倍）

$cx-a^2<0$

つまり，$\mathrm{PF}=-\dfrac{1}{a}(cx-a^2)$

また，$a\leqq x$ のときは $a^2<ac\leqq cx$ であるから，

$cx-a^2>0$

つまり，$\mathrm{PF}=\dfrac{1}{a}(cx-a^2)$

同様にして，$x\leqq -a$ のとき $\mathrm{PF}'=-\dfrac{1}{a}(cx+a^2)$，$a\leqq x$ のとき $\mathrm{PF}'=\dfrac{1}{a}(cx+a^2)$ であるから，いずれの範囲の場合でも，

$|\mathrm{PF}-\mathrm{PF}'|=\left|\mp\dfrac{1}{a}(cx-a^2)-\left\{\mp\dfrac{1}{a}(cx+a^2)\right\}\right|=2a$ （複号同順）

以上より，双曲線上のすべての点は $|\mathrm{PF}-\mathrm{PF}'|=2a$ を満たしている。

よって，双曲線の方程式は $\dfrac{x^2}{a^2}-\dfrac{y^2}{b^2}=1$ である。 〔証明終わり〕

次のように焦点が y 軸上にある双曲線の場合でも同様に方程式を示すことができます。

Check Point 双曲線（タテ型）

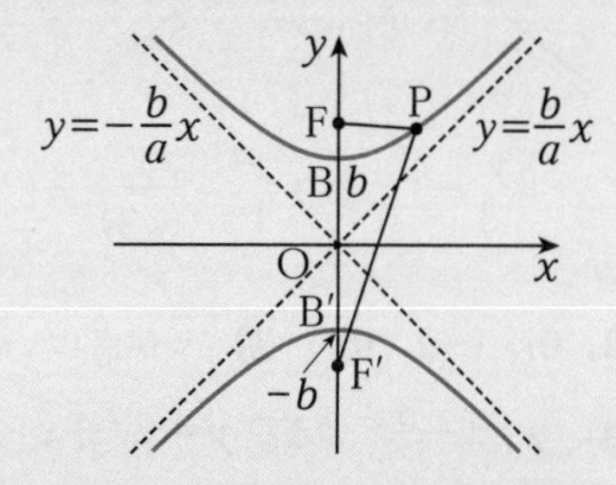

双曲線の方程式が $\dfrac{x^2}{a^2}-\dfrac{y^2}{b^2}=-1$ $(a>0,\ b>0)$ で与えられているとき，

- 中心…原点 O，頂点 $\mathrm{B}(0,\ b)$，$\mathrm{B}'(0,\ -b)$
- 焦点…$\mathrm{F}(0,\ \sqrt{a^2+b^2})$，$\mathrm{F}'(0,\ -\sqrt{a^2+b^2})$ ←(0，±√分母の和)
- 漸近線…$y=\pm\dfrac{b}{a}x$
- 双曲線上の点 P について，

  $|\mathrm{PF}-\mathrm{PF}'|=2b$ ←焦点までの距離の差の絶対値=頂点間の距離（定義）

また，2 本の漸近線が直交している双曲線を**直角双曲線**といいます。

例題 121 次の双曲線の焦点の座標および漸近線の方程式を求め，その概形をかけ。

(1) $\dfrac{x^2}{6}-\dfrac{y^2}{3}=1$

(2) $3x^2-y^2=3$

(3) $9x^2-4y^2=-36$

考え方 (2)，(3)双曲線の方程式は「$=1$」または「$=-1$」の形に直して考えます。

解答 (1) $\dfrac{x^2}{6}-\dfrac{y^2}{3}=1$ より，$\dfrac{x^2}{(\sqrt{6})^2}-\dfrac{y^2}{(\sqrt{3})^2}=1$ ←$\dfrac{x^2}{a^2}-\dfrac{y^2}{b^2}=1$：ヨコ型

$\sqrt{6+3}=3$ であるから，

焦点の座標は，$(3,\ 0)$，$(-3,\ 0)$ …答 ←焦点 $(\pm\sqrt{a^2+b^2},\ 0)$

漸近線の方程式は，$y=\pm\dfrac{\sqrt{3}}{\sqrt{6}}x$ つまり $\boldsymbol{y=\pm\dfrac{1}{\sqrt{2}}x}$ …答 ←漸近線 $y=\pm\dfrac{b}{a}x$

双曲線の概形は次の図のようになる。

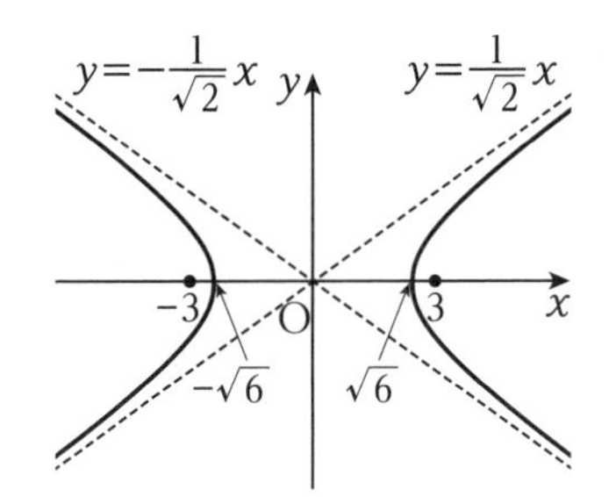

(2) $3x^2-y^2=3$ より，$x^2-\dfrac{y^2}{3}=1$ つまり $\dfrac{x^2}{1^2}-\dfrac{y^2}{(\sqrt{3})^2}=1$ ←$\dfrac{x^2}{a^2}-\dfrac{y^2}{b^2}=1$：ヨコ型

$\sqrt{1+3}=2$ であるから，

焦点の座標は，$(2,\ 0)$，$(-2,\ 0)$ …答 ←焦点 $(\pm\sqrt{a^2+b^2},\ 0)$

漸近線の方程式は， $y=\pm\dfrac{\sqrt{3}}{1}x$ つまり $\boldsymbol{y=\pm\sqrt{3}\,x}$ …答 ←漸近線 $y=\pm\dfrac{b}{a}x$

双曲線の概形は次の図のようになる。

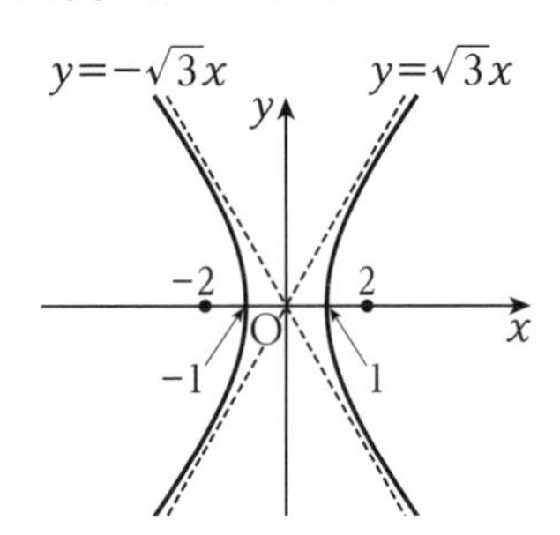

(3) $9x^2-4y^2=-36$ より，

$\dfrac{x^2}{4}-\dfrac{y^2}{9}=-1$ つまり $\dfrac{x^2}{2^2}-\dfrac{y^2}{3^2}=-1$　← $\dfrac{x^2}{a^2}-\dfrac{y^2}{b^2}=-1$：タテ型

$\sqrt{4+9}=\sqrt{13}$ であるから，

焦点の座標は，$(0,\ \sqrt{13})$，$(0,\ -\sqrt{13})$ …答　←焦点 $(0,\ \pm\sqrt{a^2+b^2})$

漸近線の方程式は，$y=\pm\dfrac{3}{2}x$ …答　←漸近線 $y=\pm\dfrac{b}{a}x$

双曲線の概形は次の図のようになる。

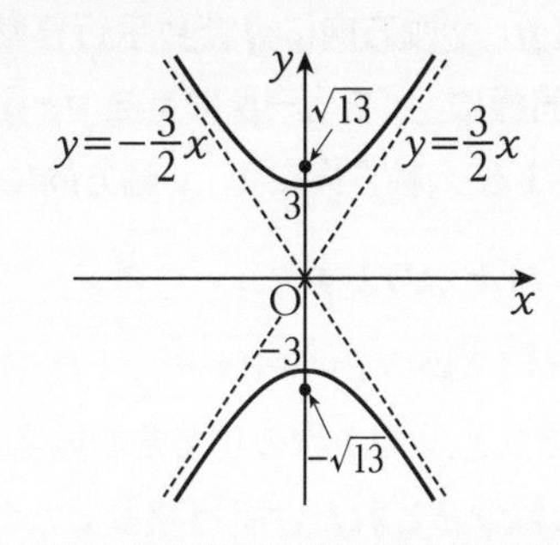

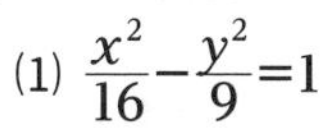
演習問題 81

1 次の双曲線の焦点の座標と漸近線の方程式を求め，概形をかけ。

(1) $\dfrac{x^2}{16}-\dfrac{y^2}{9}=1$

(2) $4x^2-9y^2=-36$

2 次の双曲線の方程式を求めよ。

(1) 焦点の座標が $(3,\ 0)$，$(-3,\ 0)$ であり，点 $(5,\ 4)$ を通る。

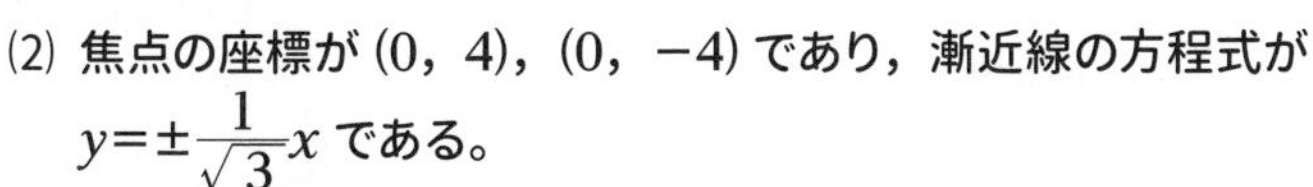

(2) 焦点の座標が $(0,\ 4)$，$(0,\ -4)$ であり，漸近線の方程式が $y=\pm\dfrac{1}{\sqrt{3}}x$ である。

(3) 焦点の座標が $(5,\ 0)$，$(-5,\ 0)$ である直角双曲線。

(4) 頂点間の距離が $4\sqrt{5}$ で，焦点が $(6,\ 0)$，$(-6,\ 0)$ である。

(5) 焦点の座標が $(4,\ 0)$，$(-4,\ 0)$ であり，2つの焦点から双曲線上の点までの距離の差の絶対値が6である。

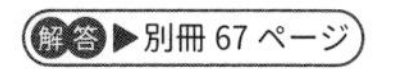
解答▶別冊 67 ページ

4 2次曲線の平行移動

ここまで学んできた2次曲線の方程式をまとめると，次のようになります。

放物線(頂点が原点)		楕円(中心が原点)		双曲線(中心が原点)	
ヨコ型 $y^2=4px$	タテ型 $x^2=4py$	ヨコ型 $\frac{x^2}{a^2}+\frac{y^2}{b^2}=1$ $(a>b>0)$	タテ型 $\frac{x^2}{a^2}+\frac{y^2}{b^2}=1$ $(b>a>0)$	ヨコ型 $\frac{x^2}{a^2}-\frac{y^2}{b^2}=1$ $(a>0,\ b>0)$	タテ型 $\frac{x^2}{a^2}-\frac{y^2}{b^2}=-1$ $(a>0,\ b>0)$

これら**2次曲線を x 軸方向に p，y 軸方向に q だけ平行移動したときの2次曲線の方程式は，他の関数のグラフと同様に，x を $x-p$ に y を $y-q$ におき換えたもの**になります。例えば，楕円 $\frac{x^2}{9}+\frac{y^2}{4}=1$ を x 軸方向に1，y 軸方向に2だけ平行移動した楕円の方程式は $\frac{(x-1)^2}{9}+\frac{(y-2)^2}{4}=1$ となります。

また，2次曲線の方程式が $ax^2+bxy+cy^2+dx+ey+f=0$ の形で表されていて，$d\neq0$ または $e\neq0$ の場合(つまり x,y の1次の項を含む場合)は，**平方完成を行うことで，上の表の式が表す2次曲線からどれだけ平行移動したか求めることができます。焦点や準線などの位置は，平行移動する前の2次曲線で求めた焦点や準線などを平行移動させて求めることができます。**

x,y の2次方程式 $ax^2+bxy+cy^2+dx+ey+f=0$ の形を2次曲線の方程式の**一般形**といい，放物線，楕円，双曲線などを表します。ただし，点 $(0,\ 0)$ を表す $x^2+y^2=0$ や，2直線 $y=\pm x$ を表す $x^2-y^2=0$ など，特殊な場合もあります。

例題122 次の問いに答えよ。

(1) 放物線 $x^2-2x-2y+5=0$ の焦点と準線の方程式を求め，その概形をかけ。

(2) 楕円 $3x^2+4y^2-12x=0$ の焦点の座標，および長軸と短軸の長さを求め，その概形をかけ。

(3) 双曲線 $9x^2-4y^2-18x-16y-43=0$ の焦点の座標，および漸近線の方程式を求め，その概形をかけ。

解答 (1)

$x^2-2x-2y+5=0$ ←x の1次の項を含む

$(x-1)^2-1^2-2y+5=0$ ←x について平方完成

$(x-1)^2=2y-4$

$(x-1)^2=2(y-2)$

$(x-1)^2=4\cdot\frac{1}{2}\cdot(y-2)$

これは，放物線 $x^2=4\cdot\frac{1}{2}\cdot y$ ……① を x 軸方向に 1，y 軸方向に 2 だけ平行移動したものである。← $x^2=4py$（タテ型）

平行移動前の放物線①の焦点の座標は $\left(0,\ \frac{1}{2}\right)$ ←焦点 $(0, p)$

準線の方程式は $y=-\frac{1}{2}$ ←準線 $y=-p$

これらを x 軸方向に 1，y 軸方向に 2 だけ平行移動すると，

焦点の座標は $\left(0+1,\ \frac{1}{2}+2\right)=\left(\mathbf{1},\ \frac{\mathbf{5}}{\mathbf{2}}\right)$ …答

準線の方程式は $y-2=-\frac{1}{2}$ より，$\boldsymbol{y=\frac{3}{2}}$ …答

頂点の座標が (1，2) であることに注意すると，**放物線の概形は次の図**のようになる。

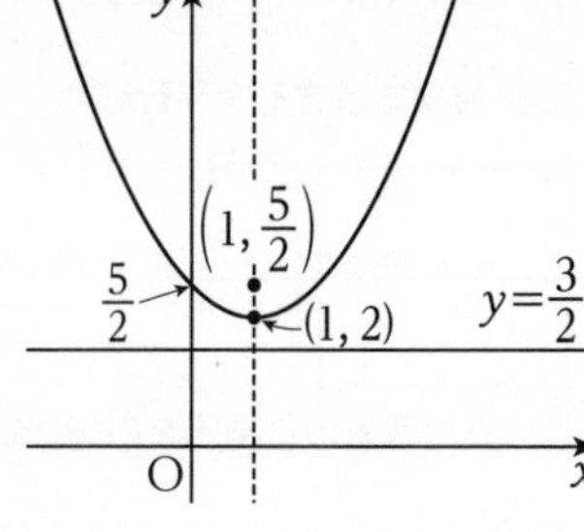

(2)　$3x^2+4y^2-12x=0$ ← x の 1 次の項を含む

$3(x^2-4x)+4y^2=0$

$3(x-2)^2+4y^2=12$ ← x について平方完成

$\frac{(x-2)^2}{4}+\frac{y^2}{3}=1$

これは，楕円 $\frac{x^2}{4}+\frac{y^2}{3}=1$ ……① を x 軸方向に 2 だけ平行移動したものである。← $\frac{x^2}{a^2}+\frac{y^2}{b^2}=1$（ヨコ型）

平行移動前の楕円①の焦点の座標は，

$(\pm\sqrt{4-3},\ 0)=(\pm1,\ 0)$ ←焦点 $(\pm\sqrt{a^2-b^2},\ 0)$

長軸の長さは $2\times2=4$，短軸の長さは $2\times\sqrt{3}=2\sqrt{3}$ ←長軸の長さ $2a$，短軸の長さ $2b$

これらを x 軸方向に 2 だけ平行移動すると，

焦点の座標は， $(\pm1+2,\ 0)$ より $\mathbf{(3,\ 0),\ (1,\ 0)}$ …答

平行移動しているだけなので，長軸・短軸の長さは変わらない。

長軸の長さ 4，短軸の長さ $\boldsymbol{2\sqrt{3}}$ …答

また，中心の座標が (2，0) であることに注意すると，**楕円の概形は次の図**のようになる。

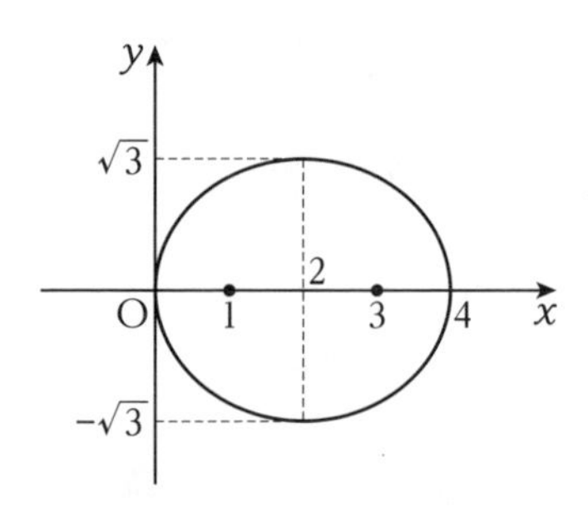

参考 平行移動した楕円を図示するときは，外接する長方形の平行移動を考えてから図示するときれいにかくことができます。

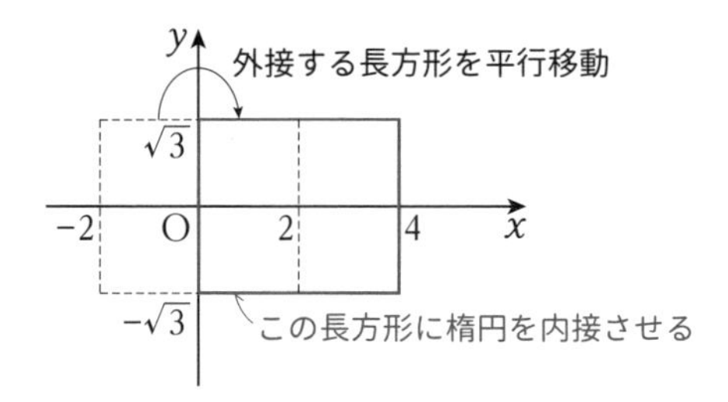

(3)　$9x^2-4y^2-18x-16y-43=0$　←x，y の 1 次の項を含む

$9(x^2-2x)-4(y^2+4y)-43=0$

$9(x-1)^2-4(y+2)^2-36=0$　←x，y について平方完成

$$\frac{(x-1)^2}{4}-\frac{(y+2)^2}{9}=1$$

これは，双曲線 $\frac{x^2}{4}-\frac{y^2}{9}=1$ ……① を x 軸方向に 1，y 軸方向に−2 だけ平行移動したものである。←$\frac{x^2}{a^2}-\frac{y^2}{b^2}=1$（ヨコ型）

平行移動前の双曲線①の焦点の座標は，

$(\pm\sqrt{4+9},\ 0)=(\pm\sqrt{13},\ 0)$　←焦点 $(\pm\sqrt{a^2+b^2},\ 0)$

漸近線の方程式は $y=\pm\frac{3}{2}x$　←漸近線 $y=\pm\frac{b}{a}x$

これらを x 軸方向に 1，y 軸方向に−2 だけ平行移動すると，

焦点の座標は，$(\pm\sqrt{13}+1,\ 0-2)$ より

$\boldsymbol{(1+\sqrt{13},\ -2),\ (1-\sqrt{13},\ -2)}$ …答

漸近線の方程式は $y+2=\pm\frac{3}{2}(x-1)$ より，

$\boldsymbol{y=\frac{3}{2}x-\frac{7}{2},\ y=-\frac{3}{2}x-\frac{1}{2}}$ …答

また，中心の座標が (1，−2) であることに注意すると，**双曲線の概形は次の図のようになる。**

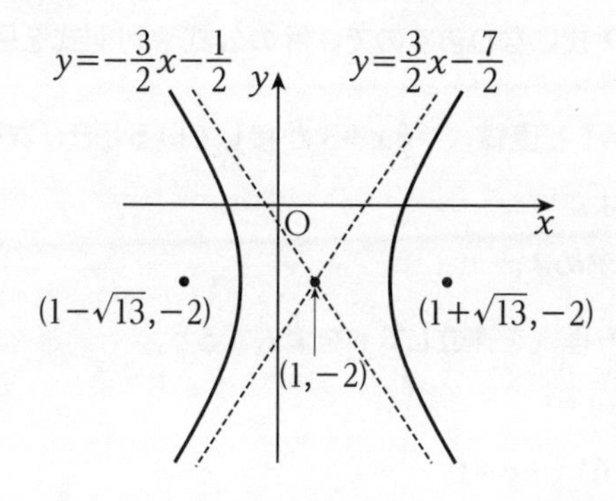

演習問題 82

1 方程式 $y^2-8x-6y-7=0$ で表される放物線の焦点の座標と準線の方程式を求めよ。また，その放物線の概形をかけ。

2 方程式 $16x^2+9y^2-64x-54y+1=0$ で表される楕円の焦点の座標，および長軸と短軸の長さを求めよ。また，その楕円の概形をかけ。

3 2 つの焦点が (7，2)，(−1，2) で，長軸の長さが 10 である楕円の方程式を求めよ。

4 2 点 (3，0)，(−1，0) からの距離の和が 12 である点の軌跡は楕円である。その方程式を求めよ。

5 方程式 $9x^2-4y^2-36x-8y-4=0$ で表される双曲線の焦点の座標，および漸近線の方程式を求めよ。また，その双曲線の概形をかけ。

6 2 つの焦点が (1，7)，(1，−3) で，頂点間の距離が 8 である双曲線の方程式を求めよ。

7 点 (2，0) を焦点の 1 つとし，2 直線 $y=x+1$ と $y=-x-1$ を漸近線とする双曲線の方程式を求めよ。

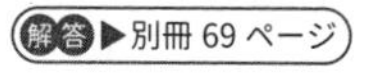
解答▶別冊 69 ページ

5 2次曲線と直線の共有点

2次曲線と直線の共有点の座標は，方程式を連立することで求めることができます。連立した式は2次式になりますので，解の公式や判別式を用いることができます。

例題123 楕円 $x^2+\frac{y^2}{3}=1$ と直線 $y=kx+3$ が接しているとき，次の問いに答えよ。

(1) k の値を求めよ。

(2) 接点の座標を求めよ。

解答 (1) 楕円と直線の方程式を連立して y を消去すると，

$$x^2+\frac{(kx+3)^2}{3}=1$$

$$(k^2+3)x^2+6kx+6=0 \cdots\cdots ①$$

接しているとき，この方程式①が重解をもつ。

つまり，方程式①の判別式 D が 0 に等しければよいので，

$$\frac{D}{4}=(3k)^2-(k^2+3)\cdot 6=0$$

$$3(k^2-6)=0$$

よって，$\boldsymbol{k=\pm\sqrt{6}}$ …答

(2) $\boldsymbol{k=\sqrt{6}}$ **のとき**，方程式①は，

$$9x^2+6\sqrt{6}x+6=0$$

$$(3x+\sqrt{6})^2=0$$

$$x=-\frac{\sqrt{6}}{3}$$

これを直線の方程式 $y=\sqrt{6}x+3$ に代入して，接点の座標を求めると，

$\boldsymbol{\left(-\frac{\sqrt{6}}{3},\ 1\right)}$ …答

$\boldsymbol{k=-\sqrt{6}}$ **のとき**，方程式①は，

$$9x^2-6\sqrt{6}x+6=0$$

$$(3x-\sqrt{6})^2=0$$

$$x=\frac{\sqrt{6}}{3}$$

これを直線の方程式 $y=-\sqrt{6}x+3$ に代入して，接点の座標を求めると，

$\boldsymbol{\left(\frac{\sqrt{6}}{3},\ 1\right)}$ …答

また，2 次曲線と直線の共有点に関する問題では，次のように**解と係数の関係を用いると計算が楽になることがあります。**

例題124 直線 $2x+y=3$ が双曲線 $x^2-y^2=1$ によって切り取られる線分の長さを求めよ。

考え方 共有点の座標が簡単に求められない場合は，解と係数の関係が有効です。

解答

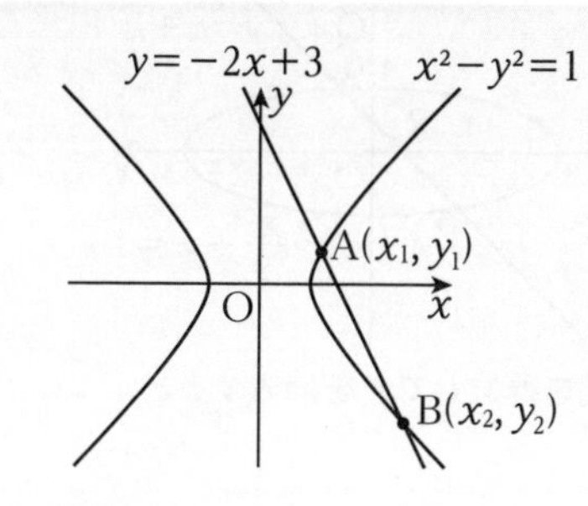

図のように，直線と双曲線の共有点を $A(x_1,\ y_1)$，$B(x_2,\ y_2)$ とする。直線の方程式は $y=-2x+3$ であるから $x^2-y^2=1$ に代入して y を消去すると，

$$x^2-(-2x+3)^2=1$$
$$3x^2-12x+10=0$$

この 2 つの実数解が共有点の x 座標である。解と係数の関係より，

$$x_1+x_2=4,\ x_1x_2=\frac{10}{3}$$

また，直線の傾きが-2 であるから，切り取られる線分 AB の長さは交点の x 座標の差の絶対値の$\sqrt{1^2+2^2}=\sqrt{5}$(倍)である。

よって，

$$\begin{aligned}AB&=\sqrt{5}\,|x_2-x_1|\\&=\sqrt{5}\cdot\sqrt{(x_2-x_1)^2}\\&=\sqrt{5}\cdot\sqrt{(x_2+x_1)^2-4x_1x_2}\\&=\sqrt{5}\cdot\sqrt{4^2-4\cdot\frac{10}{3}}\\&=\frac{2\sqrt{30}}{3}\end{aligned}$$ …答

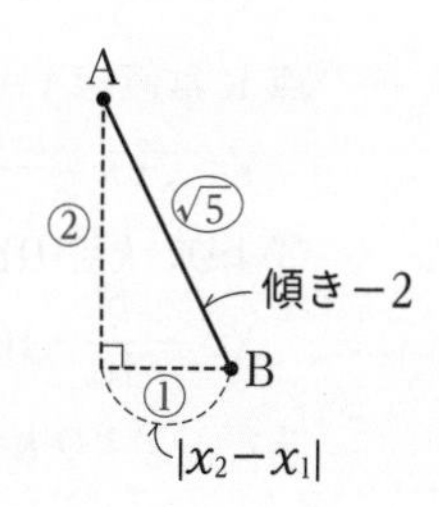

第1章 数列
第2章 統計的な推測
第3章 ベクトル
第4章 複素数平面
第5章 平面上の曲線

例題 125 k を実数とする。楕円 $\frac{x^2}{9}+y^2=1$ と直線 $y=x+k$ が異なる 2 つの共有点 P, Q をもつとき，次の問いに答えよ。

(1) k のとりうる値の範囲を求めよ。

(2) 線分 PQ の中点 R の描く軌跡を求めよ。

解答

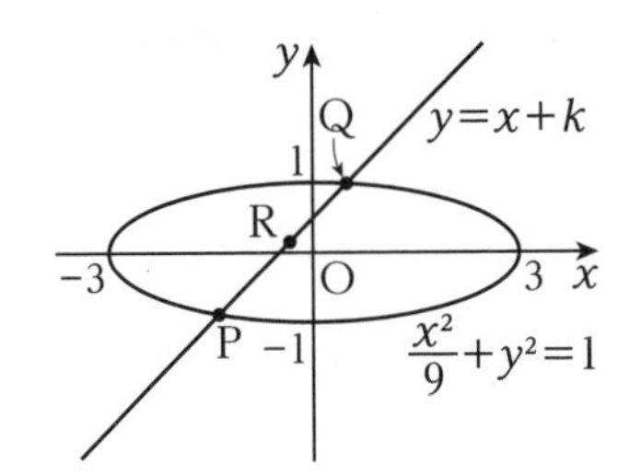

(1) 楕円と直線の方程式を連立して y を消去すると，

$$\frac{x^2}{9}+(x+k)^2=1$$

$$10x^2+18kx+9(k^2-1)=0 \cdots\cdots ①$$

異なる 2 つの共有点をもつとき，方程式①は異なる 2 つの実数解をもつ。方程式①の判別式を D とするとき，$D>0$ であればよいので，

$$\frac{D}{4}=(9k)^2-10\cdot 9(k^2-1)=-9k^2+90>0$$

$k^2-10<0$ より，$\boldsymbol{-\sqrt{10}<k<\sqrt{10}}$ …答

(2) 共有点の x 座標は，方程式①の 2 つの解である。2 つの解を x_1, x_2 とすると，解と係数の関係より，

$$x_1+x_2=-\frac{9}{5}k,\quad x_1x_2=\frac{9(k^2-1)}{10}$$

線分 PQ の中点 R の座標を R$(X,\ Y)$ とすると，

$$X=\frac{x_1+x_2}{2}=\frac{1}{2}\cdot\left(-\frac{9}{5}k\right)=-\frac{9}{10}k \cdots\cdots ②$$

点 R は直線 $y=x+k$ 上の点であるから，

$$Y=X+k=-\frac{9}{10}k+k=\frac{1}{10}k \cdots\cdots ③$$

③より，$k=10Y$ を②に代入すると，

$$X=-\frac{9}{10}\cdot 10Y \text{ より，} Y=-\frac{1}{9}X$$

また，②より $k=-\frac{10}{9}X$ であり，(1)より $-\sqrt{10}<k<\sqrt{10}$ であるから，

$$-\sqrt{10}<-\frac{10}{9}X<\sqrt{10} \quad \text{つまり，} -\frac{9\sqrt{10}}{10}<X<\frac{9\sqrt{10}}{10}$$ ←定義域に注意

以上より，中点 R の描く軌跡は，

直線 $\boldsymbol{y=-\frac{1}{9}x}$ の $\boldsymbol{-\frac{9\sqrt{10}}{10}<x<\frac{9\sqrt{10}}{10}}$ の部分 …答

演習問題 83

1 次の問いに答えよ。

(1) 放物線 $y^2=4x$ と直線 $x-y+k=0$ の異なる共有点の個数が 2 個となる実数 k の値の範囲を求めよ。

(2) 楕円 $x^2+2y^2=1$ と直線 $y=x+m$ の共有点の個数を，m の値に応じて求めよ。

(3) 双曲線 $C:2x^2-3y^2=6$ と直線 $l:y-1=m(x-2)$ が異なる 2 点で交わるための実数 m の値の範囲を求めよ。また，双曲線 C と直線 l が接するとき，直線 l の方程式を求めよ。

2 放物線 $y^2=8x$ と直線 $y=2x+b$ が異なる 2 つの交点をもつとき，その 2 つの交点の中点の y 座標は b の値に関係なく一定であることを示せ。

3 直線 $l:my-3x-2m+6=0$ と楕円 $C:\dfrac{x^2}{4}+y^2=1$ について，次の問いに答えよ。

(1) l と C が異なる 2 点で交わるときの実数 m の値の範囲を求めよ。

(2) $m=4$ のとき，C と l が交わってできる弦の長さを求めよ。

4 双曲線 $\dfrac{x^2}{4}-\dfrac{y^2}{9}=1$ と直線 $y=2x+k$ が異なる 2 点 A，B で交わるとき，次の問いに答えよ。

(1) k の値の範囲を求めよ。

(2) 線分 AB の中点の軌跡を求めよ。

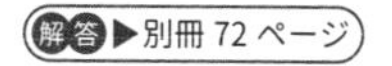
解答▶別冊 72 ページ

6 2次曲線の接線の方程式

放物線上の点における接線の方程式は次のようになります。

Check Point　放物線の接線の方程式

放物線 $y^2=4px$ 上の点 $(x_1,\ y_1)$ における接線の方程式は,

$y_1\cdot y=2p(x+x_1)$ ← $y^2=4px$ を $y\cdot y=2px+2px$ と考えて,片方の x, y に接点の座標を代入

放物線 $x^2=4py$ 上の点 $(x_1,\ y_1)$ における接線の方程式は,

$x_1\cdot x=2p(y+y_1)$ ← $x^2=4py$ を $x\cdot x=2py+2py$ と考えて,片方の x, y に接点の座標を代入

証明　放物線 $y^2=4px$ に対して,原点以外の点 $(x_1,\ y_1)$ で接している接線の傾きを $m(m\neq 0)$ とする。このとき,接線の方程式は

$y=m(x-x_1)+y_1$ ……①

放物線と接線の方程式を連立して y を消去すると,

$\{m(x-x_1)+y_1\}^2=4px$

$m^2x^2+(-2m^2x_1+2my_1-4p)x+m^2x_1{}^2-2mx_1y_1+y_1{}^2=0$ ……②

方程式②の重解は x_1 であるから,解と係数の関係より,

$x_1+x_1=\dfrac{2m^2x_1-2my_1+4p}{m^2}$

これより,$m=\dfrac{2p}{y_1}$

よって,①より接線の方程式は,

$y=\dfrac{2p}{y_1}(x-x_1)+y_1$　つまり,$y_1y=2p(x-x_1)+y_1{}^2$

ここで,点 $(x_1,\ y_1)$ は放物線上の点であるから,放物線の方程式に代入すると,

$y_1{}^2=4px_1$

よって,

$y_1y=2p(x-x_1)+4px_1$

$y_1y=2p(x+x_1)$

また,この式は $(x_1,\ y_1)=(0,\ 0)$ のとき直線 $x=0$ (↑原点における接線の方程式)を表すので $(x_1,\ y_1)$ が原点のときも含む。

〔証明終わり〕

接点を $(x_1,\ y_1)$ とおいただけでは放物線上の点という意味を含んでいません。放物線 $y^2=4px$ に代入することで放物線上の点という意味を含めたことになるわけです。これが2次曲線の接線の公式の証明のポイントであり,楕円や双曲線の接線の場合でも同じです。

楕円や双曲線上の点における接線の方程式は次のようになります。

Check Point　楕円・双曲線の接線の方程式

楕円 $\dfrac{x^2}{a^2}+\dfrac{y^2}{b^2}=1$ 上の点 $(x_1,\ y_1)$ における接線の方程式は，

$\dfrac{x_1 \cdot x}{a^2}+\dfrac{y_1 \cdot y}{b^2}=1$　← $\dfrac{x^2}{a^2}+\dfrac{y^2}{b^2}=1$ を $\dfrac{x \cdot x}{a^2}+\dfrac{y \cdot y}{b^2}=1$ と考えて，片方の x，y に接点の座標を代入

双曲線 $\dfrac{x^2}{a^2}-\dfrac{y^2}{b^2}=\pm 1$ 上の点 $(x_1,\ y_1)$ における接線の方程式は，

$\dfrac{x_1 \cdot x}{a^2}-\dfrac{y_1 \cdot y}{b^2}=\pm 1$（複号同順）　← $\dfrac{x^2}{a^2}-\dfrac{y^2}{b^2}=\pm 1$ を $\dfrac{x \cdot x}{a^2}-\dfrac{y \cdot y}{b^2}=\pm 1$ と考えて，片方の x，y に接点の座標を代入

証明　楕円 $\dfrac{x^2}{a^2}+\dfrac{y^2}{b^2}=1$ に対して，点 $(\pm a,\ 0)$ 以外の点 $(x_1,\ y_1)$ で接している接線の傾きを m とする。このとき，接線の方程式は

$y=m(x-x_1)+y_1$ ……①

楕円と接線の方程式を連立して y を消去すると，

$\dfrac{x^2}{a^2}+\dfrac{\{m(x-x_1)+y_1\}^2}{b^2}=1$

$(a^2m^2+b^2)x^2-2a^2m(mx_1-y_1)x+a^2(m^2x_1{}^2-2mx_1y_1+y_1{}^2-b^2)=0$ ……②

方程式②の重解は x_1 であるから，解と係数の関係より，

$x_1+x_1=\dfrac{2a^2m(mx_1-y_1)}{a^2m^2+b^2}$

これより，$m=-\dfrac{b^2x_1}{a^2y_1}$

よって，①より接線の方程式は，

$y=-\dfrac{b^2x_1}{a^2y_1}(x-x_1)+y_1$

$b^2x_1x+a^2y_1y=b^2x_1{}^2+a^2y_1{}^2$

ここで，点 $(x_1,\ y_1)$ は楕円上の点であるから，楕円の方程式に代入すると，

$\dfrac{x_1{}^2}{a^2}+\dfrac{y_1{}^2}{b^2}=1$　つまり，$b^2x_1{}^2+a^2y_1{}^2=a^2b^2$

よって，

$b^2x_1x+a^2y_1y=a^2b^2$

$\dfrac{x_1x}{a^2}+\dfrac{y_1y}{b^2}=1$

また，この式は $(x_1,\ y_1)=(\pm a,\ 0)$ のとき直線 $x=\pm a$ を表すので，$(x_1,\ y_1)$ が $(\pm a,\ 0)$ のときも含む。
↑点 $(\pm a,\ 0)$ における接線の方程式

〔証明終わり〕

双曲線の接線の公式の証明は演習問題 84 で扱います。

例題 126 次の問いに答えよ。

(1) 放物線 $y^2=4x$ 上の点 $(1,\ -2)$ における接線の方程式を求めよ。

(2) 楕円 $\dfrac{x^2}{6}+\dfrac{y^2}{3}=1$ 上の点 $(-2,\ 1)$ における接線の方程式を求めよ。

(3) 双曲線 $x^2-\dfrac{y^2}{2}=1$ 上の点 $(3,\ 4)$ における接線の方程式を求めよ。

解答 (1) 接線の公式より，$-2\cdot y=2\cdot 1\cdot(x+1)$ ← $y_1\cdot y=2p(x+x_1)$

よって，$\boldsymbol{y=-x-1}$ …答

(2) 接線の公式より，$\dfrac{-2x}{6}+\dfrac{1\cdot y}{3}=1$ ← $\dfrac{x_1\cdot x}{a^2}+\dfrac{y_1\cdot y}{b^2}=1$

よって，$\boldsymbol{y=x+3}$ …答

(3) 接線の公式より，$3x-\dfrac{4y}{2}=1$ ← $\dfrac{x_1\cdot x}{a^2}-\dfrac{y_1\cdot y}{b^2}=1$

よって，$\boldsymbol{y=\dfrac{3}{2}x-\dfrac{1}{2}}$ …答

接点の座標がわかっていない場合，接点の座標を $(x_1,\ y_1)$ のように文字でおいて接線の公式を用いると計算が煩雑になることがあります。
このような場合には，**傾きや切片を文字でおいて表した接線の方程式と 2 次曲線の方程式を連立して，1 文字を消去してできた 2 次方程式が重解をもつ条件を考えます。**

例題 127 次の問いに答えよ。

(1) 楕円 $9x^2+4y^2=36$ の接線で，傾きが 2 であるものを求めよ。

(2) 点 $(3,\ 4)$ から双曲線 $\dfrac{x^2}{2}-\dfrac{y^2}{4}=1$ に引いた接線の方程式を求めよ。

解答 (1) 接線の方程式を $y=2x+b$ とおく。楕円の方程式と連立して y を消去すると，

$$9x^2+4(2x+b)^2=36$$
$$25x^2+16bx+4(b^2-9)=0$$

接しているとき，この 2 次方程式が重解をもつ。判別式を D とすると，

$\dfrac{D}{4}=64b^2-100(b^2-9)=0$ より，$b^2=25$

よって，$b=\pm 5$

接線の方程式は，$\boldsymbol{y=2x+5,\ y=2x-5}$ …答

(2) 点 (3, 4) を通る双曲線の接線は y 軸に平行ではないので，接線の傾きを m とすると，接線の方程式は，← y 軸に平行な接線は $x=\sqrt{2}$，$x=-\sqrt{2}$ で点 (3, 4) は通らない

$y-4=m(x-3)$

つまり，$y=mx+4-3m$ ……①

双曲線の方程式と連立して y を消去すると，

$$\frac{x^2}{2}-\frac{(mx+4-3m)^2}{4}=1$$

$$(2-m^2)x^2+2m(3m-4)x-(3m-4)^2-4=0$$

接しているとき，この 2 次方程式が重解をもつから，$2-m^2\neq 0$ のもとで判別式を D とすると，

$$\frac{D}{4}=m^2(3m-4)^2-(2-m^2)\{-(3m-4)^2-4\}=0$$

$$m^2(3m-4)^2+(2-m^2)(3m-4)^2+4(2-m^2)=0$$

$$2(3m-4)^2+4(2-m^2)=0$$

$$7m^2-24m+20=0$$

$$(m-2)(7m-10)=0$$

よって，$m=2$，$\frac{10}{7}$　これは $2-m^2\neq 0$ を満たす。

これらを①に代入して，

$$\boldsymbol{y=2x-2,\ y=\frac{10}{7}x-\frac{2}{7}}$$ …答

別解 接点の座標を (x_1, y_1) とおくと，公式より接線の方程式は，

$$\frac{x_1\cdot x}{2}-\frac{y_1\cdot y}{4}=1 \text{ ……①}$$

接線①は点 (3, 4) を通るので，$x=3$，$y=4$ を代入すると，

$\frac{3}{2}x_1-y_1=1$　つまり，$y_1=\frac{3}{2}x_1-1$ ……②

また，点 (x_1, y_1) は双曲線上の点であるから代入すると，

$$\frac{{x_1}^2}{2}-\frac{{y_1}^2}{4}=1$$

この式に②を代入すると，

$$\frac{{x_1}^2}{2}-\frac{1}{4}\left(\frac{3}{2}x_1-1\right)^2=1$$

$$ {x_1}^2-12x_1+20=0$$

$(x_1-2)(x_1-10)=0$　よって，$x_1=2$，10

②より，$x_1=2$ のとき $y_1=2$，$x_1=10$ のとき $y_1=14$

これらを①に代入して，

$$\boldsymbol{x-\frac{y}{2}=1,\ 5x-\frac{7}{2}y=1}$$ …答

演習問題 84

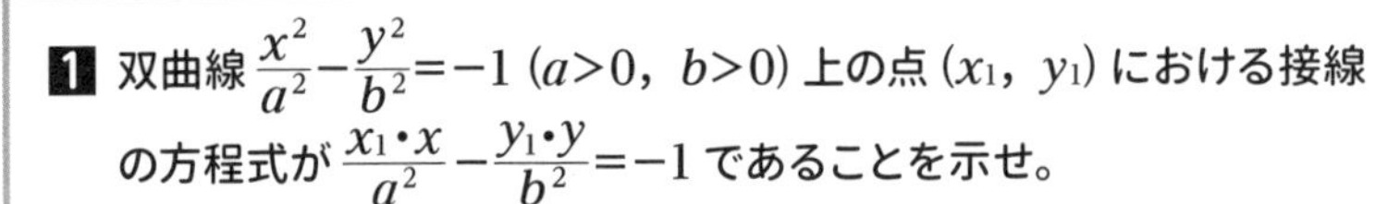

1 双曲線 $\dfrac{x^2}{a^2}-\dfrac{y^2}{b^2}=-1$ $(a>0,\ b>0)$ 上の点 $(x_1,\ y_1)$ における接線の方程式が $\dfrac{x_1\cdot x}{a^2}-\dfrac{y_1\cdot y}{b^2}=-1$ であることを示せ。

2 次の接線の方程式を求めよ。

(1) 放物線 $y^2=-x$ 上の点 $(-4,\ 2)$ における接線

(2) 楕円 $3x^2+y^2=12$ 上の点 $(-1,\ 3)$ における接線

(3) 双曲線 $x^2-y^2=1$ 上の点 $(\sqrt{2},\ -1)$ における接線

3 次の問いに答えよ。

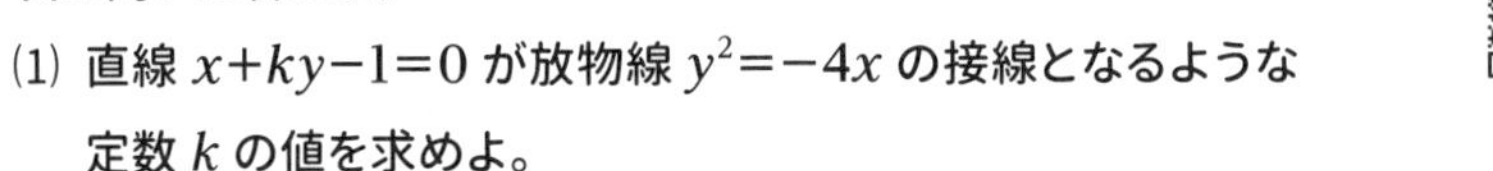

(1) 直線 $x+ky-1=0$ が放物線 $y^2=-4x$ の接線となるような定数 k の値を求めよ。

(2) 点 $(3,\ -2)$ から楕円 $4x^2+y^2=20$ に引いた接線の方程式を求めよ。

(3) 双曲線 $\dfrac{x^2}{4}-y^2=1$ の接線で点 $(2,\ 3)$ を通るものの方程式を求めよ。

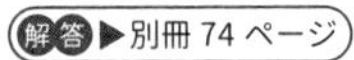

解答▶別冊 74 ページ

7 2次曲線と軌跡

2次曲線の問題では，定義に関連する問題が少なくありません。軌跡の方程式を求める問題でも，2次曲線の定義を意識することを忘れないようにしましょう。

Check Point　2次曲線の定義

放物線の定義：焦点までの距離＝準線までの距離

楕円の定義：2つの焦点までの距離の和が一定

双曲線の定義：2つの焦点までの距離の差の絶対値が一定

例題 128 円 C：$(x-2)^2+y^2=1$ と外接し，直線 l：$x=-1$ と接する円の中心Pの軌跡の方程式を求めよ。

解答

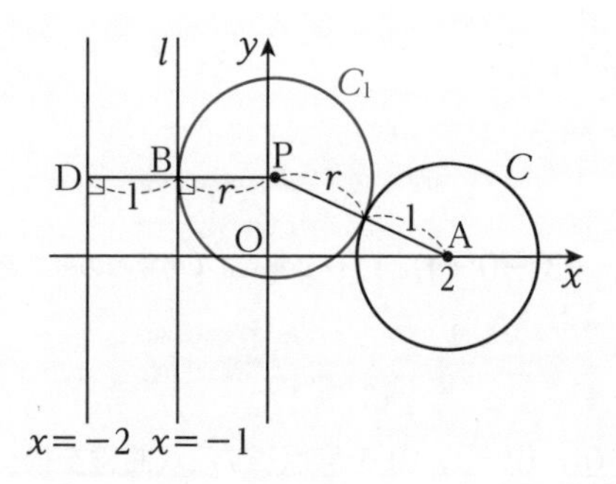

直線 $x=-2$ を考え，Pを中心とする円を C_1，C_1 の半径を r，円 C の中心をA，Pから l に下ろした垂線をPBとする。

直線PBは直線 l と直交しているので，直線 $x=-2$ とも直交している。このとき直線PBと $x=-2$ の交点をDとする。

図より，PA＝PD＝$r+1$ であるから，点PはA(2，0)を焦点とし，$x=-2$ を準線とする放物線を描く。　←焦点までの距離と準線までの距離が等しい＝放物線の定義

放物線の頂点は原点であるから，求める放物線の方程式は，

$y^2=4\cdot2\cdot x$　つまり，$\boldsymbol{y^2=8x}$ …答　← $y^2=4px$，焦点より $p=2$

別解 点Pの座標を $(X,\ Y)$ とおくと $PA^2=PD^2$ であるから，

$(X-2)^2+Y^2=(X+2)^2$ より，$Y^2=8X$

よって，求める放物線の方程式は，$\boldsymbol{y^2=8x}$ …答

例題129 次のような円 C_1 と円 C_2 の両方に外接する円の中心 P の軌跡の方程式を求めよ。

$C_1：(x-3)^2+y^2=1$　　$C_2：(x+3)^2+y^2=9$

解答

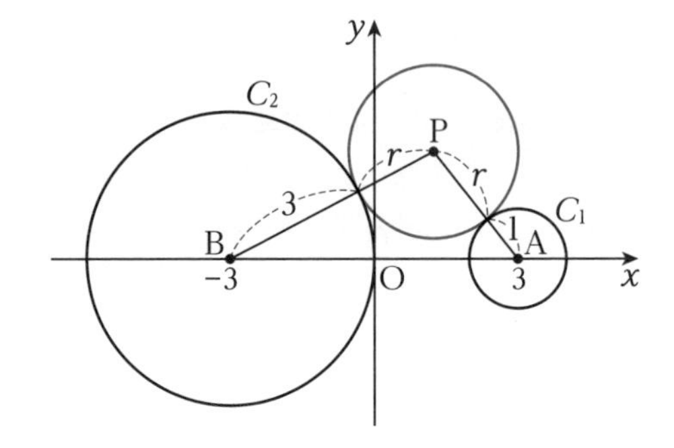

円 C_1 と円 C_2 の両方に外接する円の半径を r，円 C_1 の中心を A，円 C_2 の中心を B とすると，図より，

$\mathrm{PA}=r+1$，$\mathrm{PB}=r+3$

よって，

$|\mathrm{PB}-\mathrm{PA}|=|(r+3)-(r+1)|$　← 2 焦点までの距離の差の絶対値が一定＝双曲線の定義

$=2$

であるから，

点 P は 2 点 A(3，0)，B(−3，0) を焦点とする双曲線を描く。←ヨコ型

ただし，PB>PA であるから，双曲線の $x>0$ の部分である。

双曲線の中心は原点であるから，方程式を $\dfrac{x^2}{a^2}-\dfrac{y^2}{b^2}=1$ $(a>0,\ b>0)$ とおくと，焦点の座標は，

$(\pm\sqrt{a^2+b^2},\ 0)$

これが $(\pm3,\ 0)$ に等しいので，

$a^2+b^2=9$……①

また，点 P から 2 焦点までの距離の差の絶対値は $2a$ であるから，←定義を利用する

$2a=2$ より $a=1$

①より $b^2=8$ であるから，求める双曲線の方程式は，

$\boldsymbol{x^2-\dfrac{y^2}{8}=1\ (x\geqq1)}$ …**答**　← $a=1$ であるから，$x\geqq1$

演習問題 85

1 焦点の座標が $(1,\ 1)$，準線の方程式が $y=-2$ である放物線の方程式を求めよ。

2 定点 A$(4,\ 0)$ を通り，y 軸に接する円の中心 P の軌跡の方程式を求めよ。

3 円 $C:(x-2)^2+y^2=1$ が内接し，直線 $l:x=-1$ と接する円の中心 P の軌跡の方程式を求めよ。

4 点 A$(-1,\ 0)$ を中心とする半径 8 の円 C_1 の内部に，
点 B$(1,\ 0)$ を中心とする半径 4 の円 C_2 がある。
円 C_1 に内接し，円 C_2 に外接する円 C の中心 P の軌跡の方程式を求めよ。

5 点 A$(-1,\ 0)$ を中心とする半径 5 の円 C_1 と点 B$(1,\ 0)$ がある。
点 B を通り，円 C_1 に内接する円の中心 P の軌跡を求めよ。

6 中心がそれぞれ，点 $(-2,\ 0)$，$(2,\ 0)$ である半径 1 の円 A，B を考える。円 C が A を内側に含み，B の外側にあり，しかも，A，B の両方に接しながら動くとき，円 C の中心の軌跡を求めよ。

解答▶別冊 75 ページ

8 2次曲線と離心率

2次曲線の定義は，曲線の種類によって異なりました。

ここでは，**異なる2次曲線の定義を統一された形で表す**ことを考えます。まずは，次の例題を考えてみましょう。

例題130 点 F(3, 0) との距離と y 軸との距離の比が次のような点 P の軌跡の方程式をそれぞれ求めよ。

(1) 1：1　　(2) 2：1　　(3) 1：2

解答

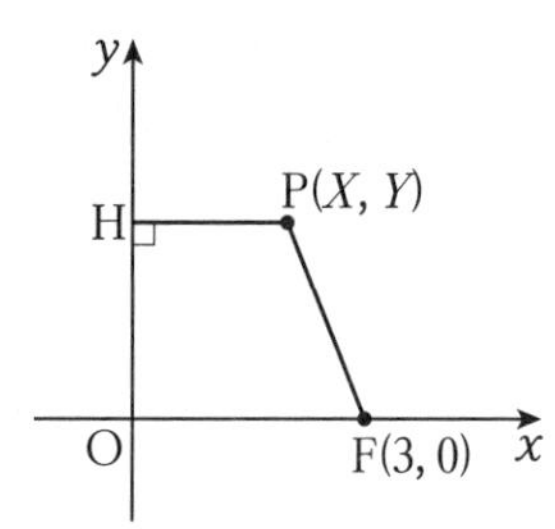

図のように，点 P の座標を $(X,\ Y)$，P から y 軸に下ろした垂線を PH とする。

(1) PF：PH=1：1 つまり $\mathrm{PF}^2=\mathrm{PH}^2$ であるから，

$$(X-3)^2+Y^2=X^2$$

$$Y^2=6X-9$$

よって，求める軌跡の方程式は，

放物線 $y^2=6x-9$ …答

確認　放物線の定義を思い出せば，F が焦点，y 軸が準線になることがわかります。

(2) PF：PH=2：1 つまり $\mathrm{PF}^2=4\mathrm{PH}^2$ であるから，

$$(X-3)^2+Y^2=4X^2$$

$$3X^2+6X-Y^2-9=0$$

$$3(X+1)^2-Y^2=12$$

$$\frac{(X+1)^2}{4}-\frac{Y^2}{12}=1$$

よって，求める軌跡の方程式は，

双曲線 $\dfrac{(x+1)^2}{4}-\dfrac{y^2}{12}=1$ …答

(3) PF：PH=1：2 つまり $4\mathrm{PF}^2=\mathrm{PH}^2$ であるから，

$$4\{(X-3)^2+Y^2\}=X^2$$

$$3X^2-24X+4Y^2+36=0$$
$$3(X-4)^2+4Y^2=12$$
$$\frac{(X-4)^2}{4}+\frac{Y^2}{3}=1$$

よって，求める軌跡の方程式は，

楕円 $\frac{(x-4)^2}{4}+\frac{y^2}{3}=1$ …答

以上のことから，**2 次曲線は定点 F までの距離と F を通らない直線 l からの距離の比で統一的に定義できる**ことがわかります。このとき，2 次曲線上の点 P から定点 F までの距離 PF と，直線 l までの距離 PH の比の値 $\frac{\mathrm{PF}}{\mathrm{PH}}$ を離心率といいます。この離心率の値によって 2 次曲線の種類が決まります。

Check Point　2 次曲線の定義

定点 F と F を通らない定直線 l がある。F までの距離 PF と l までの距離 PH の比の値が $\frac{\mathrm{PF}}{\mathrm{PH}}=e$ である点 P の軌跡は，

$0<e<1$ のとき，楕円

$e=1$ のとき，放物線

$e>1$ のとき，双曲線

参考　ここでは詳しい説明は避けますが，離心率が 0 に近いほど，点 P の軌跡は円に近づくことがわかっています。

演習問題 86

点 P について，原点 O との距離 PO と，直線 $y=6$ との距離 PH の比の値 $\frac{\mathrm{PO}}{\mathrm{PH}}$ が一定値 e であるとする。e が次のそれぞれの値の場合の点 P の軌跡を求めよ。また，その軌跡の焦点の座標を求めよ。

(1) $e=1$　　(2) $e=\frac{1}{2}$　　(3) $e=2$

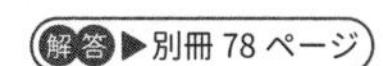
解答▶別冊 78 ページ

第2節　媒介変数表示と極座標

1　円の媒介変数表示

互いに関連する変数どうしの関係を，別の変数を用いて表すことを**媒介変数表示（パラメーター表示）**といいます。例えば，次のように互いに関連する変数 x，y があるとき，t がつなぎ役となって x，y の関係が表される場合などです。つなぎ役の変数 t を**媒介変数（パラメーター）**といいます。

$$y=f(x)$$

$$x \Longleftrightarrow y$$

$$\begin{cases} x=f(t) \\ y=g(t) \end{cases}$$ ←媒介変数表示

$$x \Longleftrightarrow t \Longleftrightarrow y$$

媒介変数

2 次曲線は y について解くと根号を含む式になる場合が多いです。x，y のみで扱うのが難しい場合に，媒介変数表示で考えやすくなることがあります。また，2 次曲線の媒介変数表示では三角関数を用いたものが多いです。$\sin\theta$ や $\cos\theta$ はそのものが変域をもつ（$-1 \leqq \sin\theta \leqq 1$ など）ために最大値や最小値を考える問題などに有効です。

例題131　t が実数であるとき，次の式を満たす点 (x, y) は，どのような図形を描くか。

(1) $\begin{cases} x=2t \\ y=3t^2 \end{cases}$　(2) $\begin{cases} x=t-3 \\ y=2t^2+1 \end{cases}$ $(0 \leqq t \leqq 1)$　(3) $\begin{cases} x=t^2-1 \\ y=t^4+t^2 \end{cases}$

解答　(1) $x=2t$ より，$t=\dfrac{x}{2}$ を y の式に代入すると，

$y=3\left(\dfrac{x}{2}\right)^2$　よって，**放物線 $y=\dfrac{3}{4}x^2$** …答

(2) $x=t-3$ より，$t=x+3$ を y の式に代入すると，

$y=2(x+3)^2+1$　より，$y=2x^2+12x+19$

また，$0 \leqq t \leqq 1$ であるから，$-3 \leqq t-3 \leqq -2$ より $-3 \leqq x \leqq -2$

よって，**放物線 $y=2x^2+12x+19$ の $-3 \leqq x \leqq -2$ の部分** …答

(3) $x=t^2-1$ より，$t^2=x+1$ を y の式に代入すると，

$y=(x+1)^2+(x+1)=x^2+3x+2$

ここで，$t^2=x+1 \geqq 0$ であるから，$x \geqq -1$　←隠れた変域に注意

以上より，**放物線 $y=x^2+3x+2$ の $x \geqq -1$ の部分** …答

円の方程式 $x^2+y^2=r^2$ を媒介変数表示することを考えてみましょう。

両辺を r^2 で割ると,

$$\left(\frac{x}{r}\right)^2+\left(\frac{y}{r}\right)^2=1$$

となり，この式は三角関数の相互関係の式

$$\cos^2\theta+\sin^2\theta=1$$

に対応していると考えることができます。つまり，

$$\frac{x}{r}=\cos\theta \Longleftrightarrow x=r\cos\theta \qquad \frac{y}{r}=\sin\theta \Longleftrightarrow y=r\sin\theta$$

と表すことができます。

Check Point　円の媒介変数表示

円 $x^2+y^2=r^2$ においてθを媒介変数とするとき,

$x=r\cos\theta$，$y=r\sin\theta$

このことは，数学 II で学んだように，図形的に考えることもできます。

右の図のように円周上の点 $(x,\ y)$ と原点を結ぶ線分が，x 軸の正の向きとつくる角をθとするとき，図の三角形より

$$\cos\theta=\frac{x}{r},\ \sin\theta=\frac{y}{r}$$

が成り立ちます。

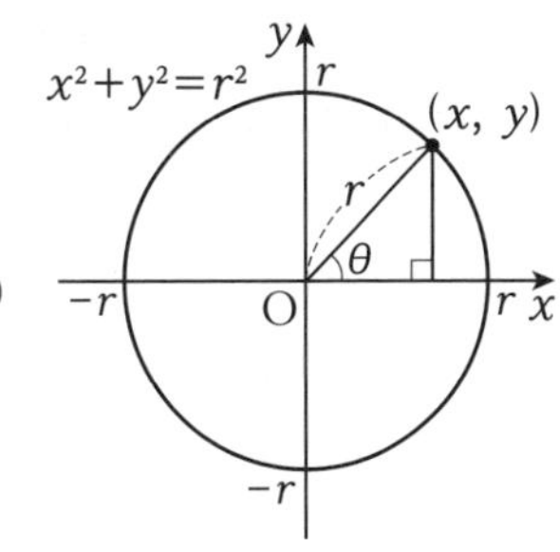

例題 132　次の円の方程式を，媒介変数θを用いて表せ。

(1) $x^2+y^2=4$　(2) $(x-1)^2+y^2=1$　(3) $(x+2)^2+(y-3)^2=3$

解答　(1) $x^2+y^2=2^2$ であるから,

$\boldsymbol{x=2\cos\theta,\ y=2\sin\theta}$ …答　← $x=r\cos\theta$，$y=r\sin\theta$

(2) $(x-1)^2+y^2=1^2$ であるから,

$x-1=1\cdot\cos\theta$，$y=1\cdot\sin\theta$　← $x-1$ をひとかたまりとみる

$\boldsymbol{x=\cos\theta+1,\ y=\sin\theta}$ …答

(3) $(x+2)^2+(y-3)^2=(\sqrt{3})^2$ であるから,

$x+2=\sqrt{3}\cdot\cos\theta$，$y-3=\sqrt{3}\cdot\sin\theta$　← $x+2$，$y-3$ をひとかたまりとみる

$\boldsymbol{x=\sqrt{3}\cos\theta-2,\ y=\sqrt{3}\sin\theta+3}$ …答

例題133 円 $x^2+y^2=2$ 上の第1象限にある点における接線と x 軸，y 軸との交点をそれぞれ P，Q とする。線分 PQ の長さの最小値を求めよ。

考え方 媒介変数表示をすることで，x，y を別々に表すことができる，つまり図形上の点の座標を媒介変数で表すことができます。

解答 θ を媒介変数とすると，円 $x^2+y^2=2$ は，

$x=\sqrt{2}\cos\theta$，$y=\sqrt{2}\sin\theta$

と表すことができる。

よって，円周上の点は $(\sqrt{2}\cos\theta, \sqrt{2}\sin\theta)$ と表すことができる。

また，第1象限にあるから x 座標も y 座標も正である。

つまり，$\cos\theta>0$，$\sin\theta>0$ より $0<\theta<\frac{\pi}{2}$ である。

接線の方程式は，

$\sqrt{2}\cos\theta\cdot x+\sqrt{2}\sin\theta\cdot y=2$ ←円 $x^2+y^2=r^2$ 上の点 (a, b) における接線の方程式は $ax+by=r^2$

これより，P，Q の座標はそれぞれ

$\mathrm{P}\left(\frac{\sqrt{2}}{\cos\theta}, 0\right)$，$\mathrm{Q}\left(0, \frac{\sqrt{2}}{\sin\theta}\right)$

このとき，

$$\mathrm{PQ}^2=\left(\frac{\sqrt{2}}{\cos\theta}\right)^2+\left(\frac{\sqrt{2}}{\sin\theta}\right)^2$$
$$=\frac{2(\sin^2\theta+\cos^2\theta)}{\cos^2\theta\sin^2\theta}$$
$$=\frac{2}{(1-\sin^2\theta)\sin^2\theta}$$

ここで，$\sin^2\theta=t$ とおくと，$0<\sin\theta<1$ であるから，$0<t<1$ の範囲において，

$$\mathrm{PQ}^2=\frac{2}{(1-t)t}=\frac{2}{-t^2+t}=\frac{2}{-\left(t-\frac{1}{2}\right)^2+\frac{1}{4}}$$ ←分母を t の2次関数とみて平方完成

PQ^2 が最小となるのは分母が最大のときで，$t=\frac{1}{2}$ のとき分母は最大になるから，このとき PQ^2 は最小値をとる。よって，

$$\mathrm{PQ}^2=\frac{2}{\frac{1}{4}}=8$$

$\mathrm{PQ}>0$ より $\mathrm{PQ}=\sqrt{8}=2\sqrt{2}$

よって，線分 PQ の長さの最小値は $\mathbf{2\sqrt{2}}$ …答

別解 三角関数の 2 倍角の公式より，$\sin\theta\cos\theta=\dfrac{\sin2\theta}{2}$ であるから，

$$PQ^2=\frac{2}{\left(\dfrac{\sin2\theta}{2}\right)^2}=\frac{8}{\sin^2 2\theta}$$

$0<2\theta<\pi$ の範囲では，$\sin^2 2\theta$ は $2\theta=\dfrac{\pi}{2}$ のとき最大値 $1^2=1$ をとる。

よって，$PQ^2=\dfrac{8}{1}=8$

つまり，線分 PQ の長さの最小値は $\mathbf{2\sqrt{2}}$ …**答**

演習問題 87

1 t が実数値をとって変化するとき，次の式を満たす点 $(x,\ y)$ は，どのような図形を描くか。ただし，(5)は $t>0$ とする。

(1) $\begin{cases} x=2\cos t+2 \\ y=2\sin t-3 \end{cases}$　(2) $\begin{cases} x=3\cos t \\ y=5\sin t \end{cases}$　(3) $\begin{cases} x=\dfrac{1}{\cos t}+4 \\ y=\tan t \end{cases}$

(4) $\begin{cases} x=2\sqrt{t} \\ y=\sqrt{t}-2t \end{cases}$　(5) $\begin{cases} x=t+\dfrac{1}{t} \\ y=t^2+\dfrac{1}{t^2} \end{cases}$　(6) $\begin{cases} x=3\left(t+\dfrac{1}{t}\right) \\ y=t-\dfrac{1}{t} \end{cases}$

2 点 $(x,\ y)$ が円 $x^2+y^2=2$ 上を動くとき，$\sqrt{3}x+y$ の最大値を求めよ。

2 楕円の媒介変数表示

円の場合と同様にして，楕円の場合も媒介変数表示を考えることができます。

楕円の方程式 $\dfrac{x^2}{a^2}+\dfrac{y^2}{b^2}=1$ より，

$$\left(\frac{x}{a}\right)^2+\left(\frac{y}{b}\right)^2=1$$

この式は三角関数の相互関係

$$\cos^2\theta+\sin^2\theta=1$$

に対応していると考えることができます。つまり，

$$\frac{x}{a}=\cos\theta \iff x=a\cos\theta$$

$$\frac{y}{b}=\sin\theta \iff y=b\sin\theta$$

と表すことができます。

Check Point　楕円の媒介変数表示

> 楕円 $\dfrac{x^2}{a^2}+\dfrac{y^2}{b^2}=1$ においてθを媒介変数とするとき，
>
> $x=a\cos\theta$，$y=b\sin\theta$

気をつけないといけない点は，媒介変数θの表す角の大きさです。

次の図のように，円 $x^2+y^2=a^2$ と楕円 $\dfrac{x^2}{a^2}+\dfrac{y^2}{b^2}=1$ $(a>b>0)$ を図示して比べると，楕円上の点 $\mathrm{Q}(a\cos\theta,\ b\sin\theta)$ は，同じ x 座標である円周上の点 $\mathrm{P}(a\cos\theta,\ a\sin\theta)$ の y 座標を $\dfrac{b}{a}$ 倍に縮小した点であることがわかります。

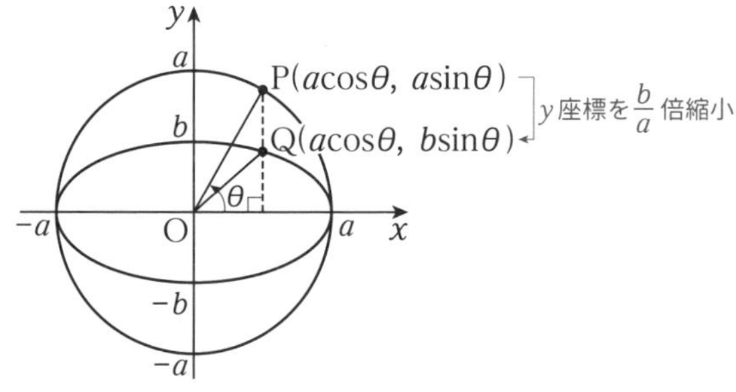

円の媒介変数表示で学んだ通り，**媒介変数θは線分 OP が x 軸の正の向きとでつくる角を表しています。線分 OQ が x 軸の正の向きとでつくる角ではない**点に注意してください。

例題 134 第1象限の楕円 $\frac{x^2}{4}+\frac{y^2}{9}=1$ 上にある点から x 軸，y 軸に垂線を下ろして右の図のような色のついた長方形をつくるとき，長方形の面積の最大値を求めよ。また，そのときの楕円上にある長方形の頂点の座標を答えよ。

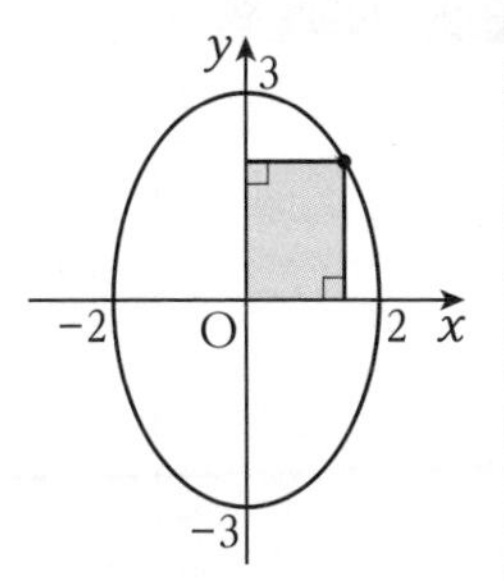

解答 第1象限の楕円上にある長方形の頂点の座標を $(2\cos\theta,\ 3\sin\theta)$ とおく。
↑楕円の媒介変数表示

第1象限にあるから $0<\theta<\frac{\pi}{2}$ であり，長方形の面積を S とすると，

$$S=2\cos\theta\times3\sin\theta$$
$$=6\sin\theta\cos\theta$$
$$=3\sin2\theta$$

2倍角の公式 $\sin2\theta=2\sin\theta\cos\theta$ の逆を用いる

$0<2\theta<\pi$ であるから，$2\theta=\frac{\pi}{2}$ つまり $\theta=\frac{\pi}{4}$ のとき S は最大値をとる。つまり，

長方形の面積の最大値は 3 …答

このとき，**楕円上にある長方形の頂点の座標は，**

$$\left(2\cos\frac{\pi}{4},\ 3\sin\frac{\pi}{4}\right)=\left(\sqrt{2},\ \frac{3\sqrt{2}}{2}\right)$$ …答

演習問題 88

1 楕円 $\frac{x^2}{a^2}+\frac{y^2}{b^2}=1$ $(a>0,\ b>0)$ 上の点 $P(x_1,\ y_1)$ における接線が x 軸と交わる点を Q，y 軸と交わる点を R とするとき，△OQR の面積の最小値を求めよ。ただし，$x_1>0$，$y_1>0$ とする。

2 楕円 C：$\frac{x^2}{3}+y^2=1$ 上の点で，$x\geqq0$ の範囲にあり，定点 $A(0,\ -1)$ との距離が最大となる点を P とする。

(1) 点 P の座標と，線分 AP の長さを求めよ。

(2) 点 Q は楕円 C 上を動くとする。△APQ の面積が最大となるとき，点 Q の座標および△APQ の面積を求めよ。

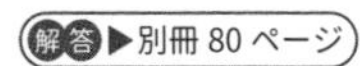
解答▶別冊 80 ページ

3 極座標

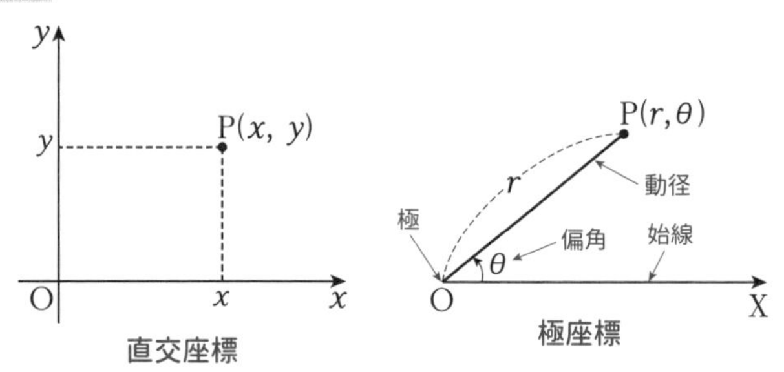

平面上の点 P の位置は座標で表すことができます。これまで用いてきた，x 軸上の値と y 軸上の値の組み合わせで表した座標 $(x,\ y)$ を直交座標といいます。これに対し，点 O からの距離 OP$=r$ と，半直線 OX から OP へ測った角 θ の組み合わせで表した座標 $(r,\ \theta)$ を極座標といいます。

このとき，定点 O を極，半直線 OX を始線，OP を動径，θ を偏角といいます。

極座標では長さと角を用いるので，円周上の点など，回転が関係するような座標を表すのに向いています。

極座標では，例えば $(2,\ \pi)$ も $(2,\ 3\pi)$ も同じ点を表します。つまり，1 つの点に対してその極座標は 1 通りには定まりません。ただし，極 O 以外の点の極座標は，$r>0$，$0 \leqq \theta < 2\pi$ に制限するとただ 1 通りに定まります。

原点 O を極，x 軸の正の部分を始線とする極座標 $(r,\ \theta)$ と直交座標 $(x,\ y)$ の間には次のような関係があります。

Check Point 極座標と直交座標

右の図の座標平面上の点 P の直交座標を $(x,\ y)$，極座標を $(r,\ \theta)$ とすると，

$x=r\cos\theta \qquad y=r\sin\theta$

$r=\sqrt{x^2+y^2}$

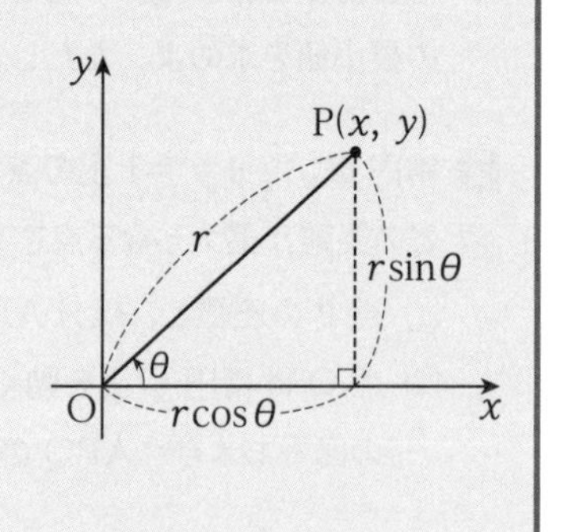

例題135 次の直交座標で表された点の極座標 $(r,\ \theta)$ を求めよ。ただし，$0 \leqq \theta < 2\pi$ とする。

(1) $\left(\dfrac{1}{2},\ \dfrac{\sqrt{3}}{2}\right)$　　(2) $(-1,\ -1)$　　(3) $(-\sqrt{3},\ 1)$

考え方 直交座標から極座標へ変換する場合は，図をかいて考えます。

解答 (1)

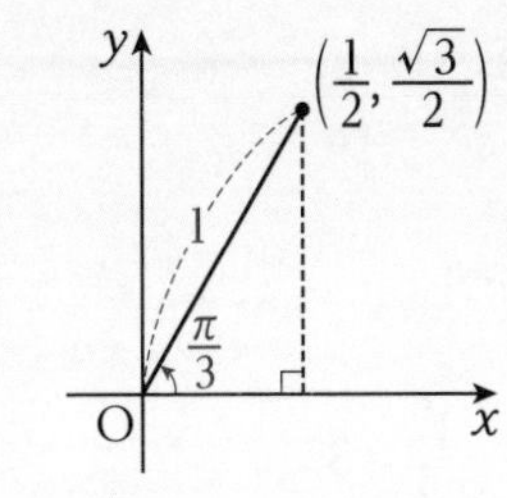

図より，$r=\sqrt{\left(\dfrac{1}{2}\right)^2+\left(\dfrac{\sqrt{3}}{2}\right)^2}=1$，$\theta=\dfrac{\pi}{3}$ である。

よって，$\left(\mathbf{1},\ \dfrac{\pi}{3}\right)$ …答

(2)

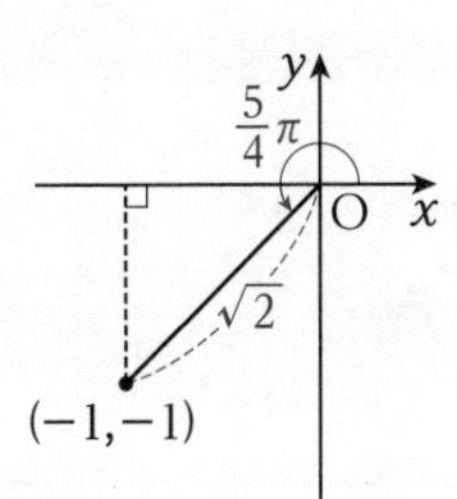

図より，$r=\sqrt{(-1)^2+(-1)^2}=\sqrt{2}$，$\theta=\dfrac{5}{4}\pi$ である。

よって，$\left(\sqrt{2},\ \dfrac{5}{4}\pi\right)$ …答

(3)

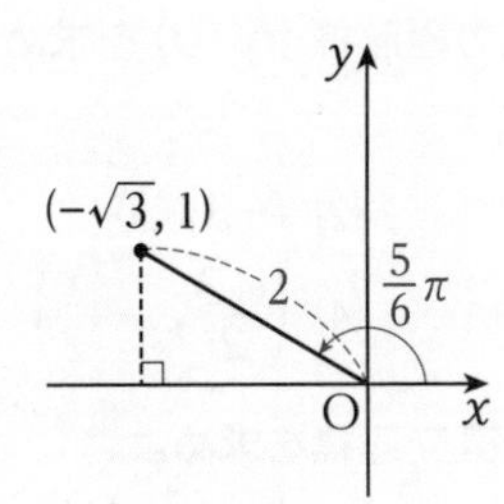

図より，$r=\sqrt{(-\sqrt{3})^2+1^2}=2$，$\theta=\dfrac{5}{6}\pi$ である。

よって，$\left(\mathbf{2},\ \dfrac{5}{6}\pi\right)$ …答

例題 136 次の極座標で表された点の直交座標を求めよ。

(1) $\left(2,\ \dfrac{\pi}{6}\right)$　(2) $\left(3\sqrt{2},\ \dfrac{7}{4}\pi\right)$　(3) $\left(4,\ \dfrac{4}{3}\pi\right)$

考え方 極座標から直交座標へ変換する場合は，関係式 $x=r\cos\theta$，$y=r\sin\theta$ の利用を考えます。

解答

(1) $x=2\cos\dfrac{\pi}{6}=2\cdot\dfrac{\sqrt{3}}{2}=\sqrt{3}$

$y=2\sin\dfrac{\pi}{6}=2\cdot\dfrac{1}{2}=1$

よって，$(\sqrt{3},\ 1)$ …答

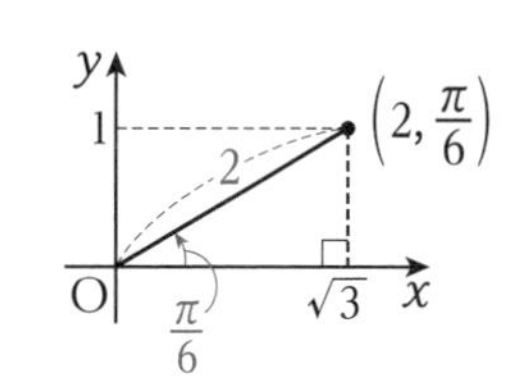

(2) $x=3\sqrt{2}\cos\dfrac{7}{4}\pi=3\sqrt{2}\cdot\dfrac{1}{\sqrt{2}}=3$

$y=3\sqrt{2}\sin\dfrac{7}{4}\pi=3\sqrt{2}\cdot\left(-\dfrac{1}{\sqrt{2}}\right)=-3$

よって，$(3,\ -3)$ …答

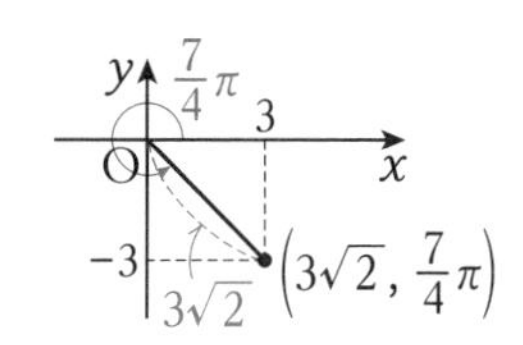

(3) $x=4\cos\dfrac{4}{3}\pi=4\cdot\left(-\dfrac{1}{2}\right)=-2$

$y=4\sin\dfrac{4}{3}\pi=4\cdot\left(-\dfrac{\sqrt{3}}{2}\right)=-2\sqrt{3}$

よって，$(-2,\ -2\sqrt{3})$ …答

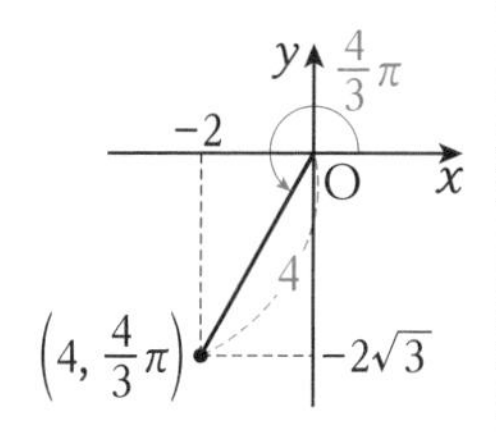

演習問題 89

1 次の直交座標で表された点の極座標 $(r,\ \theta)$ を求めよ。
ただし，$0\leqq\theta<2\pi$ とする。

(1) $(2,\ 2\sqrt{3})$　(2) $(-3,\ 3)$

(3) $(0,\ 1)$　(4) $\left(\dfrac{\sqrt{3}}{2},\ -\dfrac{1}{2}\right)$

2 次の極座標で表された点の直交座標を求めよ。

(1) $\left(2,\ \dfrac{5}{6}\pi\right)$　(2) $\left(3,\ \dfrac{4}{3}\pi\right)$

(3) $(1,\ 0)$　(4) $\left(2,\ \dfrac{3}{2}\pi\right)$

解答▶別冊 81 ページ

4 極方程式

これまで平面上の曲線の方程式は直交座標を用いて表されていました。平面上の曲線が極座標 $(r,\ \theta)$ を用いた式 $r=f(\theta)$ や $F(r,\ \theta)=0$ で表されるとき，この方程式を**極方程式**といいます。直交座標の方程式から極方程式を求めるためには次の方法が考えられます。

[方法 1]　直交座標と極座標の関係式

$$x=r\cos\theta,\ y=r\sin\theta$$

を利用する。

[方法 2]　極座標 $(r,\ \theta)$ の成り立つ関係式，つまり軌跡を求める。

[方法 2] では，図形の定義を利用することが多いです。

例題 137　直交座標で表された曲線の方程式 $x^2+4x+y^2=0$ を極方程式で表せ。

解答　$x=r\cos\theta$，$y=r\sin\theta$ を代入すると，←[方法 1]

$(r\cos\theta)^2+4r\cos\theta+(r\sin\theta)^2=0$

$r^2(\cos^2\theta+\sin^2\theta)+4r\cos\theta=0$

$r(r+4\cos\theta)=0$

$r=0$ または $r=-4\cos\theta$

ここで，$r=0$ は，$r=-4\cos\theta$ の $\cos\theta=0$ のときに含まれるので，

$\boldsymbol{r=-4\cos\theta}$ …答

例題 138　直交座標で表された次の直線の方程式を極方程式で表せ。

(1) $y=x$　　　　(2) $x=2$

解答 (1) 右の図より，直線 $y=x$ 上の点は常に偏角が $\dfrac{\pi}{4}$ で一定であるから，$\boldsymbol{\theta=\dfrac{\pi}{4}}$ …答　←[方法 2]

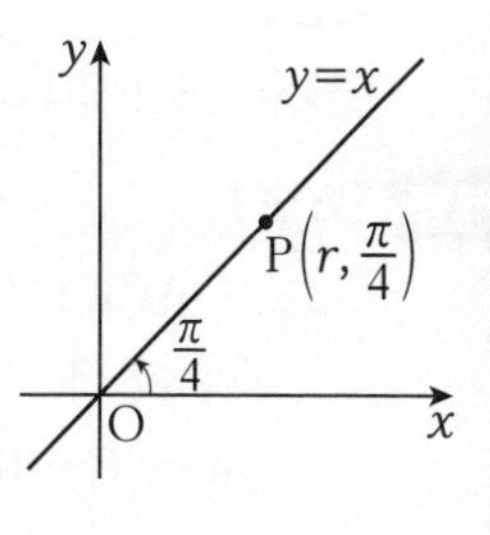

確認　極方程式でも，r のみ，θ のみのものも存在します。注意したいのは，このときの極と点を結んだ長さ r を 0 以上と定義すると，直線 $y=x$ 上の原点と第 1 象限の点しか表せません。

第 3 象限の点を表すには$\theta=\dfrac{5}{4}\pi$ という極方程式が新たに必要になってしまいます。そのような場合を防ぐために，極方程式では $r<0$ の場合も認めることにしています。つまり，$r<0$ の場合は逆向きに延ばすということです。

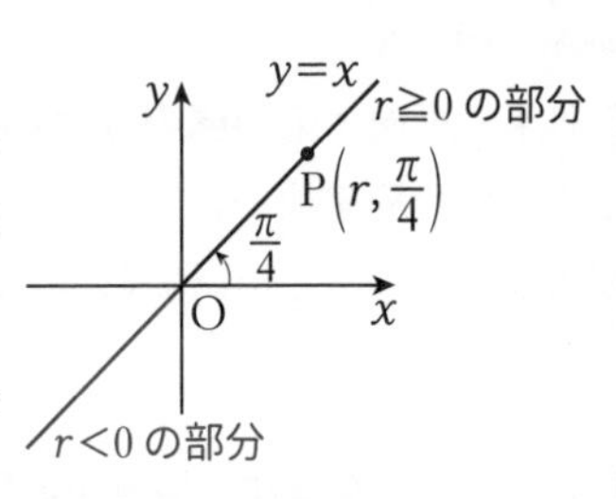

(2) 右の図より，直角三角形に着目して，←[方法 2]

$\cos\theta=\dfrac{2}{r}$　←$\theta=0$，πのときも満たす

つまり，$\boldsymbol{r\cos\theta=2}$ …答

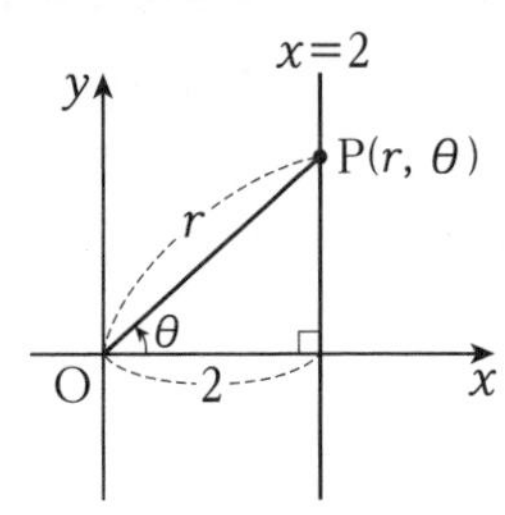

確認　[方法 1]でも簡単に求められます。図からわかる通り，θが$\dfrac{\pi}{2}$，$\dfrac{3}{2}\pi$ になることはあり得ないので，自動的に $\cos\theta\neq0$ がいえています。

また，$\dfrac{\pi}{2}<\theta<\dfrac{3}{2}\pi$ では $\cos\theta<0$ つまり $r<0$ となるので，次の図のように逆向きに延ばすことで直線 $x=2$ 上の点をつくっていることがわかります。

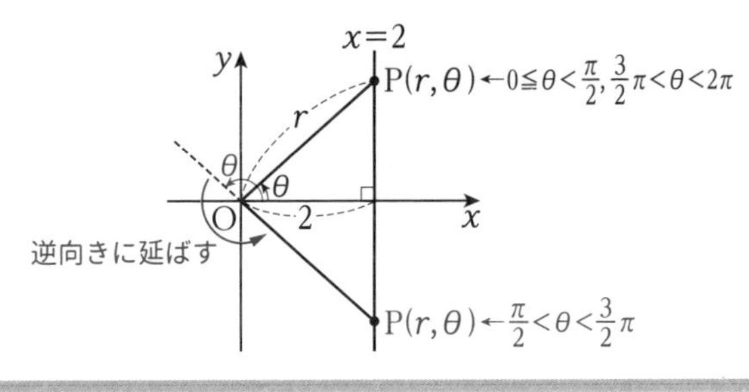

例題139 円 $(x-1)^2+y^2=1$ を **p.273** の**[方法 1]**, **[方法 2]**の両方の方法で極方程式に直せ。

考え方 **[方法 2]**は直角三角形を見つけて，三角比にもちこむのがポイントです。

解答 **[方法 1]**

$x=r\cos\theta$，$y=r\sin\theta$を代入すると，

$(r\cos\theta-1)^2+(r\sin\theta)^2=1$

$r^2(\cos^2\theta+\sin^2\theta)-2r\cos\theta=0$

$r(r-2\cos\theta)=0$

$r=0$ または $r=2\cos\theta$

ここで，$r=0$ は，$r=2\cos\theta$の $\cos\theta=0$ のときに含まれるので，

$\boldsymbol{r=2\cos\theta}$ …答

[方法 2]

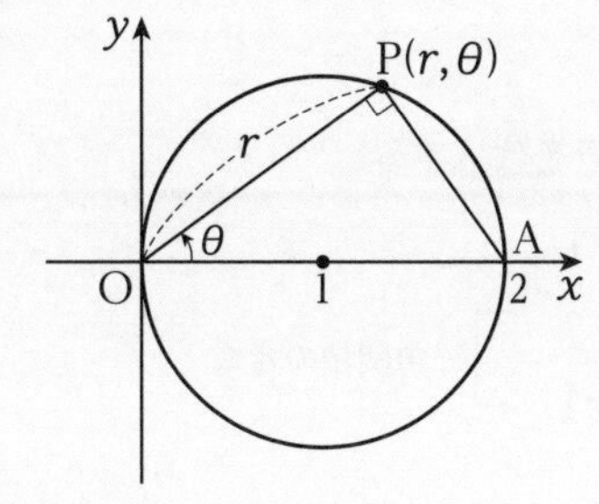

図の直角三角形 OAP において，

$$\cos\theta=\frac{\mathrm{OP}}{\mathrm{OA}}$$
$$=\frac{r}{2}$$

よって，

$\boldsymbol{r=2\cos\theta}$ …答

確認　**[方法 2]**において，$\frac{\pi}{2}<\theta<\frac{3}{2}\pi$ のとき，円周上に点 P が無いように見えますが，実際に$\theta=\frac{3}{4}\pi$ を $r=2\cos\theta$に代入してみると，

$$r=2\cos\frac{3}{4}\pi=-\sqrt{2}$$

負の r は逆向きに延ばす約束なので，次の図の点 Q，つまり第 4 象限の点を表していることがわかります。

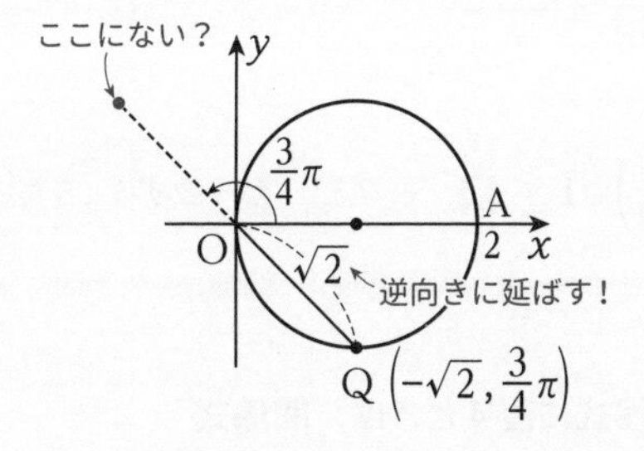

また，この点 Q は$\theta=\frac{3}{4}\pi+\pi=\frac{7}{4}\pi$ のときの点でもあります。

このことから，$r<0$ のときは $r>0$ のときと同じ軌跡 ($0\leqq\theta<2\pi$では P は円周上を 2 周している) であることがわかります。

例題140 直線 $y=-x+1$ を **p.273** の[**方法 1**], [**方法 2**]の両方の方法で極方程式に直せ。

考え方 [**方法 2**]は直角三角形を見つけて，三角比にもちこむのがポイントです。

解答 [**方法 1**]

$x=r\cos\theta$，$y=r\sin\theta$ を代入すると，

$$r\sin\theta=-r\cos\theta+1$$

$$r(\sin\theta+\cos\theta)=1$$

$$r\cdot\sqrt{2}\sin\left(\theta+\frac{\pi}{4}\right)=1$$

三角関数の合成

$$\sqrt{2}r\sin\left(\theta+\frac{\pi}{4}\right)=1$$ …答

[**方法 2**]

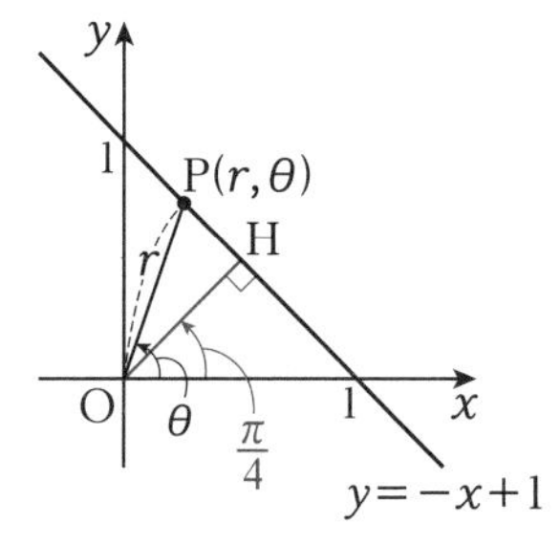

図より，$\mathrm{OH}=\frac{1}{\sqrt{2}}$，$\angle\mathrm{POH}=\theta-\frac{\pi}{4}$ であるから，直角三角形 OHP において，

$$\cos\left(\theta-\frac{\pi}{4}\right)=\frac{\mathrm{OH}}{\mathrm{OP}}=\frac{\frac{1}{\sqrt{2}}}{r}$$

よって，

$$\sqrt{2}r\cos\left(\theta-\frac{1}{4}\right)=1$$ …答 ←P と H が一致するときも成り立つ

極方程式を直交座標の方程式に直すときは，関係式

$$x=r\cos\theta,\ y=r\sin\theta$$

$$r^2=x^2+y^2$$

を利用して変形します。

例題141 極方程式 $r=\dfrac{2}{1-\cos\theta}\ (0<\theta<2\pi)$ で表される曲線を，直交座標の方程式で表せ。

解答 極方程式 $r=\dfrac{2}{1-\cos\theta}$ つまり $r-r\cos\theta=2$ に $\underline{r\cos\theta=x}$ を代入すると，

$r-x=2$

$r=x+2$

$r^2=(x+2)^2$ ←両辺を2乗

$\underline{r^2=x^2+y^2}$ を代入すると，

$x^2+y^2=(x+2)^2$

よって，$\boldsymbol{y^2=4x+4}$ …答

演習問題 90

1 次の直交座標に関する方程式を極方程式で表せ。

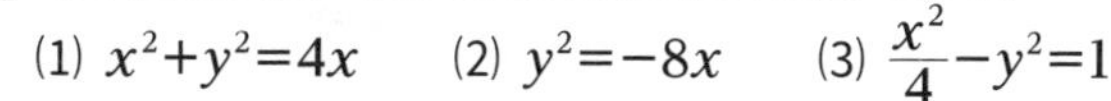

(1) $x^2+y^2=4x$　(2) $y^2=-8x$　(3) $\dfrac{x^2}{4}-y^2=1$

2 次の曲線の極方程式を求めよ。

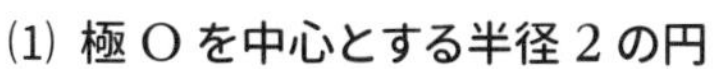

(1) 極Oを中心とする半径2の円

(2) 中心の極座標が $(2,\ 0)$，半径が2の円

(3) 極Oを通り，始線とのなす角が $\dfrac{\pi}{3}$ の直線

(4) 極座標が $\left(2,\ \dfrac{\pi}{6}\right)$ の点Aを通り，線分OAに垂直な直線

3 次の極方程式を直交座標の方程式に直せ。

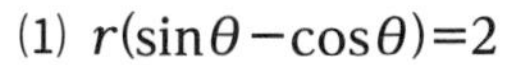

(1) $r(\sin\theta-\cos\theta)=2$

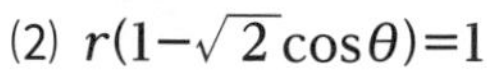

(2) $r(1-\sqrt{2}\cos\theta)=1$

(3) $r\cos\left(\theta+\dfrac{\pi}{3}\right)=1$

(4) $r=2\sin\theta$

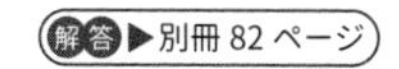

解答▶別冊82ページ

索　引

は行

ま行

や行

ら行

わ行

記号

装丁・本文デザイン　　ブックデザイン研究所
図　　版　　　　　　デザインスタジオ エキス.

※QRコードはデンソーウェーブの登録商標です。

高校 基本大全 数学B・Cベーシック編

編著者　香　川　　亮　　　発行所　受験研究社

発行者　岡　本　泰　治　　©株式会社　増進堂・受験研究社

〒550-0013 大阪市西区新町 2—19—15
注文・不良品などについて：(06)6532-1581(代表)／本の内容について：(06)6532-1586(編集)

Printed in Japan　　ユニックス・高廣製本
落丁・乱丁本はお取り替えします。

数学B·C

Basic編

基本大全

解答編

受験研究社

解答編

第1章 数列

第1節 等差数列・等比数列

演習問題1 p.10

考え方 n に1から順に自然数を代入していきます。

(1) n に1,2,3,4,5をそれぞれ代入すると，

$a_1=2\cdot1+3=\mathbf{5}$ …答

$a_2=2\cdot2+3=\mathbf{7}$ …答

$a_3=2\cdot3+3=\mathbf{9}$ …答

$a_4=2\cdot4+3=\mathbf{11}$ …答

$a_5=2\cdot5+3=\mathbf{13}$ …答

(2) n に1,2,3,4,5をそれぞれ代入すると，

$a_1=1^3=\mathbf{1}$ …答

$a_2=2^3=\mathbf{8}$ …答

$a_3=3^3=\mathbf{27}$ …答

$a_4=4^3=\mathbf{64}$ …答

$a_5=5^3=\mathbf{125}$ …答

(3) n に1,2,3,4,5をそれぞれ代入すると，

$a_1=3^1-4=\mathbf{-1}$ …答

$a_2=3^2-4=\mathbf{5}$ …答

$a_3=3^3-4=\mathbf{23}$ …答

$a_4=3^4-4=\mathbf{77}$ …答

$a_5=3^5-4=\mathbf{239}$ …答

(4) n に1,2,3,4,5をそれぞれ代入すると，

$a_1=\mathbf{3}$ …答

$a_2=\mathbf{3}$ …答

$a_3=\mathbf{3}$ …答

$a_4=\mathbf{3}$ …答

$a_5=\mathbf{3}$ …答

Point (4)は一般項に n を含まないので，値が3で変化しません。このような数列を**定数列**といいます。

演習問題2 p.12

1

考え方 n の式で表します。

公差を d とすると，初項と第2項より，

$10+d=7$

$d=7-10=-3$

よって，一般項は，

$a_n=10+(n-1)\cdot(-3)$ ←$a_n=a+(n-1)d$

$\mathbf{=-3n+13}$ …答

参考 公差は一定なので第3項と第2項の差をとり，$4-7=-3$ などとしても構いません。

2

考え方 n の式で表します。

(1)初項を a とすると，一般項は，

$a_n=a+(n-1)\cdot(-2)$ ……①

条件より，$a_{10}=-11$ であるから，①に $n=10$ を代入して，

$a-18=-11$　よって，$a=\mathbf{7}$ …答

(2)公差を d とすると，一般項は，

$a_n=19+(n-1)d$ ……①

条件より，$a_7=1$ であるから，①に $n=7$ を代入して，

$19+6d=1$　よって，$d=-3$

よって，一般項は，

$a_n=19+(n-1)\cdot(-3)$

$\mathbf{=-3n+22}$ …答

3

考え方 (2)は一般項をどう扱えばいいのか考えましょう。

(1)初項を a，公差を d とすると，一般項は，

$a_n=a+(n-1)d$ ……①

条件より，$a_{10}=30$，$a_{30}=10$ であるから，①に $n=10, n=30$ をそれぞれ代入して，

$$\begin{cases} a+9d=30 \\ a+29d=10 \end{cases}$$

これを解くと，$a=39$，$d=-1$

よって，一般項は①より，

$\boldsymbol{a_n}=39+(n-1)\cdot(-1)$ ← $a_n=a+(n-1)d$

$\boldsymbol{=-n+40}$ …答

(2)第 n 項が負であるとすると，

$a_n=-n+40<0$

$n>40$

よって，41 以上の n で負の項をとるとわかるので，最小の n の値は，$n=41$

したがって，**第 41 項** …答

4

考え方 (3)は数列が増加しているのか，減少しているのかに注意します。

(1)初項を a，公差を d とすると，一般項は，

$a_n=a+(n-1)d$ ……①

条件より，$a_8=-74$，$a_{24}=-62$ であるから，①に $n=8$，$n=24$ をそれぞれ代入して，

$$\begin{cases} a+7d=-74 \\ a+23d=-62 \end{cases}$$

これを解くと，$a=-\dfrac{317}{4}$，$d=\dfrac{3}{4}$

よって，一般項は①より，

$\boldsymbol{a_n}=-\dfrac{317}{4}+(n-1)\cdot\dfrac{3}{4}$ ← $a_n=a+(n-1)d$

$\boldsymbol{=\dfrac{3}{4}n-80}$ …答

(2)第 n 項が -53 であるとすると，

$a_n=\dfrac{3}{4}n-80=-53$

$n=36$

よって，**第 36 項** …答

(3)公差が $\dfrac{3}{4}$ であるから，この数列は増加している。つまり，$a_n<a_{2n}$ である。また，

$a_{2n}=\dfrac{3}{4}\cdot 2n-80$ ← a_n の n を $2n$ に直した式

$=\dfrac{3}{2}n-80$

a_n と a_{2n} の差が 10 より大きくなるのは，

$a_{2n}-a_n>10$

$\left(\dfrac{3}{2}n-80\right)-\left(\dfrac{3}{4}n-80\right)>10$

$\dfrac{3}{4}n>10$

$n>\dfrac{40}{3}(=13.3\cdots)$

n は自然数であるから，この不等式を満たす最小の n は **14** …答

演習問題 3 p.15

1

考え方 初項と公差を文字で表して，公式を利用します。

初項を a，公差を d とすると，一般項は，

$a_n=a+(n-1)d$ ……①

第 10 項が -50 であるから，①より，

$a_{10}=a+9d=-50$ ……②

また，初項から第 20 項までの和が -1060 であるから，

$\dfrac{(2a+19d)\cdot 20}{2}=-1060$ ← $S_n=\dfrac{\{2a+(n-1)d\}\cdot n}{2}$

$2a+19d=-106$ ……③

②，③より，$a=4$，$d=-6$

よって，①より，

$a_n=4+(n-1)\cdot(-6)$

$\boldsymbol{=-6n+10}$ …答

2

初項を a，公差を d とすると，初項から第 10 項までの和が 100 であるから，

$\dfrac{(2a+9d)\cdot 10}{2}=100$ ← $S_n=\dfrac{\{2a+(n-1)d\}\cdot n}{2}$

$2a+9d=20$ ……①

また，初項から第 20 項までの和が 400 であるから，

$\dfrac{(2a+19d)\cdot 20}{2}=400$ ← $S_n=\dfrac{\{2a+(n-1)d\}\cdot n}{2}$

$2a+19d=40$ ……②

①，②より，$a=1$，$d=2$

これより，初項から第 30 項までの和は，

$\dfrac{(2\cdot 1+29\cdot 2)\cdot 30}{2}$ ← $S_n=\dfrac{\{2a+(n-1)d\}\cdot n}{2}$

$=900$ …答

Point もちろん和の公式は $\dfrac{(a+a_n)\cdot n}{2}$ を用いても構いません。

3

考え方 $\dfrac{(\text{初めの項}+\text{最後の項})\times\text{項数}}{2}$ の公式も用います。

初項を a，公差を d とすると，初項から第 5 項までの和が 45 であるから，

$\dfrac{(2a+4d)\cdot 5}{2}=45$ ← $S_n=\dfrac{\{2a+(n-1)d\}\cdot n}{2}$

$a+2d=9$ ……①

また，初項から第 10 項までの和が

$45+(-5)=40$

であるから，

$\dfrac{(2a+9d)\cdot 10}{2}=40$ ← $S_n=\dfrac{\{2a+(n-1)d\}\cdot n}{2}$

$2a+9d=8$ ……②

①，②より，$a=13$，$d=-2$

よって，**一般項は，**

$a_n=13+(n-1)\cdot(-2)$

$=\boldsymbol{-2n+15}$ …答

これより，$a_{10}=-5$，$a_{20}=-25$ であるから**第 10 項から第 20 項までの和は，**

$\dfrac{\{(-5)+(-25)\}\cdot 11}{2}$ ← $\dfrac{(\text{初めの項}+\text{最後の項})\times\text{項数}}{2}$

$=\boldsymbol{-165}$ …答

演習問題 4 p.17

1

考え方 初項や公比を文字でおきます。

(1)公比を r とすると，初項と第 2 項より，

$2\times r=-\sqrt{2}$

$r=\dfrac{-\sqrt{2}}{2}=-\dfrac{1}{\sqrt{2}}$

よって，一般項は，

$\boldsymbol{a_n=2\cdot\left(-\dfrac{1}{\sqrt{2}}\right)^{n-1}}$ …答 ← $a_n=ar^{n-1}$

Point 公比は一定なので第 3 項と第 2 項の比をとり，$\dfrac{1}{-\sqrt{2}}=-\dfrac{1}{\sqrt{2}}$ などとしても構いません。

(2)公比を r とすると，一般項は，

$a_n=3\cdot r^{n-1}$ ……① ← $a_n=ar^{n-1}$

$a_4=81$ であるから，①に $n=4$ を代入して，

$3\cdot r^3=81$

$r^3=27$

r は実数であるから，$r=3$

よって，一般項は①より，

$\boldsymbol{a_n}=3\cdot 3^{n-1}\boldsymbol{=3^n}$ …答 ← $x^m\cdot x^n=x^{m+n}$

(3)初項を a，公比を r とすると，一般項は，

$a_n=ar^{n-1}$ ……①

条件より $a_3=3$，$a_6=-\dfrac{1}{9}$ であるから，

①に $n=3$，$n=6$ をそれぞれ代入して，

$\begin{cases} ar^2=3 & \text{……②} \\ ar^5=-\dfrac{1}{9} & \text{……③} \end{cases}$

<u>③÷②より</u>，←そのまま割るのがポイント

$\dfrac{ar^5}{ar^2}=\dfrac{-\dfrac{1}{9}}{3}$

$r^3=-\dfrac{1}{27}$

r は実数であるから，$r=-\dfrac{1}{3}$

これを②に代入して，

$$a\cdot\left(-\frac{1}{3}\right)^2=3$$

$$a=27$$

よって，一般項は①より，

$$\boldsymbol{a_n=27\cdot\left(-\frac{1}{3}\right)^{n-1}}\ \cdots 答$$

2

考え方　まず一般項を求めます。

(1)一般項は，

$a_n=5\cdot 2^{n-1}$ ← $a_n=ar^{n-1}$

これより，第 n 項が640であるとすると，

$$a_n=5\cdot 2^{n-1}=640$$

$$2^{n-1}=128$$

$$2^{n-1}=2^7$$

$n-1=7$ より，$n=8$

よって，**第 8 項** …答

(2)一般項は，

$a_n=2\cdot 3^{n-1}$ ← $a_n=ar^{n-1}$

これより，第 n 項が 1000 を超えるとすると，

$$a_n=2\cdot 3^{n-1}>1000$$

$$3^{n-1}>500$$

$3^5=243$，$3^6=729$ であるから，

$$n-1\geqq 6$$

$$n\geqq 7$$

初めて 1000 を超えるのは最小の n を考えると，$n=7$

よって，**第 7 項** …答

演習問題 5　p.19

1

考え方　(2)まず，公比を求めます。そのためには一般項が必要になります。

(1)初項が 8，公比が 2 であるから，

$\dfrac{8(2^6-1)}{2-1}=\mathbf{504}$ …答 ← $S_n=\dfrac{a(r^n-1)}{r-1}$

(2)公比を r とすると，一般項は，

$a_n=2\cdot r^{n-1}$ ……① ← $a_n=ar^{n-1}$

また，項数が6で末項が486であるから，

$a_6=486$ ←第 6 項が末項

①より，

$$a_6=2\cdot r^5=486$$

$$r^5=243$$

$$r=3$$

よって，初項から第 6 項までの和は，

$\dfrac{2(3^6-1)}{3-1}=\mathbf{728}$ …答 ← $S_n=\dfrac{a(r^n-1)}{r-1}$

2

初項が 3 であるから，公比を r とすると，一般項は，

$a_n=3\cdot r^{n-1}$ ← $a_n=ar^{n-1}$

末項が第 n 項であるとすると，

$$a_n=3\cdot r^{n-1}=96$$

$r^{n-1}=32$

$r^n=32r$ ……①　（両辺に r を掛ける）

初項と末項が異なるので，$r\neq 1$

初項から末項（第 n 項）までの和が 189 であるから，

$$\frac{3(r^n-1)}{r-1}=189$$

①より，

$$\frac{3(32r-1)}{r-1}=189$$

$$32r-1=63(r-1)$$

$$r=2$$

これを①に代入して，$2^n=64$

これより，$n=6$

よって，**公比は 2，項数は 6** …答

演習問題 6　p.21

考え方　約数の総和は，各因数の 0 乗から n 乗までの和を掛けたものになります。

(1) 3^5 の正の約数の総和は，

$$3^0+3^1+3^2+3^3+3^4+3^5=\frac{3^6-1}{3-1}$$

$$=\mathbf{364}\ \cdots 答$$

(2) $2^3\cdot5^2$ の正の約数の総和は，

$$(2^0+2^1+2^2+2^3)(5^0+5^1+5^2)$$
$$=\frac{2^4-1}{2-1}\cdot\frac{5^3-1}{5-1}$$
$$=15\cdot31$$
$$=\mathbf{465}$$ …答

(3) $504=\underline{2^3\cdot3^2\cdot7}$ であるから，正の約数の総和は，
↑素因数分解しておく

$$(2^0+2^1+2^2+2^3)(3^0+3^1+3^2)(7^0+7^1)$$
↑因数が増えても同じ

$$=\frac{2^4-1}{2-1}\cdot\frac{3^3-1}{3-1}\cdot\frac{7^2-1}{7-1}$$
$$=15\cdot13\cdot8$$
$$=\mathbf{1560}$$ …答

演習問題 7 p.23

考え方 3つの数の並びでは等差中項，等比中項に着目します。

1，x，y がこの順で等差数列であるから，

$2x=1+y$ ……① ←2×中＝前＋後

$x, 2y, 2xy$ がこの順で等比数列であるから，

$(2y)^2=x\cdot2xy$ ←中²＝前×後

$y\neq0$ より，

$2y=x^2$ ……②

①，②より y を消去すると，

$2(2x-1)=x^2$

$x^2-4x+2=0$

$1<x$ であるから，$\boldsymbol{x=2+\sqrt{2}}$ …答

①より，$\boldsymbol{y=3+2\sqrt{2}}$ …答

Point 実際に確かめてみると…
1，x，y は 1，$2+\sqrt{2}$，$3+2\sqrt{2}$ で，公差が $1+\sqrt{2}$ の等差数列，x，$2y$，$2xy$ は $2+\sqrt{2}$，$6+4\sqrt{2}$，$20+14\sqrt{2}$ で，公比が $2+\sqrt{2}$ の等比数列になっていることが確認できます。

第2節 数列の和とシグマ記号

演習問題 8 p.24

考え方 (2)公比の値で場合分けします。

(1)
$$\begin{array}{rl} S= & 1\cdot\left(\frac{1}{2}\right)^0+2\cdot\frac{1}{2}+3\cdot\left(\frac{1}{2}\right)^2+\cdots+n\cdot\left(\frac{1}{2}\right)^{n-1} \\ -)\ \frac{1}{2}S= & \qquad 1\cdot\frac{1}{2}+2\cdot\left(\frac{1}{2}\right)^2+\cdots+(n-1)\cdot\left(\frac{1}{2}\right)^{n-1}+n\cdot\left(\frac{1}{2}\right)^n \\ \hline \frac{1}{2}S= & 1+\frac{1}{2}+\left(\frac{1}{2}\right)^2+\cdots+\left(\frac{1}{2}\right)^{n-1}-n\cdot\left(\frac{1}{2}\right)^n \end{array}$$

よって，
↓例題と異なり初項を和に含めることができる

$$\frac{1}{2}S=\frac{1\cdot\left\{1-\left(\frac{1}{2}\right)^n\right\}}{1-\frac{1}{2}}-n\cdot\left(\frac{1}{2}\right)^n$$
$$\frac{1}{2}S=2\left\{1-\left(\frac{1}{2}\right)^n\right\}-n\cdot\left(\frac{1}{2}\right)^n$$
$$S=4-2(n+2)\left(\frac{1}{2}\right)^n$$
$$=\mathbf{4-(n+2)\left(\frac{1}{2}\right)^{n-1}}$$ …答

(2)等比数列の和を公比が1かそうでないかで場合分けしたように，この問題でも<u>公比が1かそうでないかで場合分けします。</u>

<u>$x=1$ のとき</u>

$S=1+2+3+\cdots+n=\dfrac{(1+n)n}{2}$ ←等差数列の和

<u>$x\neq1$ のとき</u>

$$\begin{array}{rl} S= & 1\cdot x^0+2\cdot x+3\cdot x^2+4\cdot x^3+\cdots+n\cdot x^{n-1} \\ -)\ xS= & \qquad 1\cdot x+2\cdot x^2+3\cdot x^3+\cdots+(n-1)\cdot x^{n-1}+n\cdot x^n \\ \hline (1-x)S= & 1+x+x^2+x^3+\cdots+x^{n-1}-n\cdot x^n \end{array}$$

よって，

$$(1-x)S=\frac{1\cdot(1-x^n)}{1-x}-n\cdot x^n$$
$$S=\frac{1-x^n}{(1-x)^2}-\frac{nx^n}{1-x}$$

以上より，

$$\begin{cases} \boldsymbol{x=1} \textbf{ のとき，} \boldsymbol{S=\dfrac{(1+n)n}{2}} \\ \boldsymbol{x\neq1} \textbf{ のとき，} \boldsymbol{S=\dfrac{1-x^n}{(1-x)^2}-\dfrac{nx^n}{1-x}} \end{cases}$$ …答

演習問題 9 p.26

1

考え方 部分分数分解を考えます。

$$\frac{1}{1\cdot2}+\frac{1}{2\cdot3}+\frac{1}{3\cdot4}+\cdots+\frac{1}{10\cdot11}$$

$\downarrow \frac{1}{AB}=\frac{1}{B-A}\left(\frac{1}{A}-\frac{1}{B}\right)$

$$=\frac{1}{2-1}\left(\frac{1}{1}-\frac{1}{2}\right)+\frac{1}{3-2}\left(\frac{1}{2}-\frac{1}{3}\right)+\frac{1}{4-3}\left(\frac{1}{3}-\frac{1}{4}\right)+\cdots+\frac{1}{11-10}\left(\frac{1}{10}-\frac{1}{11}\right)$$

$$=\left(\frac{1}{1}-\frac{1}{2}\right)+\left(\frac{1}{2}-\frac{1}{3}\right)+\left(\frac{1}{3}-\frac{1}{4}\right)+\cdots+\left(\frac{1}{10}-\frac{1}{11}\right)$$

$$=1-\frac{1}{11}=\mathbf{\frac{10}{11}}$$ …答

2

考え方 分母の左側と右側で別々に一般項を考えます。

(1)分母の左側の数字は 2，5，8，11，…であるから，初項 2，公差 3 の等差数列である。よって，第 n 項は，

$2+(n-1)\cdot3=3n-1$ ← $a_n=a+(n-1)d$

分母の右側の数字は 5，8，11，14，…であるから，初項 5，公差 3 の等差数列である。よって，第 n 項は，

$5+(n-1)\cdot3=3n+2$ ← $a_n=a+(n-1)d$

以上より，求める和を S とすると，

$$S=\frac{1}{2\cdot5}+\frac{1}{5\cdot8}+\frac{1}{8\cdot11}+\cdots+\frac{1}{(3n-1)(3n+2)}$$

$\downarrow \frac{1}{AB}=\frac{1}{B-A}\left(\frac{1}{A}-\frac{1}{B}\right)$

$$=\frac{1}{5-2}\left(\frac{1}{2}-\frac{1}{5}\right)+\frac{1}{8-5}\left(\frac{1}{5}-\frac{1}{8}\right)+\frac{1}{11-8}\left(\frac{1}{8}-\frac{1}{11}\right)+\cdots+\frac{1}{(3n+2)-(3n-1)}\left(\frac{1}{3n-1}-\frac{1}{3n+2}\right)$$

$$=\frac{1}{3}\left\{\left(\frac{1}{2}-\frac{1}{5}\right)+\left(\frac{1}{5}-\frac{1}{8}\right)+\left(\frac{1}{8}-\frac{1}{11}\right)+\cdots+\left(\frac{1}{3n-1}-\frac{1}{3n+2}\right)\right\}$$

$$=\frac{1}{3}\left(\frac{1}{2}-\frac{1}{3n+2}\right)$$

$$=\mathbf{\frac{n}{2(3n+2)}}$$ …答

(2)分母の左側の数字は 1，2，3，4，…であるから，第 n 項は n である。

分母の右側の数字は 3，4，5，6，…であるから，初項 3，公差 1 の等差数列である。よって，第 n 項は，

$3+(n-1)\cdot1=n+2$ ← $a_n=a+(n-1)d$

以上より，求める和を S とすると，

$$S=\frac{1}{1\cdot3}+\frac{1}{2\cdot4}+\frac{1}{3\cdot5}+\frac{1}{4\cdot6}+\frac{1}{5\cdot7}+\cdots+\frac{1}{(n-1)(n+1)}+\frac{1}{n(n+2)}$$

$\downarrow \frac{1}{AB}=\frac{1}{B-A}\left(\frac{1}{A}-\frac{1}{B}\right)$

$$=\frac{1}{3-1}\left(\frac{1}{1}-\frac{1}{3}\right)+\frac{1}{4-2}\left(\frac{1}{2}-\frac{1}{4}\right)+\frac{1}{5-3}\left(\frac{1}{3}-\frac{1}{5}\right)+\frac{1}{6-4}\left(\frac{1}{4}-\frac{1}{6}\right)+\frac{1}{7-5}\left(\frac{1}{5}-\frac{1}{7}\right)+\cdots+\frac{1}{(n+1)-(n-1)}\left(\frac{1}{n-1}-\frac{1}{n+1}\right)+\frac{1}{(n+2)-n}\left(\frac{1}{n}-\frac{1}{n+2}\right)$$

$$=\frac{1}{2}\left\{\left(\frac{1}{1}-\frac{1}{3}\right)+\left(\frac{1}{2}-\frac{1}{4}\right)+\left(\frac{1}{3}-\frac{1}{5}\right)+\left(\frac{1}{4}-\frac{1}{6}\right)+\left(\frac{1}{5}-\frac{1}{7}\right)+\cdots+\left(\frac{1}{n-1}-\frac{1}{n+1}\right)+\left(\frac{1}{n}-\frac{1}{n+2}\right)\right\}$$

↓前 2 つと後 2 つが残る

$$=\frac{1}{2}\left(\frac{1}{1}+\frac{1}{2}-\frac{1}{n+1}-\frac{1}{n+2}\right)$$

$$=\mathbf{\frac{n(3n+5)}{4(n+1)(n+2)}}$$ …答

3

考え方 (2)は(1)の結果を用います。

(1)係数を比較する方法を用いる。

両辺に $n(n+1)(n+2)$ を掛けて分母を払うと，

$1=a(n+2)-bn$

$1=(a-b)n+2a$ ← n について整理

これが n についての恒等式となるので，係数を比較すると，

$$\begin{cases} 0=a-b \\ 1=2a \end{cases}$$

よって，$\boldsymbol{a=b=\frac{1}{2}}$ …答

(2)(1)の結果より，

$$\frac{1}{n(n+1)(n+2)}$$
$$=\frac{1}{2}\left\{\frac{1}{n(n+1)}-\frac{1}{(n+1)(n+2)}\right\}$$

である。よって，

$$\frac{1}{1\cdot2\cdot3}+\frac{1}{2\cdot3\cdot4}+\frac{1}{3\cdot4\cdot5}+\cdots+\frac{1}{n(n+1)(n+2)}$$
$$=\frac{1}{2}\left(\frac{1}{1\cdot2}-\frac{1}{2\cdot3}\right)+\frac{1}{2}\left(\frac{1}{2\cdot3}-\frac{1}{3\cdot4}\right)+\frac{1}{2}\left(\frac{1}{3\cdot4}-\frac{1}{4\cdot5}\right)+\cdots+\frac{1}{2}\left\{\frac{1}{n(n+1)}-\frac{1}{(n+1)(n+2)}\right\}$$
$$=\frac{1}{2}\left\{\frac{1}{1\cdot2}-\frac{1}{(n+1)(n+2)}\right\}$$
$$=\boldsymbol{\frac{n(n+3)}{4(n+1)(n+2)}}$$ …答

演習問題 10 p.29

1

考え方 k に順に代入して，すべて足し合わせた式を書きます。どこまで足すのかは，Σ 記号の上の値に着目します。

(1) $\displaystyle\sum_{k=1}^{5}(2k+1)$

$=(2\cdot1+1)+(2\cdot2+1)+(2\cdot3+1)+(2\cdot4+1)+(2\cdot5+1)$

$=\boldsymbol{3+5+7+9+11}$ …答

(2) $\displaystyle\sum_{k=1}^{4}3\cdot\left(\frac{1}{2}\right)^{k-1}$

$=3\cdot\left(\frac{1}{2}\right)^{1-1}+3\cdot\left(\frac{1}{2}\right)^{2-1}+3\cdot\left(\frac{1}{2}\right)^{3-1}+3\cdot\left(\frac{1}{2}\right)^{4-1}$

$=\boldsymbol{3+\frac{3}{2}+\frac{3}{4}+\frac{3}{8}}$ …答

(3) $\displaystyle\sum_{k=0}^{6}k(6-k)$

$=0\cdot(6-0)+1\cdot(6-1)+2\cdot(6-2)+3\cdot(6-3)+4\cdot(6-4)+5\cdot(6-5)+6\cdot(6-6)$

$=\boldsymbol{0+5+8+9+8+5+0}$ …答

2

考え方 数列の一般項(第 k 項)を求めます。

(1)初項 1，公差 2 の等差数列であるから，一般項(第 k 項)は，

$1+(k-1)\cdot2=2k-1$ ← $a_k=a+(k-1)d$

初項から第 6 項までの和なので，

$\displaystyle\boldsymbol{\sum_{k=1}^{6}(2k-1)}$ …答

(2)初項 1，公差 3 の等差数列であるから，一般項(第 k 項)は，

$1+(k-1)\cdot3=3k-2$ ← $a_k=a+(k-1)d$

また，$3k-2=3n+1$ を解くと，$k=n+1$ であるから，最後は第 $(n+1)$ 項である。つまり，初項から第 $(n+1)$ 項までの和なので，

$\displaystyle\boldsymbol{\sum_{k=1}^{n+1}(3k-2)}$ …答 ←シグマ記号の上の値は $n+1$

(3)分母の左側の数字は，初項 3，公差 3 の等差数列であるから，一般項(第 k 項)は，

$3+(k-1)\cdot3=3k$ ← $a_k=a+(k-1)d$

分母の右側の数字は，初項 1，公比 2 の等比数列であるから，一般項(第 k 項)は，

$1\cdot2^{k-1}=2^{k-1}$ ← $a_n=ar^{n-1}$

よって，この数列の一般項(第 k 項)は，

$$\frac{1}{3k\cdot2^{k-1}}$$

また，分母に着目して

$3k\cdot2^{k-1}=(3n-3)\cdot2^{n-2}$ より $k=n-1$ であるから，最後は第 $(n-1)$ 項である。つまり，初項から第 $(n-1)$ 項までの和なので，

$\displaystyle\boldsymbol{\sum_{k=1}^{n-1}\frac{1}{3k\cdot2^{k-1}}}$ …答 ←シグマ記号の上の値は $n-1$

第1章 数列 第2章 統計的な推測 第3章 ベクトル 第4章 複素数平面 第5章 平面上の曲線

演習問題 11 p.34

1

考え方 $\sum_{k=1}^{n} k^2$ の証明と同様に考えます。

$(k+1)^4-k^4=4k^3+6k^2+4k+1$ において，$k=1, 2, \cdots, n$ として両辺の和を考えると，

$$\sum_{k=1}^{n}\{(k+1)^4-k^4\}=\sum_{k=1}^{n}(4k^3+6k^2+4k+1)$$

$$(\text{左辺})=\sum_{k=1}^{n}\{(k+1)^4-k^4\}$$
$$=(2^4-1^4)+(3^4-2^4)+(4^4-3^4)+\cdots+\{(n+1)^4-n^4\}$$
$$=(n+1)^4-1$$

また，

$$(\text{右辺})=4\sum_{k=1}^{n}k^3+6\sum_{k=1}^{n}k^2+4\sum_{k=1}^{n}k+\sum_{k=1}^{n}1$$
$$=4\sum_{k=1}^{n}k^3+6\cdot\frac{n(n+1)(2n+1)}{6}+4\cdot\frac{n(n+1)}{2}+n$$
$$=4\sum_{k=1}^{n}k^3+2n^3+5n^2+4n$$

以上より，

$$(n+1)^4-1=4\sum_{k=1}^{n}k^3+2n^3+5n^2+4n$$
$$4\sum_{k=1}^{n}k^3=(n+1)^4-1-2n^3-5n^2-4n$$
$$=n^4+2n^3+n^2$$
$$=n^2(n+1)^2$$
$$\sum_{k=1}^{n}k^3=\left\{\frac{n(n+1)}{2}\right\}^2$$

〔証明終わり〕

2

考え方 まず，公式に当てはめることを考え，公式が当てはまらない場合は，$k=1$ からの和を用いて表すか，各項を書き並べる形にすることを考えます。

(1) $$\sum_{k=1}^{n}2k=2\sum_{k=1}^{n}k$$
$$=2\cdot\frac{n(n+1)}{2}$$
$$=\boldsymbol{n(n+1)}$$ …答

(2) $$\sum_{k=1}^{n}k(k+1)$$
$$=\sum_{k=1}^{n}(k^2+k)$$
(まず展開)
$$=\sum_{k=1}^{n}k^2+\sum_{k=1}^{n}k$$
$$=\frac{n(n+1)(2n+1)}{6}+\frac{n(n+1)}{2}$$
$$=\frac{n(n+1)(2n+1)+3n(n+1)}{6}$$
$$=\frac{n(n+1)(2n+1+3)}{6}$$
$$=\boldsymbol{\frac{n(n+1)(n+2)}{3}}$$ …答

(3) $$\sum_{k=1}^{n}k(k+2)(k+4)$$
$$=\sum_{k=1}^{n}(k^3+6k^2+8k)$$
(まず展開)
$$=\sum_{k=1}^{n}k^3+6\sum_{k=1}^{n}k^2+8\sum_{k=1}^{n}k$$
$$=\frac{n^2(n+1)^2}{4}+6\cdot\frac{n(n+1)(2n+1)}{6}+8\cdot\frac{n(n+1)}{2}$$
$$=\frac{n^2(n+1)^2+4n(n+1)(2n+1)+16n(n+1)}{4}$$
$$=\frac{n(n+1)\{n(n+1)+4(2n+1)+16\}}{4}$$
$$=\boldsymbol{\frac{n(n+1)(n+4)(n+5)}{4}}$$ …答

(4) $$\sum_{k=1}^{n-1}k=\frac{(n-1)\{(n-1)+1\}}{2}$$
(←公式の n を $n-1$ にかえる)
$$=\boldsymbol{\frac{n(n-1)}{2}}$$ …答

(5) $k=11$ から $k=15$ までの和を，
($k=1$ から $k=15$ までの和)$-$($k=1$ から $k=10$ までの和)と考える。

$$\sum_{k=11}^{15}k^2=\sum_{k=1}^{15}k^2-\sum_{k=1}^{10}k^2$$
$$=\frac{15(15+1)(2\cdot15+1)}{6}-\frac{10(10+1)(2\cdot10+1)}{6}$$
$$=1240-385=\boldsymbol{855}$$ …答

(6) $$\sum_{k=1}^{n}3^{2k-1}=3^1+3^3+3^5+\cdots+3^{2n-1}$$
(←各項を書き並べる)

であるから，初項3，公比9，項数 n の等比数列の和である。よって，

$$\sum_{k=1}^{n}3^{2k-1}=\frac{3(9^n-1)}{9-1}=\boldsymbol{\frac{3}{8}(9^n-1)}$$ …答

(7) $\displaystyle\sum_{k=2}^{n}\frac{1}{(k-1)k}$

↓各項を書き並べる

$=\frac{1}{1\cdot2}+\frac{1}{2\cdot3}+\frac{1}{3\cdot4}+\cdots+\frac{1}{(n-1)n}$

↓部分分数分解

$=\left(1-\frac{1}{2}\right)+\left(\frac{1}{2}-\frac{1}{3}\right)+\left(\frac{1}{3}-\frac{1}{4}\right)$

$+\cdots+\left(\frac{1}{n-1}-\frac{1}{n}\right)$

$=1-\frac{1}{n}$

$=\boldsymbol{\frac{n-1}{n}}$ …答

演習問題 12 p.36

考え方　数列の第 k 項を求めます。

(1)各項の左側の数は初項が 1，公差が 2 の等差数列であるから，左側の第 k 項は，

$1+(k-1)\cdot2=2k-1$ ←$a_k=a+(k-1)d$

各項の右側の数は初項が 2，公差が 4 の等差数列であるから，右側の第 k 項は，

$2+(k-1)\cdot4=4k-2$ ←$a_k=a+(k-1)d$

以上より，求める数列の和は，

$1\cdot2+3\cdot6+5\cdot10+7\cdot14+\cdots$

$+(2n-1)(4n-2)$

$=\displaystyle\sum_{k=1}^{n}(2k-1)(4k-2)$

$=2\displaystyle\sum_{k=1}^{n}(2k-1)^2$

$=2\displaystyle\sum_{k=1}^{n}(4k^2-4k+1)$ ←まず展開

$=2\left\{4\cdot\frac{n(n+1)(2n+1)}{6}-4\cdot\frac{n(n+1)}{2}+n\right\}$

$=2\cdot\frac{4n(n+1)(2n+1)-12n(n+1)+6n}{6}$

$=\frac{2n(4n^2-1)}{3}$

$=\boldsymbol{\frac{2n(2n+1)(2n-1)}{3}}$ …答

(2)数列の第 k 項は 3^k-1 であるから，求める数列の和は，

$(3^1-1)+(3^2-1)+(3^3-1)+(3^4-1)$

$+\cdots+(3^n-1)$

$=\displaystyle\sum_{k=1}^{n}(3^k-1)$

$=\displaystyle\sum_{k=1}^{n}3^k-\sum_{k=1}^{n}1$ ←$\sum_{k=1}^{n}3^k$ は初項 3，公比 3，項数 n の等比数列の和

$=\frac{3(3^n-1)}{3-1}-n$

$=\boldsymbol{\frac{3^{n+1}-3-2n}{2}}$ …答

Point　$(3^1-1)+(3^2-1)+(3^3-1)+(3^4-1)+\cdots+(3^n-1)$

$=(3^1+3^2+3^3+3^4+\cdots+3^n)-n$

$=\frac{3(3^n-1)}{3-1}-n$

と考えればシグマ記号がなくても計算できますが，このような変形は気づきにくいですね。シグマ記号を利用することで，等比数列の和にうまく導くことができたのです。

(3)数列の第 k 項は，初項 1，公差 2，項数 k の等差数列の和である。よって，等差数列の和の公式より第 k 項は，

$\frac{\{2+(k-1)\cdot2\}k}{2}=k^2$ ←$S_n=\frac{\{2a+(n-1)d\}\cdot n}{2}$

以上より，初項から第 n 項までの和は，

$\displaystyle\sum_{k=1}^{n}k^2=\boldsymbol{\frac{n(n+1)(2n+1)}{6}}$ …答

Point　第 k 項が k^2 であることから，求める数列は，

$1^2,\ 2^2,\ 3^2,\ 4^2,\ \cdots,\ n^2$

であったということです。

演習問題 13 p.38

考え方　$n=1$ の確認を忘れないようにしましょう。

(1)階差数列を $\{b_n\}$ とすると，$\{b_n\}$ は，

2，4，6，8，10，…

初項 2，公差 2 の等差数列であるから，第 k 項は，

$b_k=2+(k-1)\cdot2=2k$ ←$a_k=a+(k-1)d$

$\underline{n \geqq 2}$ のとき,

$$a_n = a_1 + \sum_{k=1}^{n-1} b_k$$
$$= 0 + \sum_{k=1}^{n-1} 2k$$
$$= 2 \cdot \frac{(n-1)\{(n-1)+1\}}{2} \quad \leftarrow \sum_{k=1}^{n} k = \frac{n(n+1)}{2}$$
$$= n(n-1)$$

これは, <u>$n=1$ のとき $a_1=0$ を満たす。</u>

よって, $\boldsymbol{a_n = n(n-1)}$ …答

別解 階差数列の一般項 b_k とは, $\{a_n\}$ の第 k 項 a_k と第 $(k+1)$ 項 a_{k+1} の差を表しているので,

$$a_{k+1} - a_k = b_k$$

$k=1, 2, \cdots, n$ として, <u>両辺の和をとると,</u>

$$\sum_{k=1}^{n} (a_{k+1} - a_k) = \sum_{k=1}^{n} b_k$$
$$(a_2 - a_1) + (a_3 - a_2) + (a_4 - a_3) + \cdots$$
$$+ (a_{n+1} - a_n) = \sum_{k=1}^{n} 2k$$

↑階差の形は和をとると打ち消される

$$a_{n+1} - a_1 = n(n+1)$$
$$a_{n+1} = n(n+1) \quad \leftarrow a_1 = 0$$

n の値を 1 下げると,

$\boldsymbol{a_n = n(n-1)}$ …答

(2) 階差数列を $\{b_n\}$ とすると, $\{b_n\}$ は,

1, 2, 4, 8, 16, …

初項 1, 公比 2 の等比数列であるから, <u>第 k 項</u>は,

$$b_k = 1 \cdot 2^{k-1} = 2^{k-1} \quad \leftarrow a^k = ar^{k-1}$$

<u>$n \geqq 2$ のとき,</u>

$$a_n = a_1 + \sum_{k=1}^{n-1} b_k$$
$$= 3 + \sum_{k=1}^{n-1} 2^{k-1} \quad \leftarrow \text{初項 1, 公比 2, 項数 } n-1 \text{ の等比数列の和}$$
$$= 3 + \frac{1 \cdot (2^{n-1} - 1)}{2-1}$$
$$= 3 + (2^{n-1} - 1) = 2 + 2^{n-1}$$

これは, <u>$n=1$ のとき $a_1=3$ を満たす。</u>

よって, $\boldsymbol{a_n = 2 + 2^{n-1}}$ …答

演習問題 14 p.40

考え方 $n=1$ のときの確認を忘れないようにしましょう。

(1) <u>$n \geqq 2$ のとき,</u>

$$a_n = S_n - S_{n-1}$$
$$= (n^2 + 2n) - \{(n-1)^2 + 2(n-1)\}$$
$$= 2n + 1$$

<u>$n=1$ のとき,</u>

$$a_1 = S_1 = 1^2 + 2 \cdot 1 = 3$$

これは $n \geqq 2$ の式に含まれる。よって,

$\boldsymbol{a_n = 2n + 1}$ …答

(2) <u>$n \geqq 2$ のとき,</u>

$$a_n = S_n - S_{n-1}$$
$$= (n^3 + 2) - \{(n-1)^3 + 2\}$$
$$= 3n^2 - 3n + 1$$

<u>$n=1$ のとき,</u>

$$a_1 = S_1 = 1^3 + 2 = 3$$

これは $n \geqq 2$ の式に含まれない。

よって, $\boldsymbol{a_1 = 3}$,

$\boldsymbol{n \geqq 2}$ のとき $\boldsymbol{a_n = 3n^2 - 3n + 1}$ …答

演習問題 15 p.43

1

考え方 縦または横に 1 列ずつ数えていきます。直線で囲まれた領域の格子点なので, 書き並べることでも求められますが, ここでは Σ 記号を用いて解いていきます。

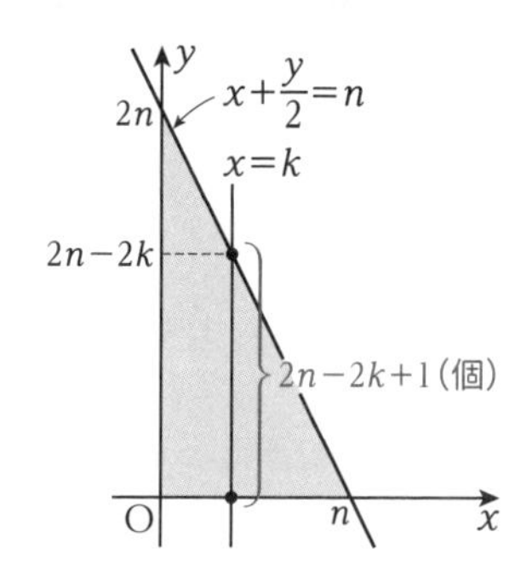

数える格子点の存在範囲は図の色のついた部分で，境界線は含む。

k を 0 以上 n 以下の整数とすると，直線 $x=k$ と直線 $x+\dfrac{y}{2}=n$ の交点の y 座標は $y=2n-2k$ である。よって，直線 $x=k$ 上の格子点の個数は，

$$\underset{\text{大}}{(2n-2k)}\underset{-\text{小}+1}{-0+1}=2n-2k+1\text{(個)}$$

よって，$0\leqq k\leqq n$ における格子点の総数は，

$$\begin{aligned}&\sum_{k=0}^{n}(2n-2k+1)\\&=(2n+1)\sum_{k=0}^{n}1-2\sum_{k=0}^{n}k\\&=(2n+1)(n+1)-2\cdot\frac{n(n+1)}{2}\\&=\boldsymbol{n^2+2n+1}\textbf{(個)}\ \cdots\text{答}\end{aligned}$$

参考 $\displaystyle\sum_{k=0}^{n}1$ は $(n+1)$ 個の 1 の和，$\displaystyle\sum_{k=0}^{n}k$ は $0+1+2+\cdots+n$ のことです。

2

考え方 この問題では，直線 $x=k$ 上の格子点を考えると，例えば $x=2$ のとき直線 $\dfrac{x}{3}+y=n$ 上の点の y 座標は $y=n-\dfrac{2}{3}$ となり整数になりません。

そうすると

「a 以上 b 以下の整数の個数が $(b-a+1)$ 個である」

が使えないことになりうまくいきません。直線で切った両端が常に整数になる切り方を考える必要があるので，この場合は直線 $y=k$ 上の格子点を数えます。

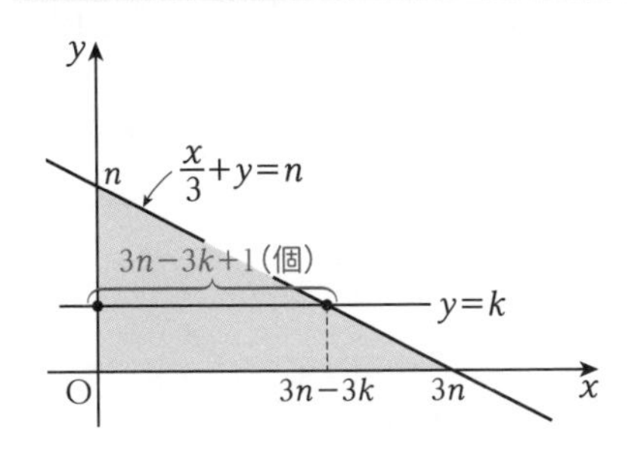

数える格子点の存在範囲は図の色のついた部分で，境界線は含む。

k を 0 以上 n 以下の整数とすると，直線 $y=k$ と直線 $\dfrac{x}{3}+y=n$ の交点の x 座標は $x=3n-3k$ である。よって，直線 $y=k$ 上の格子点の個数は，

$$\underset{\text{大}}{(3n-3k)}\underset{-\text{小}+1}{-0+1}=3n-3k+1\text{(個)}$$

よって，$0\leqq k\leqq n$ における格子点の総数は，

$$\begin{aligned}&\sum_{k=0}^{n}(3n-3k+1)\\&=(3n+1)\sum_{k=0}^{n}1-3\sum_{k=0}^{n}k\\&=(3n+1)(n+1)-3\cdot\frac{n(n+1)}{2}\\&=\boldsymbol{\frac{3}{2}n^2+\frac{5}{2}n+1}\textbf{(個)}\ \cdots\text{答}\end{aligned}$$

Point 「格子点の個数なのに分数？」となりますが，どのような自然数 n でもこの式は整数になります。

$\displaystyle\sum_{k=0}^{n}k=\frac{n(n+1)}{2}$ において，n または $n+1$ のいずれかは必ず偶数ですから，$\dfrac{n(n+1)}{2}$ は必ず整数になることからわかります。

3

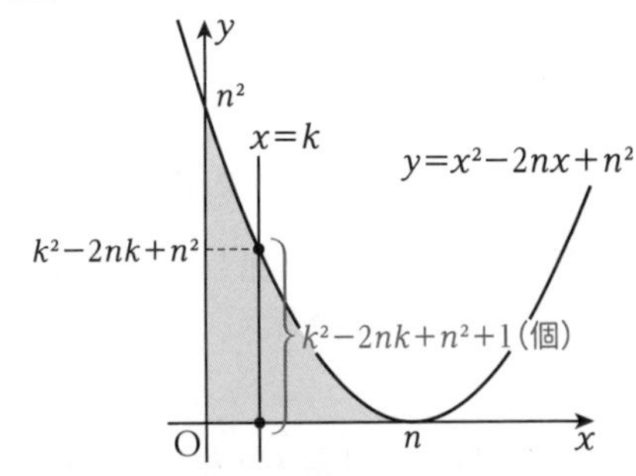

数える格子点の存在範囲は図の色のついた部分で，境界線は含む。

k を 0 以上 n 以下の整数とすると，直線 $x=k$ と放物線 $y=x^2-2nx+n^2$ の交点の y 座標は $y=k^2-2nk+n^2$ である。

よって，直線 $x=k$ 上の格子点の個数は，

$$(k^2-2nk+n^2)-0+1$$
（大　　　−小+1）

$$=k^2-2nk+n^2+1\text{（個）}$$

よって，$0\leqq k\leqq n$ における格子点の総数は，

$$\sum_{k=0}^{n}(k^2-2nk+n^2+1)$$
$$=\sum_{k=0}^{n}k^2-2n\sum_{k=0}^{n}k+(n^2+1)\sum_{k=0}^{n}1$$
$$=\frac{n(n+1)(2n+1)}{6}-2n\cdot\frac{n(n+1)}{2}+(n^2+1)(n+1)$$
$$=\frac{(n+1)\{n(2n+1)-6n^2+6(n^2+1)\}}{6}$$
$$=\boldsymbol{\frac{(n+1)(2n^2+n+6)}{6}}\textbf{（個）}\ \cdots\text{答}$$

演習問題 16 p.46

1

(1)奇数の列 1，3，5，…は初項 1，公差 2 の等差数列であるから，第 n 群に並ぶ奇数は，

$$1+(n-1)\cdot 2=2n-1$$

下の〔図〕より，第 $(n-1)$ 群の終わりまでの項数は，

$$1+3+5+\cdots+(2n-3)$$
$$=\frac{\{1+(2n-3)\}(n-1)}{2}\quad\text{←等差数列の和}$$
$$=(n-1)^2\text{（個）}$$

第 n 群の先頭の数はこの次であるから，前から数えて

$$(n-1)^2+1=\boldsymbol{n^2-2n+2}\textbf{（番目）}\ \cdots\text{答}$$

Point 1 から数えて n 番目の奇数は $2n-1$ であることは覚えておきたいです。

(2)(1)より，第 $(n-1)$ 群の終わりまでの項数が $(n-1)^2$ であったから，第 n 群の終わりまでの項数は n^2 である。←n の値を 1 増やす

前から 200 番目の数が第 n 群にあるとき，何番目と何番目の間にあるかを考えると，←番目で考える

$$n^2-2n+2\leqq 200\leqq n^2\ \cdots\cdots①$$

この式を満たす n は $n=15$ であるから，前から 200 番目の数は第 15 群に含まれる。第 15 群は 15 番目の奇数が並ぶので，その数は

$$2\cdot 15-1=\mathbf{29}\ \cdots\text{答}\quad\text{←}n\text{ 群内の奇数は }2n-1$$

また，第 14 群（27 が 27 個並んでいる）の終わりまでの項数は，

$$1+3+5+\cdots+27=\frac{(1+27)\cdot 14}{2}$$
$$=196\text{（個）}\quad\text{←あと 4 つで 200 番目}$$

であるから，200 番目の数は**第 15 群の 4 番目** …答

次に，第 k 群は奇数 $2k-1$ が $(2k-1)$ 個並ぶので，第 k 群の各項の総和は，

$$(2k-1)\times(2k-1)=(2k-1)^2$$

第 1 群から第 14 群までの各項の総和は，各群の総和を足し合わせて，

$$\sum_{k=1}^{14}(2k-1)^2=4\sum_{k=1}^{14}k^2-4\sum_{k=1}^{14}k+\sum_{k=1}^{14}1$$
$$=4\cdot\frac{14\cdot 15\cdot 29}{6}-4\cdot\frac{14\cdot 15}{2}+14$$
$$=4060-420+14$$
$$=3654\quad\text{←先頭から 196 番目までの数の和}$$

第 15 群は 29 が並ぶので，先頭から 200 番目までの数の和は，

$$3654+29\times 4=\mathbf{3770}\ \cdots\text{答}$$

参考 ①で n の値を求めるとき，n^2 が 200 程度と考えると $n=\sqrt{200}=10\sqrt{2}\fallingdotseq 14$ となるので，$n=14$ あたりの数で確かめていきます。

〔図〕
第 1 群 | 第 2 群 | 第 3 群 | … | 第 $(n-1)$ 群 | 第 n 群
1 | 3，3，3 | 5，5，5，5，5 | … | $2n-3$，…，$2n-3$ | $2n-1$，…
1 個　3 個　5 個　…　$(2n-3)$ 個
まず，ここの和を求める
↑何番目か？

2

考え方　もとの数列の規則性にも着目します。

(1)第 $(n-1)$ 群の終わりまでの項数は，

$1+2+3+\cdots+(n-1)$

$=\dfrac{\{1+(n-1)\}(n-1)}{2}=\dfrac{n(n-1)}{2}$(個)

第 n 群の先頭の数はこの次であるから，前から数えて

$\dfrac{n(n-1)}{2}+1=\dfrac{n^2-n+2}{2}$(番目)

もとの数列は偶数の列であるから，初項 2，公差 2 の等差数列である。よって，前から k 番目の数は，

$2+(k-1)\cdot 2=2k$

これより，前から $\dfrac{n^2-n+2}{2}$ 番目の数は，

$2\cdot\dfrac{n^2-n+2}{2}$ ←k に $\dfrac{n^2-n+2}{2}$ を代入

$=\boldsymbol{n^2-n+2}$ …答

(2)(1)の結果より，第 $(n+1)$ 群の先頭の数は，

$(n+1)^2-(n+1)+2$

$=n^2+n+2$ ←n の値を 1 増やす

第 n 群の最後の数は，その 1 つ前であるから，

$(n^2+n+2)-2=n^2+n$

第 n 群は初項 n^2-n+2，末項 n^2+n，項数 n の等差数列であるから，その和は，

$\dfrac{\{(n^2-n+2)+(n^2+n)\}\cdot n}{2}$

$=\boldsymbol{n(n^2+1)}$ …答 ←$\dfrac{(初めの項+最後の項)\times項数}{2}$

別解　第 n 群は初項 n^2-n+2，公差 2，項数 n の等差数列であるから，その和は，

$\dfrac{\{2(n^2-n+2)+(n-1)\cdot 2\}\cdot n}{2}$

$=n(n^2+1)$ ←$S_n=\dfrac{\{2a+(n-1)d\}\cdot n}{2}$

第3節　漸化式

演習問題 17　p.49

考え方　式の形から，どの種類の数列かわかるようにしましょう。

(1)初項 2，公差 4 の等差数列を表しているから，

$a_n=2+(n-1)\cdot 4$

$=\boldsymbol{4n-2}$ …答

(2)初項 3，公差 -2 の等差数列を表しているから， ←$a_{n+1}=a_n+(-2)$ と考える

$a_n=3+(n-1)\cdot(-2)$

$=\boldsymbol{-2n+5}$ …答

(3)初項 $\dfrac{1}{2}$，公比 2 の等比数列を表しているから，

$a_n=\dfrac{1}{2}\cdot 2^{n-1}=\boldsymbol{2^{n-2}}$ …答

(4)初項 -1，公比 -2 の等比数列を表しているから，

$a_n=(-1)\cdot(-2)^{n-1}$

$=\boldsymbol{-(-2)^{n-1}}$ …答

演習問題 18　p.50

考え方　$n=1$ のときの確認を忘れないようにしましょう。

(1)数列 $\{4n\}$ が数列 $\{a_n\}$ の階差数列であるから，$n\geqq 2$ のとき，

$a_n=a_1+\displaystyle\sum_{k=1}^{n-1}4k$

$=2+4\displaystyle\sum_{k=1}^{n-1}k$

$=2+4\cdot\dfrac{(n-1)n}{2}$

$=2n^2-2n+2$

これは，$n=1$ のとき $a_1=2$ を満たす。

よって，$\boldsymbol{a_n=2n^2-2n+2}$ …答

(2)数列 $\{3^n\}$ が数列 $\{a_n\}$ の階差数列であるから，$n\geqq 2$ のとき，

$$a_n=a_1+\sum_{k=1}^{n-1}3^k$$
$$=1+\frac{3(3^{n-1}-1)}{3-1}$$
$$=\frac{3^n-1}{2}$$

← $\sum_{k=1}^{n-1}3^k$ は等比数列の和

これは，$n=1$ のとき $a_1=1$ を満たす。

よって，$\boldsymbol{a_n=\frac{3^n-1}{2}}$ …答

演習問題 19 p.54

考え方 漸化式と同係数の 1 次式から，引く数を決めます。

(1)まず，方程式 $\alpha=2\alpha+1$ を解くと，

$$\alpha=-1$$

よって，漸化式は

$$a_{n+1}-(-1)=2\{a_n-(-1)\}$$

← $a_{n+1}-\alpha=p(a_n-\alpha)$

$$a_{n+1}+1=2(a_n+1)$$

と変形することができる。この式は，数列 $\{a_n+1\}$ が公比 2 の等比数列であることを表している。よって，数列 $\{a_n+1\}$ の一般項は，

$$a_n+1=(a_1+1)\cdot 2^{n-1}$$

すなわち

$$\boldsymbol{a_n}=(1+1)\cdot 2^{n-1}-1$$
$$\boldsymbol{=2^n-1}\ \text{…答}$$

(2)まず，方程式 $\alpha=\frac{2}{3}\alpha-\frac{1}{2}$ を解くと，

$$\alpha=-\frac{3}{2}$$

よって，漸化式は，

$$a_{n+1}-\left(-\frac{3}{2}\right)=\frac{2}{3}\left\{a_n-\left(-\frac{3}{2}\right)\right\}$$

← $a_{n+1}-\alpha=p(a_n-\alpha)$

$$a_{n+1}+\frac{3}{2}=\frac{2}{3}\left(a_n+\frac{3}{2}\right)$$

と変形することができる。この式は，数列 $\left\{a_n+\frac{3}{2}\right\}$ が公比 $\frac{2}{3}$ の等比数列であることを表している。

よって，数列 $\left\{a_n+\frac{3}{2}\right\}$ の一般項は，

$$a_n+\frac{3}{2}=\left(a_1+\frac{3}{2}\right)\cdot\left(\frac{2}{3}\right)^{n-1}$$
$$\boldsymbol{a_n}=\left(3+\frac{3}{2}\right)\cdot\left(\frac{2}{3}\right)^{n-1}-\frac{3}{2}$$
$$=\frac{9}{2}\cdot\frac{2}{3}\cdot\left(\frac{2}{3}\right)^{n-2}-\frac{3}{2}$$
$$\boldsymbol{=3\cdot\left(\frac{2}{3}\right)^{n-2}-\frac{3}{2}}\ \text{…答}$$

← $a_n=\frac{9}{2}\cdot\left(\frac{2}{3}\right)^{n-1}-\frac{3}{2}$ でも構いません

(3)与式を変形すると，

$$a_{n+1}=\frac{1}{2}a_n+\frac{1}{4}$$

← a_n の係数が公比となるので変形しておく

まず，方程式 $\alpha=\frac{1}{2}\alpha+\frac{1}{4}$ を解くと，

$$\alpha=\frac{1}{2}$$

よって，漸化式は，

$$a_{n+1}-\frac{1}{2}=\frac{1}{2}\left(a_n-\frac{1}{2}\right)$$

← $a_{n+1}-\alpha=p(a_n-\alpha)$

と変形することができる。この式は，数列 $\left\{a_n-\frac{1}{2}\right\}$ が公比 $\frac{1}{2}$ の等比数列であることを表している。

よって，数列 $\left\{a_n-\frac{1}{2}\right\}$ の一般項は，

$$a_n-\frac{1}{2}=\left(a_1-\frac{1}{2}\right)\cdot\left(\frac{1}{2}\right)^{n-1}$$
$$\boldsymbol{a_n}=\left(2-\frac{1}{2}\right)\cdot\left(\frac{1}{2}\right)^{n-1}+\frac{1}{2}$$
$$=3\cdot\frac{1}{2}\cdot\left(\frac{1}{2}\right)^{n-1}+\frac{1}{2}$$
$$\boldsymbol{=3\cdot\left(\frac{1}{2}\right)^{n}+\frac{1}{2}}\ \text{…答}$$

← $a_n=\frac{3}{2}\cdot\left(\frac{1}{2}\right)^{n-1}+\frac{1}{2}$ でも構いません

演習問題 20 p.56

考え方 どのような漸化式に変形していくのかを意識しましょう。

(1)両辺を 3^{n+1} で割ると，

$$\frac{a_{n+1}}{3^{n+1}}=\frac{2a_n}{3^{n+1}}+\frac{2\cdot 3^n}{3^{n+1}}$$
$$=\frac{2}{3}\cdot\frac{a_n}{3^n}+\frac{2}{3}$$

ここで，$\frac{a_n}{3^n}=b_n$ とおくと，

$$b_{n+1}=\frac{2}{3}b_n+\frac{2}{3}$$

次に，方程式$\alpha=\frac{2}{3}\alpha+\frac{2}{3}$を解くと，

$\alpha=2$

よって，漸化式は，

$b_{n+1}-2=\frac{2}{3}(b_n-2)$ ←$a_{n+1}-\alpha=p(a_n-\alpha)$

と変形することができる。この式は数列$\{b_n-2\}$が公比$\frac{2}{3}$の等比数列であることを表している。よって，数列$\{b_n-2\}$の一般項は，

$$b_n-2=(b_1-2)\cdot\left(\frac{2}{3}\right)^{n-1}$$

$$b_n=\left(\frac{a_1}{3^1}-2\right)\cdot\left(\frac{2}{3}\right)^{n-1}+2$$

$$b_n=-\left(\frac{2}{3}\right)^{n-1}+2$$

ここで，$\frac{a_n}{3^n}=b_n$であるから，

$$\frac{a_n}{3^n}=-\left(\frac{2}{3}\right)^{n-1}+2$$

$$\boldsymbol{a_n=-3\cdot2^{n-1}+2\cdot3^n}$$ …答

(2)両辺を2^{n+1}で割ると，

$$\frac{a_{n+1}}{2^{n+1}}=\frac{a_n}{2^n}+\frac{2\cdot3^n}{2^{n+1}}$$

$$=\frac{a_n}{2^n}+\left(\frac{3}{2}\right)^n$$

ここで，$\frac{a_n}{2^n}=c_n$とおくと，

$$c_{n+1}=c_n+\left(\frac{3}{2}\right)^n$$

数列$\left\{\left(\frac{3}{2}\right)^n\right\}$が数列$\{c_n\}$の階差数列であるから，$n\geqq2$のとき，

$$c_n=c_1+\sum_{k=1}^{n-1}\left(\frac{3}{2}\right)^k$$ ←初項$\frac{3}{2}$，公比$\frac{3}{2}$，項数$n-1$の等比数列の和

$$=\frac{a_1}{2^1}+\frac{\frac{3}{2}\left\{\left(\frac{3}{2}\right)^{n-1}-1\right\}}{\frac{3}{2}-1}$$

$$=\frac{3}{2}+3\left\{\left(\frac{3}{2}\right)^{n-1}-1\right\}$$

ここで，$\frac{a_n}{2^n}=c_n$であるから，

$$\frac{a_n}{2^n}=\frac{3}{2}+3\left\{\left(\frac{3}{2}\right)^{n-1}-1\right\}$$

$$=3\cdot\left(\frac{3}{2}\right)^{n-1}-\frac{3}{2}$$

$$a_n=2\cdot3^n-3\cdot2^{n-1}$$

これは，$n=1$のとき$a_1=3$を満たす。←チェックを忘れずに

よって，$\boldsymbol{a_n=2\cdot3^n-3\cdot2^{n-1}}$ …答

演習問題 21 p.57

考え方 $n=1$を代入して，初項を求めるのを忘れないようにしましょう。

$n=1$のとき

$$S_1=3-a_1$$
$$a_1=3-a_1$$ ←$S_1=a_1$
$$a_1=\frac{3}{2}$$

$S_{n+1}=3(n+1)-a_{n+1}$であるから，←nの値を1大きくする

$$S_{n+1}-S_n=3(n+1)-a_{n+1}-(3n-a_n)$$
$$=-a_{n+1}+a_n+3$$

$a_{n+1}=S_{n+1}-S_n$であるから，

$$a_{n+1}=-a_{n+1}+a_n+3$$
$$a_{n+1}=\frac{1}{2}a_n+\frac{3}{2}$$

次に，方程式$\alpha=\frac{1}{2}\alpha+\frac{3}{2}$を解くと，

$\alpha=3$

よって，漸化式は，

$a_{n+1}-3=\frac{1}{2}(a_n-3)$ ←$a_{n+1}-\alpha=p(a_n-\alpha)$

と変形することができる。この式は数列$\{a_n-3\}$が公比$\frac{1}{2}$の等比数列であることを表している。よって，数列$\{a_n-3\}$の一般項は，

$$a_n-3=(a_1-3)\cdot\left(\frac{1}{2}\right)^{n-1}$$

$$a_n=\left(\frac{3}{2}-3\right)\cdot\left(\frac{1}{2}\right)^{n-1}+3$$

$$a_n=-\frac{3}{2}\cdot\left(\frac{1}{2}\right)^{n-1}+3$$

$$\boldsymbol{a_n=-3\cdot\left(\frac{1}{2}\right)^n+3}$$ …答

第4節 数学的帰納法

演習問題22 p.61

考え方 $n=k+1$ のとき，
左辺を変形して右辺に等しいことを示します。

与えられた等式を①とする。
(i) $n=1$ のとき，

$(\text{左辺})=\frac{1}{1\cdot3}=\frac{1}{3}$

$(\text{右辺})=\frac{1}{2+1}=\frac{1}{3}$

よって，①は $n=1$ のとき成り立つ。
(ii) $n=k$ のとき①が成り立つと仮定すると，

$$\frac{1}{1\cdot3}+\frac{1}{3\cdot5}+\frac{1}{5\cdot7}+\cdots+\frac{1}{(2k-1)(2k+1)}=\frac{k}{2k+1}\quad\cdots\cdots②$$

←左辺は第 k 項までの和

$n=k+1$ のとき，

$$\frac{1}{1\cdot3}+\frac{1}{3\cdot5}+\cdots+\frac{1}{(2k-1)(2k+1)}+\frac{1}{(2k+1)(2k+3)}=\frac{k+1}{2(k+1)+1}=\frac{k+1}{2k+3}$$

←左辺は第 $(k+1)$ 項までの和

この等式が成り立つことを証明すればよいので，

(左辺)

$$=\frac{1}{1\cdot3}+\frac{1}{3\cdot5}+\cdots+\frac{1}{(2k-1)(2k+1)}+\frac{1}{(2k+1)(2k+3)}$$

↓②を利用

$$=\frac{k}{2k+1}+\frac{1}{(2k+1)(2k+3)}$$
$$=\frac{k(2k+3)+1}{(2k+1)(2k+3)}$$
$$=\frac{(2k+1)(k+1)}{(2k+1)(2k+3)}$$
$$=\frac{k+1}{2k+3}=(\text{右辺})$$

よって，①は $n=k+1$ でも成り立つことが示された。
(i)，(ii)より，すべての自然数 n について，

$$\frac{1}{1\cdot3}+\frac{1}{3\cdot5}+\frac{1}{5\cdot7}+\cdots+\frac{1}{(2n-1)(2n+1)}=\frac{n}{2n+1}$$

が成り立つ。〔証明終わり〕

演習問題23 p.62

1

考え方 $n=k+1$ のとき，(大きい式)－(小さい式)≧0 を示します。

与えられた不等式を①とする。
(i) $n=1$ のとき，

$(\text{左辺})=\frac{1}{1^2}=1$

$(\text{右辺})=2-\frac{1}{1}=1$

よって，①は $n=1$ のとき成り立つ。
(ii) $n=k$ のとき①が成り立つと仮定すると，

$$1+\frac{1}{2^2}+\frac{1}{3^2}+\cdots+\frac{1}{k^2}\leqq2-\frac{1}{k}\quad\cdots\cdots②$$

左辺は第 k 項までの和

$n=k+1$ のとき，

$$1+\frac{1}{2^2}+\frac{1}{3^2}+\cdots+\frac{1}{k^2}+\frac{1}{(k+1)^2}\leqq2-\frac{1}{k+1}$$

左辺は第 $(k+1)$ 項までの和　右辺は $n=k+1$ を代入

この不等式を証明すればよいので，(大きい式)－(小さい式)≧0 を示すことを考える。

$$2-\frac{1}{k+1}-\left\{1+\frac{1}{2^2}+\frac{1}{3^2}+\cdots+\frac{1}{k^2}+\frac{1}{(k+1)^2}\right\}$$

↓②を利用

$$\geqq2-\frac{1}{k+1}-\left\{\left(2-\frac{1}{k}\right)+\frac{1}{(k+1)^2}\right\}$$
$$=\frac{1}{k}-\frac{1}{k+1}-\frac{1}{(k+1)^2}$$
$$=\frac{1}{k(k+1)^2}>0$$

よって，$\frac{1}{k(k+1)^2}$ 以上の

$$2-\frac{1}{k+1}-\left\{1+\frac{1}{2^2}+\frac{1}{3^2}+\cdots+\frac{1}{k^2}+\frac{1}{(k+1)^2}\right\}$$

も正である。したがって，①は

$n=k+1$ でも成り立つことが示された。

(i)，(ii)より，すべての自然数 n について

$1+\frac{1}{2^2}+\frac{1}{3^2}+\cdots+\frac{1}{n^2}\leqq 2-\frac{1}{n}$ が成り立つ。

〔証明終わり〕

2

考え方 $n=k+1$ のとき，(大きい式)−(小さい式)>0 を示します。

与えられた不等式を①とする。

(i) $n=4$ のとき，←スタートの値に注意

(左辺)$=2^4=16$

(右辺)$=4^2-4+2=14$

よって，①は $n=4$ のとき成り立つ。

(ii) $n=k\ (k\geqq 4)$ のとき①が成り立つと仮定すると，

$2^k>k^2-k+2$ ……②

$n=k+1$ のとき，

$2^{k+1}>(k+1)^2-(k+1)+2=k^2+k+2$

この不等式を証明すればよいので，

(大きい式)−(小さい式)>0 を示すことを考える。

$2^{k+1}-(k^2+k+2)$

$=2\cdot 2^k-(k^2+k+2)$

$>2\cdot(k^2-k+2)-(k^2+k+2)$ ②を利用

$=k^2-3k+2$

$=\left(k-\frac{3}{2}\right)^2-\frac{1}{4}$

$k\geqq 4$ より $\left(k-\frac{3}{2}\right)^2-\frac{1}{4}>0$ であるから，

$\left(k-\frac{3}{2}\right)^2-\frac{1}{4}$ より大きい $2^{k+1}-(k^2+k+2)$

も正である。

よって，①は $n=k+1$ でも成り立つことが示された。

(i)，(ii)より，4 以上の自然数 n について，

$2^n>n^2-n+2$ が成り立つ。

〔証明終わり〕

Point $\left(k-\frac{3}{2}\right)^2-\frac{1}{4}>0$ は，グラフをイメージすることで，$k\geqq 4$ では正だとわかります。

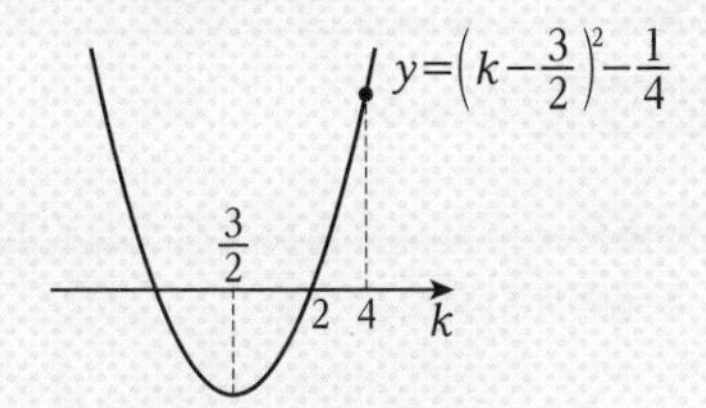

(実際は k は自然数のみである点に注意)

他には，

$k(k-3)+2$

と変形することで，正であることを示すこともできます。

第2章 統計的な推測

第1節 確率分布

演習問題 24 p.66

考え方 X のとりうる値それぞれの起こる確率を計算します。

$X=0$，1，2 である。それぞれの確率は，

$P(X=0)=\dfrac{{}_6C_2}{{}_{10}C_2}=\dfrac{15}{45}$ ←赤 0 個，白 2 個

$P(X=1)=\dfrac{{}_4C_1\cdot{}_6C_1}{{}_{10}C_2}=\dfrac{24}{45}$ ←赤 1 個，白 1 個

$P(X=2)=\dfrac{{}_4C_2}{{}_{10}C_2}=\dfrac{6}{45}$ ←赤 2 個，白 0 個

以上より，X の**確率分布**は次の表のようになる。

X	0	1	2	計
P	$\frac{15}{45}$	$\frac{24}{45}$	$\frac{6}{45}$	1

…答

これより，**期待値** $E(X)$ は，

$E(X)$

$=0\cdot\dfrac{15}{45}+1\cdot\dfrac{24}{45}+2\cdot\dfrac{6}{45}$ ←確率変数とその確率の積の和

$=\dfrac{0+24+12}{45}=\dfrac{4}{5}$ …答

演習問題 25 p.68

考え方 X のとりうる値それぞれの起こる確率を計算します。

$X=0$，50，100，150，200 である。それぞれの確率は，

$P(X=0)=\dfrac{{}_4C_2}{{}_{10}C_2}=\dfrac{6}{45}$ ←はずれ 2 本

$P(X=50)=\dfrac{{}_4C_1\cdot{}_4C_1}{{}_{10}C_2}=\dfrac{16}{45}$ ←50 円とはずれ 1 本ずつ

$P(X=100)=\dfrac{{}_2C_1\cdot{}_4C_1+{}_4C_2}{{}_{10}C_2}=\dfrac{14}{45}$ ←100 円とはずれ 1 本，または 50 円 2 本

$P(X=150)=\dfrac{{}_2C_1\cdot{}_4C_1}{{}_{10}C_2}=\dfrac{8}{45}$ ←50 円と 100 円 1 本ずつ

$P(X=200)=\dfrac{{}_2C_2}{{}_{10}C_2}=\dfrac{1}{45}$ ←100 円 2 本

以上より，X の**確率分布**は次の表のようになる。

X	0	50	100	150	200	計
P	$\frac{6}{45}$	$\frac{16}{45}$	$\frac{14}{45}$	$\frac{8}{45}$	$\frac{1}{45}$	1

…答

これより，**期待値** $E(X)$ は，

$E(X)$

$=0\cdot\dfrac{6}{45}+50\cdot\dfrac{16}{45}+100\cdot\dfrac{14}{45}+150\cdot\dfrac{8}{45}$

$+200\cdot\dfrac{1}{45}$ ←確率変数とその確率の積の和

$=\dfrac{0+800+1400+1200+200}{45}$

$=\mathbf{80}$ …答

また，**分散** $V(X)$ は，

$V(X)$

$=(0-80)^2\cdot\dfrac{6}{45}+(50-80)^2\cdot\dfrac{16}{45}$

$+(100-80)^2\cdot\dfrac{14}{45}+(150-80)^2\cdot\dfrac{8}{45}$

$+(200-80)^2\cdot\dfrac{1}{45}$ ←偏差の 2 乗の期待値

$=\dfrac{38400+14400+5600+39200+14400}{45}$

$=\dfrac{\mathbf{22400}}{\mathbf{9}}$ …答

標準偏差 $\sigma(X)$ は正の平方根を考えて，

$\sigma(X)=\sqrt{V(X)}=\dfrac{\mathbf{40\sqrt{14}}}{\mathbf{3}}$ …答

演習問題 26 p.70

考え方 X^2 の確率分布も表にまとめておきましょう。

$X=2$，3，4，5 である。X は確率変数であるから，それぞれの確率は，

$P(X=2)=\dfrac{1}{{}_5C_2}=\dfrac{1}{10}$ ←1 と 2 を取り出す

$P(X=3)=\dfrac{2}{{}_5C_2}=\dfrac{2}{10}$ ←1 と 3，2 と 3 を取り出す

$P(X=4)=\dfrac{3}{{}_5C_2}=\dfrac{3}{10}$ ←1 と 4，2 と 4，3 と 4 を取り出す

$P(X=5)=\frac{4}{{}_5C_2}=\frac{4}{10}$ ←1と5，2と5，3と5，4と5を取り出す

以上より，X，X^2 の**確率分布**は次の表のようになる。

X	2	3	4	5	計
X^2	2^2	3^2	4^2	5^2	
P	$\frac{1}{10}$	$\frac{2}{10}$	$\frac{3}{10}$	$\frac{4}{10}$	1

…答

期待値 $E(X)$ は，

$E(X)$

$=2\cdot\frac{1}{10}+3\cdot\frac{2}{10}+4\cdot\frac{3}{10}$

$+5\cdot\frac{4}{10}$ ←確率変数とその確率の積の和

$=\frac{2+6+12+20}{10}=\mathbf{4}$ …答

確率変数 X^2 の期待値 $E(X^2)$ は，

$E(X^2)$

$=2^2\cdot\frac{1}{10}+3^2\cdot\frac{2}{10}+4^2\cdot\frac{3}{10}$

$+5^2\cdot\frac{4}{10}$ ←確率変数の2乗とその確率の積の和

$=\frac{4+18+48+100}{10}=17$

分散 $V(X)$ は，

$V(X)$

$=E(X^2)-\{E(X)\}^2$ ←(X^2 の期待値) $-$(X の期待値)^2

$=17-4^2=\mathbf{1}$ …答

演習問題 27 p.72

考え方 X の確率分布を考えます。

(1) $\mathbf{Y=100X-100}$ …答

(2) $X=0$，1，2，3 である。それぞれの値における確率は次のようになる。

$P(X=0)=\left(\frac{1}{2}\right)^3=\frac{1}{8}$ ←すべて裏

$P(X=1)={}_3C_1\cdot\frac{1}{2}\cdot\left(\frac{1}{2}\right)^2=\frac{3}{8}$ ←3枚中1枚表

$P(X=2)={}_3C_2\cdot\left(\frac{1}{2}\right)^2\cdot\frac{1}{2}=\frac{3}{8}$ ←3枚中2枚表

$P(X=3)=\left(\frac{1}{2}\right)^3=\frac{1}{8}$ ←すべて表

確率変数 X の確率分布は次の表のようになる。

X	0	1	2	3	計
P	$\frac{1}{8}$	$\frac{3}{8}$	$\frac{3}{8}$	$\frac{1}{8}$	1

以上より，X の期待値 $E(X)$ は，

$E(X)$

$=0\cdot\frac{1}{8}+1\cdot\frac{3}{8}+2\cdot\frac{3}{8}$

$+3\cdot\frac{1}{8}$ ←確率変数とその確率の積の和

$=\frac{0+3+6+3}{8}=\frac{3}{2}$

よって，Y の期待値 $E(Y)$ は，

$E(Y)=E(100X-100)$

$=100E(X)-100$ ←$E(aX+b)=aE(X)+b$

$=100\cdot\frac{3}{2}-100=\mathbf{50}$ …答

演習問題 28 p.74

考え方 まず，X，X^2 の確率分布を考えます。

X，X^2 の確率分布は次の表のようになる。

X	1	2	3	4	5	6	計
X^2	1^2	2^2	3^2	4^2	5^2	6^2	
P	$\frac{1}{6}$	$\frac{1}{6}$	$\frac{1}{6}$	$\frac{1}{6}$	$\frac{1}{6}$	$\frac{1}{6}$	1

期待値 $E(X)$ は，

$E(X)$

$=1\cdot\frac{1}{6}+2\cdot\frac{1}{6}+3\cdot\frac{1}{6}+4\cdot\frac{1}{6}+5\cdot\frac{1}{6}+6\cdot\frac{1}{6}$

$=\frac{7}{2}$

また，

$E(X^2)$

$=1^2\cdot\frac{1}{6}+2^2\cdot\frac{1}{6}+3^2\cdot\frac{1}{6}+4^2\cdot\frac{1}{6}+5^2\cdot\frac{1}{6}$

$+6^2\cdot\frac{1}{6}$

$=\frac{91}{6}$

であるから，分散 $V(X)$，標準偏差 $\sigma(X)$ は，

$$V(X)=\frac{91}{6}-\left(\frac{7}{2}\right)^2$$ ←(X^2の期待値)−(Xの期待値)^2

$$=\frac{35}{12}$$

$$\sigma(X)=\sqrt{V(X)}=\frac{\sqrt{105}}{6}$$

以上より,

$$E(Y)=E(aX+b)=aE(X)+b$$
$$=\frac{7}{2}a+b$$

$a>0$ であるから,

$$\sigma(Y)=|a|\sigma(X)=\frac{\sqrt{105}}{6}a$$

よって,

$$\begin{cases}\frac{7}{2}a+b=0\\ \frac{\sqrt{105}}{6}a=\sqrt{105}\end{cases}$$

これを解くと,

$a=6$, $b=-21$ …答

演習問題 29 p.75

考え方 $X=$〜, $Y=$〜となる確率をそれぞれ求めます。

$X=0$ となる確率は,

$P(X=0)=\frac{{}_5C_3}{{}_{10}C_3}=\frac{10}{120}$ ←奇数3枚

このとき, $Y=0$ となる確率は,

$P(Y=0)=\frac{2}{7}$ ←残り7枚から奇数

このとき, $Y=1$ となる確率は,

$P(Y=1)=\frac{5}{7}$ ←残り7枚から偶数

$X=1$ となる確率は,

$P(X=1)=\frac{{}_5C_1\cdot{}_5C_2}{{}_{10}C_3}=\frac{50}{120}$ ←偶数1枚, 奇数2枚

このとき, $Y=0$ となる確率は,

$P(Y=0)=\frac{3}{7}$ ←残り7枚から奇数

このとき, $Y=1$ となる確率は,

$P(Y=1)=\frac{4}{7}$ ←残り7枚から偶数

$X=2$ となる確率は,

$P(X=2)=\frac{{}_5C_2\cdot{}_5C_1}{{}_{10}C_3}=\frac{50}{120}$ ←偶数2枚, 奇数1枚

このとき, $Y=0$ となる確率は,

$P(Y=0)=\frac{4}{7}$ ←残り7枚から奇数

このとき, $Y=1$ となる確率は,

$P(Y=1)=\frac{3}{7}$ ←残り7枚から偶数

$X=3$ となる確率は,

$P(X=3)=\frac{{}_5C_3}{{}_{10}C_3}=\frac{10}{120}$ ←偶数3枚

このとき, $Y=0$ となる確率は,

$P(Y=0)=\frac{5}{7}$ ←残り7枚から奇数

このとき, $Y=1$ となる確率は,

$P(Y=1)=\frac{2}{7}$ ←残り7枚から偶数

以上より,

$$P(X=0,\ Y=0)=\frac{10}{120}\cdot\frac{2}{7}=\frac{1}{42}$$
$$P(X=0,\ Y=1)=\frac{10}{120}\cdot\frac{5}{7}=\frac{5}{84}$$
$$P(X=1,\ Y=0)=\frac{50}{120}\cdot\frac{3}{7}=\frac{5}{28}$$
$$P(X=1,\ Y=1)=\frac{50}{120}\cdot\frac{4}{7}=\frac{5}{21}$$
$$P(X=2,\ Y=0)=\frac{50}{120}\cdot\frac{4}{7}=\frac{5}{21}$$
$$P(X=2,\ Y=1)=\frac{50}{120}\cdot\frac{3}{7}=\frac{5}{28}$$
$$P(X=3,\ Y=0)=\frac{10}{120}\cdot\frac{5}{7}=\frac{5}{84}$$
$$P(X=3,\ Y=1)=\frac{10}{120}\cdot\frac{2}{7}=\frac{1}{42}$$

X と Y の同時分布は次の表のようになる。

X \ Y	0	1	計
0	$\frac{1}{42}$	$\frac{5}{84}$	$\frac{7}{84}$
1	$\frac{5}{28}$	$\frac{5}{21}$	$\frac{35}{84}$
2	$\frac{5}{21}$	$\frac{5}{28}$	$\frac{35}{84}$
3	$\frac{5}{84}$	$\frac{1}{42}$	$\frac{7}{84}$
計	$\frac{1}{2}$	$\frac{1}{2}$	1

…答

縦の確率の和=横の確率の和=1をチェック

演習問題 30 p.78

考え方 X と Y の期待値をそれぞれ求めます。

(1) $X=0$，1，2，3，4 である。それぞれの確率は，

$P(X=0)=\left(\frac{4}{8}\right)^4=\frac{1}{2^4}$ ←赤玉 0 回，その他 4 回

$P(X=1)={}_4C_1\cdot\frac{4}{8}\cdot\left(\frac{4}{8}\right)^3=\frac{4}{2^4}$ ←赤玉 1 回，その他 3 回

$P(X=2)={}_4C_2\left(\frac{4}{8}\right)^2\cdot\left(\frac{4}{8}\right)^2$

$=\frac{6}{2^4}$ ←赤玉 2 回，その他 2 回

$P(X=3)={}_4C_3\left(\frac{4}{8}\right)^3\cdot\frac{4}{8}=\frac{4}{2^4}$ ←赤玉 3 回，その他 1 回

$P(X=4)=\left(\frac{4}{8}\right)^4=\frac{1}{2^4}$ ←赤玉 4 回，その他 0 回

X の確率分布は次の表のようになる。

X	0	1	2	3	4	計
P	$\frac{1}{2^4}$	$\frac{4}{2^4}$	$\frac{6}{2^4}$	$\frac{4}{2^4}$	$\frac{1}{2^4}$	1

期待値 $E(X)$ は，

$E(X)=0\cdot\frac{1}{2^4}+1\cdot\frac{4}{2^4}+2\cdot\frac{6}{2^4}+3\cdot\frac{4}{2^4}$

$+4\cdot\frac{1}{2^4}$

$=\mathbf{2}$ …答

(2) $Y=0$，1，2，3，4 である。それぞれの確率は，

$P(Y=0)=\left(\frac{6}{8}\right)^4=\frac{81}{4^4}$ ←白玉 0 回，その他 4 回

$P(Y=1)={}_4C_1\cdot\frac{2}{8}\cdot\left(\frac{6}{8}\right)^3$

$=\frac{108}{4^4}$ ←白玉 1 回，その他 3 回

$P(Y=2)={}_4C_2\left(\frac{2}{8}\right)^2\cdot\left(\frac{6}{8}\right)^2$

$=\frac{54}{4^4}$ ←白玉 2 回，その他 2 回

$P(Y=3)={}_4C_3\left(\frac{2}{8}\right)^3\cdot\frac{6}{8}=\frac{12}{4^4}$ ←白玉 3 回，その他 1 回

$P(Y=4)=\left(\frac{2}{8}\right)^4=\frac{1}{4^4}$ ←白玉 4 回，その他 0 回

Y	0	1	2	3	4	計
P	$\frac{81}{4^4}$	$\frac{108}{4^4}$	$\frac{54}{4^4}$	$\frac{12}{4^4}$	$\frac{1}{4^4}$	1

期待値 $E(Y)$ は，

$E(Y)=0\cdot\frac{81}{4^4}+1\cdot\frac{108}{4^4}+2\cdot\frac{54}{4^4}+3\cdot\frac{12}{4^4}$

$+4\cdot\frac{1}{4^4}$

$=1$

以上より，

$E(Z)=E(X+Y)$

$=E(X)+E(Y)$ ←和の期待値＝期待値の和

$=2+1=\mathbf{3}$ …答

別解 (1)がなければ，Z の値から期待値を直接考えることもできる。

$Z=0$，1，2，3，4 である。それぞれの確率は，

$P(Z=0)=\left(\frac{2}{8}\right)^4=\frac{1}{4^4}$ ←赤玉または白玉 0 回，青玉 4 回

$P(Z=1)={}_4C_1\cdot\frac{6}{8}\cdot\left(\frac{2}{8}\right)^3=\frac{12}{4^4}$ ←赤玉または白玉 1 回，青玉 3 回

$P(Z=2)={}_4C_2\left(\frac{6}{8}\right)^2\left(\frac{2}{8}\right)^2=\frac{54}{4^4}$ ←赤玉または白玉 2 回，青玉 2 回

$P(Z=3)={}_4C_3\left(\frac{6}{8}\right)^3\cdot\frac{2}{8}=\frac{108}{4^4}$ ←赤玉または白玉 3 回，青玉 1 回

$P(Z=4)=\left(\frac{6}{8}\right)^4=\frac{81}{4^4}$ ←赤玉または白玉 4 回，青玉 0 回

期待値 $E(Z)$ は，

$E(Z)=0\cdot\frac{1}{4^4}+1\cdot\frac{12}{4^4}+2\cdot\frac{54}{4^4}+3\cdot\frac{108}{4^4}$

$+4\cdot\frac{81}{4^4}$

$=\mathbf{3}$ …答

別解 あとで学ぶ二項分布を利用して求めることもできる。

X は二項分布 $B\left(4,\ \frac{1}{2}\right)$，$Y$ は二項分布 $B\left(4,\ \frac{1}{4}\right)$ に従うので，

$E(Z)=E(X+Y)=E(X)+E(Y)$

$=4\cdot\frac{1}{2}+4\cdot\frac{1}{4}=\mathbf{3}$ …答

演習問題 31 p.81

考え方　まず，X，Y それぞれの期待値を求めます。

まず，X，Y の確率分布はともに次の表のようになる。

X, Y	1	2	3	4	5	6	計
P	$\frac{1}{6}$	$\frac{1}{6}$	$\frac{1}{6}$	$\frac{1}{6}$	$\frac{1}{6}$	$\frac{1}{6}$	1

期待値は，

$$E(X)=E(Y)$$
$$=1\cdot\frac{1}{6}+2\cdot\frac{1}{6}+3\cdot\frac{1}{6}+4\cdot\frac{1}{6}+5\cdot\frac{1}{6}+6\cdot\frac{1}{6}$$
$$=\frac{7}{2}$$

よって，

$$\boldsymbol{E(2X+3Y)}=E(2X)+E(3Y)$$
$$=2E(X)+3E(Y)$$
（$E(ax+b)=aE(x)+b$）
$$=2\cdot\frac{7}{2}+3\cdot\frac{7}{2}=\boldsymbol{\frac{35}{2}}\ \cdots 答$$

また，X と Y は独立であるから，

$$\boldsymbol{E(XY)}=E(X)\times E(Y)=\frac{7}{2}\cdot\frac{7}{2}=\boldsymbol{\frac{49}{4}}\ \cdots 答$$
（↑独立のときのみ成立する）

演習問題 32 p.84

考え方　まず，X，Y それぞれの確率分布を求めます。また，$V(aX+b)=a^2V(X)$ を利用します。

$X=0, 1, 2$ であるから，それぞれの確率は，

$$P(X=0)=\frac{{}_4C_2}{{}_6C_2}=\frac{6}{15}$$ ←白 2 個
$$P(X=1)=\frac{{}_4C_1\cdot{}_2C_1}{{}_6C_2}=\frac{8}{15}$$ ←赤白 1 個ずつ
$$P(X=2)=\frac{{}_2C_2}{{}_6C_2}=\frac{1}{15}$$ ←赤 2 個

よって，X，X^2 は次の表の確率分布に従う。

X	0	1	2	計
X^2	0	1	4	
P	$\frac{6}{15}$	$\frac{8}{15}$	$\frac{1}{15}$	1

よって，期待値 $E(X)$，$E(X^2)$ は，

$$E(X)=0\cdot\frac{6}{15}+1\cdot\frac{8}{15}+2\cdot\frac{1}{15}=\frac{2}{3}$$
$$E(X^2)=0\cdot\frac{6}{15}+1\cdot\frac{8}{15}+4\cdot\frac{1}{15}=\frac{4}{5}$$

これより，分散 $V(X)$ は，

$$V(X)=E(X^2)-\{E(X)\}^2=\frac{16}{45}$$

$Y=0, 1, 2$ であるから，それぞれの確率は，

$$P(Y=0)=\frac{{}_3C_2}{{}_6C_2}=\frac{3}{15}$$ ←白 2 個
$$P(Y=1)=\frac{{}_3C_1\cdot{}_3C_1}{{}_6C_2}=\frac{9}{15}$$ ←赤白 1 個ずつ
$$P(Y=2)=\frac{{}_3C_2}{{}_6C_2}=\frac{3}{15}$$ ←赤 2 個

よって，Y，Y^2 は次の表の確率分布に従う。

Y	0	1	2	計
Y^2	0	1	4	
P	$\frac{3}{15}$	$\frac{9}{15}$	$\frac{3}{15}$	1

よって，期待値 $E(Y)$，$E(Y^2)$ は，

$$E(Y)=0\cdot\frac{3}{15}+1\cdot\frac{9}{15}+2\cdot\frac{3}{15}=1$$
$$E(Y^2)=0\cdot\frac{3}{15}+1\cdot\frac{9}{15}+4\cdot\frac{3}{15}=\frac{7}{5}$$

これより，分散 $V(Y)$ は

$$V(Y)=E(Y^2)-\{E(Y)\}^2=\frac{2}{5}$$

以上より，

X と Y は独立であるから，← 2 つの袋から取り出す試行は独立

$$\boldsymbol{V(X+Y)}=V(X)+V(Y)=\frac{16}{45}+\frac{2}{5}$$
（↑独立のときのみ成立する）
$$=\boldsymbol{\frac{34}{45}}\ \cdots 答$$

$$\boldsymbol{V(3X+2Y)}=V(3X)+V(2Y)$$
$$=3^2V(X)+2^2V(Y)$$
（$V(aX+b)=a^2V(X)$）
$$=9\cdot\frac{16}{45}+4\cdot\frac{2}{5}=\boldsymbol{\frac{24}{5}}\ \cdots 答$$

演習問題 33 p.88

1

考え方　表と裏の 2 通りしかない試行なので，二項分布に従います。

裏が出る確率は $\frac{1}{2}$ であるから，確率変数 X は二項分布 $B\left(400,\ \frac{1}{2}\right)$ に従う。

よって，期待値は，

$$E(X)=400\times\frac{1}{2}=\mathbf{200}$$ …答　← $E(X)=np$

Point 裏が出る確率が $\frac{1}{2}$ ですから，「400 回投げると 200 回裏が出ることが期待できる」ことがわかります。

標準偏差は，

$$\sigma(X)=\sqrt{400\times\frac{1}{2}\times\left(1-\frac{1}{2}\right)}$$ ← $\sigma(X)=\sqrt{np(1-p)}$

$$=\sqrt{100}=\mathbf{10}$$ …答

2

考え方 まず，3 枚が表で 2 枚が裏である確率を求めます。

5 枚のコインを同時に投げたとき，3 枚が表で 2 枚が裏である確率は，

$${}_5C_3\left(\frac{1}{2}\right)^3\left(\frac{1}{2}\right)^2=\frac{5}{16}$$

であるから，

確率変数 X は二項分布 $B\left(10,\ \frac{5}{16}\right)$ に従う。

よって，**期待値**は，

$$E(X)=10\times\frac{5}{16}=\mathbf{\frac{25}{8}}$$ …答　← $E(X)=np$

標準偏差は，

$$\sigma(X)=\sqrt{10\times\frac{5}{16}\times\left(1-\frac{5}{16}\right)}$$ ← $\sigma(X)=\sqrt{np(1-p)}$

$$=\sqrt{\frac{550}{16^2}}=\mathbf{\frac{5\sqrt{22}}{16}}$$ …答

Point「3 枚が表で 2 枚が裏」であるか，そうでないかの 2 通りの結果であることから，ベルヌーイ試行と考えることができるので二項分布に従うといえます。

第2節 正規分布

演習問題 34 p.91

考え方 確率密度関数のグラフと x 軸とで囲まれた面積が確率に等しくなります。(2)全面積は全確率の和の 1 に等しくなることを利用します。

(1)

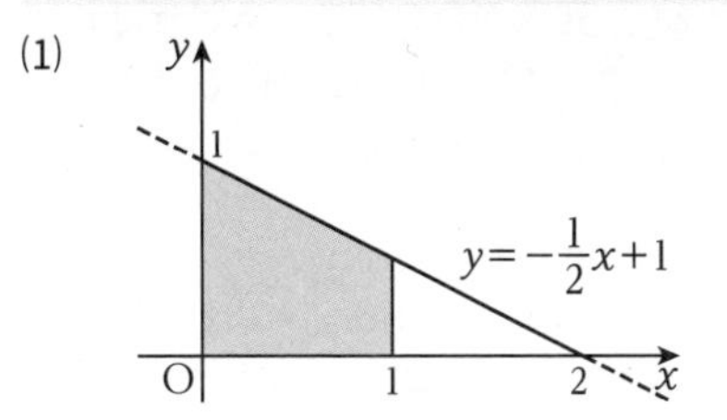

求める確率は，図の色のついた部分の面積に等しいから，

$$P(0\leqq X\leqq 1)=\int_0^1\left(-\frac{1}{2}x+1\right)dx$$

$$=\left[-\frac{1}{4}x^2+x\right]_0^1=\mathbf{\frac{3}{4}}$$ …答

別解 台形の面積として求めると，

$$\frac{1}{2}\cdot\left(1+\frac{1}{2}\right)\cdot 1=\mathbf{\frac{3}{4}}$$ …答

(2)確率密度関数は $f(x)\geqq 0$ であるから，

$a<0$

全確率の和が 1 であることに着目すると，

$$\int_0^3 ax(x-3)dx=1$$

$$\left[\frac{a}{3}x^3-\frac{3a}{2}x^2\right]_0^3=1$$

$$9a-\frac{27a}{2}=1$$

$$a=-\frac{2}{9}$$ …答　← $a<0$ を満たしている

またこのとき，

$$P(0 \leqq X \leqq 2) = \int_0^2 \left\{-\frac{2}{9}x(x-3)\right\} dx$$
$$= \left[-\frac{2}{27}x^3 + \frac{1}{3}x^2\right]_0^2$$
$$= -\frac{16}{27} + \frac{4}{3} = \mathbf{\frac{20}{27}}$$ …答

演習問題 35 p.94

考え方　変数が負の値をとるときは，正規分布曲線が y 軸に関して対称であることを利用します。

(1)正規分布表より，

$P(0 \leqq Z \leqq 0.5) = p(0.5) = \mathbf{0.1915}$ …答

(2)分布曲線は y 軸に関して対称であるから，

$P(Z \geqq 0) = 0.5$

よって，次の図より，

$P(1.21 \leqq Z) = 0.5 - p(1.21)$
$= 0.5 - 0.3869 = \mathbf{0.1131}$ …答

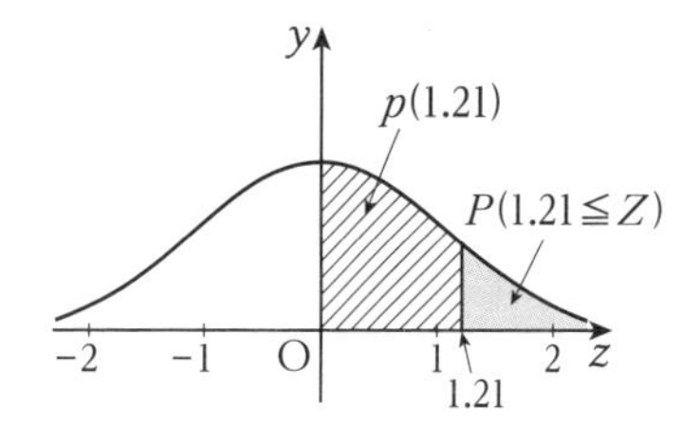

(3) $P(-0.75 \leqq Z \leqq 0)$

$= P(0 \leqq Z \leqq 0.75)$

$= \mathbf{0.2734}$ …答　←分布曲線は y 軸対称

(4) $P(-0.9 \leqq Z \leqq 2.44)$

$= P(-0.9 \leqq Z \leqq 0) + P(0 \leqq Z \leqq 2.44)$

$= P(0 \leqq Z \leqq 0.9) + P(0 \leqq Z \leqq 2.44)$

$= 0.3159 + 0.4927 = \mathbf{0.8086}$ …答

Point　(4)の計算では，$Z=0$ の確率が重複しているように見えますが，$Z=0$ となる確率は，

$P(Z=0) = \int_0^0 f(x)dx = 0$　← $\int_a^a f(x)dx = 0$

となり，端点の変数の重複は問題ないことがわかります。

演習問題 36 p.96

1

考え方　標準化を行い，標準正規分布に直して考えます。

確率変数 X の期待値が 3, 標準偏差が $\sqrt{25}=5$ であるから，$Z=\frac{X-3}{5}$ とおくと，Z は標準正規分布 $N(0,\ 1)$ に従う。

(1) $3 \leqq X \leqq 6 \iff 0 \leqq X-3 \leqq 3$

$\iff 0 \leqq \frac{X-3}{5} \leqq 0.6$

よって，$0 \leqq Z \leqq 0.6$ であるから求める確率は，

$p(0.6) = \mathbf{0.2257}$ …答

(2) $X \geqq 0 \iff X-3 \geqq -3 \iff \frac{X-3}{5} \geqq -0.6$

よって，$Z \geqq -0.6$ であるから求める確率は，

$p(0.6) + 0.5 = 0.2257 + 0.5$
$= \mathbf{0.7257}$ …答

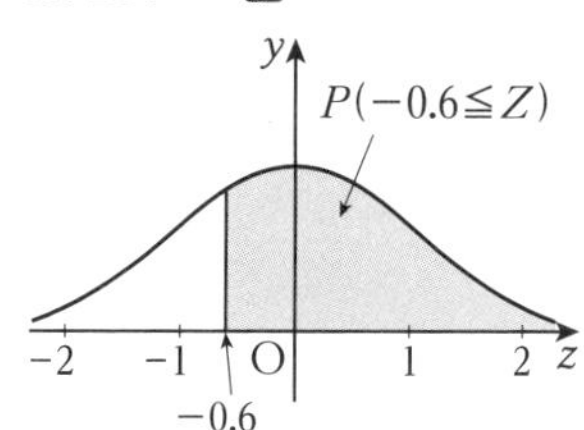

(3) $|X-3| \leqq 5 \iff \left|\frac{X-3}{5}\right| \leqq 1$

$\iff -1 \leqq \frac{X-3}{5} \leqq 1$

よって，$-1 \leqq Z \leqq 1$ であるから求める確率は，

$2 \times p(1) = 2 \times 0.3413$
$= \mathbf{0.6826}$ …答　←正規分布は左右対称

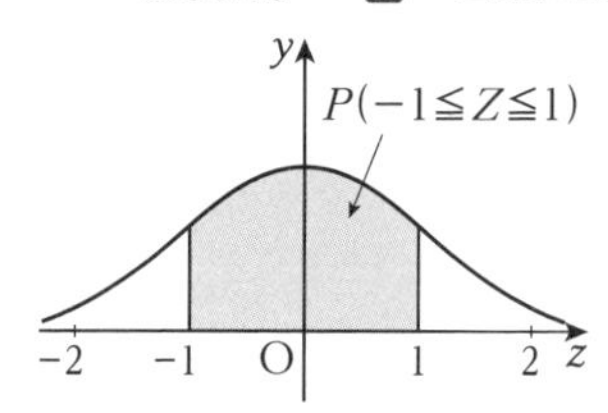

2

考え方 標準化を行い，標準正規分布に直して考えます。

確率変数 X の期待値が 10, 標準偏差が $\sqrt{25}=5$ であるから，$Z=\dfrac{X-10}{5}$ とおくと，Z は標準正規分布 $N(0,\ 1)$ に従う。

(1) $X=5Z+10$ であるから，$X \geqq \alpha \iff$

$5Z+10 \geqq \alpha \iff Z \geqq \dfrac{\alpha-10}{5}$

$P\left(Z \geqq \dfrac{\alpha-10}{5}\right)=0.0099$

$\iff p\left(\dfrac{\alpha-10}{5}\right)=0.4901$

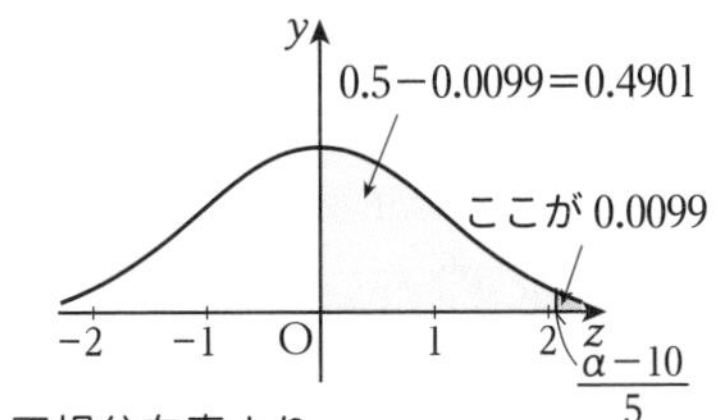

正規分布表より，

$\dfrac{\alpha-10}{5}=2.33$

つまり，$\boldsymbol{\alpha=21.65}$ …答

(2)(1)と同様にして，$X=5Z+10$ であるから，

$|X-10| \leqq \alpha \iff |5Z| \leqq \alpha$

$\iff -\dfrac{\alpha}{5} \leqq Z \leqq \dfrac{\alpha}{5}$

$P\left(-\dfrac{\alpha}{5} \leqq Z \leqq \dfrac{\alpha}{5}\right)=0.95$

$\iff p\left(\dfrac{\alpha}{5}\right)=0.475$

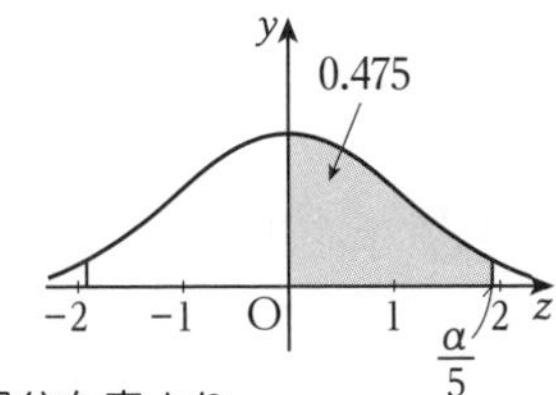

正規分布表より，

$\dfrac{\alpha}{5}=1.96$　つまり，$\boldsymbol{\alpha=9.8}$ …答

演習問題 37 p.98

考え方 二項分布 $B(n,\ p)$ に従う確率変数は，近似的に正規分布 $N(np,\ np(1-p))$ に従います。

(1)確率変数 X は二項分布 $B\left(1600,\ \dfrac{1}{2}\right)$ に従い，近似的に正規分布

$N\left(1600\times\dfrac{1}{2},\ 1600\times\dfrac{1}{2}\times\dfrac{1}{2}\right)=N(800,\ 400)$

に従う。

X の期待値は 800，標準偏差は $\sqrt{400}=20$ であるから，$Z=\dfrac{X-800}{20}$ とおくと，確率変数 Z は標準正規分布 $N(0,\ 1)$ に従う。

$Z=\dfrac{X-800}{20}$ より $X=20Z+800$ であるから，

$X \leqq 750 \iff 20Z+800 \leqq 750$

$\iff Z \leqq -2.5$

よって，

$$
\begin{aligned}
P(Z \leqq -2.5) &= P(Z \geqq 2.5)\\
&= 0.5-p(2.5)\\
&= 0.5-0.4938\\
&= \mathbf{0.0062}
\end{aligned}
$$
…答

(2)確率変数 X は二項分布 $B\left(50,\ \dfrac{1}{3}\right)$ に従い，近似的に正規分布

$N\left(50\times\dfrac{1}{3},\ 50\times\dfrac{1}{3}\times\dfrac{2}{3}\right)=N\left(\dfrac{50}{3},\ \dfrac{100}{9}\right)$

に従う。

X の期待値は $\dfrac{50}{3}$，標準偏差は $\sqrt{\dfrac{100}{9}}=\dfrac{10}{3}$ であるから，$Z=\dfrac{X-\frac{50}{3}}{\frac{10}{3}}$ とおくと，確率変数 Z は標準正規分布 $N(0,\ 1)$ に従う。

$Z=\dfrac{X-\frac{50}{3}}{\frac{10}{3}}$ より $X=\dfrac{10}{3}Z+\dfrac{50}{3}$

であるから，

$$20 \leqq X \leqq 22 \Longleftrightarrow 20 \leqq \frac{10}{3}Z+\frac{50}{3} \leqq 22$$
$$\Longleftrightarrow 1 \leqq Z \leqq 1.6$$

よって，

$$P(1 \leqq Z \leqq 1.6)=p(1.6)-p(1)$$
$$=0.4452-0.3413$$
$$=\mathbf{0.1039} \cdots 答$$

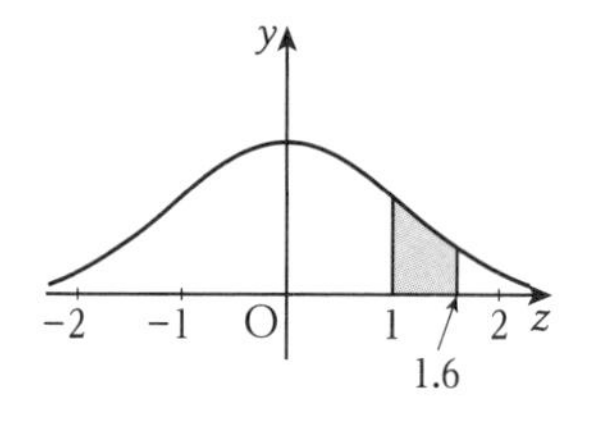

第3節 統計的な推測

演習問題 38 p.101

考え方）母集団分布は，大きさ1の無作為標本の確率分布と一致します。

母集団分布は次の表のようになる。

X	1	2	3	4	5	計
P	$\frac{1}{15}$	$\frac{2}{15}$	$\frac{3}{15}$	$\frac{4}{15}$	$\frac{5}{15}$	1

…答

よって，**母平均** m は，

$$m$$
$$=1\cdot\frac{1}{15}+2\cdot\frac{2}{15}+3\cdot\frac{3}{15}+4\cdot\frac{4}{15}+5\cdot\frac{5}{15}$$
$$=\frac{55}{15}=\mathbf{\frac{11}{3}} \cdots 答$$

母分散 σ^2 は，

$$\sigma^2$$
$$=\left(1^2\cdot\frac{1}{15}+2^2\cdot\frac{2}{15}+3^2\cdot\frac{3}{15}+4^2\cdot\frac{4}{15}\right.$$
$$\left.+5^2\cdot\frac{5}{15}\right)-\left(\frac{11}{3}\right)^2 \quad \leftarrow V(X)=E(X^2)-\{E(X)\}^2$$
$$=\frac{45}{3}-\left(\frac{11}{3}\right)^2=\frac{14}{9}$$

よって，**母標準偏差** σ は，

$$\sigma=\sqrt{\frac{14}{9}}=\mathbf{\frac{\sqrt{14}}{3}} \cdots 答$$

演習問題 39 p.104

考え方）標本平均の期待値や標準偏差と母数の関係を確認しましょう。

母平均が12kg，母標準偏差が0.4kgの母集団から，大きさ200の標本を無作為抽出していると考えられる。よって，平均 $\overline{X}$ の**期待値**は，

$$E(\overline{X})=\mathbf{12} \cdots 答 \quad \leftarrow E(\overline{X})=m$$

平均 $\overline{X}$ の**標準偏差**は，

$$\sigma(\overline{X})=\frac{0.4}{\sqrt{200}}=\mathbf{\frac{\sqrt{2}}{50}} \cdots 答 \quad \leftarrow \sigma(\overline{X})=\frac{\sigma}{\sqrt{n}}$$

演習問題 40 p.106

考え方）標本の大きさが大きいとき，標本平均の分布は正規分布に従うとみなします。

標本平均 $\overline{X}$ は正規分布

$$N\left(224,\ \frac{50^2}{100}\right)=N(224,\ 25)$$

に従うとみなすことができる。

ここで $Z=\frac{\overline{X}-224}{5}$ とおくと，Z は標準正規分布 $N(0,\ 1)$ に従う。

よって，$\overline{X}<220 \Longleftrightarrow Z<-0.8$ であるから，

$$P(\overline{X}<220)=P(Z<-0.8)$$
$$=P(Z \geqq 0.8) \quad \leftarrow P(Z>0.8)=P(Z \geqq 0.8)$$
$$=0.5-p(0.8)$$
$$=0.5-0.2881$$
$$=\mathbf{0.2119} \cdots 答$$

演習問題 41 p.109

考え方）母標準偏差の代わりに，標本の標準偏差を用います。

母平均 m に対する95%信頼区間は，

$$425-1.96\cdot\frac{55}{\sqrt{2500}} \leqq m \leqq 425+1.96\cdot\frac{55}{\sqrt{2500}}$$

$422.844 \leqq m \leqq 427.156$

よって，**[422.844，427.156]（ただし，単位は g）** …答

演習問題 42　p.111

考え方　母比率は $\frac{1}{2}$ です。

(1) $\boldsymbol{E(R)=\frac{1}{2}}$ …答

また，

$$\sigma(R)=\sqrt{\frac{\frac{1}{2}\cdot\frac{1}{2}}{400}}=\boldsymbol{\frac{1}{40}}$$ …答

(2) R は近似的に正規分布 $N\left(\frac{1}{2},\ \left(\frac{1}{40}\right)^2\right)$ に従う。そこで，$Z=\dfrac{R-\frac{1}{2}}{\frac{1}{40}}=40R-20$

とおくと，Z は標準正規分布 $N(0,\ 1)$ に従う。

$$\begin{aligned}P(0.49\leqq R\leqq 0.51)&=P(-0.4\leqq Z\leqq 0.4)\\&=2\cdot p(0.4)\\&=2\cdot 0.1554\\&=\mathbf{0.3108}\end{aligned}$$ …答

演習問題 43　p.112

考え方　左右の式に現れる母比率は，標本比率に等しいと考えます。

標本の X の支持率（標本比率）は，

$$R=\frac{180}{300}=0.6$$

有権者全体の X の支持率（母比率）p に対する 95%信頼区間は，

$$0.6-1.96\sqrt{\frac{0.6\times 0.4}{300}}\leqq p\leqq 0.6+1.96\sqrt{\frac{0.6\times 0.4}{300}}$$

$$0.6-1.96\cdot\frac{2\sqrt{2}}{100}\leqq p\leqq 0.6+1.96\cdot\frac{2\sqrt{2}}{100}$$

$$0.544728\leqq p\leqq 0.655272$$

以上より，小数第 3 位を四捨五入すると，

$$0.54\leqq p\leqq 0.66$$

よって，**[0.54，0.66]** …答

演習問題 44　p.116

考え方　棄却域に入れば「機械が故障している」と判断できます。

標本平均を $\overline{X}$，母平均を m とするとき，$\overline{X}$ の棄却域は，

$$|\overline{X}-m|>1.96\cdot\frac{0.4}{\sqrt{9}}=0.26133\cdots$$

ここで，$\overline{X}=5.27$，$m=5$ であるから，

$$\begin{aligned}|\overline{X}-m|&=|5.27-5|\\&=0.27>0.26133\cdots\end{aligned}$$ ←棄却域の内部

よって，帰無仮説は棄却されるから，対立仮説を受け入れる。

「機械は故障している」と判断できる。 …答

演習問題 45　p.118

考え方　母比率が 0.5 であると考えます。

母比率 $p=0.5$，標本比率 $R=\frac{266}{500}=0.532$ である。

このとき，R の棄却域は，

$$|R-p|>1.96\sqrt{\frac{0.5\times(1-0.5)}{500}}=0.043904$$

ここで，$\overline{R}=0.532$，$p=0.5$ であるから，

$$\begin{aligned}|R-p|&=|0.532-0.5|\\&=0.032<0.043904\end{aligned}$$ ←採択域の内部

すなわち，帰無仮説は棄却されない。

よって，**鹿児島県産の焼酎の注文が多いとはいえない。** …答

Point　かといって，鹿児島県産と宮崎県産が同数といえるわけでもありません。何度も述べた通り，棄却するだけの根拠が足りないというだけです。

第3章 ベクトル

第1節 平面上のベクトルの演算

演習問題 46 p.121

考え方 等しいベクトルとは，大きさと向きの両方が等しいベクトルです。

(1)**アとウとオとカとコ，イとケ，エとキとク** …答
(2)**アとウ，オとカ，イとエとキとケ** …答
(3)(1)と(2)を同時に満たす組み合わせは，
アとウ，オとカ，イとケ，エとキ …答

演習問題 47 p.127

1

考え方 2つのベクトルの始点と終点を一致させるか，始点どうしを一致させるかのいずれかで作図します。

（解答例）

(1)

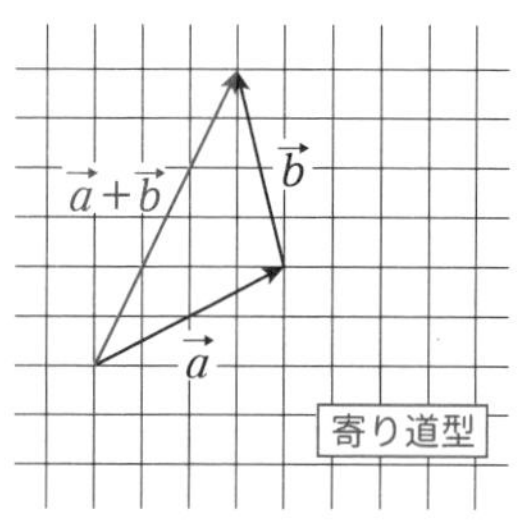

(2)

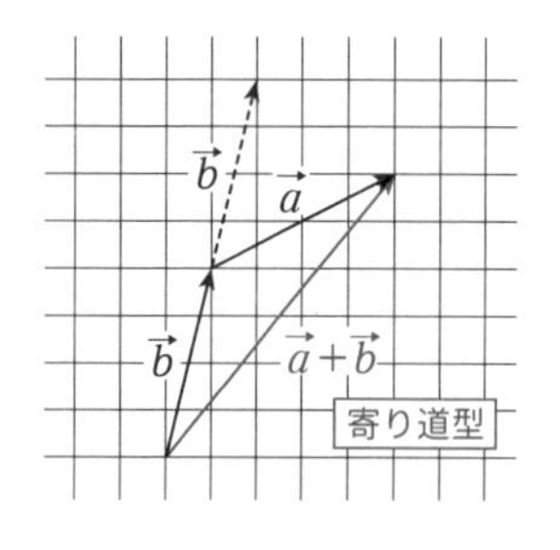

(3)

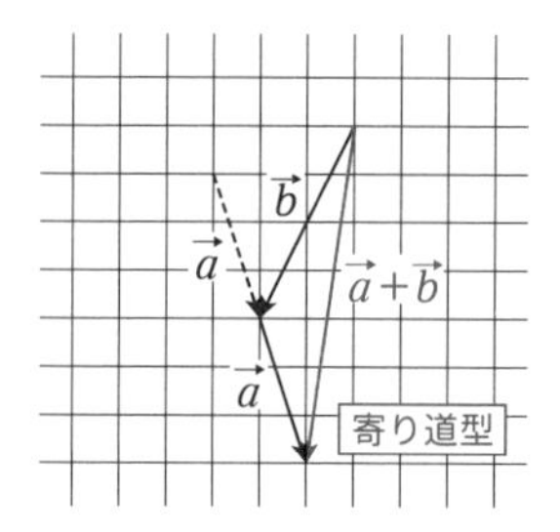

(4)

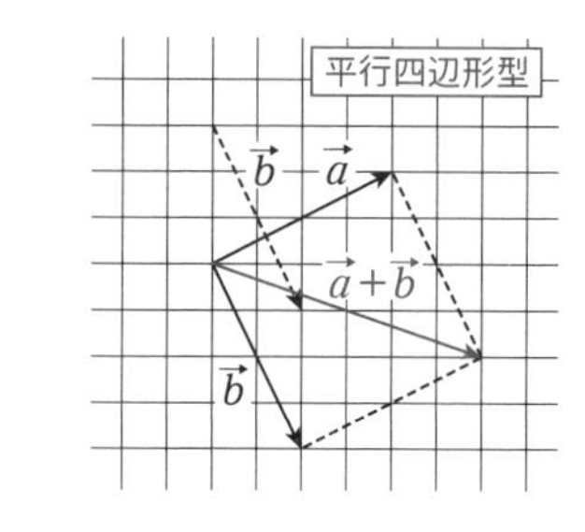

2

考え方 逆ベクトルを用いて，和の形に直します。

（解答例）

(1)

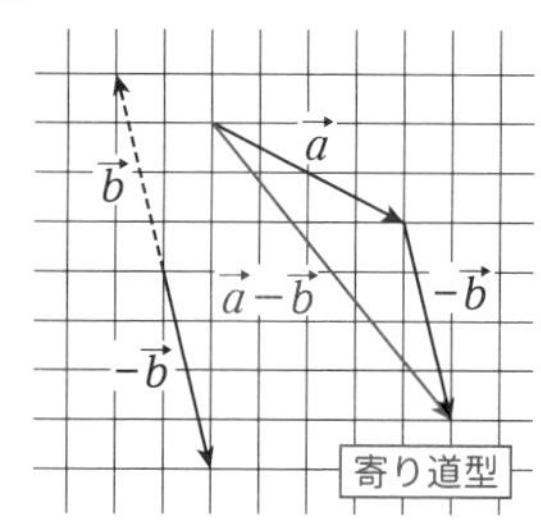

(2)

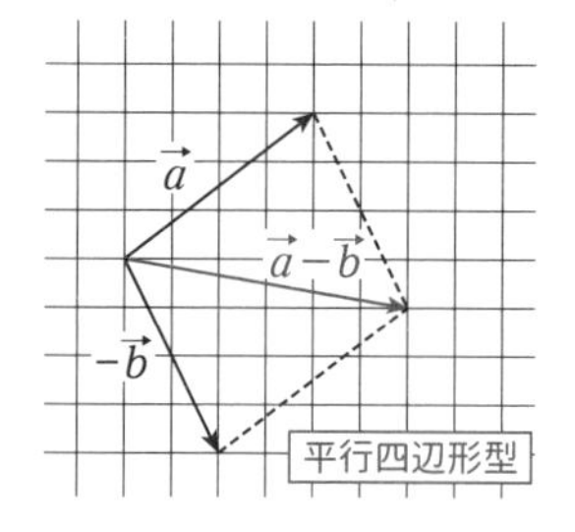

3

考え方 (2), (3) 2つずつ和や差を考えていきます。

（解答例）

(1)

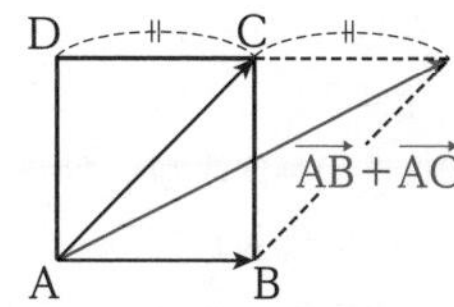

(2)

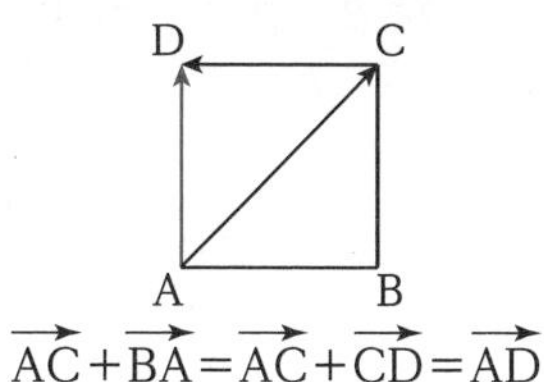

$\overrightarrow{AC}+\overrightarrow{BA}=\overrightarrow{AC}+\overrightarrow{CD}=\overrightarrow{AD}$

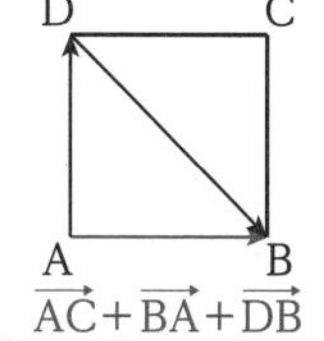

$\overrightarrow{AC}+\overrightarrow{BA}+\overrightarrow{DB}=\overrightarrow{AD}+\overrightarrow{DB}=\overrightarrow{AB}$

(3)

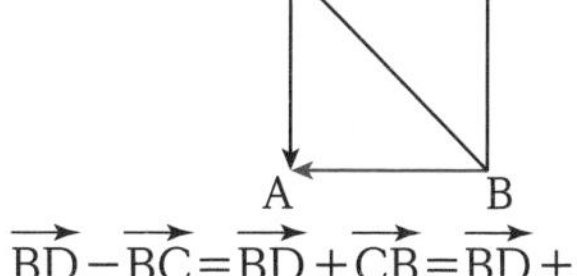

$\overrightarrow{BD}-\overrightarrow{BC}=\overrightarrow{BD}+\overrightarrow{CB}=\overrightarrow{BD}+\overrightarrow{DA}=\overrightarrow{BA}$

D　C

$\overrightarrow{BD}-\overrightarrow{BC}+\overrightarrow{CD}$

A　B

$\overrightarrow{BD}-\overrightarrow{BC}+\overrightarrow{CD}=\overrightarrow{BA}+\overrightarrow{CD}$

演習問題 48 p.130

1

平行四辺形であり，かつ E，F，G，H は各辺の中点であるから，

$\overrightarrow{AB}=\overrightarrow{HF}=\overrightarrow{DC}=\vec{a}$

$\overrightarrow{AH}=\overrightarrow{EO}=\overrightarrow{BF}=\overrightarrow{HD}=\overrightarrow{OG}=\overrightarrow{FC}=\vec{b}$

である。

(1) $\overrightarrow{OF}=\dfrac{1}{2}\overrightarrow{HF}=\dfrac{1}{2}\overrightarrow{AB}=\dfrac{1}{2}\vec{a}$ …答

(2) $\overrightarrow{HC}=\overrightarrow{HF}+\overrightarrow{FC}=\vec{a}+\vec{b}$ …答

(3) $\overrightarrow{DF}=\overrightarrow{DC}+\overrightarrow{CF}=\overrightarrow{DC}-\overrightarrow{FC}$

$=\vec{a}-\vec{b}$ …答

(4) $\overrightarrow{BD}=\overrightarrow{BA}+\overrightarrow{AD}=-\overrightarrow{AB}+2\overrightarrow{AH}$

$=-\vec{a}+2\vec{b}$ …答

(5) $\overrightarrow{OA}=\overrightarrow{OH}+\overrightarrow{HA}=-\dfrac{1}{2}\overrightarrow{HF}-\overrightarrow{AH}$

$=-\dfrac{1}{2}\vec{a}-\vec{b}$ …答

(6) $\overrightarrow{GB}=\overrightarrow{GC}+\overrightarrow{CB}=\dfrac{1}{2}\overrightarrow{DC}-2\overrightarrow{FC}$

$=\dfrac{1}{2}\vec{a}-2\vec{b}$ …答

2

考え方 与えられているベクトルで終点までのベクトルの和を考えます。

正六角形であるから，

$\overrightarrow{AB}=\overrightarrow{FO}=\overrightarrow{OC}=\overrightarrow{ED}=\vec{a}$

$\overrightarrow{AF}=\overrightarrow{BO}=\overrightarrow{OE}=\overrightarrow{CD}=\vec{b}$

(1) $\overrightarrow{CE}=\overrightarrow{CO}+\overrightarrow{OE}=-\overrightarrow{OC}+\overrightarrow{OE}$

$=-\vec{a}+\vec{b}$ …答

(2) $\overrightarrow{AE}=\overrightarrow{AB}+\overrightarrow{BE}=\overrightarrow{AB}+2\overrightarrow{BO}$

$=\vec{a}+2\vec{b}$ …答

(3) $\overrightarrow{AM}=\overrightarrow{AF}+\overrightarrow{FC}+\overrightarrow{CM}$

$=\overrightarrow{AF}+2\overrightarrow{FO}+\dfrac{1}{2}\overrightarrow{CD}$

$=\vec{b}+2\vec{a}+\dfrac{1}{2}\vec{b}=2\vec{a}+\dfrac{3}{2}\vec{b}$ …答

(4) (3)の結果を利用する。また，N は FO の中点である点に注意する。

$\overrightarrow{NM}=\overrightarrow{NA}+\overrightarrow{AM}$

$=\overrightarrow{NF}+\overrightarrow{FA}+\overrightarrow{AM}$

$=-\dfrac{1}{2}\overrightarrow{FO}-\overrightarrow{AF}+\overrightarrow{AM}$

$=-\dfrac{1}{2}\vec{a}-\vec{b}+\left(2\vec{a}+\dfrac{3}{2}\vec{b}\right)$

$=\dfrac{3}{2}\vec{a}+\dfrac{1}{2}\vec{b}$ …答

演習問題 49 p.135

1

$\overrightarrow{AB}=(6-2,\ 3-1)=\boldsymbol{(4,\ 2)}$ …答

$|\overrightarrow{AB}|=\sqrt{4^2+2^2}$ ←大きさ$=\sqrt{(x\text{成分})^2+(y\text{成分})^2}$

$=\boldsymbol{2\sqrt{5}}$ …答

$\overrightarrow{BC}=(4-6,\ -1-3)=\boldsymbol{(-2,\ -4)}$ …答

$|\overrightarrow{BC}|=\sqrt{(-2)^2+(-4)^2}$ ←大きさ$=\sqrt{(x\text{成分})^2+(y\text{成分})^2}$

$=\boldsymbol{2\sqrt{5}}$ …答

$\overrightarrow{CA}=(2-4,\ 1-(-1))=\boldsymbol{(-2,\ 2)}$ …答

$|\overrightarrow{CA}|=\sqrt{(-2)^2+2^2}$ ←大きさ$=\sqrt{(x\text{成分})^2+(y\text{成分})^2}$

$=\boldsymbol{2\sqrt{2}}$ …答

以上より，△ABC は

AB＝BC の二等辺三角形 …答

2

考え方　ルート内の式の最小値に着目します。

$\vec{p}=t\vec{a}+\vec{b}=t(1,\ -2)+(0,\ -4)$

$=(t,\ -2t-4)$

このとき，

$|\vec{p}|=\sqrt{t^2+(-2t-4)^2}$ ←大きさ$=\sqrt{(x\text{成分})^2+(y\text{成分})^2}$

$=\sqrt{5t^2+16t+16}$

$=\sqrt{5\left(t+\frac{8}{5}\right)^2+\frac{16}{5}}$

ルート内は $t=-\frac{8}{5}$ で最小となり，このとき $|\vec{p}|$ も最小となる。よって，

$t=-\frac{8}{5}$ のとき，最小値 $\sqrt{\frac{16}{5}}=\frac{4\sqrt{5}}{5}$ …答

3

(1) $\vec{a}-\vec{b}=(1,\ 2)-(3,\ 1)=(-2,\ 1)$

$|\vec{a}-\vec{b}|=\sqrt{(-2)^2+1^2}=\sqrt{5}$

であるから，$\vec{a}-\vec{b}$ と同じ向きの単位ベクトルは，

$\frac{1}{\sqrt{5}}(-2,\ 1)=\boldsymbol{\left(-\frac{2}{\sqrt{5}},\ \frac{1}{\sqrt{5}}\right)}$ …答

↑単位ベクトルは，ベクトルの大きさで割ったもの

(2) $\vec{p}=\vec{a}+t\vec{b}=(1,\ 2)+t(3,\ 1)$

$=(1+3t,\ 2+t)$ ……①

であるから，

$|\vec{p}|=|\vec{a}+t\vec{b}|$

$=\sqrt{(1+3t)^2+(2+t)^2}$ ←大きさ$=\sqrt{(x\text{成分})^2+(y\text{成分})^2}$

$=\sqrt{10t^2+10t+5}$

これが 5 に等しいので，

$\sqrt{10t^2+10t+5}=5$

$t^2+t-2=0$

$(t+2)(t-1)=0$ より，$t=-2,\ 1$

これらを ① に代入して，

$t=-2$ のとき，$\vec{p}=(-5,\ 0)$ …答

$t=1$ のとき，$\vec{p}=(4,\ 3)$ …答

4

$\vec{c}=x\vec{a}+y\vec{b}$ (x，y は実数) とすると，

$(5,\ 1)=x(1,\ 1)+y(1,\ -1)$

$=(x+y,\ x-y)$

両辺の各成分を比較すると， ←ベクトルが等しい⟺各成分が等しい

$\begin{cases}5=x+y\\1=x-y\end{cases}$

これより，$x=3$，$y=2$

よって，$\boldsymbol{\vec{c}=3\vec{a}+2\vec{b}}$ …答

5

考え方　平行四辺形では，向かい合うベクトルは等しくなります。

平行四辺形では，向かい合う辺は平行で長さが等しいので，

$\overrightarrow{AB}=\overrightarrow{DC}$ ←$\overrightarrow{AD}=\overrightarrow{BC}$ でもよい

$\overrightarrow{OB}-\overrightarrow{OA}=\overrightarrow{OC}-\overrightarrow{OD}$

$(a,\ 4)-(-2,\ 1)=(4,\ b)-(-1,\ 3)$

O を始点とするベクトルの成分は座標に等しい

$(a+2,\ 3)=(5,\ b-3)$

両辺の各成分を比較すると， ←ベクトルが等しい⟺各成分が等しい

$\begin{cases}a+2=5\\3=b-3\end{cases}$

これより，$\boldsymbol{a=3,\ b=6}$ …答

Point　A と B の座標より，変化量を直接求めてもよいです。

$\overrightarrow{AB}=(a-(-2),\ 4-1)=(a+2,\ 3)$

6

考え方 実数倍の関係にあるベクトルは平行になります。

$\vec{a}+t\vec{b}=(3,2)+t(-2,0)=(3-2t,2)$

$2\vec{c}=2(-4,-1)=(-8,-2)$

であるから，$\vec{a}+t\vec{b}$と$2\vec{c}$が平行であるとき，kを実数として，

$\vec{a}+t\vec{b}=k\cdot 2\vec{c}$

$(3-2t,2)=k(-8,-2)$

$=(-8k,-2k)$

両辺の各成分を比較すると， ←ベクトルが等しい ⟺各成分が等しい

$\begin{cases}3-2t=-8k\\2=-2k\end{cases}$

これより，$k=-1$，$\boldsymbol{t=-\frac{5}{2}}$ …答

演習問題 50 p.138

1

(1)内積の定義より，

$\vec{a}\cdot\vec{b}=|\vec{a}||\vec{b}|\cos\frac{\pi}{6}$

$=3\cdot 2\cdot\frac{\sqrt{3}}{2}=\boldsymbol{3\sqrt{3}}$ …答

(2)内積の定義より，

$\vec{a}\cdot\vec{b}=|\vec{a}||\vec{b}|\cos\frac{2}{3}\pi$

$=5\cdot 3\cdot\left(-\frac{1}{2}\right)=\boldsymbol{-\frac{15}{2}}$ …答

2

考え方 内積を求めるとき，ベクトルの始点をそろえてなす角を確認します。

正六角形の対角線の交点を O とする。

(1)$\overrightarrow{AB}$と$\overrightarrow{AF}$のなす角は$\frac{2}{3}\pi$であるから，

$\overrightarrow{AB}\cdot\overrightarrow{AF}=2\cdot 2\cdot\cos\frac{2}{3}\pi=\boldsymbol{-2}$ …答

(2)$\overrightarrow{AB}$と$\overrightarrow{BC}$のなす角は$\overrightarrow{AB}$と$\overrightarrow{AO}$のなす角に等しく$\frac{\pi}{3}$である。

$\overrightarrow{AB}\cdot\overrightarrow{BC}=2\cdot 2\cdot\cos\frac{\pi}{3}$

$=\boldsymbol{2}$ …答

(3)$\overrightarrow{AC}$と$\overrightarrow{AD}$のなす角は$\frac{\pi}{6}$であるから，

$\overrightarrow{AC}\cdot\overrightarrow{AD}=2\sqrt{3}\cdot 4\cdot\cos\frac{\pi}{6}$

$=\boldsymbol{12}$ …答

(4)$\overrightarrow{BE}\perp\overrightarrow{DF}$であるから，

$\overrightarrow{BE}\cdot\overrightarrow{DF}=\boldsymbol{0}$ …答

(5)$\overrightarrow{AC}$と$\overrightarrow{DF}$は互いに逆ベクトルの関係であるから，なす角はπである。

$\overrightarrow{AC}\cdot\overrightarrow{DF}=2\sqrt{3}\cdot 2\sqrt{3}\cdot\cos\pi$

$=\boldsymbol{-12}$ …答

(6)

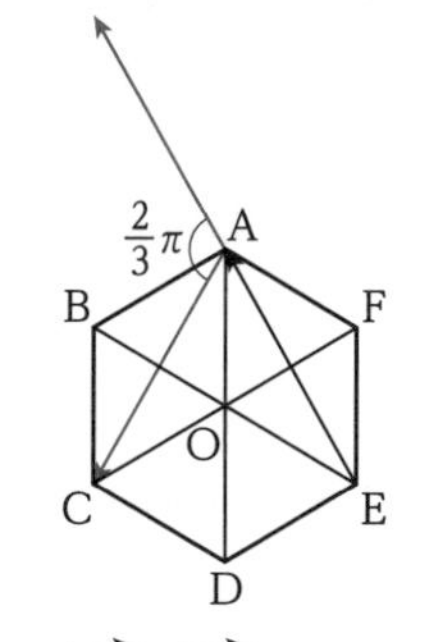

図のように$\overrightarrow{AC}$と$\overrightarrow{EA}$の始点をそろえるとなす角は$\frac{2}{3}\pi$である。

$\overrightarrow{AC}\cdot\overrightarrow{EA}=2\sqrt{3}\cdot 2\sqrt{3}\cdot\cos\frac{2}{3}\pi$

$=\boldsymbol{-6}$ …答

演習問題 51 p.142

1

(1)$\vec{a}\cdot\vec{b}=1\cdot 3+2\cdot 4$

$=\boldsymbol{11}$ …答

(2)$\vec{a}\cdot\vec{b}$

$=(\sqrt{3}-1)(\sqrt{3}+1)+\sqrt{2}\cdot(-2\sqrt{2})$

$=(3-1)-4$

$=\boldsymbol{-2}$ …答

2

考え方 なす角は，ベクトルの内積から求めます。

$\overrightarrow{AB}=\overrightarrow{OB}-\overrightarrow{OA}$
$=(1,\ 1+2\sqrt{3})-(-1,\ 1)$
$=(2,\ 2\sqrt{3})$
$|\overrightarrow{AB}|=\sqrt{2^2+(2\sqrt{3})^2}=4$
$\overrightarrow{AC}=\overrightarrow{OC}-\overrightarrow{OA}=(0,\ 1-\sqrt{3})-(-1,\ 1)$
$=(1,\ -\sqrt{3})$
$|\overrightarrow{AC}|=\sqrt{1^2+(-\sqrt{3})^2}=2$
(1) $\overrightarrow{AB}\cdot\overrightarrow{AC}=2\cdot1+2\sqrt{3}\cdot(-\sqrt{3})$
$=2-6$
$=\mathbf{-4}$ …答
(2) ∠BAC つまり $\overrightarrow{AB}$ と $\overrightarrow{AC}$ のなす角を求める。ただし，0 以上 π 以下の大きさである。内積の定義より，
$\overrightarrow{AB}\cdot\overrightarrow{AC}=|\overrightarrow{AB}||\overrightarrow{AC}|\cos\angle BAC$
$-4=4\cdot2\cdot\cos\angle BAC$
$\cos\angle BAC=-\dfrac{1}{2}$
よって，$\angle BAC=\boldsymbol{\dfrac{2}{3}\pi}$ …答

3

考え方　平行の条件では実数倍になることを，垂直の条件では内積が 0 になることを利用します。

(1) $\vec{a}$ と $\vec{b}$ が垂直であるから，内積は 0 である。よって，
$\vec{a}\cdot\vec{b}=0$
$2\cdot t+1\cdot(-6)=0$
$2t-6=0$ より，$\boldsymbol{t=3}$ …答
(2) $\vec{a}$ と $\vec{b}$ が垂直であるから，内積は 0 である。よって，
$\vec{a}\cdot\vec{b}=0$
$-4\cdot x+3\cdot y=0$
$-4x+3y=0$ ……①
また，$\vec{b}$ が単位ベクトルであるから $|\vec{b}|=1$ である。よって，
$\sqrt{x^2+y^2}=1$
つまり，$x^2+y^2=1$ ……②
①，② を連立して y を消去すると，
$x^2+\left(\dfrac{4}{3}x\right)^2=1$
$x^2=\dfrac{9}{25}$
よって，$x=\pm\dfrac{3}{5}$
これらを ① に代入すると，
$x=\dfrac{3}{5}$ のとき $y=\dfrac{4}{5}$
$x=-\dfrac{3}{5}$ のとき $y=-\dfrac{4}{5}$
以上より，
$\vec{b}=(x,\ y)$
$\boldsymbol{=\left(\dfrac{3}{5},\ \dfrac{4}{5}\right),\ \left(-\dfrac{3}{5},\ -\dfrac{4}{5}\right)}$ …答
(3) $\vec{a}-\vec{b}=(4,\ 2)-(3,\ -1)=(1,\ 3)$，
$\vec{x}-\vec{b}=(p-3,\ q+1)$ である。
$\vec{x}$ と $\vec{a}-\vec{b}$ が平行であるから，k を実数として，
$\vec{x}=k(\vec{a}-\vec{b})$
$(p,\ q)=k(1,\ 3)$
両辺の各成分を比較すると，
$\begin{cases}p=k\\q=3k\end{cases}$ ……①
また，$\vec{x}-\vec{b}$ と $\vec{a}$ が垂直であるから内積は 0 である。よって，
$(\vec{x}-\vec{b})\cdot\vec{a}=0$
$\vec{x}-\vec{b}=(p-3,\ q+1)$ であるから，
$4(p-3)+2(q+1)=0$
$4p+2q-10=0$ ……②
① を ② に代入すると，
$4k+2\cdot3k-10=0$　よって，$k=1$
① より，$\boldsymbol{p=1,\ q=3}$ …答

4

(1) (左辺)
$=(3\vec{a}+2\vec{b})\cdot(3\vec{a}-2\vec{b})$
$=9\vec{a}\cdot\vec{a}-6\vec{a}\cdot\vec{b}$
$+6\vec{b}\cdot\vec{a}-4\vec{b}\cdot\vec{b}$
$=9|\vec{a}|^2-6\vec{a}\cdot\vec{b}$
$+6\vec{a}\cdot\vec{b}-4|\vec{b}|^2$
$=9|\vec{a}|^2-4|\vec{b}|^2$
=(右辺)　〔証明終わり〕

$\vec{x}\cdot\vec{x}=|\vec{x}|^2$
$\vec{x}\cdot\vec{y}=\vec{y}\cdot\vec{x}$

(2) (左辺)

$=|\vec{a}+\vec{b}|^2+|\vec{a}-\vec{b}|^2$

$=(\vec{a}+\vec{b})\cdot(\vec{a}+\vec{b})$ $\quad |\vec{x}|^2=\vec{x}\cdot\vec{x}$

$+(\vec{a}-\vec{b})\cdot(\vec{a}-\vec{b})$

$=(\vec{a}\cdot\vec{a}+\vec{a}\cdot\vec{b}+\vec{b}\cdot\vec{a}+\vec{b}\cdot\vec{b})$

$+(\vec{a}\cdot\vec{a}-\vec{a}\cdot\vec{b}-\vec{b}\cdot\vec{a}+\vec{b}\cdot\vec{b})$

$\downarrow \vec{x}\cdot\vec{x}=|\vec{x}|^2$

$=|\vec{a}|^2+|\vec{b}|^2+|\vec{a}|^2+|\vec{b}|^2$

$=2(|\vec{a}|^2+|\vec{b}|^2)=$(右辺)〔証明終わり〕

5

(1) $|3\vec{a}+2\vec{b}|=\sqrt{13}$ の両辺を2乗すると,

$|3\vec{a}+2\vec{b}|^2=(\sqrt{13})^2$

$\downarrow |\vec{x}|^2=\vec{x}\cdot\vec{x}$

$(3\vec{a}+2\vec{b})\cdot(3\vec{a}+2\vec{b})=13$

$9\vec{a}\cdot\vec{a}+6\vec{a}\cdot\vec{b}+6\vec{b}\cdot\vec{a}+4\vec{b}\cdot\vec{b}=13$

$\downarrow \vec{x}\cdot\vec{x}=|\vec{x}|^2,\ \vec{x}\cdot\vec{y}=\vec{y}\cdot\vec{x}$

$9|\vec{a}|^2+12\vec{a}\cdot\vec{b}+4|\vec{b}|^2=13$

$9\cdot1^2+12\vec{a}\cdot\vec{b}+4\cdot2^2=13$

$\boldsymbol{\vec{a}\cdot\vec{b}=-1}$ …答

また,

$|\vec{a}+\vec{b}|^2$

$=(\vec{a}+\vec{b})\cdot(\vec{a}+\vec{b})$ $\quad |\vec{x}|^2=\vec{x}\cdot\vec{x}$

$=\vec{a}\cdot\vec{a}+\vec{a}\cdot\vec{b}+\vec{b}\cdot\vec{a}+\vec{b}\cdot\vec{b}$

$\downarrow \vec{x}\cdot\vec{x}=|\vec{x}|^2,\ \vec{x}\cdot\vec{y}=\vec{y}\cdot\vec{x}$

$=|\vec{a}|^2+2\vec{a}\cdot\vec{b}+|\vec{b}|^2$

$=1^2+2\cdot(-1)+2^2$

$=3$

以上より,

$\boldsymbol{|\vec{a}+\vec{b}|=\sqrt{3}}$ …答

(2) $|\vec{a}+\vec{b}|=\sqrt{13}$ の両辺を2乗すると,

$|\vec{a}+\vec{b}|^2=(\sqrt{13})^2$

$(\vec{a}+\vec{b})\cdot(\vec{a}+\vec{b})=13$ $\quad |\vec{x}|^2=\vec{x}\cdot\vec{x}$

$\vec{a}\cdot\vec{a}+\vec{a}\cdot\vec{b}+\vec{b}\cdot\vec{a}+\vec{b}\cdot\vec{b}=13$

$\downarrow \vec{x}\cdot\vec{x}=|\vec{x}|^2,\ \vec{x}\cdot\vec{y}=\vec{y}\cdot\vec{x}$

$|\vec{a}|^2+2\vec{a}\cdot\vec{b}+|\vec{b}|^2=13$

$3^2+2\vec{a}\cdot\vec{b}+1^2=13$

$\vec{a}\cdot\vec{b}=\frac{3}{2}$

ここで, $\vec{a}$ と $\vec{b}$ のなす角を $\theta\ (0\leqq\theta\leqq\pi)$ とすると, 内積の定義より,

$\vec{a}\cdot\vec{b}=|\vec{a}||\vec{b}|\cos\theta$

$\frac{3}{2}=3\cdot1\cdot\cos\theta$

$\cos\theta=\frac{1}{2}$

よって, $\boldsymbol{\theta=\frac{\pi}{3}}$ …答

また,

$|\vec{a}-\vec{b}|^2$

$=(\vec{a}-\vec{b})\cdot(\vec{a}-\vec{b})$ $\quad |\vec{x}|^2=\vec{x}\cdot\vec{x}$

$=\vec{a}\cdot\vec{a}-\vec{a}\cdot\vec{b}-\vec{b}\cdot\vec{a}+\vec{b}\cdot\vec{b}$

$\downarrow \vec{x}\cdot\vec{x}=|\vec{x}|^2,\ \vec{x}\cdot\vec{y}=\vec{y}\cdot\vec{x}$

$=|\vec{a}|^2-2\vec{a}\cdot\vec{b}+|\vec{b}|^2$

$=3^2-2\cdot\frac{3}{2}+1^2$

$=7$

以上より,

$\boldsymbol{|\vec{a}-\vec{b}|=\sqrt{7}}$ …答

第2節 ベクトルと平面図形

演習問題52 p.148

1

(1) $\vec{p}=\frac{3}{2+3}\vec{a}+\frac{2}{2+3}\vec{b}$ ←分母は比の和, 分子は遠いほうの比を掛ける

$=\boldsymbol{\frac{3}{5}\vec{a}+\frac{2}{5}\vec{b}}$ …答

(2) $\vec{p}=\frac{1}{4+1}\vec{a}+\frac{4}{4+1}\vec{b}$ ←分母は比の和, 分子は遠いほうの比を掛ける

$=\boldsymbol{\frac{1}{5}\vec{a}+\frac{4}{5}\vec{b}}$ …答

(3) 3:(−2)に内分すると考えて, ←絶対値の小さいほうの符号を変えるとよい

$\vec{p}=\frac{-2}{3+(-2)}\vec{a}+\frac{3}{3+(-2)}\vec{b}$

$=\boldsymbol{-2\vec{a}+3\vec{b}}$ …答

(4) (−2):5に内分すると考えて, ←絶対値の小さいほうの符号を変えるとよい

$\vec{p}=\frac{5}{(-2)+5}\vec{a}+\frac{-2}{(-2)+5}\vec{b}$

$=\boldsymbol{\frac{5}{3}\vec{a}-\frac{2}{3}\vec{b}}$ …答

2

考え方 位置が一致することを示すには，位置ベクトルが等しいことを示します。

$A(\vec{a})$, $B(\vec{b})$, $C(\vec{c})$ とする。△ABC の重心を $G_1(\vec{g_1})$ とすると，

$$\vec{g_1}=\frac{\vec{a}+\vec{b}+\vec{c}}{3}$$ ←足して 3 で割る

また，AB の中点が D であるから，$D(\vec{d})$ とすると，

$$\vec{d}=\frac{\vec{a}+\vec{b}}{2}$$ ←足して 2 で割る

$E(\vec{e})$, $F(\vec{f})$ とすると，同様にして，

$$\vec{e}=\frac{1}{2}\vec{b}+\frac{1}{2}\vec{c}$$

$$\vec{f}=\frac{1}{2}\vec{c}+\frac{1}{2}\vec{a}$$

以上より，△DEF の重心を $G_2(\vec{g_2})$ とすると，

$$\vec{g_2}=\frac{\vec{d}+\vec{e}+\vec{f}}{3}$$ ←足して 3 で割る

$$=\frac{1}{3}\left\{\left(\frac{1}{2}\vec{a}+\frac{1}{2}\vec{b}\right)+\left(\frac{1}{2}\vec{b}+\frac{1}{2}\vec{c}\right)+\left(\frac{1}{2}\vec{c}+\frac{1}{2}\vec{a}\right)\right\}$$

$$=\frac{\vec{a}+\vec{b}+\vec{c}}{3}=\vec{g_1}$$

よって，位置ベクトルが等しいので重心 G_1 と G_2 の位置も一致している。

〔証明終わり〕

3

考え方 D, E, G の位置ベクトルを A, B, C の位置ベクトルで表します。

A，B，C の位置ベクトルをそれぞれ $\vec{a}$, $\vec{b}$, $\vec{c}$ とする。$D(\vec{d})$, $E(\vec{e})$ は AB，AC の中点であるから，

$$\vec{d}=\frac{\vec{a}+\vec{b}}{2} \quad \cdots\cdots①$$

$$\vec{e}=\frac{\vec{a}+\vec{c}}{2} \quad \cdots\cdots②$$

$G(\vec{g})$ は△ABC の重心であるから，

$$\vec{g}=\frac{\vec{a}+\vec{b}+\vec{c}}{3} \quad \cdots\cdots③$$ ←足して 3 で割る

① ～ ③ を連立して，$\vec{b}$, $\vec{c}$ を消去すると，

$$\vec{a}=2\vec{d}+2\vec{e}-3\vec{g}$$
$$=2(-1,\ 4)+2(4,\ 4)-3(2,\ 3)$$
$$=\mathbf{(0,\ 7)} \cdots 答$$

① より，

$$\vec{b}=-\vec{a}+2\vec{d}$$
$$=-(0,\ 7)+2(-1,\ 4)$$
$$=\mathbf{(-2,\ 1)} \cdots 答$$

② より，

$$\vec{c}=-\vec{a}+2\vec{e}$$
$$=-(0,\ 7)+2(4,\ 4)$$
$$=\mathbf{(8,\ 1)} \cdots 答$$

4

考え方 (2)相似を利用して AE：EC を求めます。

(1)条件より，$\overrightarrow{BC}=\frac{4}{3}\overrightarrow{AD}$ であるから，

$$\overrightarrow{AC}=\overrightarrow{AB}+\overrightarrow{BC}=\overrightarrow{AB}+\frac{4}{3}\overrightarrow{AD}$$
$$=\vec{b}+\frac{4}{3}\vec{d} \cdots 答$$

(2)△AED と△CEB において，AD と BC が平行であるから，

∠EAD＝∠ECB
∠EDA＝∠EBC
（錯角が等しい）

よって，△AED∽△CEB

対応する辺の比は等しいので，

AE：EC＝AD：BC＝3：4

$\overrightarrow{AE}$ は $\overrightarrow{AC}$ の $\frac{3}{7}$ 倍のベクトルであるから，

$$\overrightarrow{AE}=\frac{3}{7}\overrightarrow{AC}=\frac{3}{7}\left(\vec{b}+\frac{4}{3}\vec{d}\right)$$ ←(1)を利用

$$=\frac{3}{7}\vec{b}+\frac{4}{7}\vec{d} \cdots 答$$

別解 E が BD を 4：3 に内分する点と考えると，

$$\overrightarrow{AE}=\frac{3}{4+3}\vec{b}+\frac{4}{4+3}\vec{d}$$ ←分母は比の和，分子は遠いほうの比を掛ける

$$=\frac{3}{7}\vec{b}+\frac{4}{7}\vec{d} \cdots 答$$

(3) AD と EF が平行であるから，(2)の結果より，

DF：FC＝AE：EC＝3：4

よって，F は DC を 3：4 に内分する点であるから，

$\overrightarrow{\mathrm{AF}}=\frac{4}{3+4}\vec{d}+\frac{3}{3+4}\overrightarrow{\mathrm{AC}}$ ←分母は比の和，分子は遠いほうの比を掛ける

$=\frac{4}{7}\vec{d}+\frac{3}{7}\left(\vec{b}+\frac{4}{3}\vec{d}\right)$ ←(1)を利用

$=\frac{3}{7}\vec{b}+\frac{8}{7}\vec{d}$ …答

演習問題 53 p.150

1

考え方 始点をそろえたベクトルが実数倍の関係であることを示します。

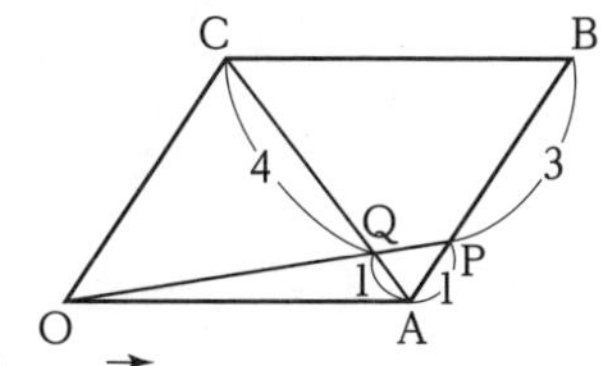

A($\vec{a}$)，C($\vec{c}$) とすると，

$\overrightarrow{\mathrm{OP}}=\overrightarrow{\mathrm{OA}}+\overrightarrow{\mathrm{AP}}$

$=\overrightarrow{\mathrm{OA}}+\frac{1}{4}\overrightarrow{\mathrm{AB}}$

$=\vec{a}+\frac{1}{4}\vec{c}$ ……①

また，Q は CA を 4：1 に内分する点であるから，

$\overrightarrow{\mathrm{OQ}}=\frac{4}{1+4}\overrightarrow{\mathrm{OA}}+\frac{1}{1+4}\overrightarrow{\mathrm{OC}}$

$=\frac{4}{5}\vec{a}+\frac{1}{5}\vec{c}$ ……②

①，② より，

$\overrightarrow{\mathrm{OQ}}=\frac{4}{5}\overrightarrow{\mathrm{OP}}$ ←始点をそろえて実数倍（$\vec{a}$ の係数に着目）

よって，3 点 O，P，Q は一直線上にある。

〔証明終わり〕

参考 もちろん，始点は O 以外の P や Q で考えても示すことができます。

2

考え方 始点をそろえたベクトルが実数倍の関係であることを示します。

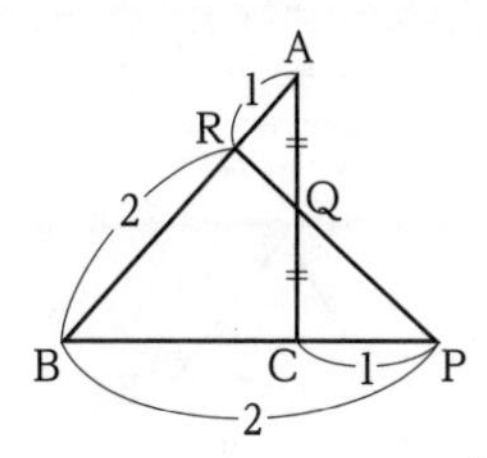

辺 BC を 2：1 に外分する点 P($\vec{p}$) は，

$\vec{p}=\frac{-1}{2+(-1)}\vec{b}+\frac{2}{2+(-1)}\vec{c}$ ←2：(−1) に内分と考えて計算

$=-\vec{b}+2\vec{c}$

辺 CA の中点 Q($\vec{q}$) は，

$\vec{q}=\frac{\vec{c}+\vec{a}}{2}$ ←足して 2 で割る

辺 AB を 1：2 に内分する点 R($\vec{r}$) は，

$\vec{r}=\frac{2}{1+2}\vec{a}+\frac{1}{1+2}\vec{b}$

$=\frac{2}{3}\vec{a}+\frac{1}{3}\vec{b}$

以上より，

$\overrightarrow{\mathrm{PQ}}=\overrightarrow{\mathrm{OQ}}-\overrightarrow{\mathrm{OP}}$

$=\vec{q}-\vec{p}$

$=\frac{\vec{c}+\vec{a}}{2}-(-\vec{b}+2\vec{c})$

$=\frac{1}{2}\vec{a}+\vec{b}-\frac{3}{2}\vec{c}$ ……①

$\overrightarrow{\mathrm{PR}}=\overrightarrow{\mathrm{OR}}-\overrightarrow{\mathrm{OP}}$

$=\vec{r}-\vec{p}$

$=\left(\frac{2}{3}\vec{a}+\frac{1}{3}\vec{b}\right)-(-\vec{b}+2\vec{c})$

$=\frac{2}{3}\vec{a}+\frac{4}{3}\vec{b}-2\vec{c}$ ……②

①，② より，

$\overrightarrow{\mathrm{PR}}=\frac{4}{3}\overrightarrow{\mathrm{PQ}}$ ←始点をそろえて実数倍（$\vec{b}$ の係数に着目）

よって，3 点 P，Q，R は一直線上にある。

〔証明終わり〕

演習問題 54 p.155

1

考え方 「内分点の位置ベクトル」または「3 点が一直線上」から，2 つ式を立てて考えます。

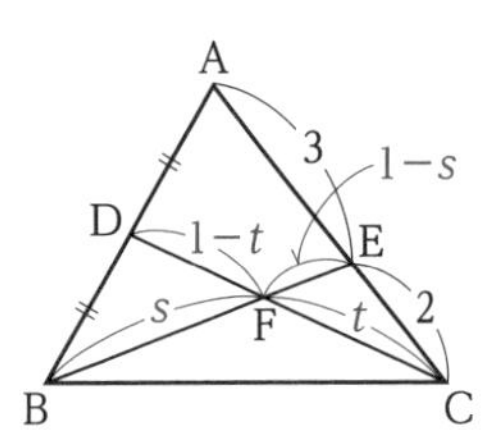

F は BE の内分点であるから，s を定数として BF：FE＝s：$(1-s)$ とおくと，

$\overrightarrow{AF}=(1-s)\overrightarrow{AB}+s\overrightarrow{AE}$

$=(1-s)\overrightarrow{AB}+s\cdot\dfrac{3}{5}\overrightarrow{AC}$ ……①

F は CD の内分点でもあるから，t を定数として CF：FD＝t：$(1-t)$ とおくと，

$\overrightarrow{AF}=(1-t)\overrightarrow{AC}+t\overrightarrow{AD}$

$=(1-t)\overrightarrow{AC}+t\cdot\dfrac{1}{2}\overrightarrow{AB}$ ……②

①，② より，$\overrightarrow{AB}$，$\overrightarrow{AC}$ は平行でなく，かつ $\vec{0}$ でないので，

$1-s=\dfrac{1}{2}t$ かつ $\dfrac{3}{5}s=1-t$ ←係数比較ができる

これより，$s=\dfrac{5}{7}$，$t=\dfrac{4}{7}$

よって，①，② に代入して，

$\boldsymbol{\overrightarrow{AF}=\dfrac{2}{7}\overrightarrow{AB}+\dfrac{3}{7}\overrightarrow{AC}}$ …答

別解 3 点 B，F，E は一直線上にあるから，k を定数として，

$\overrightarrow{EF}=k\overrightarrow{EB}$ ←始点をそろえて実数倍

$\overrightarrow{AF}-\overrightarrow{AE}=k\left(\overrightarrow{AB}-\overrightarrow{AE}\right)$

$\overrightarrow{AF}=k\overrightarrow{AB}+(1-k)\overrightarrow{AE}$

$=k\overrightarrow{AB}+(1-k)\cdot\dfrac{3}{5}\overrightarrow{AC}$ ……①

また，3 点 C，F，D も一直線上にあるから，l を定数として，

$\overrightarrow{CF}=l\overrightarrow{CD}$ ←始点をそろえて実数倍

$\overrightarrow{AF}-\overrightarrow{AC}=l\left(\overrightarrow{AD}-\overrightarrow{AC}\right)$

$\overrightarrow{AF}=l\overrightarrow{AD}+(1-l)\overrightarrow{AC}$

$=l\cdot\dfrac{1}{2}\overrightarrow{AB}+(1-l)\overrightarrow{AC}$ ……②

①，② より，$\overrightarrow{AB}$，$\overrightarrow{AC}$ は平行でなく，かつ $\vec{0}$ でないので，

$k=\dfrac{1}{2}l$ かつ $\dfrac{3}{5}(1-k)=1-l$ ←係数比較ができる

これより，$k=\dfrac{2}{7}$，$l=\dfrac{4}{7}$

よって，①，② に代入して，

$\boldsymbol{\overrightarrow{AF}=\dfrac{2}{7}\overrightarrow{AB}+\dfrac{3}{7}\overrightarrow{AC}}$ …答

2

考え方 「内分点の位置ベクトル」と「3 点が一直線上」から 1 つずつ式を立てて考えます。

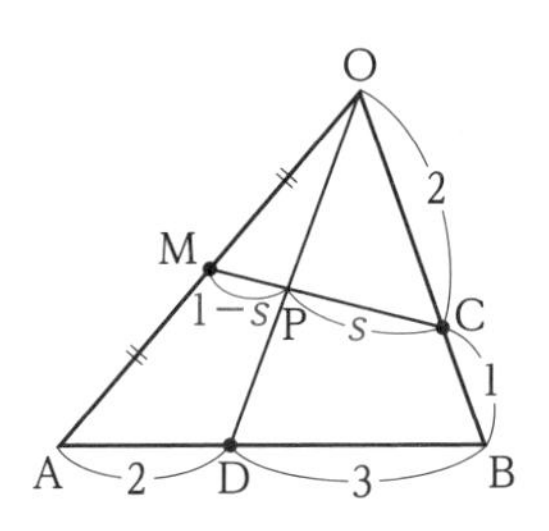

P は CM の内分点であるから，s を定数として CP：PM＝s：$(1-s)$ とおくと，

$\overrightarrow{OP}=(1-s)\overrightarrow{OC}+s\overrightarrow{OM}$

$=(1-s)\cdot\dfrac{2}{3}\overrightarrow{OB}+s\cdot\dfrac{1}{2}\overrightarrow{OA}$ ……①

3 点 O，P，D は一直線上にあるから，k を定数として，

$\overrightarrow{OP}=k\overrightarrow{OD}$ ←始点をそろえて実数倍

$=k\left(\dfrac{3}{2+3}\overrightarrow{OA}+\dfrac{2}{2+3}\overrightarrow{OB}\right)$

$=\dfrac{3}{5}k\overrightarrow{OA}+\dfrac{2}{5}k\overrightarrow{OB}$ ……②

①，② より，$\overrightarrow{OA}$，$\overrightarrow{OB}$ は平行でなく，かつ $\vec{0}$ でないので，

$\dfrac{1}{2}s=\dfrac{3}{5}k$ かつ $\dfrac{2}{3}(1-s)=\dfrac{2}{5}k$ ←係数比較ができる

これより，$s=\frac{2}{3}$，$k=\frac{5}{9}$

よって，①，② に代入して，

$$\overrightarrow{\mathrm{OP}}=\frac{1}{3}\overrightarrow{\mathrm{OA}}+\frac{2}{9}\overrightarrow{\mathrm{OB}}$$ …答

3

考え方　OM：MP は $\overrightarrow{\mathrm{OM}}$ を求めることから考えます。

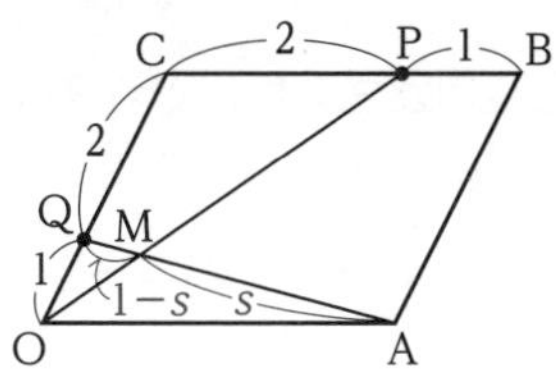

(1) $\overrightarrow{\mathrm{OM}}$ を $\overrightarrow{\mathrm{OA}}$ と $\overrightarrow{\mathrm{OC}}$ で表すことを考える。

M は AQ の内分点であるから，s を定数として AM：MQ$=s$：$(1-s)$ とおくと，

$$\overrightarrow{\mathrm{OM}}=(1-s)\overrightarrow{\mathrm{OA}}+s\overrightarrow{\mathrm{OQ}}$$

$$=(1-s)\overrightarrow{\mathrm{OA}}+s\cdot\frac{1}{3}\overrightarrow{\mathrm{OC}}\ \cdots\cdots①$$

3 点 O，M，P は一直線上にあるから，k を定数として，

$$\overrightarrow{\mathrm{OM}}=k\overrightarrow{\mathrm{OP}}$$ ←始点をそろえて実数倍

$$=k\left(\overrightarrow{\mathrm{OC}}+\frac{2}{3}\overrightarrow{\mathrm{CB}}\right)$$

$$=k\left(\overrightarrow{\mathrm{OC}}+\frac{2}{3}\overrightarrow{\mathrm{OA}}\right)$$

$$=\frac{2}{3}k\overrightarrow{\mathrm{OA}}+k\overrightarrow{\mathrm{OC}}\ \cdots\cdots②$$

①，② より，$\overrightarrow{\mathrm{OA}}$，$\overrightarrow{\mathrm{OC}}$ は平行でなく，かつ $\vec{0}$ でないので，

$1-s=\frac{2}{3}k$ かつ $\frac{1}{3}s=k$ ←係数比較ができる

これより，$s=\frac{9}{11}$，$k=\frac{3}{11}$

よって，$\overrightarrow{\mathrm{OM}}=\frac{3}{11}\overrightarrow{\mathrm{OP}}$ より，

OM：MP＝3：8 …答

(2) $$\overrightarrow{\mathrm{OM}}=\frac{3}{11}\overrightarrow{\mathrm{OP}}=\frac{3}{11}\left(\overrightarrow{\mathrm{OC}}+\frac{2}{3}\overrightarrow{\mathrm{OA}}\right)$$

$$=\frac{2}{11}\overrightarrow{\mathrm{OA}}+\frac{3}{11}\overrightarrow{\mathrm{OC}}$$

であるから，

$$\overrightarrow{\mathrm{QM}}=\overrightarrow{\mathrm{OM}}-\overrightarrow{\mathrm{OQ}}$$ ←始点を O に直す

$$=\left(\frac{2}{11}\overrightarrow{\mathrm{OA}}+\frac{3}{11}\overrightarrow{\mathrm{OC}}\right)-\frac{1}{3}\overrightarrow{\mathrm{OC}}$$

$$=\frac{2}{11}\overrightarrow{\mathrm{OA}}-\frac{2}{33}\overrightarrow{\mathrm{OC}}$$ …答

Point　$\overrightarrow{\mathrm{OP}}$ を $\overrightarrow{\mathrm{OA}}$ と $\overrightarrow{\mathrm{OC}}$ で表すことを考えるとき，平行四辺形では $\overrightarrow{\mathrm{OP}}$ を BC の内分点 P として考えるよりも O から C，C から P とつないで考えるほうが簡単に求められます。

4

(1)

$$\overrightarrow{\mathrm{PR}}=\overrightarrow{\mathrm{AR}}-\overrightarrow{\mathrm{AP}}$$ ←始点を A に直す

$$=\overrightarrow{\mathrm{AR}}-\frac{3}{5}\overrightarrow{\mathrm{AB}}$$

$\overrightarrow{\mathrm{AR}}$ を $\overrightarrow{\mathrm{AB}}$ と $\overrightarrow{\mathrm{AD}}$ で表すことを考える。

R は CP の内分点であるから，t を定数として CR：RP$=t$：$(1-t)$ とおくと，

$$\overrightarrow{\mathrm{AR}}=t\overrightarrow{\mathrm{AP}}+(1-t)\overrightarrow{\mathrm{AC}}$$

$$=t\cdot\frac{3}{5}\overrightarrow{\mathrm{AB}}+(1-t)\left(\overrightarrow{\mathrm{AB}}+\overrightarrow{\mathrm{AD}}\right)$$

$$=\left(1-\frac{2}{5}t\right)\overrightarrow{\mathrm{AB}}+(1-t)\overrightarrow{\mathrm{AD}}\ \cdots\cdots①$$

R は BD の内分点でもあるから，s を定数として BR：RD$=s$：$(1-s)$ とおくと，

$$\overrightarrow{\mathrm{AR}}=(1-s)\overrightarrow{\mathrm{AB}}+s\overrightarrow{\mathrm{AD}}\ \cdots\cdots②$$

①，② より，$\overrightarrow{\mathrm{AB}}$，$\overrightarrow{\mathrm{AD}}$ は平行でなく，かつ $\vec{0}$ でないので，

$1-s=1-\frac{2}{5}t$ かつ $s=1-t$ ←係数比較ができる

これより，$s=\frac{2}{7}$，$t=\frac{5}{7}$

よって，①，② に代入して，

$$\overrightarrow{\mathrm{AR}}=\frac{5}{7}\overrightarrow{\mathrm{AB}}+\frac{2}{7}\overrightarrow{\mathrm{AD}}$$

$$\overrightarrow{\mathbf{PR}}=\overrightarrow{\mathrm{AR}}-\frac{3}{5}\overrightarrow{\mathrm{AB}}$$
$$=\left(\frac{5}{7}\overrightarrow{\mathrm{AB}}+\frac{2}{7}\overrightarrow{\mathrm{AD}}\right)-\frac{3}{5}\overrightarrow{\mathrm{AB}}$$
$$=\frac{\mathbf{4}}{\mathbf{35}}\overrightarrow{\mathbf{AB}}+\frac{\mathbf{2}}{\mathbf{7}}\overrightarrow{\mathbf{AD}}$$ …答

別解 RがBDの内分点であるから，①で求めた$\overrightarrow{\mathrm{AR}}$の係数の和が1に等しいことを利用すると，$t$が簡単に求められます。①より，

$$\left(1-\frac{2}{5}t\right)+(1-t)=1$$

よって，$t=\frac{5}{7}$

(2)

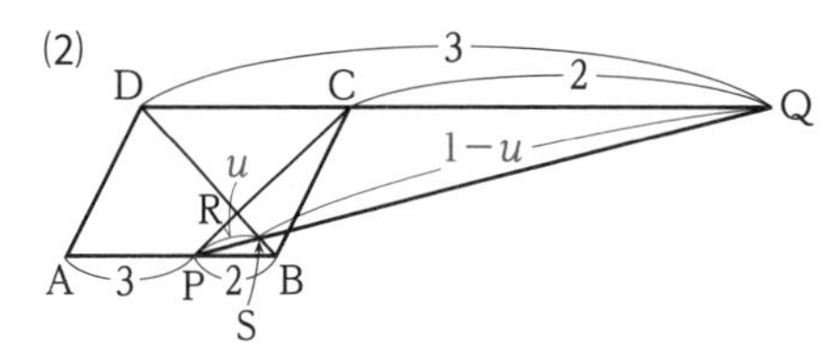

$$\overrightarrow{\mathrm{PS}}=\overrightarrow{\mathrm{AS}}-\overrightarrow{\mathrm{AP}}$$ ←始点をAに直す
$$=\overrightarrow{\mathrm{AS}}-\frac{3}{5}\overrightarrow{\mathrm{AB}}$$

$\overrightarrow{\mathrm{AS}}$を$\overrightarrow{\mathrm{AB}}$と$\overrightarrow{\mathrm{AD}}$で表すことを考える。SはPQの内分点であるから，$u$を定数として$\mathrm{PS}:\mathrm{SQ}=u:(1-u)$とおくと，

$$\overrightarrow{\mathrm{AS}}=(1-u)\overrightarrow{\mathrm{AP}}+u\overrightarrow{\mathrm{AQ}}$$
$$=(1-u)\cdot\frac{3}{5}\overrightarrow{\mathrm{AB}}+u\left(\overrightarrow{\mathrm{AD}}+\overrightarrow{\mathrm{DQ}}\right)$$
$$=\frac{3}{5}(1-u)\overrightarrow{\mathrm{AB}}+u\left(\overrightarrow{\mathrm{AD}}+3\overrightarrow{\mathrm{AB}}\right)$$
$$=\frac{3}{5}(1+4u)\overrightarrow{\mathrm{AB}}+u\overrightarrow{\mathrm{AD}}$$

SはBDの内分点であるから，係数の和は1に等しい。よって，

$$\frac{3}{5}(1+4u)+u=1 \text{ より，} u=\frac{2}{17}$$

これより，$\overrightarrow{\mathrm{AS}}=\frac{15}{17}\overrightarrow{\mathrm{AB}}+\frac{2}{17}\overrightarrow{\mathrm{AD}}$

$$\overrightarrow{\mathbf{PS}}=\overrightarrow{\mathrm{AS}}-\frac{3}{5}\overrightarrow{\mathrm{AB}}$$
$$=\left(\frac{15}{17}\overrightarrow{\mathrm{AB}}+\frac{2}{17}\overrightarrow{\mathrm{AD}}\right)-\frac{3}{5}\overrightarrow{\mathrm{AB}}$$
$$=\frac{\mathbf{24}}{\mathbf{85}}\overrightarrow{\mathbf{AB}}+\frac{\mathbf{2}}{\mathbf{17}}\overrightarrow{\mathbf{AD}}$$ …答

参考 もちろん，SはBDの内分点と考えて，もう1つ立式して係数を比較してもよいです。

5

PはADの内分点であるから，sを定数として$\mathrm{AP}:\mathrm{PD}=s:(1-s)$とおくと，

$$\overrightarrow{\mathrm{OP}}=(1-s)\overrightarrow{\mathrm{OA}}+s\overrightarrow{\mathrm{OD}}$$
$$=(1-s)\cdot\frac{5}{3}\overrightarrow{\mathrm{OC}}+\frac{1}{3}s\overrightarrow{\mathrm{OB}}$$ ←$\overrightarrow{\mathrm{OB}}$と$\overrightarrow{\mathrm{OC}}$の式に変形する

PはBCの内分点であるから，係数の和は1に等しい。よって，

$$\frac{5}{3}(1-s)+\frac{1}{3}s=1 \text{ より，} s=\frac{1}{2}$$

$\overrightarrow{\mathrm{OP}}=(1-s)\overrightarrow{\mathrm{OA}}+\frac{1}{3}s\overrightarrow{\mathrm{OB}}$より，

$$\overrightarrow{\mathbf{OP}}=\frac{\mathbf{1}}{\mathbf{2}}\overrightarrow{\mathbf{OA}}+\frac{\mathbf{1}}{\mathbf{6}}\overrightarrow{\mathbf{OB}}$$ …答

6

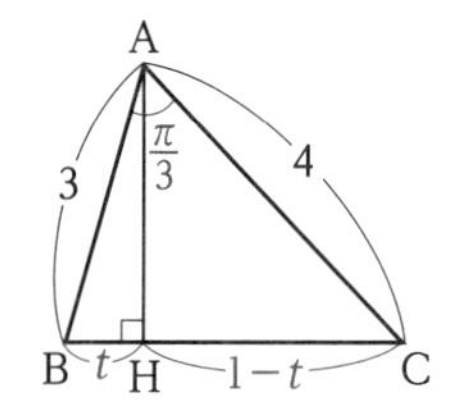

HはBCの内分点であるから，tを定数として$\mathrm{BH}:\mathrm{HC}=t:(1-t)$とおくと，

$$\overrightarrow{\mathrm{AH}}=(1-t)\overrightarrow{\mathrm{AB}}+t\overrightarrow{\mathrm{AC}} \quad \cdots\cdots①$$

また，$\overrightarrow{\mathrm{AH}}$と$\overrightarrow{\mathrm{BC}}$は垂直であるから，

$$\overrightarrow{\mathrm{AH}}\cdot\overrightarrow{\mathrm{BC}}=0$$
$$\left\{(1-t)\overrightarrow{\mathrm{AB}}+t\overrightarrow{\mathrm{AC}}\right\}\cdot\left(\overrightarrow{\mathrm{AC}}-\overrightarrow{\mathrm{AB}}\right)=0$$
$$-(1-t)\overrightarrow{\mathrm{AB}}\cdot\overrightarrow{\mathrm{AB}}+(1-2t)\overrightarrow{\mathrm{AB}}\cdot\overrightarrow{\mathrm{AC}}+t\overrightarrow{\mathrm{AC}}\cdot\overrightarrow{\mathrm{AC}}=0$$
$$-(1-t)\left|\overrightarrow{\mathrm{AB}}\right|^2+(1-2t)\left|\overrightarrow{\mathrm{AB}}\right|\left|\overrightarrow{\mathrm{AC}}\right|\cos\frac{\pi}{3}+t\left|\overrightarrow{\mathrm{AC}}\right|^2=0$$ ←同じベクトルの内積＝大きさの2乗
$$-(1-t)\cdot 9+(1-2t)\cdot 3\cdot 4\cdot\frac{1}{2}+t\cdot 16=0$$
$$t=\frac{3}{13}$$

これを①に代入して，

$$\overrightarrow{\mathbf{AH}}=\frac{\mathbf{10}}{\mathbf{13}}\overrightarrow{\mathbf{AB}}+\frac{\mathbf{3}}{\mathbf{13}}\overrightarrow{\mathbf{AC}}$$ …答

演習問題 55 p.158

1

考え方 始点をP以外の点にとり直し，「内分点の位置ベクトル」や「3点が一直線上」の形をつくります。

$4\overrightarrow{PA}+3\overrightarrow{PB}=3\overrightarrow{PC}+4\overrightarrow{CA}$

↓始点をAに直す

$-4\overrightarrow{AP}+3(\overrightarrow{AB}-\overrightarrow{AP})=3(\overrightarrow{AC}-\overrightarrow{AP})-4\overrightarrow{AC}$

$4\overrightarrow{AP}=3\overrightarrow{AB}+\overrightarrow{AC}$ ←係数の和を1にしたい

$\overrightarrow{AP}=\dfrac{3}{4}\overrightarrow{AB}+\dfrac{1}{4}\overrightarrow{AC}$ ←両辺を4で割った

よって，

点Pは辺BCを1：3に内分する点 …答

2

考え方 始点をP以外の点にとり直し，「内分点の位置ベクトル」や「3点が一直線上」の形をつくり，まず点Pの位置を考えます。

$2\overrightarrow{PA}+3\overrightarrow{PB}+4\overrightarrow{PC}=\vec{0}$

↓始点をAに直す

$-2\overrightarrow{AP}+3(\overrightarrow{AB}-\overrightarrow{AP})+4(\overrightarrow{AC}-\overrightarrow{AP})=\vec{0}$

$9\overrightarrow{AP}=3\overrightarrow{AB}+4\overrightarrow{AC}$ ←係数の和を1にしたい

$\dfrac{9}{7}\overrightarrow{AP}=\dfrac{3}{7}\overrightarrow{AB}+\dfrac{4}{7}\overrightarrow{AC}$ ←両辺を7で割った

$\overrightarrow{AP}=\dfrac{7}{9}\left(\dfrac{3}{7}\overrightarrow{AB}+\dfrac{4}{7}\overrightarrow{AC}\right)$

ここで，BCを4：3に内分する点をDとすると，$\dfrac{3}{7}\overrightarrow{AB}+\dfrac{4}{7}\overrightarrow{AC}$ は $\overrightarrow{AD}$ を表している。よって，

↑分子の値が逆になりやすいので注意

$\overrightarrow{AP}=\dfrac{7}{9}\overrightarrow{AD}$

また，この式より点PはADを7：2に内分する点である。

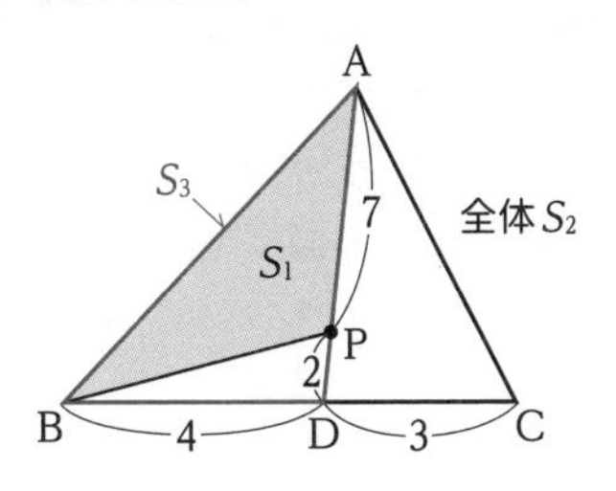

図より，△ABDと△ABCはそれぞれBD，BCを底辺とみたとき，高さが等しいので底辺の比が面積比に等しい。△ABDの底辺は△ABCの底辺の $\dfrac{4}{7}$ 倍であるから面積も $\dfrac{4}{7}$ 倍である。

△ABDの面積を S_3 とすると，

$S_3=\dfrac{4}{7}S_2$

また，△ABPと△ABDはそれぞれAP，ADを底辺とみたとき，高さが等しいので底辺の比が面積比に等しい。△ABPの底辺は△ABDの底辺の $\dfrac{7}{9}$ 倍であるから面積も $\dfrac{7}{9}$ 倍である。

よって，

$S_1=\dfrac{7}{9}S_3=\dfrac{7}{9}\cdot\dfrac{4}{7}S_2=\dfrac{4}{9}S_2$

以上より，

$S_1:S_2=\dfrac{4}{9}S_2:S_2$

$\mathbf{=4:9}$ …答

3

考え方 始点をP以外の点でそろえて，「内分点の位置ベクトル」や「3点が一直線上」の形をつくり，まず点Pの位置を考えます。

$6\overrightarrow{AP}+3\overrightarrow{BP}+2\overrightarrow{CP}=\vec{0}$

↓始点をAに直す

$6\overrightarrow{AP}+3(\overrightarrow{AP}-\overrightarrow{AB})+2(\overrightarrow{AP}-\overrightarrow{AC})=\vec{0}$

$11\overrightarrow{AP}=3\overrightarrow{AB}+2\overrightarrow{AC}$ ←係数の和を1にしたい

$\dfrac{11}{5}\overrightarrow{AP}=\dfrac{3}{5}\overrightarrow{AB}+\dfrac{2}{5}\overrightarrow{AC}$ ←両辺を5で割った

$\overrightarrow{AP}=\dfrac{5}{11}\left(\dfrac{3}{5}\overrightarrow{AB}+\dfrac{2}{5}\overrightarrow{AC}\right)$

ここで，BCを2：3に内分する点をDとすると，$\dfrac{3}{5}\overrightarrow{AB}+\dfrac{2}{5}\overrightarrow{AC}$ は $\overrightarrow{AD}$ を表している。よって，

↑分子の値が逆になりやすいので注意

$\overrightarrow{AP}=\dfrac{5}{11}\overrightarrow{AD}$

また，この式より点PはADを5：6に内分する点である。

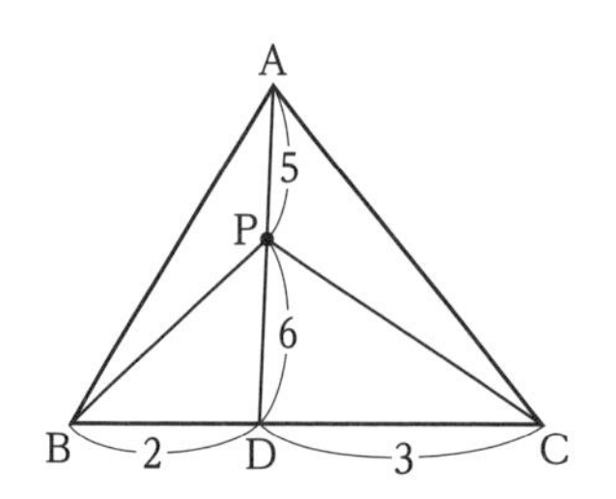

ここで，△ABC の面積を S とする。
図より，BC を底辺とみたとき，△PBC と△ABC は底辺が等しいので高さの比が面積比に等しい。△PBC の高さは△ABC の高さの $\frac{6}{11}$ 倍であるから面積も $\frac{6}{11}$ 倍である。よって，

$$\triangle PBC=\frac{6}{11}S$$

$$\triangle PAB+\triangle PCA=S-\frac{6}{11}S=\frac{5}{11}S$$

また，AP を底辺とみたとき，△PAB と△PCA は底辺が等しいので高さの比が面積比に等しい。その高さの比は BD：CD に等しく 2：3 であるから，

△PAB：△PCA＝2：3

よって，

$$\triangle PAB=\frac{5}{11}S\times\frac{2}{5}=\frac{2}{11}S$$

$$\triangle PCA=\frac{5}{11}S\times\frac{3}{5}=\frac{3}{11}S$$

以上より，

△PAB：△PBC：△PCA

$$=\frac{2}{11}S:\frac{6}{11}S:\frac{3}{11}S$$

＝2：6：3 …答

別解

(点P の位置を求めるところまでは同様)
△PBD＝12S とおく。
図より，△PCD と△PBD はそれぞれ CD，BD を底辺とみたとき，高さが等しいので底辺の比が面積比に等しい。△PCD の底辺は△PBD の底辺の $\frac{3}{2}$ 倍であるから面積も $\frac{3}{2}$ 倍である。
よって，

$$\triangle PCD=12S\times\frac{3}{2}=18S$$

また，△PAB と△PBD はそれぞれ AP，PD を底辺とみたとき，高さが等しいので底辺の比が面積比に等しい。△PAB の底辺は△PBD の底辺の $\frac{5}{6}$ 倍であるから面積も $\frac{5}{6}$ 倍である。
よって，

$$\triangle PAB=12S\times\frac{5}{6}=10S$$

同様にして，△PCA と△PCD はそれぞれ AP，PD を底辺とみたとき，高さが等しいので底辺の比が面積比に等しい。
△PCA の底辺は△PCD の底辺の $\frac{5}{6}$ 倍であるから面積も $\frac{5}{6}$ 倍である。
よって，

$$\triangle PCA=18S\times\frac{5}{6}=15S$$

以上より，

△PAB：△PBC：△PCA

＝10S：(12S＋18S)：15S

＝2：6：3 …答

考え方　面積の計算は複雑になることが多いので，小さい三角形の面積から比を考えるとわかりやすいです。1 つの三角形に着目し，2 辺の比の積の値を利用する点がポイントです。この問題では，△PBD に着目し，2 辺 BD と PD の比が 2 と 6 であることから面積を 2×6×S＝12S とおきます。

Point　ほかの三角形に着目しても解くことができます。△PDC に着目する場合は，2 辺 PD と CD の比が 6 と 3 であることから面積を△PDC＝18S とおきます。

4

考え方 面積比から線分の比を求めます。

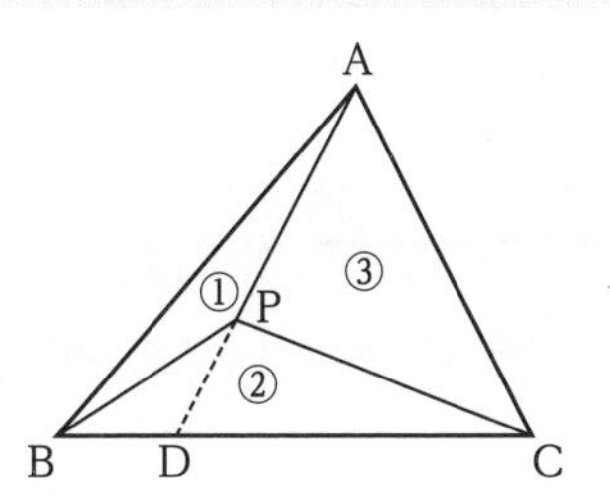

図のように，AP の延長と BC との交点を D とする。
AP を底辺とみたとき，△ABP と△ACP は底辺が等しいので高さの比が面積比に等しい。
その高さの比は BD：CD に等しいので，

BD：CD＝△ABP：△ACP＝1：3

また，BC を底辺とみたとき，△ABC と△PBC は底辺が等しいので高さの比が面積比に等しい。その高さの比は AD：PD に等しいので，

AD：PD＝△ABC：△PBC
＝(1＋2＋3)：2＝3：1

よって，AP：PD＝2：1

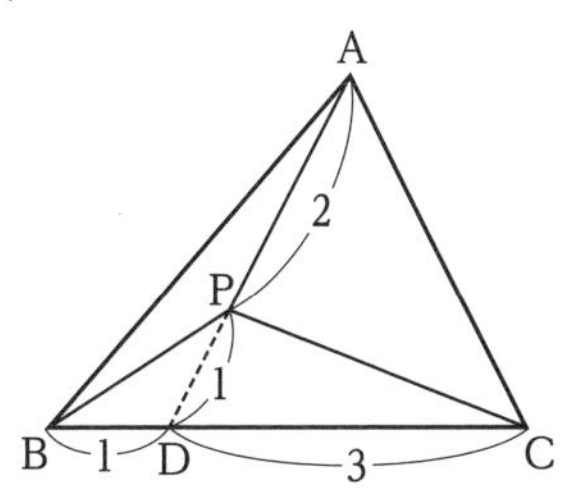

図より，

$$\overrightarrow{\mathrm{AP}}=\frac{2}{3}\overrightarrow{\mathrm{AD}}$$
$$=\frac{2}{3}\left(\frac{3}{4}\overrightarrow{\mathrm{AB}}+\frac{1}{4}\overrightarrow{\mathrm{AC}}\right)$$
$$=\boldsymbol{\frac{1}{2}\overrightarrow{\mathrm{AB}}+\frac{1}{6}\overrightarrow{\mathrm{AC}}}$$ …答

演習問題 56 p.164

1

(1)求める直線上の点を P(x, y) とすると，直線のベクトル方程式は，

$\overrightarrow{\mathrm{OP}}=\overrightarrow{\mathrm{OA}}+t\vec{d}$ ←直線のベクトル方程式 ①

$(x, y)=(1, 1)+t(2, 3)$
$=(1+2t, 1+3t)$

よって，

$$\begin{cases} x=1+2t \\ y=1+3t \end{cases}$$

であるから，この 2 式から t を消去すると，$\boldsymbol{3x-2y=1}$ …答

(2)求める直線上の点を P(x, y) とすると，直線のベクトル方程式は，

$\overrightarrow{\mathrm{OP}}=(1-t)\overrightarrow{\mathrm{OA}}+t\overrightarrow{\mathrm{OB}}$ ←直線のベクトル方程式 ②

$(x, y)=(1-t)(5, 7)+t(-1, -2)$
$=(5-6t, 7-9t)$

よって，

$$\begin{cases} x=5-6t \\ y=7-9t \end{cases}$$

であるから，この 2 式から t を消去すると，$\boldsymbol{3x-2y=1}$ …答

別解 $\overrightarrow{\mathrm{AB}}=(-6, -9)$ を直線の方向ベクトルとみて考えると，直線のベクトル方程式は，

$\overrightarrow{\mathrm{OP}}=\overrightarrow{\mathrm{OA}}+t\overrightarrow{\mathrm{AB}}$ ←直線のベクトル方程式 ①

$(x, y)=(5, 7)+t(-6, -9)$
$=(5-6t, 7-9t)$

よって，

$$\begin{cases} x=5-6t \\ y=7-9t \end{cases}$$

であるから，この 2 式から t を消去すると，$\boldsymbol{3x-2y=1}$ …答

(3)求める直線上の点を P(x, y) とすると，直線のベクトル方程式は，

$\overrightarrow{\mathrm{OP}}=(1-t)\overrightarrow{\mathrm{OA}}+t\overrightarrow{\mathrm{OB}}$ ←直線のベクトル方程式 ②

(x, y)
$=(1-t)(\sqrt{3}, 2)+t(-1, \sqrt{3})$
$=(\sqrt{3}-(\sqrt{3}+1)t, 2+(\sqrt{3}-2)t)$

よって，

$$\begin{cases} x=\sqrt{3}-(\sqrt{3}+1)t \\ y=2+(\sqrt{3}-2)t \end{cases}$$ …答

(4)求める直線上の点を P(x, y) とすると，直線のベクトル方程式は，

$(\overrightarrow{OP}-\overrightarrow{OA})\cdot\vec{n}=0$ ←直線のベクトル方程式③

$\overrightarrow{OP}-\overrightarrow{OA}=(x-2,\ y-3)$ であるから，

$-(x-2)+2(y-3)=0$

よって，$\boldsymbol{-x+2y-4=0}$ …答

2

考え方 法線ベクトルを利用します。

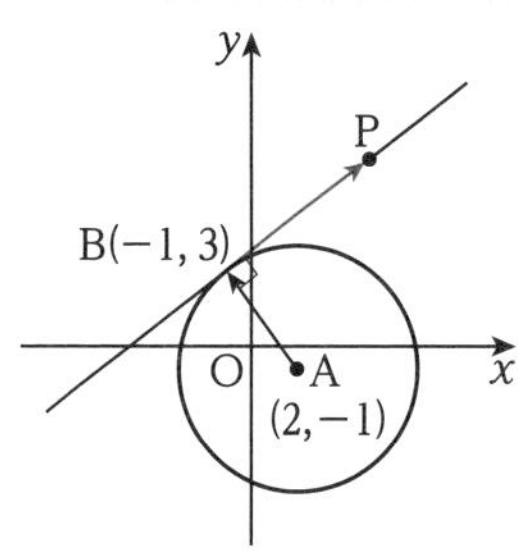

求める直線上の点を P(x, y) とする。半径は接点において接線に直交するので $\overrightarrow{AB}=(-3,\ 4)$ が接線の法線ベクトルである。

よって，接線のベクトル方程式は，

$(\overrightarrow{OP}-\overrightarrow{OB})\cdot\overrightarrow{AB}=0$ ←直線のベクトル方程式③

$\overrightarrow{OP}-\overrightarrow{OB}=(x+1,\ y-3)$ であるから，

$-3(x+1)+4(y-3)=0$

$\boldsymbol{-3x+4y-15=0}$ …答

Point 円の接線の公式よりも，ベクトルの利用が便利です。

3

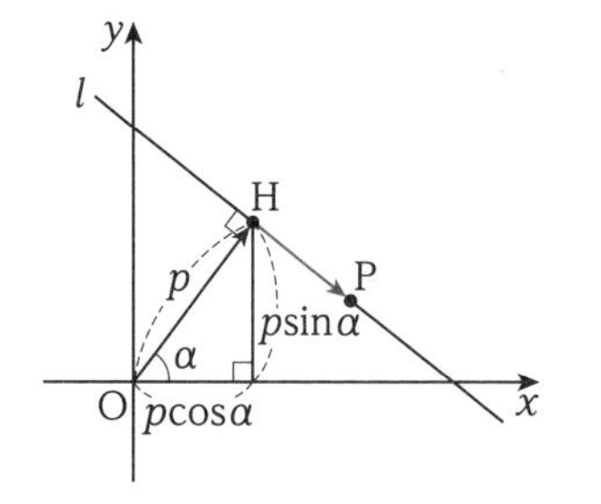

図のように，OH が x 軸の正の向きとなす角が α であるから，点 H の座標は，

$(p\cos\alpha,\ p\sin\alpha)$

直線 l 上の点を P(x, y) とすると，

$\overrightarrow{OH}=(p\cos\alpha,\ p\sin\alpha)$ が直線 l の法線ベクトルである。

直線 l のベクトル方程式は，

$(\overrightarrow{OP}-\overrightarrow{OH})\cdot\overrightarrow{OH}=0$ ←直線のベクトル方程式③

$\overrightarrow{OP}-\overrightarrow{OH}=(x-p\cos\alpha,\ y-p\sin\alpha)$ であるから，

$px\cos\alpha+py\sin\alpha$
$\quad -p^2\cos^2\alpha-p^2\sin^2\alpha=0$

$px\cos\alpha+py\sin\alpha=p^2(\cos^2\alpha+\sin^2\alpha)$

$p\neq0$ より，

$x\cos\alpha+y\sin\alpha=p$ 〔証明終わり〕

参考「基本大全 数学II Core 編」の演習問題 26 で学んだ「ヘッセの標準形」の別証明になります。

4

考え方 x，y の係数が，法線ベクトルの成分に等しくなります。

2 直線 $2x+y-6=0$，$x+3y-5=0$ のそれぞれの法線ベクトルは x，y の係数に着目すると，

$\vec{n_1}=(2,\ 1)$，$\vec{n_2}=(1,\ 3)$

$\vec{n_1}$ と $\vec{n_2}$ のなす角を θ とすると，内積の定義より，

$\vec{n_1}\cdot\vec{n_2}=|\vec{n_1}||\vec{n_2}|\cos\theta$

$2\cdot1+1\cdot3=\sqrt{5}\cdot\sqrt{10}\cos\theta$

$5=5\sqrt{2}\cos\theta$

$\cos\theta=\dfrac{1}{\sqrt{2}}$

$\theta=\dfrac{\pi}{4}$

よって，求める角は，$\boldsymbol{\dfrac{\theta}{4}}$ …答

演習問題 57 p.168

1

考え方 「円のベクトル方程式①」の形か,「円のベクトル方程式②」の形かの見極めが大切です。

(1) $\left|\vec{p}+\vec{a}\right|^2=4$

$\left|\vec{p}+\vec{a}\right|=2$

$\left|\vec{p}-\left(-\vec{a}\right)\right|=2$ ←円のベクトル方程式① 絶対値の中は差の形

よって,**中心の位置ベクトル $-\vec{a}$,半径 2 の円** …答

(2) $\left|\overrightarrow{PA}+\overrightarrow{PB}\right|=6$

$\left|\left(\vec{a}-\vec{p}\right)+\left(\vec{b}-\vec{p}\right)\right|=6$

$\left|2\vec{p}-\vec{a}-\vec{b}\right|=6$

$\left|\vec{p}-\dfrac{\vec{a}+\vec{b}}{2}\right|=3$ ←円のベクトル方程式① $\vec{p}$ の係数は 1 にする

よって,

中心の位置ベクトル $\dfrac{\vec{a}+\vec{b}}{2}$ (中心が AB の中点),半径 3 の円 …答

(3) $\vec{p}\cdot\vec{p}+4\vec{a}\cdot\vec{p}+3\vec{a}\cdot\vec{a}=0$ 同じベクトルの内積をつくる

$\left(\vec{p}+2\vec{a}\right)\cdot\left(\vec{p}+2\vec{a}\right)$

$-\vec{a}\cdot\vec{a}=0$

$\left|\vec{p}+2\vec{a}\right|^2-\left|\vec{a}\right|^2=0$ $\vec{a}\cdot\vec{a}=\left|\vec{a}\right|^2$

$\left|\vec{p}+2\vec{a}\right|=\left|\vec{a}\right|$

$\left|\vec{p}-\left(-2\vec{a}\right)\right|=\left|\vec{a}\right|$ ←円のベクトル方程式① 絶対値の中は差の形

よって,**中心の位置ベクトル $-2\vec{a}$,半径 $\left|\vec{a}\right|$ の円** …答

(4) $\left|\vec{p}\right|^2-\vec{a}\cdot\vec{p}=0$

$\vec{p}\cdot\vec{p}-\vec{a}\cdot\vec{p}=0$

$\vec{p}\cdot\left(\vec{p}-\vec{a}\right)=0$

$\left(\vec{p}-\vec{0}\right)\cdot\left(\vec{p}-\vec{a}\right)=0$ ←円のベクトル方程式② かっこ内は差の形

よって,**原点と点 A を直径の両端とする円** …答

2

考え方 「円のベクトル方程式 ①」の形か,「円のベクトル方程式 ②」の形かの見極めが大切です。

(1) AB が半径であるから,半径の長さは $\left|\overrightarrow{AB}\right|$ に等しい。よって,円周上の点を P(x, y) とすると円のベクトル方程式より,

$\left|\overrightarrow{OP}-\overrightarrow{OA}\right|=\left|\overrightarrow{AB}\right|$ ←円のベクトル方程式①

$\overrightarrow{OP}-\overrightarrow{OA}=(x-2, y-1)$, $\overrightarrow{AB}=(3, -4)$

であるから,

$\sqrt{(x-2)^2+(y-1)^2}=\sqrt{3^2+(-4)^2}$

$\boldsymbol{(x-2)^2+(y-1)^2=25}$ …答

(2) AB が直径であるから,円周上の点を P(x, y) とすると円のベクトル方程式より,

$\left(\overrightarrow{OP}-\overrightarrow{OA}\right)\cdot\left(\overrightarrow{OP}-\overrightarrow{OB}\right)=0$ ←円のベクトル方程式②

$\overrightarrow{OP}-\overrightarrow{OA}=(x-1, y-2)$, $\overrightarrow{OP}-\overrightarrow{OB}=(x-5, y-6)$ であるから,

$(x-1)(x-5)+(y-2)(y-6)=0$

$x^2-6x+y^2-8y+17=0$

$\boldsymbol{(x-3)^2+(y-4)^2=8}$ …答

第 3 節 空間のベクトルの演算

演習問題 58 p.173

1

考え方 点 A と座標軸を図示して考えましょう。

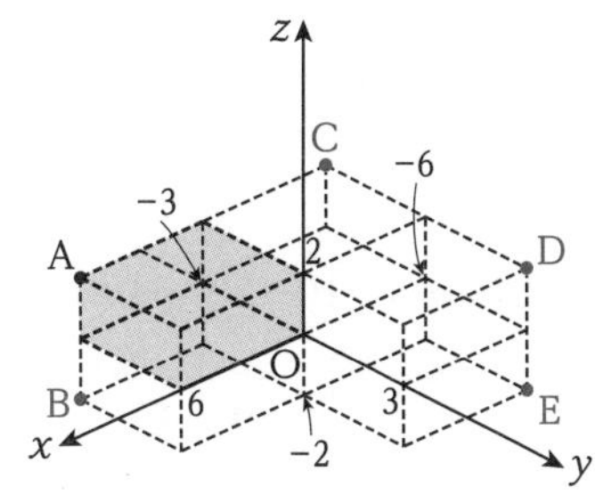

(1) **B(6, −3, −2)** …答

(2) **C(−6, −3, 2)** …答

(3) **D(−6, 3, 2)** …答

(4) **E(−6, 3, −2)** …答

2

(1) $\mathrm{AB}=\sqrt{(4-3)^2+\{-1-(-2)\}^2+(2-1)^2}$
$=\sqrt{\mathbf{3}}$ …答

(2) $\mathrm{OA}=\sqrt{(-6)^2+8^2+(-10)^2}$
$=\sqrt{200}=\mathbf{10\sqrt{2}}$ …答

3

考え方　基本的な考え方は平面の場合と同じです。図をよく見て考えます。

(1) $\overrightarrow{\mathbf{AC}}=\overrightarrow{\mathrm{AB}}+\overrightarrow{\mathrm{BC}}=\vec{a}+\vec{c}$ …答

(2) $\overrightarrow{\mathbf{BD}}=\overrightarrow{\mathrm{AD}}-\overrightarrow{\mathrm{AB}}=\vec{b}-\vec{a}$ …答

(3) $\overrightarrow{\mathbf{CD}}=\overrightarrow{\mathrm{AD}}-\overrightarrow{\mathrm{AC}}=\vec{b}-(\vec{a}+\vec{c})$ （(1)を利用）
$=-\vec{a}+\vec{b}-\vec{c}$ …答

4

考え方　基本的な考え方は平面の場合と同じです。図をよく見て考えます。

(1) $\overrightarrow{\mathbf{AF}}=\overrightarrow{\mathrm{AB}}+\overrightarrow{\mathrm{BF}}=\overrightarrow{\mathrm{AB}}+\overrightarrow{\mathrm{AE}}=\vec{a}+\vec{c}$ …答

(2) $\overrightarrow{\mathbf{AG}}=\overrightarrow{\mathrm{AB}}+\overrightarrow{\mathrm{BF}}+\overrightarrow{\mathrm{FG}}=\overrightarrow{\mathrm{AB}}+\overrightarrow{\mathrm{AE}}+\overrightarrow{\mathrm{AD}}$
$=\vec{a}+\vec{b}+\vec{c}$ …答

(3) $\overrightarrow{\mathbf{FD}}=\overrightarrow{\mathrm{AD}}-\overrightarrow{\mathrm{AF}}=\vec{b}-(\vec{a}+\vec{c})$ （(1)を利用）
$=-\vec{a}+\vec{b}-\vec{c}$ …答

演習問題 59　p.176

1

考え方　基本的な考え方は平面の場合と同じです。

(1) $\overrightarrow{\mathbf{AB}}$
$=(1-0,\ 5-1,\ 10-2)$ ←各成分「後ろ－前」
$=\mathbf{(1,\ 4,\ 8)}$ …答
$|\overrightarrow{\mathbf{AB}}|=\sqrt{1^2+4^2+8^2}=\mathbf{9}$ …答

(2) $\overrightarrow{\mathbf{AB}}$
$=\left(-\frac{1}{2}-1,\ \frac{5}{2}-1,\ -1-(-1)\right)$ ←各成分「後ろ－前」
$=\left(-\frac{3}{2},\ \frac{3}{2},\ 0\right)$ …答
$|\overrightarrow{\mathbf{AB}}|=\sqrt{\left(-\frac{3}{2}\right)^2+\left(\frac{3}{2}\right)^2+0^2}=\mathbf{\frac{3\sqrt{2}}{2}}$ …答

2

考え方　成分を考える前に，式を $\vec{x}$ について解きます。

(1) $\vec{x}+\vec{b}=\vec{a}$ より $\vec{x}=\vec{a}-\vec{b}$ であるから，
$\vec{x}=(2,\ 3,\ 6)-(-2,\ 5,\ -6)$
$=\mathbf{(4,\ -2,\ 12)}$ …答

(2) $2\vec{x}+\vec{a}=3\vec{b}$ より $\vec{x}=\frac{1}{2}(3\vec{b}-\vec{a})$ であるから，
$\vec{x}=\frac{1}{2}\{3(-2,\ 5,\ -6)-(2,\ 3,\ 6)\}$
$=\frac{1}{2}(-8,\ 12,\ -24)$
$=\mathbf{(-4,\ 6,\ -12)}$ …答

(3) $3(\vec{x}-\vec{a})-2(\vec{x}+2\vec{b})=\vec{0}$ より
$\vec{x}=3\vec{a}+4\vec{b}$ であるから，
$\vec{x}=3(2,\ 3,\ 6)+4(-2,\ 5,\ -6)$
$=\mathbf{(-2,\ 29,\ -6)}$ …答

3

考え方　平行である２つのベクトルは，実数倍の関係にあります。

$\vec{p}$ と $\vec{q}$ が平行であるから，k を実数として，
$\vec{p}=k\vec{q}$
$(x,\ 1,\ -2)=k(3,\ y,\ 6)$

よって，$\begin{cases} x=3k \\ 1=ky \\ -2=6k \end{cases}$

この連立方程式を解くと，

$k=-\frac{1}{3}$，$\mathbf{x=-1,\ y=-3}$ …答

4

考え方　本冊 **p.172** で学んだ「空間ベクトルの分解」を考える計算です。

$(3,4,5)=s(1,1,0)+t(1,0,1)+u(0,1,1)$
$=(s+t,\ s+u,\ t+u)$

よって，$\begin{cases} 3=s+t \\ 4=s+u \\ 5=t+u \end{cases}$

この連立方程式を解くと，

$s=1$，$t=2$，$u=3$ …答

5

考え方 $\vec{p}$ の大きさを t を含む式で考えます。

$\vec{p}=(1,\ -2,\ 3)+t(2,\ 0,\ -4)$
$=(1+2t,\ -2,\ 3-4t)$

であるから，

$|\vec{p}|=\sqrt{(1+2t)^2+(-2)^2+(3-4t)^2}$
$=\sqrt{20t^2-20t+14}$

$|\vec{p}|$ が最小のとき，ルート内の式も最小となるので，

$20t^2-20t+14=20\left(t-\dfrac{1}{2}\right)^2+9$

$t=\dfrac{1}{2}$ のときルート内は最小値 9 をとる。

このとき $|\vec{p}|$ も最小であるから，最小値は，

$|\vec{p}|=\sqrt{9}=$**3** …答

6

考え方 向かい合う等しいベクトルに着目します。

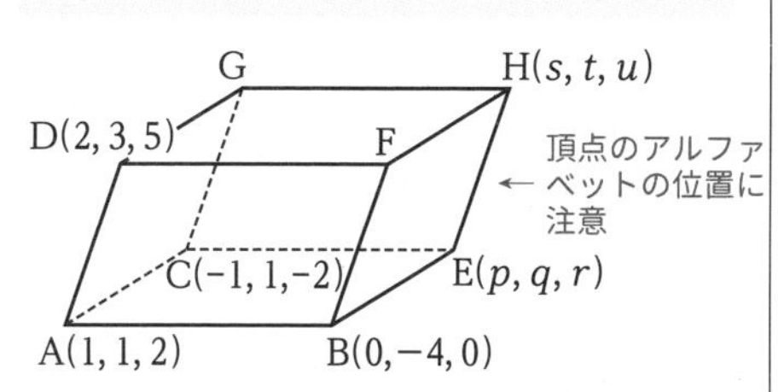

図より，平行六面体はすべての面が平行四辺形であるから，

$\overrightarrow{AB}=\overrightarrow{CE}$

$(-1,\ -5,\ -2)=(p+1,\ q-1,\ r+2)$

よって，$\begin{cases} -1=p+1 \\ -5=q-1 \\ -2=r+2 \end{cases}$

以上より $p=-2$，$q=-4$，$r=-4$ であるから，**E(−2，−4，−4)** …答

また，$\overrightarrow{AD}=\overrightarrow{EH}$

$(1,\ 2,\ 3)=(s+2,\ t+4,\ u+4)$

よって，$\begin{cases} 1=s+2 \\ 2=t+4 \\ 3=u+4 \end{cases}$

以上より $s=-1$，$t=-2$，$u=-1$ であるから，**H(−1，−2，−1)** …答

演習問題 60 p.179

1

考え方 (4)直方体では，向かい合う等しいベクトルに着目します。

(1) $\overrightarrow{AB}\perp\overrightarrow{AD}$ であるから，

$\overrightarrow{AB}\cdot\overrightarrow{AD}=\mathbf{0}$ …答

(2) $\overrightarrow{AB}/\!/\overrightarrow{HG}$ であるから，

$\overrightarrow{AB}\cdot\overrightarrow{HG}=|\overrightarrow{AB}||\overrightarrow{HG}|\cos 0$
$=1\cdot1\cdot1$
$=\mathbf{1}$ …答

(3)底面は正方形であるから，

$\overrightarrow{BC}$ と $\overrightarrow{BD}$ のなす角は $\dfrac{\pi}{4}$ である。

よって，

$\overrightarrow{BC}\cdot\overrightarrow{BD}=|\overrightarrow{BC}||\overrightarrow{BD}|\cos\dfrac{\pi}{4}$
$=1\cdot\sqrt{2}\cdot\dfrac{1}{\sqrt{2}}$
$=\mathbf{1}$ …答

(4)線分 EG と AC は平行で長さが等しいから，$\overrightarrow{EG}$ と $\overrightarrow{AC}$ は等しいベクトルである。次の図のように，$\overrightarrow{AC}$ と $\overrightarrow{CD}$ は始点をそろえるとなす角が $\dfrac{3}{4}\pi$ である点に注意すると，

$\overrightarrow{EG}\cdot\overrightarrow{CD}=\overrightarrow{AC}\cdot\overrightarrow{CD}$
$=|\overrightarrow{AC}||\overrightarrow{CD}|\cos\dfrac{3}{4}\pi$
$=\sqrt{2}\cdot1\cdot\left(-\dfrac{1}{\sqrt{2}}\right)$
$=\mathbf{-1}$ …答

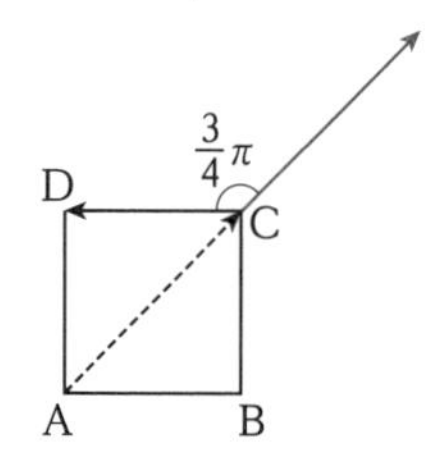

(5) $\mathrm{AG}=\sqrt{1^2+1^2+(\sqrt{3})^2}=\sqrt{5}$ であるから，△ACG に着目すると，∠ACG=90°より，

$$\cos\angle\mathrm{GAC}=\frac{\mathrm{AC}}{\mathrm{AG}}=\frac{\sqrt{2}}{\sqrt{5}}$$

以上より，

$$\overrightarrow{\mathrm{AC}}\cdot\overrightarrow{\mathrm{AG}}=|\overrightarrow{\mathrm{AC}}||\overrightarrow{\mathrm{AG}}|\cos\angle\mathrm{GAC}$$

$$=\sqrt{2}\cdot\sqrt{5}\cdot\frac{\sqrt{2}}{\sqrt{5}}$$

$$=\mathbf{2}$$ …答

2

考え方　なす角は内積の定義から求めます。

(1) $\vec{a}\cdot\vec{b}=2\cdot4+2\cdot4+3\cdot6$

$=\mathbf{34}$ …答

なす角を $\theta\ (0\leqq\theta\leqq\pi)$ とすると，内積の定義より，

$$\vec{a}\cdot\vec{b}=|\vec{a}||\vec{b}|\cos\theta$$

$$34=\sqrt{2^2+2^2+3^2}\cdot\sqrt{4^2+4^2+6^2}\cos\theta$$

$$\cos\theta=1$$

よって，$\boldsymbol{\theta=0}$ …答

(2) $\vec{a}\cdot\vec{b}=2\cdot2+5\cdot1+3\cdot(-3)$

$=\mathbf{0}$ …答

$\vec{a}\neq\vec{0}$，$\vec{b}\neq\vec{0}$ で内積が 0 であるから，

$\vec{a}$ と $\vec{b}$ のなす角は $\frac{\pi}{2}$ …答

(3) $\vec{a}\cdot\vec{b}=1\cdot(-1)+(-1)\cdot\sqrt{6}+1\cdot1$

$=\mathbf{-\sqrt{6}}$ …答

なす角を $\theta\ (0\leqq\theta\leqq\pi)$ とすると，内積の定義より，

$$\vec{a}\cdot\vec{b}=|\vec{a}||\vec{b}|\cos\theta$$

$$-\sqrt{6}=\sqrt{1^2+(-1)^2+1^2}\times\sqrt{(-1)^2+(\sqrt{6})^2+1^2}\cos\theta$$

$$\cos\theta=-\frac{1}{2}$$

よって，$\boldsymbol{\theta=\frac{2}{3}\pi}$ …答

3

考え方　単位ベクトルとは，大きさが 1 のベクトルです。

求める単位ベクトルを $\vec{c}=(x,\ y,\ z)$ とすると，$\vec{c}\perp\vec{a}$，$\vec{c}\perp\vec{b}$ であるから，それぞれ内積が 0 に等しい。

$$\vec{c}\cdot\vec{a}=x\cdot(-4)+y\cdot1+z\cdot(-1)$$

$$=-4x+y-z$$

であるから，

$$-4x+y-z=0\cdots\cdots①$$

$$\vec{c}\cdot\vec{b}=x\cdot(-2)+y\cdot2+z\cdot1$$

$$=-2x+2y+z$$

であるから，

$$-2x+2y+z=0\cdots\cdots②$$

また，$\vec{c}$ は単位ベクトルであるから大きさが 1 に等しい。よって，

$$\sqrt{x^2+y^2+z^2}=1$$

つまり，$x^2+y^2+z^2=1\cdots\cdots③$

①，② を連立して

z を消去すると，$y=2x$

y を消去すると，$z=-2x$

これらを ③ に代入して，

$$x^2+(2x)^2+(-2x)^2=1$$

よって，

$x^2=\frac{1}{9}$ つまり $x=\pm\frac{1}{3}$

$x=\frac{1}{3}$ のとき，$y=\frac{2}{3}$，$z=-\frac{2}{3}$

$x=-\frac{1}{3}$ のとき，$y=-\frac{2}{3}$，$z=\frac{2}{3}$

よって，求める単位ベクトルは，

$\left(\frac{1}{3},\ \frac{2}{3},\ -\frac{2}{3}\right)$

または $\left(-\frac{1}{3},\ -\frac{2}{3},\ \frac{2}{3}\right)$ …答

第4節 ベクトルと座標空間における図形

演習問題 61 p.181

1

考え方 まずは各点の位置ベクトルを $\overrightarrow{OA}$, $\overrightarrow{OB}$, $\overrightarrow{OC}$ を用いて表します。

(1) $\overrightarrow{OP}=\dfrac{\overrightarrow{OB}+\overrightarrow{OC}}{2}$　←足して 2 で割る

$=\dfrac{(4,\ -2,\ -8)+(-3,\ 2,\ 0)}{2}$

$=\left(\dfrac{1}{2},\ 0,\ -4\right)$ …答

(2) $\overrightarrow{OQ}=\dfrac{\overrightarrow{OA}+\overrightarrow{OB}+\overrightarrow{OC}}{3}$　←足して 3 で割る

$=\dfrac{(-1,\ 3,\ 2)+(4,\ -2,\ -8)+(-3,\ 2,\ 0)}{3}$

$=(0,\ 1,\ -2)$ …答

(3) $\overrightarrow{OR}=\dfrac{1}{2+1}\overrightarrow{OA}+\dfrac{2}{2+1}\overrightarrow{OC}$

$=\dfrac{1}{3}(-1,\ 3,\ 2)+\dfrac{2}{3}(-3,\ 2,\ 0)$

$=\left(-\dfrac{7}{3},\ \dfrac{7}{3},\ \dfrac{2}{3}\right)$ …答

(4) $\overrightarrow{OS}=\dfrac{-3}{2+(-3)}\overrightarrow{OA}+\dfrac{2}{2+(-3)}\overrightarrow{OB}$

$=3(-1,\ 3,\ 2)-2(4,\ -2,\ -8)$

$=(-11,\ 13,\ 22)$ …答

2

考え方 $\overrightarrow{PQ}=\overrightarrow{OQ}-\overrightarrow{OP}$ など，始点が O のベクトルに変形して考えます。

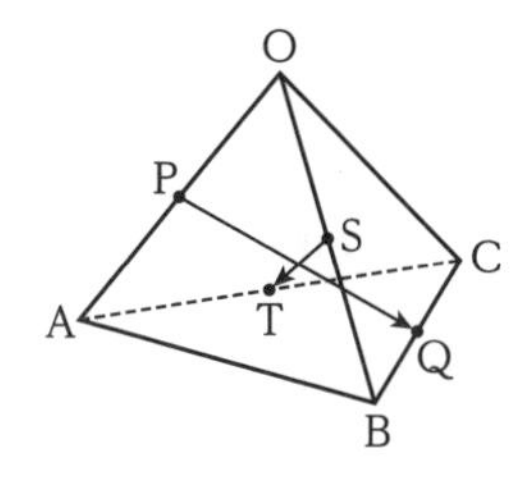

P は辺 OA の中点であるから，

$\overrightarrow{OP}=\dfrac{1}{2}\overrightarrow{OA}$

Q は辺 BC の中点であるから，

$\overrightarrow{OQ}=\dfrac{\overrightarrow{OB}+\overrightarrow{OC}}{2}$　←足して 2 で割る

よって，

$\overrightarrow{PQ}=\overrightarrow{OQ}-\overrightarrow{OP}$

$=-\dfrac{1}{2}\overrightarrow{OA}+\dfrac{1}{2}\overrightarrow{OB}+\dfrac{1}{2}\overrightarrow{OC}$ …答

S は辺 OB の中点であるから，

$\overrightarrow{OS}=\dfrac{1}{2}\overrightarrow{OB}$

T は辺 CA の中点であるから，

$\overrightarrow{OT}=\dfrac{\overrightarrow{OC}+\overrightarrow{OA}}{2}$　←足して 2 で割る

よって，

$\overrightarrow{ST}=\overrightarrow{OT}-\overrightarrow{OS}$

$=\dfrac{1}{2}\overrightarrow{OA}-\dfrac{1}{2}\overrightarrow{OB}+\dfrac{1}{2}\overrightarrow{OC}$ …答

3

考え方 $\overrightarrow{PQ}=\overrightarrow{OQ}-\overrightarrow{OP}$ と，始点が O のベクトルに変形して考えます。

P は辺 OA を 4:3 に内分する点であるから，

$\overrightarrow{OP}=\dfrac{4}{7}\overrightarrow{OA}$

Q は辺 BC を 5:3 に内分する点であるから，

$\overrightarrow{OQ}=\dfrac{3}{5+3}\overrightarrow{OB}+\dfrac{5}{5+3}\overrightarrow{OC}$

$=\dfrac{3}{8}\overrightarrow{OB}+\dfrac{5}{8}\overrightarrow{OC}$

よって，

$\overrightarrow{PQ}=\overrightarrow{OQ}-\overrightarrow{OP}$

$=\left(\dfrac{3}{8}\overrightarrow{OB}+\dfrac{5}{8}\overrightarrow{OC}\right)-\dfrac{4}{7}\overrightarrow{OA}$

$=-\dfrac{4}{7}\overrightarrow{OA}+\dfrac{3}{8}\overrightarrow{OB}+\dfrac{5}{8}\overrightarrow{OC}$ …答

演習問題 62 p.186

1

考え方 $\overrightarrow{OG}$ は 2 通りの方法で表して係数を比較することを考えます。

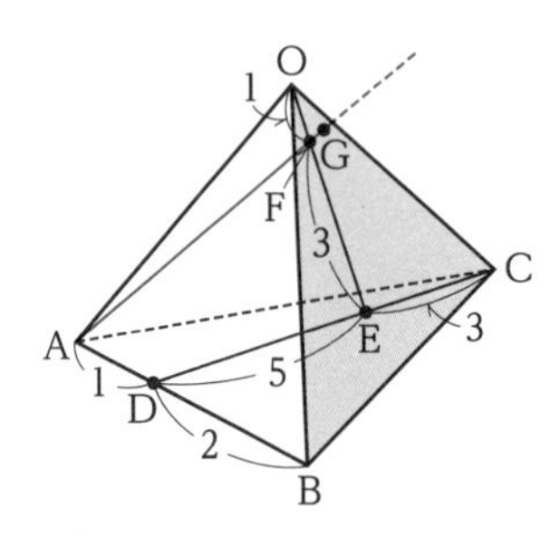

(1) $\overrightarrow{\mathrm{OF}}=\dfrac{1}{4}\overrightarrow{\mathrm{OE}}$

$=\dfrac{1}{4}\left(\underline{\dfrac{5}{3+5}\overrightarrow{\mathrm{OC}}+\dfrac{3}{3+5}\overrightarrow{\mathrm{OD}}}\right)$

点 E は CD を 3：5 に内分

$=\dfrac{5}{32}\overrightarrow{\mathrm{OC}}+\dfrac{3}{32}\overrightarrow{\mathrm{OD}}$

$=\dfrac{5}{32}\overrightarrow{\mathrm{OC}}+\dfrac{3}{32}\left(\underline{\dfrac{2}{1+2}\overrightarrow{\mathrm{OA}}+\dfrac{1}{1+2}\overrightarrow{\mathrm{OB}}}\right)$

点 D は AB を 1：2 に内分

$=\mathbf{\dfrac{1}{16}\overrightarrow{OA}+\dfrac{1}{32}\overrightarrow{OB}+\dfrac{5}{32}\overrightarrow{OC}}$ …答

(2) $\overrightarrow{\mathrm{OG}}$ を 2 通りの方法で表す。

3 点 A，F，G が一直線上にあるから，k を実数として，

$\overrightarrow{\mathrm{AG}}=k\overrightarrow{\mathrm{AF}}$

$\overrightarrow{\mathrm{OG}}-\overrightarrow{\mathrm{OA}}=k(\overrightarrow{\mathrm{OF}}-\overrightarrow{\mathrm{OA}})$

$\overrightarrow{\mathrm{OG}}=(1-k)\overrightarrow{\mathrm{OA}}+k\overrightarrow{\mathrm{OF}}$

$=(1-k)\overrightarrow{\mathrm{OA}}+k\cdot\left(\underline{\dfrac{1}{16}\overrightarrow{\mathrm{OA}}+\dfrac{1}{32}\overrightarrow{\mathrm{OB}}+\dfrac{5}{32}\overrightarrow{\mathrm{OC}}}\right)$

(1)を利用

$=\left(1-\dfrac{15}{16}k\right)\overrightarrow{\mathrm{OA}}+\dfrac{k}{32}\overrightarrow{\mathrm{OB}}+\dfrac{5k}{32}\overrightarrow{\mathrm{OC}}$……①

また，G は 3 点 O，B，C を通る平面上の点であるから，s，t を実数として，

$\overrightarrow{\mathrm{OG}}=s\overrightarrow{\mathrm{OB}}+t\overrightarrow{\mathrm{OC}}$……② ←同一平面上の点①

$\overrightarrow{\mathrm{OA}}$，$\overrightarrow{\mathrm{OB}}$，$\overrightarrow{\mathrm{OC}}$ は同一平面上にないので，

①，② より，係数を比較すると，

$1-\dfrac{15}{16}k=0$ かつ $\dfrac{k}{32}=s$ かつ $\dfrac{5k}{32}=t$

よって，$k=\dfrac{16}{15}$，$s=\dfrac{1}{30}$，$t=\dfrac{1}{6}$

これらを ② に代入して，

$\mathbf{\overrightarrow{OG}=\dfrac{1}{30}\overrightarrow{OB}+\dfrac{1}{6}\overrightarrow{OC}}$ …答

2

考え方 「4 点 O，A，B，C が同一平面上」は，「点 A が平面 OBC 上にある」と言い換えられます。

点 A が平面 OBC 上にあるので，s，t を実数として，

$\overrightarrow{\mathrm{OA}}=s\overrightarrow{\mathrm{OB}}+t\overrightarrow{\mathrm{OC}}$

$(x,\ 12,\ 5)=s(-1,\ 3,\ -2)+t(1,\ 2,\ 3)$

$=(-s+t,\ 3s+2t,\ -2s+3t)$

よって，

$$\begin{cases} x=-s+t \\ 12=3s+2t \\ 5=-2s+3t \end{cases}$$

これより，$x=1$，$s=2$，$t=3$ であるから，

$\boldsymbol{x=1}$ …答

3

考え方 「直線 OF と平面 ABC の交点を P」は，「点 P が平面 ABC 上にある」と言い換えられます。

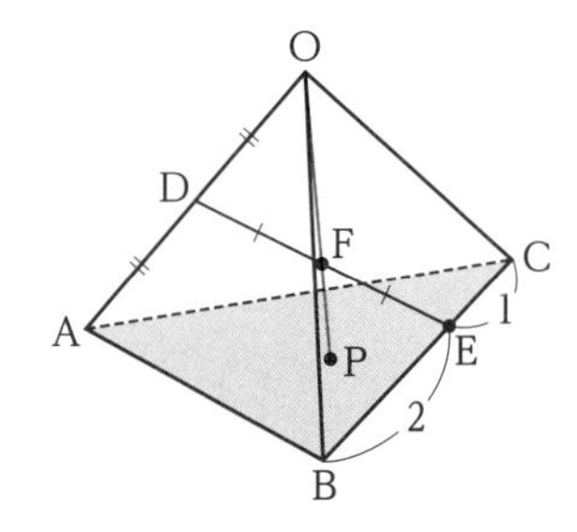

3 点 O，F，P が一直線上にあるから，k を実数として，

$\overrightarrow{\mathrm{OP}}=k\overrightarrow{\mathrm{OF}}$

$=k\cdot\dfrac{\overrightarrow{\mathrm{OD}}+\overrightarrow{\mathrm{OE}}}{2}$ ←点 F は DE の中点

$=\dfrac{k}{2}\left\{\dfrac{1}{2}\overrightarrow{\mathrm{OA}}+\left(\underline{\dfrac{1}{2+1}\overrightarrow{\mathrm{OB}}+\dfrac{2}{2+1}\overrightarrow{\mathrm{OC}}}\right)\right\}$

点 E は BC を 2：1 に内分する点

$=\dfrac{k}{4}\overrightarrow{\mathrm{OA}}+\dfrac{k}{6}\overrightarrow{\mathrm{OB}}+\dfrac{k}{3}\overrightarrow{\mathrm{OC}}$……①

また，点 P は 3 点 A，B，C を通る平面上

の点であるから，α，β，γ を実数として，

$\overrightarrow{OP}=\alpha\overrightarrow{OA}+\beta\overrightarrow{OB}+\gamma\overrightarrow{OC}$……②

↑同一平面上の点 ②

かつ，$\alpha+\beta+\gamma=1$……③ である。

$\overrightarrow{OA}$，$\overrightarrow{OB}$，$\overrightarrow{OC}$ は同一平面上にないので，

①，② より係数を比較すると，

$$\begin{cases}\dfrac{k}{4}=\alpha\\ \dfrac{k}{6}=\beta\\ \dfrac{k}{3}=\gamma\end{cases}$$

これらを ③ に代入すると

$\dfrac{k}{4}+\dfrac{k}{6}+\dfrac{k}{3}=1$ より，$k=\dfrac{4}{3}$

① より，

$\boldsymbol{\overrightarrow{OP}=\dfrac{1}{3}\overrightarrow{OA}+\dfrac{2}{9}\overrightarrow{OB}+\dfrac{4}{9}\overrightarrow{OC}}$ …答

演習問題 63 p.188

1

考え方　始点を O にとり直して内積を考えます。

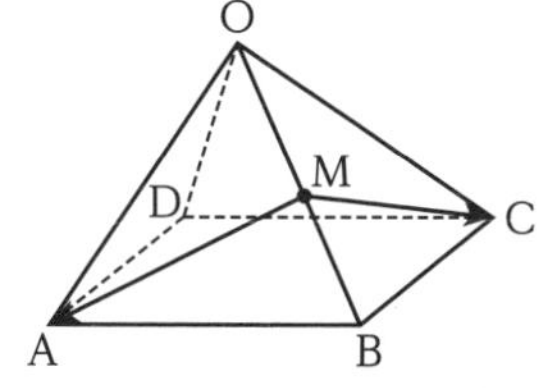

(1) △OAB は正三角形であるから，

$\boldsymbol{\vec{a}\cdot\vec{b}}=1\cdot1\cdot\cos\dfrac{\pi}{3}=\boldsymbol{\dfrac{1}{2}}$ …答

OA=1, OC=1, AC=$\sqrt{2}$ より，△OAC は直角三角形である。OA⊥OC より，

$\boldsymbol{\vec{a}\cdot\vec{c}=0}$ …答

(2) $\overrightarrow{MA}=\overrightarrow{OA}-\overrightarrow{OM}=\vec{a}-\dfrac{1}{2}\vec{b}$

$\overrightarrow{MC}=\overrightarrow{OC}-\overrightarrow{OM}=\vec{c}-\dfrac{1}{2}\vec{b}$

また，△OBC は正三角形であるから，

$\vec{b}\cdot\vec{c}=1\cdot1\cdot\cos\dfrac{\pi}{3}=\dfrac{1}{2}$

よって，

$\boldsymbol{\overrightarrow{MA}\cdot\overrightarrow{MC}}$

$=\left(\vec{a}-\dfrac{1}{2}\vec{b}\right)\cdot\left(\vec{c}-\dfrac{1}{2}\vec{b}\right)$

$=\vec{a}\cdot\vec{c}-\dfrac{1}{2}\left(\vec{a}\cdot\vec{b}\right)-\dfrac{1}{2}\left(\vec{b}\cdot\vec{c}\right)+\dfrac{1}{4}\left|\vec{b}\right|^2$

$=0-\dfrac{1}{2}\cdot\dfrac{1}{2}-\dfrac{1}{2}\cdot\dfrac{1}{2}+\dfrac{1}{4}\cdot1^2$

$\boldsymbol{=-\dfrac{1}{4}}$ …答

(3) △OAB は正三角形なので MA は OB の垂直二等分線である。よって，

$\left|\overrightarrow{MA}\right|=\dfrac{\sqrt{3}}{2}$

同様に，

$\left|\overrightarrow{MC}\right|=\dfrac{\sqrt{3}}{2}$

内積の定義より，

$\overrightarrow{MA}\cdot\overrightarrow{MC}=\dfrac{\sqrt{3}}{2}\cdot\dfrac{\sqrt{3}}{2}\cos\theta$

$-\dfrac{1}{4}=\dfrac{3}{4}\cos\theta$

$\boldsymbol{\cos\theta=-\dfrac{1}{3}}$ …答

2

考え方　(2) $\left|\vec{b}-\vec{a}\right|=\left|\vec{c}-\vec{a}\right|$ を示します。

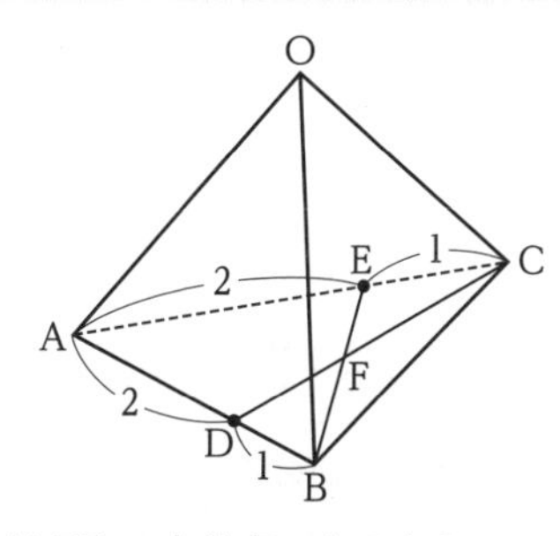

(1) F は BE の内分点であるから，

BF：FE=s：$(1-s)$ とおくと，

$\overrightarrow{OF}=(1-s)\overrightarrow{OB}+s\overrightarrow{OE}$

$=(1-s)\vec{b}+s\left(\dfrac{1}{2+1}\vec{a}+\dfrac{2}{2+1}\vec{c}\right)$

点 E は AC を 2：1 に内分

$=\dfrac{s}{3}\vec{a}+(1-s)\vec{b}+\dfrac{2s}{3}\vec{c}$……①

また，F は CD の内分点でもあるから，

CF：FD$=t$：$(1-t)$ とおくと，

$$\overrightarrow{OF}=(1-t)\overrightarrow{OC}+t\overrightarrow{OD}$$

$$=(1-t)\vec{c}+t\left(\frac{1}{2+1}\vec{a}+\frac{2}{2+1}\vec{b}\right)$$

点 D は AB を 2：1 に内分

$$=\frac{t}{3}\vec{a}+\frac{2t}{3}\vec{b}+(1-t)\vec{c}\cdots\cdots②$$

$\vec{a}$，$\vec{b}$，$\vec{c}$ は同一平面上にないので，①，② より係数を比較すると，

$$\begin{cases}\dfrac{s}{3}=\dfrac{t}{3}\\ 1-s=\dfrac{2t}{3}\\ \dfrac{2s}{3}=1-t\end{cases}$$

よって，$s=t=\dfrac{3}{5}$

これを ① に代入すると，

$$\mathbf{\overrightarrow{OF}=\frac{1}{5}\vec{a}+\frac{2}{5}\vec{b}+\frac{2}{5}\vec{c}}\ \cdots\text{答}$$

(2) AF⊥DE であるから，$\overrightarrow{AF}\cdot\overrightarrow{DE}=0$ である。

$$\overrightarrow{AF}\cdot\overrightarrow{DE}$$

$$=\left(\overrightarrow{OF}-\overrightarrow{OA}\right)\cdot\left(\overrightarrow{OE}-\overrightarrow{OD}\right)$$

$$=\left\{\left(\frac{1}{5}\vec{a}+\frac{2}{5}\vec{b}+\frac{2}{5}\vec{c}\right)-\vec{a}\right\}$$

$$\times\left\{\left(\frac{1}{3}\vec{a}+\frac{2}{3}\vec{c}\right)-\left(\frac{1}{3}\vec{a}+\frac{2}{3}\vec{b}\right)\right\}$$

$$=\left(-\frac{4}{5}\vec{a}+\frac{2}{5}\vec{b}+\frac{2}{5}\vec{c}\right)\cdot\left(-\frac{2}{3}\vec{b}+\frac{2}{3}\vec{c}\right)$$

$$=\frac{2}{5}\left(-2\vec{a}+\vec{b}+\vec{c}\right)\cdot\frac{2}{3}\left(-\vec{b}+\vec{c}\right)$$

$$=\frac{4}{15}\left(-2\vec{a}+\vec{b}+\vec{c}\right)\cdot\left(-\vec{b}+\vec{c}\right)$$

これが 0 に等しいので，

$$\left(-2\vec{a}+\vec{b}+\vec{c}\right)\cdot\left(-\vec{b}+\vec{c}\right)=0$$

$$\left\{\left(\vec{c}-\vec{a}\right)+\left(\vec{b}-\vec{a}\right)\right\}\cdot\left\{\left(\vec{c}-\vec{a}\right)-\left(\vec{b}-\vec{a}\right)\right\}=0$$

$$\left|\vec{c}-\vec{a}\right|^2-\left|\vec{b}-\vec{a}\right|^2=0$$

$$\left|\vec{b}-\vec{a}\right|=\left|\vec{c}-\vec{a}\right|$$

$$\left|\overrightarrow{AB}\right|=\left|\overrightarrow{AC}\right|$$

〔証明終わり〕

Point (2)の式変形はちょっと難しいかもしれません。こういう場合は，次のように結論から式変形をして考えることで，これを逆算すればよいと見通しを立てることができます。

$$\left|\overrightarrow{AB}\right|=\left|\overrightarrow{AC}\right|$$

$$\left|\vec{b}-\vec{a}\right|=\left|\vec{c}-\vec{a}\right|$$

$$\left|\vec{b}-\vec{a}\right|^2=\left|\vec{c}-\vec{a}\right|^2$$

← 絶対値をはずしたいので2乗した

$$\left(\vec{c}-\vec{a}\right)\cdot\left(\vec{c}-\vec{a}\right)-\left(\vec{b}-\vec{a}\right)\cdot\left(\vec{b}-\vec{a}\right)=0$$

$$\left\{\left(\vec{c}-\vec{a}\right)+\left(\vec{b}-\vec{a}\right)\right\}\cdot\left\{\left(\vec{c}-\vec{a}\right)-\left(\vec{b}-\vec{a}\right)\right\}=0$$

$$\left(-2\vec{a}+\vec{b}+\vec{c}\right)\cdot\left(-\vec{b}+\vec{c}\right)=0$$

別解 (1) より，BF：FE$=\dfrac{3}{5}:\dfrac{2}{5}=3:2$ であるから，

$$\overrightarrow{AF}=\frac{2}{3+2}\overrightarrow{AB}+\frac{3}{3+2}\overrightarrow{AE}$$

$$=\frac{2}{5}\overrightarrow{AB}+\frac{3}{5}\cdot\frac{2}{3}\overrightarrow{AC}$$

$$=\frac{2}{5}\overrightarrow{AB}+\frac{2}{5}\overrightarrow{AC}$$

$\overrightarrow{AF}\perp\overrightarrow{DE}$ より，$\overrightarrow{AF}\cdot\overrightarrow{DE}=0$ であるから，

$$\left(\frac{2}{5}\overrightarrow{AB}+\frac{2}{5}\overrightarrow{AC}\right)\cdot\left(\overrightarrow{AE}-\overrightarrow{AD}\right)=0$$

$$\left(\frac{2}{5}\overrightarrow{AB}+\frac{2}{5}\overrightarrow{AC}\right)\cdot\left(\frac{2}{3}\overrightarrow{AC}-\frac{2}{3}\overrightarrow{AB}\right)=0$$

$$\frac{4}{15}\left(\overrightarrow{AC}+\overrightarrow{AB}\right)\cdot\left(\overrightarrow{AC}-\overrightarrow{AB}\right)=0$$

$$\frac{4}{15}\left(\left|\overrightarrow{AC}\right|^2-\left|\overrightarrow{AB}\right|^2\right)=0$$

$$\left|\overrightarrow{AB}\right|^2=\left|\overrightarrow{AC}\right|^2$$

$$\left|\overrightarrow{AB}\right|=\left|\overrightarrow{AC}\right|$$

〔証明終わり〕

3

考え方 $\vec{b}\cdot\left(\vec{d}-\vec{c}\right)=0$ を示します。

$AC^2+BD^2=AD^2+BC^2$ より，

$$\left|\vec{c}\right|^2+\left|\vec{d}-\vec{b}\right|^2=\left|\vec{d}\right|^2+\left|\vec{c}-\vec{b}\right|^2$$

$$\left|\vec{c}\right|^2+\left|\vec{d}\right|^2-2\left(\vec{b}\cdot\vec{d}\right)+\left|\vec{b}\right|^2$$

$$=\left|\vec{d}\right|^2+\left|\vec{c}\right|^2-2\left(\vec{b}\cdot\vec{c}\right)+\left|\vec{b}\right|^2$$

よって，

$$\vec{b}\cdot\vec{d}-\vec{b}\cdot\vec{c}=0$$

$\vec{b}\cdot(\vec{d}-\vec{c})=0$

$\overrightarrow{AB}\cdot\overrightarrow{CD}=0$

この結果より，$\overrightarrow{AB}$ と $\overrightarrow{CD}$ は垂直であるから，AB⊥CD が示された。〔証明終わり〕

演習問題 64 p.192

1

考え方 H は直線 l 上の点です。

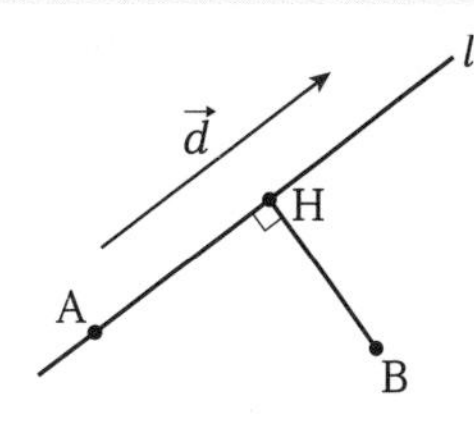

H は直線 l 上の点であるから，t を実数として，

$\overrightarrow{OH}=\overrightarrow{OA}+t\vec{d}$

$=(1,\ 4,\ 5)+t(2,\ 1,\ -1)$

$=(1+2t,\ 4+t,\ 5-t)$……①

また，

$\overrightarrow{BH}=\overrightarrow{OH}-\overrightarrow{OB}$

$=(2t-7,\ t-5,\ -t-7)$……②

$\overrightarrow{BH}\perp\vec{d}$ であるから，

$\overrightarrow{BH}\cdot\vec{d}=0$

$(2t-7)\cdot 2+(t-5)\cdot 1+(-t-7)\cdot(-1)=0$

$6t-12=0$

よって，$t=2$

これを ① に代入して，

$\overrightarrow{OH}=(5,\ 6,\ 3)$

位置ベクトルの成分は座標に等しいので，

H(5，6，3) …答

また，$t=2$ を ② に代入すると，

$\overrightarrow{BH}=(-3,\ -3,\ -9)$

よって，**BH の長さは，**

$|\overrightarrow{BH}|=\sqrt{(-3)^2+(-3)^2+(-9)^2}$

$=\mathbf{3\sqrt{11}}$ …答

2

考え方 球面の中心は線分 AB の中点です。

中心を C とすると，C は線分 AB の中点であるから，

$C\left(\dfrac{1+(-3)}{2},\ \dfrac{2+4}{2},\ \dfrac{3+(-5)}{2}\right)$

$=(-1,\ 3,\ -1)$

また，半径は線分 AC または線分 BC の長さに等しいから，

$AC=\sqrt{\{1-(-1)\}^2+(2-3)^2+\{3-(-1)\}^2}$

$=\sqrt{21}$

以上より，求める球面の方程式は，

$\{x-(-1)\}^2+(y-3)^2+\{z-(-1)\}^2=(\sqrt{21})^2$

$\mathbf{(x+1)^2+(y-3)^2+(z+1)^2=21}$ …答

($\mathbf{x^2+2x+y^2-6y+z^2+2z-10=0}$

…答としてもよい。)

3

考え方 yz 平面の方程式は $x=0$ です。

球面の方程式は，

$(x-1)^2+(y-5)^2+(z+2)^2=4^2$……①

yz 平面，つまり $x=0$ と交わってできる図形の方程式は，① に $x=0$ を代入して，

$(0-1)^2+(y-5)^2+(z+2)^2=4^2$ かつ

$x=0$

つまり，

$\mathbf{y^2-10y+z^2+4z+14=0}$ **かつ** $\mathbf{x=0}$ …答

↑忘れやすいので注意

第1章 数列
第2章 統計的な推測
第3章 ベクトル
第4章 複素数平面
第5章 平面上の曲線

第4章 複素数平面

第1節 複素数と複素数平面

演習問題65 p.195

1

(1)**実部は2，虚部は3** …答

(2)**実部は−2，虚部は1** …答

(3)**実部は$-\dfrac{1}{2}$，虚部は$-\sqrt{2}$** …答

2

考え方 簡単な形にまとめてから共役複素数を考えてもよいですし，それぞれの共役複素数を考えてから計算してもよいです。

(1) $(3-2i)+(4-3i)=7-5i$ であるから，

$\overline{z}=\boldsymbol{7+5i}$ …答

別解 共役複素数の性質より，

$\overline{z}=\overline{(3-2i)}+\overline{(4-3i)}$
$=(3+2i)+(4+3i)$
$=\boldsymbol{7+5i}$ …答

(2) $(3-5i)-(-1-2i)=4-3i$ であるから，

$\overline{z}=\boldsymbol{4+3i}$ …答

別解 共役複素数の性質より，

$\overline{z}=\overline{(3-5i)}-\overline{(-1-2i)}$
$=(3+5i)-(-1+2i)$
$=\boldsymbol{4+3i}$ …答

(3) $(3+i)(4-2i)=12-6i+4i-2i^2$
$=12-2i+2$ （$i^2=-1$）
$=14-2i$

であるから，$\overline{z}=\boldsymbol{14+2i}$ …答

別解 共役複素数の性質より，

$\overline{z}=\overline{(3+i)}\times\overline{(4-2i)}$
$=(3-i)(4+2i)$
$=12+6i-4i-2i^2$ （$i^2=-1$）
$=\boldsymbol{14+2i}$ …答

3

$\alpha=a+bi$，$\beta=c+di$（a，b，c，d は実数）とすると，

$$\frac{\alpha}{\beta}=\frac{a+bi}{c+di}$$
$$=\frac{(a+bi)(c-di)}{(c+di)(c-di)} \quad \text{←分母の実数化}$$
$$=\frac{ac-adi+bci-bdi^2}{c^2-d^2i^2}$$
$$=\frac{(ac+bd)+(bc-ad)i}{c^2+d^2} \quad (i^2=-1)$$

よって，$\overline{\left(\dfrac{\alpha}{\beta}\right)}=\dfrac{(ac+bd)-(bc-ad)i}{c^2+d^2}$

また，

$$\frac{\overline{\alpha}}{\overline{\beta}}=\frac{a-bi}{c-di}$$
$$=\frac{(a-bi)(c+di)}{(c-di)(c+di)} \quad \text{←分母の実数化}$$
$$=\frac{ac+adi-bci-bdi^2}{c^2-d^2i^2}$$
$$=\frac{(ac+bd)-(bc-ad)i}{c^2+d^2} \quad (i^2=-1)$$

以上より，$\overline{\left(\dfrac{\alpha}{\beta}\right)}=\dfrac{\overline{\alpha}}{\overline{\beta}}$ が成り立つ。

〔証明終わり〕

4

考え方 共役複素数との連立で，実部や虚部を求めることができます。

$z=a+bi$ とすると，

実部 $a=\dfrac{z+\overline{z}}{2}=\dfrac{4}{2}=2$

虚部 $b=\dfrac{z-\overline{z}}{2i}=\dfrac{-6i}{2i}=-3$

であるから，$\boldsymbol{z=2-3i}$ …答

演習問題66 p.197

1

(1)虚部の符号を逆にすればよいので，

$\boldsymbol{3-4i}$ …答

(2)実部の符号を逆にすればよいので，

$\boldsymbol{-3+4i}$ …答

(3)原点対称は$-z=\boldsymbol{-3-4i}$ …答

2

考え方　複素数の実部と虚部は，xy 平面の x 座標と y 座標に対応します。

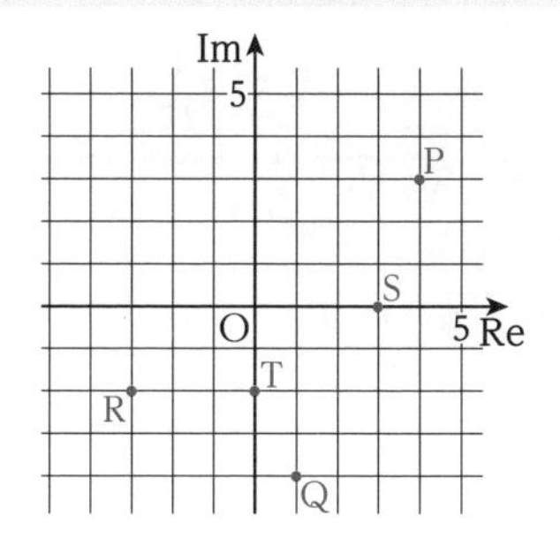

演習問題 67　p.199

1

(1)〜(3)

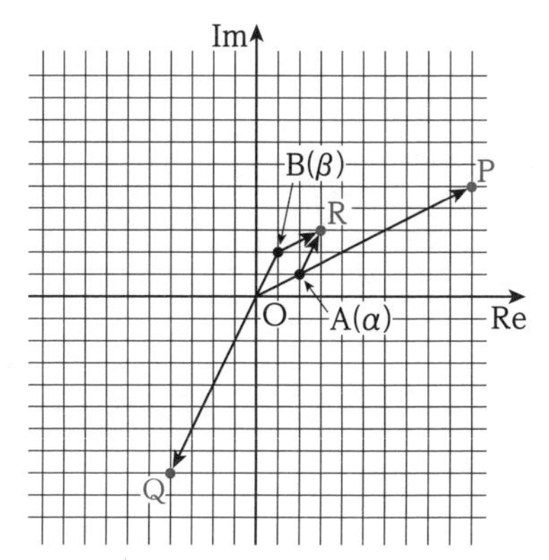

(4)〜(6) T は β から$-\alpha$ 平行移動した点。
U は 2α から-3β 平行移動した点。

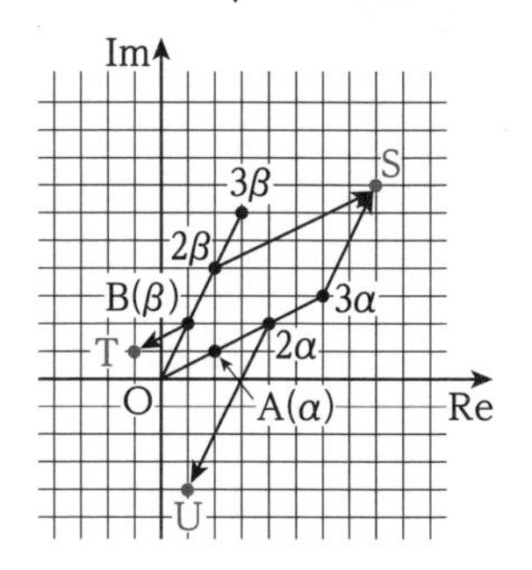

(7)・(8) $\overline{\alpha}$ は α と実軸に関して対称な点であり，それを 2 倍に拡大した点が $2\overline{\alpha}$
V は $2\overline{\alpha}$ を 2β 平行移動した点。
W は $\alpha+\beta$ つまり R と実軸に関して対称な点。

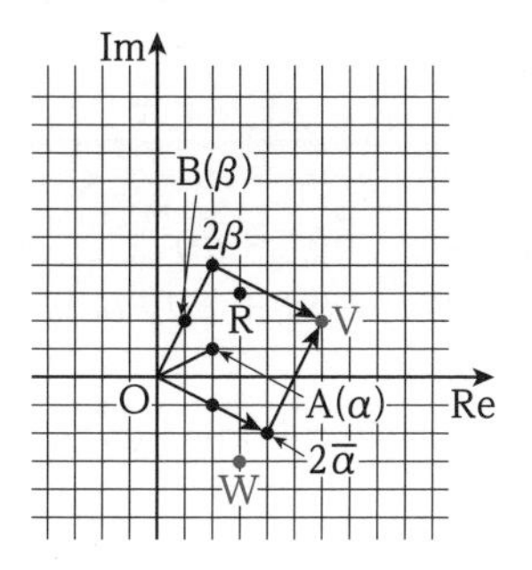

2

考え方　複素数平面上に点をとって考えます。

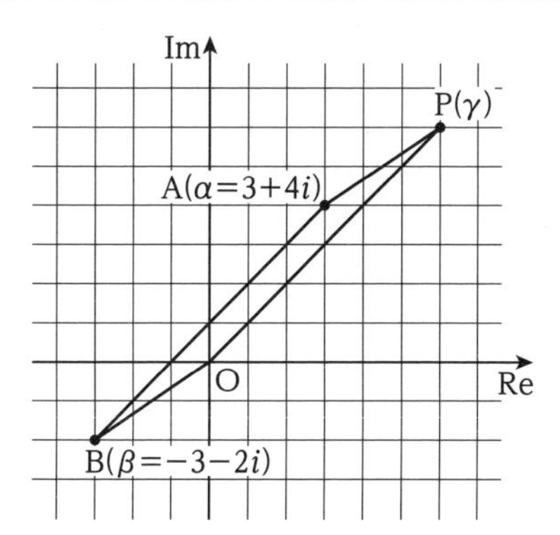

図のように点 A(α)，B(β)，P(γ) をとる。平行四辺形をつくる 4 つ目の頂点 P のうち，実部も虚部も正であるものは頂点 B に向かい合う。つまり，点 A を$-\beta$ だけ平行移動した点が P になる。よって，

$$\gamma=\alpha+(-\beta)$$
$$=(3+4i)+\{-(-3-2i)\}$$
$$=\boldsymbol{6+6i}$$ …答

演習問題 68 p.202

1

(1) $|-2+2i|=\sqrt{(-2)^2+2^2}=\mathbf{2\sqrt{2}}$ …答

(2) $|1-3i|=\sqrt{1^2+(-3)^2}=\sqrt{\mathbf{10}}$ …答

(3) $|-2i|=\sqrt{0^2+(-2)^2}=\mathbf{2}$ …答

2

(1) a, b, c, d を実数として，

$\alpha=a+bi$, $\beta=c+di$ とおく。

$$\alpha\beta=(a+bi)(c+di)$$
$$=(ac-bd)+(ad+bc)i$$

であるから，

$$|\alpha\beta|=\sqrt{(ac-bd)^2+(ad+bc)^2}$$
$$=\sqrt{a^2c^2+b^2d^2+a^2d^2+b^2c^2}$$
$$|\alpha||\beta|=\sqrt{a^2+b^2}\times\sqrt{c^2+d^2}$$
$$=\sqrt{a^2c^2+b^2d^2+a^2d^2+b^2c^2}$$

よって，$|\alpha\beta|=|\alpha||\beta|$ が成り立つ。

〔証明終わり〕

(2)両辺を 2 乗した式 $|\alpha\beta|^2=|\alpha|^2|\beta|^2$ が成り立つことを示す。

$$|\alpha\beta|^2=\alpha\beta\cdot(\overline{\alpha\beta})$$
$$=\alpha\beta\overline{\alpha}\,\overline{\beta}$$
$$=\alpha\overline{\alpha}\beta\overline{\beta}$$
$$=|\alpha|^2|\beta|^2$$

以上より，$|\alpha\beta|=|\alpha||\beta|$ が成り立つ。

〔証明終わり〕

3

考え方　絶対値の 2 乗は共役複素数どうしの積になります。

$$|1-\overline{\alpha}\beta|^2-|\alpha-\beta|^2$$
$$=(1-\overline{\alpha}\beta)(\overline{1-\overline{\alpha}\beta})-(\alpha-\beta)(\overline{\alpha-\beta})$$
$$=(1-\overline{\alpha}\beta)(1-\overline{\overline{\alpha}}\,\overline{\beta})-(\alpha-\beta)(\overline{\alpha}-\overline{\beta})$$
$$=(1-\overline{\alpha}\beta)(1-\alpha\overline{\beta})-(\alpha-\beta)(\overline{\alpha}-\overline{\beta})$$
$$=1-\alpha\overline{\beta}-\overline{\alpha}\beta+\alpha\overline{\alpha}\beta\overline{\beta}$$
$$-(\alpha\overline{\alpha}-\alpha\overline{\beta}-\overline{\alpha}\beta+\beta\overline{\beta})$$
$$=1+|\alpha|^2|\beta|^2-|\alpha|^2-|\beta|^2$$
$$=1+1^2\cdot|\beta|^2-1^2-|\beta|^2$$
$$=0$$ …答

（$\overline{1}=1$）

4

考え方　共役複素数ともとの複素数の符号が異なることを示します。

$|\alpha|=|\beta|=1$ であるから，$|\alpha|^2=1$

つまり $\alpha\cdot\overline{\alpha}=1$ より $\overline{\alpha}=\dfrac{1}{\alpha}$

同様に考えて，$\overline{\beta}=\dfrac{1}{\beta}$

このとき，

$$\overline{z}=\frac{(\overline{1-\alpha})(\overline{1-\beta})}{\overline{1-\alpha\beta}}$$
$$=\frac{(1-\overline{\alpha})(1-\overline{\beta})}{1-\overline{\alpha}\,\overline{\beta}}$$
$$=\frac{\left(1-\frac{1}{\alpha}\right)\left(1-\frac{1}{\beta}\right)}{1-\frac{1}{\alpha}\cdot\frac{1}{\beta}}$$
$$=\frac{\alpha\beta\left(1-\frac{1}{\alpha}\right)\left(1-\frac{1}{\beta}\right)}{\alpha\beta-1}$$
$$=\frac{(\alpha-1)(\beta-1)}{\alpha\beta-1}$$
$$=-\frac{(1-\alpha)(1-\beta)}{1-\alpha\beta}=-z$$

（$\overline{1}=1$）（分子・分母に $\alpha\beta$ を掛けた）

よって，$\overline{z}=-z$ かつ $z\neq0$ であるから，z は純虚数である。　〔証明終わり〕

第 2 節　複素数の極形式

演習問題 69 p.204

1

(1)

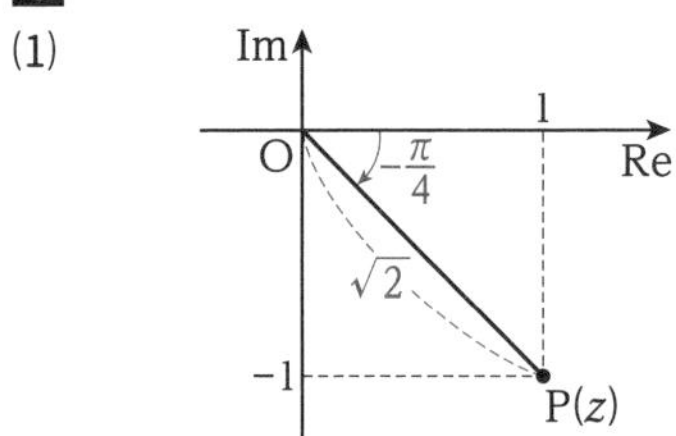

図より，$|z|=\sqrt{2}$，$\arg z=-\dfrac{\pi}{4}$ …答

であり，**極形式**は

$$z=\sqrt{2}\left\{\cos\left(-\frac{\pi}{4}\right)+i\sin\left(-\frac{\pi}{4}\right)\right\}$$ …答

(2)

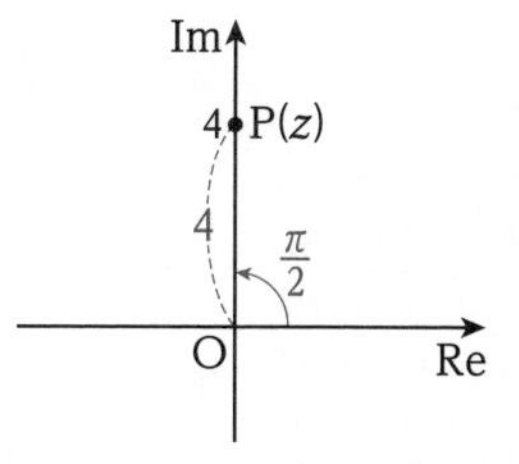

図より，$|z|=4$，$\arg z=\dfrac{\pi}{2}$ …答

であり，**極形式**は

$$z=4\left(\cos\frac{\pi}{2}+i\sin\frac{\pi}{2}\right)$$ …答

(3)

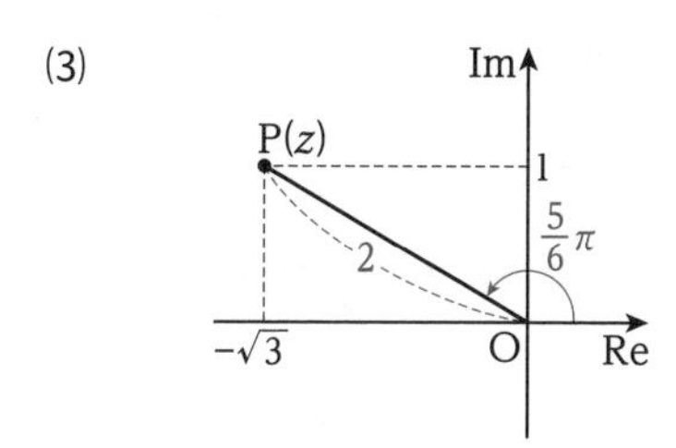

図より，$|z|=2$，$\arg z=\dfrac{5}{6}\pi$ …答

であり，**極形式**は

$$z=2\left(\cos\frac{5}{6}\pi+i\sin\frac{5}{6}\pi\right)$$ …答

(4)

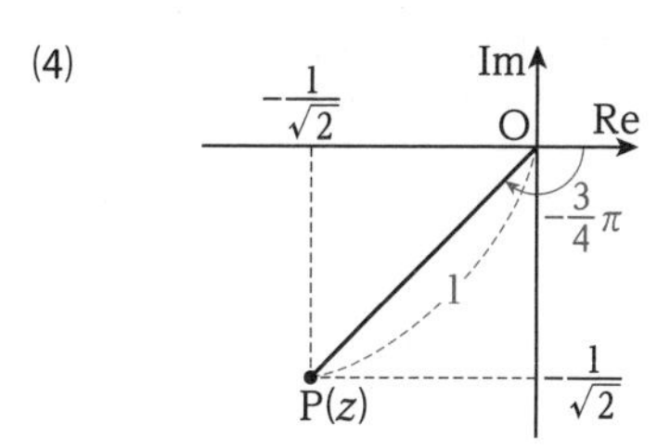

図より，$|z|=1$，$\arg z=-\dfrac{3}{4}\pi$ …答

であり，**極形式**は

$$z=\cos\left(-\frac{3}{4}\pi\right)+i\sin\left(-\frac{3}{4}\pi\right)$$ …答

2

考え方 極形式に直す際には，複素数平面上に図示して考えます。極形式では，$\cos\theta$ と $i\sin\theta$ の係数は等しい正の数にならないといけません。

例えば，θ を第1象限内の角として考える。

$(\cos\theta,\ \sin\theta)$ は単位円周上の点であるからそれぞれ次のように図示して考える。

(1)

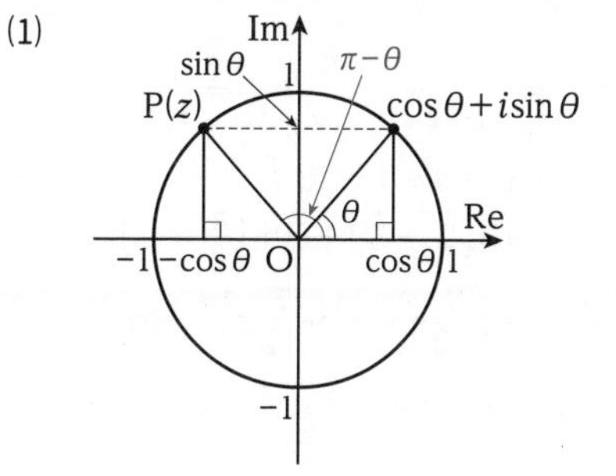

図より，$\arg z=\pi-\theta$ であり，極形式は

$$z=\cos(\pi-\theta)+i\sin(\pi-\theta)$$ …答

(2)

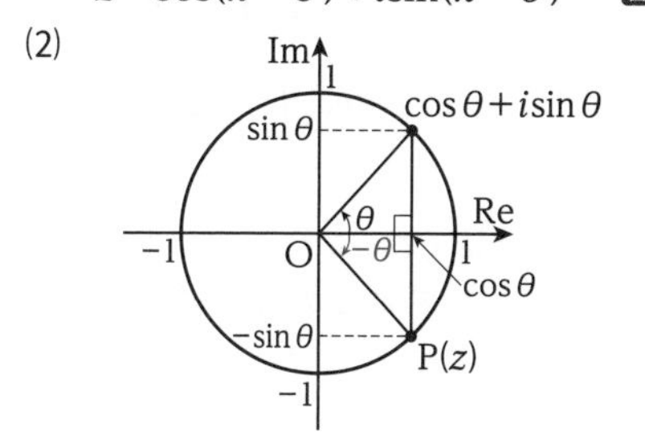

図より，$\arg z=-\theta$ であり，極形式は

$$z=\cos(-\theta)+i\sin(-\theta)$$ …答

(3)

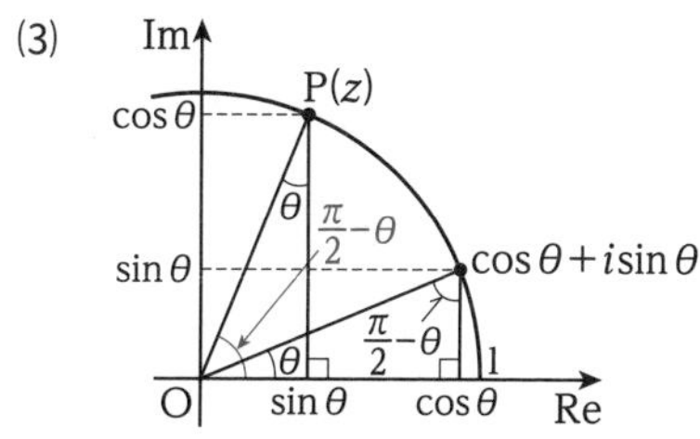

図より，$\arg z=\dfrac{\pi}{2}-\theta$ であり，極形式は

$$z=\cos\left(\frac{\pi}{2}-\theta\right)+i\sin\left(\frac{\pi}{2}-\theta\right)$$ …答

Point いずれも，図を考えずに三角関数の角の性質を利用していると考えることもできます。(「基本大全 数学II Basic 編」**p.152～159** 参照)

演習問題 70 p.207

1

z_1z_2

$=2\left(\cos\frac{\pi}{3}+i\sin\frac{\pi}{3}\right)\cdot\sqrt{2}\left(\cos\frac{\pi}{4}+i\sin\frac{\pi}{4}\right)$

↓絶対値は積，偏角は和になる

$=2\sqrt{2}\left\{\cos\left(\frac{\pi}{3}+\frac{\pi}{4}\right)+i\sin\left(\frac{\pi}{3}+\frac{\pi}{4}\right)\right\}$

$=\mathbf{2\sqrt{2}\left(\cos\frac{7}{12}\pi+i\sin\frac{7}{12}\pi\right)}$ …答

$\frac{z_1}{z_2}=\frac{2\left(\cos\frac{\pi}{3}+i\sin\frac{\pi}{3}\right)}{\sqrt{2}\left(\cos\frac{\pi}{4}+i\sin\frac{\pi}{4}\right)}$

↓絶対値は商，偏角は差になる

$=\frac{2}{\sqrt{2}}\left\{\cos\left(\frac{\pi}{3}-\frac{\pi}{4}\right)+i\sin\left(\frac{\pi}{3}-\frac{\pi}{4}\right)\right\}$

$=\mathbf{\sqrt{2}\left(\cos\frac{\pi}{12}+i\sin\frac{\pi}{12}\right)}$ …答

2

考え方 (2)はそれぞれの偏角が求められないので，まず$\frac{\alpha}{\beta}$の極形式を考えます。

(1) $\alpha=\sqrt{3}+i$

$=2\left(\cos\frac{\pi}{6}+i\sin\frac{\pi}{6}\right)$

$\beta=\sqrt{3}-i$

$=2\left\{\cos\left(-\frac{\pi}{6}\right)+i\sin\left(-\frac{\pi}{6}\right)\right\}$

であるから，**$\frac{\alpha}{\beta}$の絶対値は，**

$\left|\frac{\alpha}{\beta}\right|=\frac{2}{2}=\mathbf{1}$ …答 ←絶対値は商になる

$\arg\frac{\alpha}{\beta}$については，

$\frac{\pi}{6}-\left(-\frac{\pi}{6}\right)=\frac{\pi}{3}$ ←偏角は差になる

であるから，nを整数とするとき，

$\frac{\alpha}{\beta}$の偏角は，

$\arg\frac{\alpha}{\beta}=\mathbf{\frac{\pi}{3}+2n\pi}$ …答

Point 偏角の範囲に指定がないので，一般角で表します。

(2) $\frac{\alpha}{\beta}$

$=\frac{-5+i}{2-3i}$

$=\frac{(-5+i)(2+3i)}{(2-3i)(2+3i)}$ ←分母の実数化

$=\frac{-10-15i+2i+3i^2}{2^2-(3i)^2}$

$=\frac{-13-13i}{13}$

$=-1-i$

$=\sqrt{2}\left\{\cos\left(-\frac{3}{4}\pi+2n\pi\right)+i\sin\left(-\frac{3}{4}\pi+2n\pi\right)\right\}$

よって，**$\frac{\alpha}{\beta}$の絶対値は，**

$\left|\frac{\alpha}{\beta}\right|=\mathbf{\sqrt{2}}$ …答

nを整数とするとき，**$\frac{\alpha}{\beta}$の偏角は，**

$\arg\frac{\alpha}{\beta}=\mathbf{-\frac{3}{4}\pi+2n\pi}$ …答

Point 偏角は，$\frac{5}{4}\pi+2n\pi$などの表し方でも問題ありません。

3

$\frac{(\cos\theta+i\sin\theta)(\cos2\theta+i\sin2\theta)}{\cos3\theta-i\sin3\theta}$

↓分子…積では，偏角は和になる
↓分母…極形式に直す

$=\frac{\cos(\theta+2\theta)+i\sin(\theta+2\theta)}{\cos(-3\theta)+i\sin(-3\theta)}$

$=\frac{\cos3\theta+i\sin3\theta}{\cos(-3\theta)+i\sin(-3\theta)}$

↓商では，偏角は差になる

$=\cos\{3\theta-(-3\theta)\}+i\sin\{3\theta-(-3\theta)\}$

$=\cos6\theta+i\sin6\theta$

$=\cos\frac{\pi}{2}+i\sin\frac{\pi}{2}$ ← $\theta=\frac{\pi}{12}$

$=\mathbf{i}$ …答

4

考え方 (1)三角形の内角の和はπであることを利用します。
(2)左辺の分母・分子をすべて極形式に直します。

(1) (左辺)

$=(\cos A+i\sin A)(\cos B+i\sin B)(\cos C+i\sin C)$

↓積では，偏角は和になる

$=\{\cos(A+B)+i\sin(A+B)\}(\cos C+i\sin C)$

↓積では，偏角は和になる

$=\cos(A+B+C)+i\sin(A+B+C)$

ここで，A，B，C は三角形の内角であるから，$A+B+C=\pi$

よって，

(左辺) $=\cos\pi+i\sin\pi$

$=-1=$ (右辺)　〔証明終わり〕

(2) (左辺)

$$=\frac{\cos\alpha+i\sin\alpha}{\cos\beta-i\sin\beta}+\frac{\cos\alpha-i\sin\alpha}{\cos\beta+i\sin\beta}$$

↓極形式に直す

$$=\frac{\cos\alpha+i\sin\alpha}{\cos(-\beta)+i\sin(-\beta)}+\frac{\cos(-\alpha)+i\sin(-\alpha)}{\cos\beta+i\sin\beta}$$

↓商では，偏角は差になる

$=\cos\{\alpha-(-\beta)\}+i\sin\{\alpha-(-\beta)\}$

$+\cos(-\alpha-\beta)+i\sin(-\alpha-\beta)$

↓ $\cos(-\alpha-\beta)=\cos(\alpha+\beta)$，$\sin(-\alpha-\beta)=-\sin(\alpha+\beta)$

$=\cos(\alpha+\beta)+i\sin(\alpha+\beta)+\cos(\alpha+\beta)$

$-i\sin(\alpha+\beta)$

$=2\cos(\alpha+\beta)=$ (右辺)　〔証明終わり〕

5

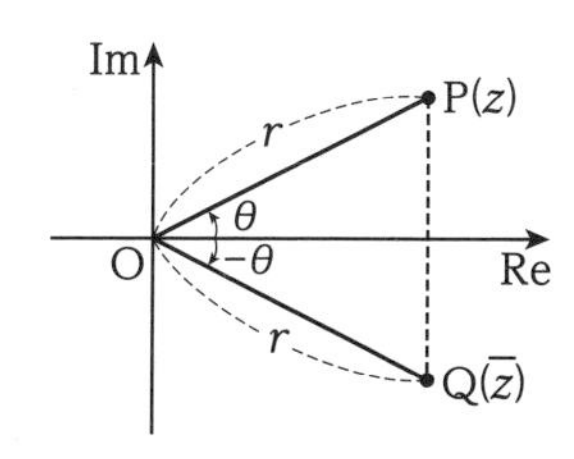

$r>0$，$0\leqq\theta<2\pi$ として，

$z=r(\cos\theta+i\sin\theta)$

とおく。このとき，共役複素数は実軸に関して対称な点であるから偏角が $-\theta$ である。

よって，

$z\bar{z}=r(\cos\theta+i\sin\theta)$

$\times r\{\cos(-\theta)+i\sin(-\theta)\}$

↓積では，偏角は和になる

$=r^2\{\cos(\theta+(-\theta))+i\sin(\theta+(-\theta))\}$

$=r^2(\cos 0+i\sin 0)$

$=r^2=|z|^2$

以上より，$z\bar{z}=|z|^2$ が成り立つ。

〔証明終わり〕

演習問題 71　p.209

1

考え方　掛ける複素数の絶対値と偏角に着目します。

(1) $i=\cos\frac{\pi}{2}+i\sin\frac{\pi}{2}$ であるから，

点 z を原点を中心として $\frac{\pi}{2}$ だけ回転した点に移る …答

(2) $\sqrt{3}-i=\underline{2\left\{\cos\left(-\frac{\pi}{6}\right)+i\sin\left(-\frac{\pi}{6}\right)\right\}}$
極形式に直す

であるから，

点 z を原点を中心として $-\frac{\pi}{6}$ だけ回転し，原点からの距離を 2 倍した点に移る …答

(3) $\frac{1}{1+\sqrt{3}i}$

$$=\frac{1-\sqrt{3}i}{(1+\sqrt{3}i)(1-\sqrt{3}i)}$$ ←分母の実数化

$=\frac{1}{4}(1-\sqrt{3}i)$

$=\frac{1}{4}\cdot 2\left\{\cos\left(-\frac{\pi}{3}\right)+i\sin\left(-\frac{\pi}{3}\right)\right\}$ ←極形式に直す

$=\frac{1}{2}\left\{\cos\left(-\frac{\pi}{3}\right)+i\sin\left(-\frac{\pi}{3}\right)\right\}$

であるから，

点 z を原点を中心として $-\frac{\pi}{3}$ だけ回転し，原点からの距離を $\frac{1}{2}$ 倍した点に移る …答

(4) $\cos\alpha-i\sin\alpha=\underline{\cos(-\alpha)+i\sin(-\alpha)}$
極形式に直す

であるから，

点 z を原点を中心として $-\alpha$ だけ回転した点に移る …答

Point ちなみに，(3)は

$$1+\sqrt{3}i=2\left(\cos\frac{\pi}{3}+i\sin\frac{\pi}{3}\right)$$

であるので，後で学ぶド・モアブルの定理を利用すると，

$$\frac{1}{1+\sqrt{3}i}$$
$$=\left\{2\left(\cos\frac{\pi}{3}+i\sin\frac{\pi}{3}\right)\right\}^{-1}$$
$$=2^{-1}\left\{\cos\left(-\frac{\pi}{3}\right)+i\sin\left(-\frac{\pi}{3}\right)\right\}$$

と変形できます。

2

考え方 回転角と倍率から，掛ける複素数の偏角と絶対値が求められます。

(1)掛ける複素数を α とすると，

$$\alpha=\sqrt{2}\left(\cos\frac{\pi}{3}+i\sin\frac{\pi}{3}\right)$$
$$=\frac{1}{\sqrt{2}}(1+\sqrt{3}i)$$

よって，移動した点を表す複素数は，

$$\alpha(2+i)$$
$$=\frac{1}{\sqrt{2}}(1+\sqrt{3}i)(2+i)$$
$$=\boldsymbol{\frac{1}{\sqrt{2}}\{(2-\sqrt{3})+(1+2\sqrt{3})i\}}\ \cdots 答$$

(2)掛ける複素数を β とすると，

$$\beta=\frac{1}{\sqrt{3}}\left\{\cos\left(-\frac{3}{4}\pi\right)+i\sin\left(-\frac{3}{4}\pi\right)\right\}$$
$$=-\frac{1}{\sqrt{6}}(1+i)$$

よって，移動した点を表す複素数は，

$$\beta(2+i)=-\frac{1}{\sqrt{6}}(1+i)(2+i)$$
$$=\boldsymbol{-\frac{1}{\sqrt{6}}(1+3i)}\ \cdots 答$$

演習問題 72 p.211

考え方 ド・モアブルの定理は，極形式に直してから用います。

(1) $\left(\cos\frac{\pi}{6}+i\sin\frac{\pi}{6}\right)^6$

$$=\cos\left(6\times\frac{\pi}{6}\right)+i\sin\left(6\times\frac{\pi}{6}\right)$$ ← ド・モアブルの定理

$$=\cos\pi+i\sin\pi=\boldsymbol{-1}\ \cdots 答$$

(2) $(-1+\sqrt{3}i)^{10}$

$$=\left\{2\left(\cos\frac{2}{3}\pi+i\sin\frac{2}{3}\pi\right)\right\}^{10}$$ ← 極形式に直す

↓ド・モアブルの定理

$$=2^{10}\left\{\cos\left(10\times\frac{2}{3}\pi\right)+i\sin\left(10\times\frac{2}{3}\pi\right)\right\}$$
$$=1024\left(\cos\frac{20}{3}\pi+i\sin\frac{20}{3}\pi\right)$$
$$=1024\left(-\frac{1}{2}+\frac{\sqrt{3}}{2}i\right)$$
$$=\boldsymbol{-512+512\sqrt{3}i}\ \cdots 答$$

(3) $1+i=\underline{\sqrt{2}\left(\cos\frac{\pi}{4}+i\sin\frac{\pi}{4}\right)}$ であるから，（下線：極形式に直す）

$$\frac{\sqrt{2}}{1+i}=\frac{\sqrt{2}}{\sqrt{2}\left(\cos\frac{\pi}{4}+i\sin\frac{\pi}{4}\right)}$$
$$=\left(\cos\frac{\pi}{4}+i\sin\frac{\pi}{4}\right)^{-1}$$

よって，

$$\left(\frac{\sqrt{2}}{1+i}\right)^{100}$$
$$=\left(\cos\frac{\pi}{4}+i\sin\frac{\pi}{4}\right)^{-100}$$

↓ド・モアブルの定理

$$=\cos\left(-100\times\frac{\pi}{4}\right)+i\sin\left(-100\times\frac{\pi}{4}\right)$$
$$=\cos(-25\pi)+i\sin(-25\pi)$$
$$=\boldsymbol{-1}\ \cdots 答$$

(4) $1+\sqrt{3}i=2\left(\cos\frac{\pi}{3}+i\sin\frac{\pi}{3}\right)$,

$\sqrt{3}+i=\underline{2\left(\cos\frac{\pi}{6}+i\sin\frac{\pi}{6}\right)}$ であるから，（下線：極形式に直す）

$$\frac{1+\sqrt{3}i}{\sqrt{3}+i}$$
$$=\frac{2\left(\cos\frac{\pi}{3}+i\sin\frac{\pi}{3}\right)}{2\left(\cos\frac{\pi}{6}+i\sin\frac{\pi}{6}\right)}$$
$$=\cos\left(\frac{\pi}{3}-\frac{\pi}{6}\right)+i\sin\left(\frac{\pi}{3}-\frac{\pi}{6}\right)$$ ← 商では，偏角の差になる

$$=\cos\frac{\pi}{6}+i\sin\frac{\pi}{6}$$

これより，

$$\left(\frac{1+\sqrt{3}i}{\sqrt{3}+i}\right)^9$$

$$=\left(\cos\frac{\pi}{6}+i\sin\frac{\pi}{6}\right)^9$$

$$=\cos\left(9\times\frac{\pi}{6}\right)+i\sin\left(9\times\frac{\pi}{6}\right)$$ ←ド・モアブルの定理

$$=\cos\frac{3}{2}\pi+i\sin\frac{3}{2}\pi$$

$$=\boldsymbol{-i}$$ …答

(5) $\dfrac{2+\sqrt{3}-i}{2+\sqrt{3}+i}$

$$=\frac{(2+\sqrt{3}-i)^2}{(2+\sqrt{3}+i)(2+\sqrt{3}-i)}$$ ←分母の実数化

$$=\frac{3+2\sqrt{3}-(2+\sqrt{3})i}{4+2\sqrt{3}}$$

$$=\frac{\sqrt{3}(2+\sqrt{3})-(2+\sqrt{3})i}{2(2+\sqrt{3})}$$

$$=\frac{\cancel{(2+\sqrt{3})}(\sqrt{3}-i)}{2\cancel{(2+\sqrt{3})}}$$

$$=\frac{1}{2}(\sqrt{3}-i)$$

$$=\cos\left(-\frac{\pi}{6}\right)+i\sin\left(-\frac{\pi}{6}\right)$$ ←極形式に直す

これより，

$$\left(\frac{2+\sqrt{3}-i}{2+\sqrt{3}+i}\right)^3$$

$$=\left\{\cos\left(-\frac{\pi}{6}\right)+i\sin\left(-\frac{\pi}{6}\right)\right\}^3$$

$$=\cos\left\{3\times\left(-\frac{\pi}{6}\right)\right\}+i\sin\left\{3\times\left(-\frac{\pi}{6}\right)\right\}$$ ←ド・モアブルの定理

$$=\cos\left(-\frac{\pi}{2}\right)+i\sin\left(-\frac{\pi}{2}\right)=\boldsymbol{-i}$$ …答

演習問題 73 p.214

考え方 極形式を用意して，ド・モアブルの定理で求めます。

(1)求める 6 乗根を z とすると，求める方程式は $z^6=1$ となる。

等式が成り立つので両辺の絶対値も等しく，

$$|z^6|=1$$

$$|z|^6=1$$ ←$|z^n|=|z|^n$

$|z|$ は正の実数であるから，$|z|=1$

よって，$z=\cos\theta+i\sin\theta\ (0\leqq\theta<2\pi)$ ……①とおくことができる。このとき，

$$z^6=1$$

$$(\cos\theta+i\sin\theta)^6=1$$

↓左辺にド・モアブルの定理を用いる
右辺は極形式に直す

$$\cos 6\theta+i\sin 6\theta=\cos 0+i\sin 0$$

両辺の偏角を比較すると，

$6\theta=0+2n\pi$（n は整数）←一般角で表す

つまり，$\theta=\dfrac{n}{3}\pi$

$0\leqq\theta<2\pi$ にあてはまるのは $n=0, 1, 2, 3, 4, 5$ のときで，←6乗根なので6つある

$$\theta=0,\ \frac{1}{3}\pi,\ \frac{2}{3}\pi,\ \pi,\ \frac{4}{3}\pi,\ \frac{5}{3}\pi$$

これらを①に代入すると，

$$z=\cos 0+i\sin 0,\ \cos\frac{1}{3}\pi+i\sin\frac{1}{3}\pi,$$
$$\cos\frac{2}{3}\pi+i\sin\frac{2}{3}\pi,\ \cos\pi+i\sin\pi,$$
$$\cos\frac{4}{3}\pi+i\sin\frac{4}{3}\pi,$$
$$\cos\frac{5}{3}\pi+i\sin\frac{5}{3}\pi$$

よって，求める 6 乗根は，

$$\boldsymbol{z=1,\ \frac{1+\sqrt{3}i}{2},\ \frac{-1+\sqrt{3}i}{2},\ -1,\ \frac{-1-\sqrt{3}i}{2},\ \frac{1-\sqrt{3}i}{2}}$$ …答

また，解を複素数平面上に図示すると，次のような正六角形の各頂点と一致している。

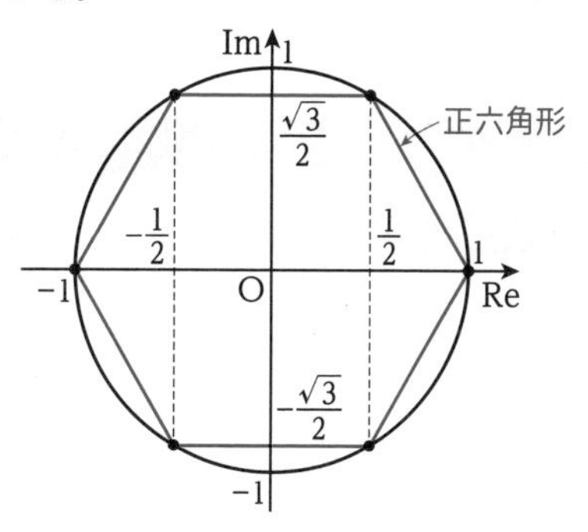

(2)等式が成り立つので両辺の絶対値も等しく，

$|z^4|=|8(-1+\sqrt{3}i)|$

$|z|^4=8\sqrt{(-1)^2+(\sqrt{3})^2}$　$|z^n|=|z|^n$

$|z|^4=16$

$|z|$ は正の実数であるから，$|z|=2$

よって，$z=2(\cos\theta+i\sin\theta)$

$(0\leqq\theta<2\pi)$……①とおくことができる。

このとき，

$z^4=8(-1+\sqrt{3}i)$

$\{2(\cos\theta+i\sin\theta)\}^4=8(-1+\sqrt{3}i)$

左辺にド・モアブルの定理を用いる
右辺は極形式に直す

$16(\cos4\theta+i\sin4\theta)$

$=8\cdot2\left(\cos\frac{2}{3}\pi+i\sin\frac{2}{3}\pi\right)$

両辺の偏角を比較すると，

$4\theta=\frac{2}{3}\pi+2n\pi$ (n は整数) ←一般角で表す

つまり，$\theta=\frac{\pi}{6}+\frac{n}{2}\pi$　4乗根なので4つある

$0\leqq\theta<2\pi$ にあてはまるのは $n=0,1,2,3$ のときで，$\theta=\frac{\pi}{6}$，$\frac{2}{3}\pi$，$\frac{7}{6}\pi$，$\frac{5}{3}\pi$

これらを①に代入すると，

$z=2\left(\cos\frac{\pi}{6}+i\sin\frac{\pi}{6}\right)$,

$2\left(\cos\frac{2}{3}\pi+i\sin\frac{2}{3}\pi\right)$,

$2\left(\cos\frac{7}{6}\pi+i\sin\frac{7}{6}\pi\right)$,

$2\left(\cos\frac{5}{3}\pi+i\sin\frac{5}{3}\pi\right)$

よって，

$\boldsymbol{z=\sqrt{3}+i,\ -1+\sqrt{3}i,}$
$\boldsymbol{-\sqrt{3}-i,\ 1-\sqrt{3}i}$ …答

第3節 複素数と図形

演習問題74 p.216

考え方 ベクトルの公式と同じように考えます。

(1) $\frac{1\cdot(1+5i)+2(5+i)}{2+1}=\boldsymbol{\frac{11+7i}{3}}$ …答

(2) $\frac{2(-3+2i)+3(-1-4i)}{3+2}=\boldsymbol{\frac{-9-8i}{5}}$ …答

(3) $\frac{-1\cdot(7-i)+2(3-5i)}{2-1}$ ←2:(−1)に内分のイメージ

$=\frac{-1-9i}{1}=\boldsymbol{-1-9i}$ …答

(4) $\frac{-3(-4-2i)+1\cdot(-2-6i)}{1-3}$ ←1:(−3)に内分のイメージ

$=\frac{10}{-2}=\boldsymbol{-5}$ …答

(5) $\frac{(4+8i)+(6+10i)}{2}$ ←足して2で割る

$=\frac{10+18i}{2}=\boldsymbol{5+9i}$ …答

(6) $\frac{(-5+3i)+(-7+5i)}{2}$ ←足して2で割る

$=\frac{-12+8i}{2}=\boldsymbol{-6+4i}$ …答

(7) $\frac{(2+4i)+(4+i)+(6+3i)}{3}$ ←足して3で割る

$=\boldsymbol{\frac{12+8i}{3}}$ …答

(8) $\frac{(-2+3i)+(-4+5i)+(-6+i)}{3}$ ←足して3で割る

$=\frac{-12+9i}{3}=\boldsymbol{-4+3i}$ …答

演習問題75 p.218

(1) $\alpha=3+4i$，$\beta=1+2i$ とすると，

$\beta-\alpha=(1+2i)-(3+4i)=-2-2i$

よって，線分ABの長さは，

$|\beta-\alpha|=\sqrt{(-2)^2+(-2)^2}=\boldsymbol{2\sqrt{2}}$ …答

別解 $\sqrt{(1-3)^2+(2-4)^2}=\boldsymbol{2\sqrt{2}}$ …答

(2) $\alpha=-2-3i$，$\beta=4+5i$ とすると，

$\beta-\alpha=(4+5i)-(-2-3i)$

$=6+8i$

よって，線分CDの長さは，

$|\beta-\alpha|=\sqrt{6^2+8^2}$

$=\boldsymbol{10}$ …答

別解 $\sqrt{\{4-(-2)\}^2+\{5-(-3)\}^2}=10$ …答

(3) $\alpha=5i$，$\beta=-3-4i$ とすると，

$\beta-\alpha=(-3-4i)-5i=-3-9i$

よって，線分EFの長さは，

$|\beta-\alpha|=\sqrt{(-3)^2+(-9)^2}=3\sqrt{10}$ …答

別解 $\sqrt{(-3-0)^2+(-4-5)^2}=3\sqrt{10}$ …答

演習問題 76 p.222

(1)与式より，

$|z-(-2i)|=|z-(-4)|$ ←マイナスに注意

点 P(z) は 2 点 A($-2i$)，B(-4) を結ぶ線分 AB の垂直二等分線を描く …答

概形は次の図のようになる。

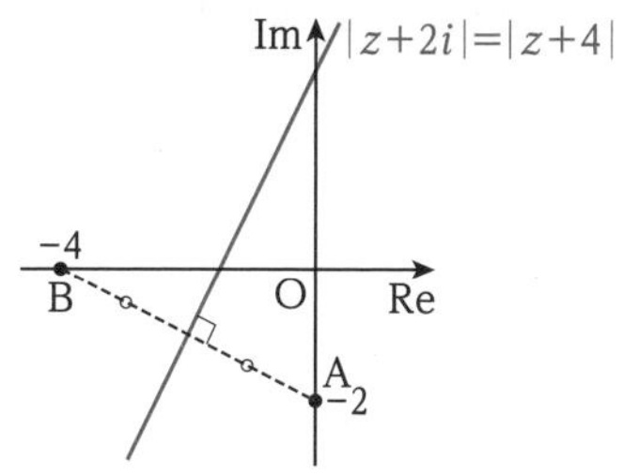

参考 $z=x+yi$ とおいて，座標平面上でどのような図形を描くか考える。

$z+2i=x+(y+2)i$，$z+4=(x+4)+yi$

であるから，与式より，

$|x+(y+2)i|=|(x+4)+yi|$

$\sqrt{x^2+(y+2)^2}=\sqrt{(x+4)^2+y^2}$

$x^2+y^2+4y+4=x^2+8x+16+y^2$ (両辺を2乗)

$2x-y+3=0$

よって，**直線 $2x-y+3=0$ を描く**

(2)与式より，$|z-(1-i)|=1$ ←マイナスに注意

点 P(z) は点 A($1-i$) を中心とする半径 1 の円を描く …答

概形は次の図のようになる。

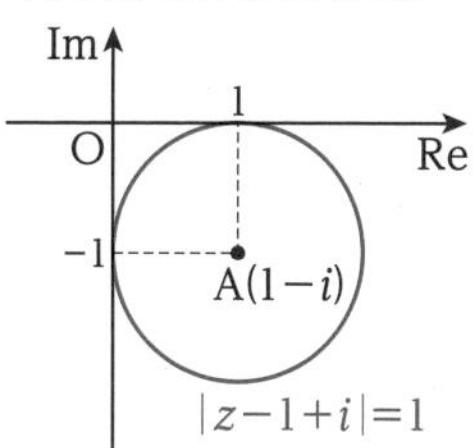

参考 $z=x+yi$ とおいて，座標平面上でどのような図形を描くか考える。

$z-1+i=(x-1)+(y+1)i$ であるから，

与式より，

$|(x-1)+(y+1)i|=1$

$\sqrt{(x-1)^2+(y+1)^2}=1$

$(x-1)^2+(y+1)^2=1$ (両辺を2乗)

よって，**中心 $(1, -1)$，半径 1 の円を描く**

(3) $z\bar{z}-4z-4\bar{z}=0$

$(z-4)(\bar{z}-4)-16=0$

$(z-4)(\overline{z-4})=16$ (a を実数とするとき，$a=\bar{a}$)

$|z-4|^2=16$ ($z\bar{z}=|z|^2$)

$|z-4|=4$

以上より，点 P(z) は**点 4 を中心とする半径 4 の円を描く** …答

概形は次の図のようになる。

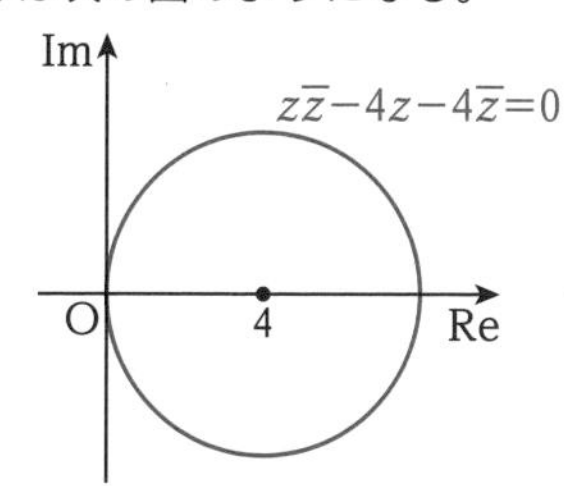

Point この問題のように，定数項を含まない方程式は原点を通過します。

参考 $z=x+yi$ とおいて，座標平面上でどのような図形を描くか考える。

与式より，

$(x+yi)(x-yi)-4(x+yi)-4(x-yi)=0$

$x^2+y^2-8x=0$

$(x-4)^2+y^2=4^2$

よって，**点 $(4,0)$ を中心とする半径 4 の円を描く**

(4)両辺を 2 乗すると，

$|z-2|^2=4|z-i|^2$

$(z-2)(\overline{z-2})=4(z-i)(\overline{z-i})$ ($|z|^2=z\bar{z}$)

↓ a を実数とするとき，$a=\bar{a}$

$(z-2)(\bar{z}-2)=4(z-i)(\bar{z}+i)$

$3z\bar{z}+(2+4i)z+(2-4i)\bar{z}=0$……(＊)

第1章 数列　第2章 統計的な推測　第3章 ベクトル　第4章 複素数平面　第5章 平面上の曲線

$$z\bar{z}+\frac{2+4i}{3}z+\frac{2-4i}{3}\bar{z}=0$$

$$\left(z+\frac{2-4i}{3}\right)\left(\bar{z}+\frac{2+4i}{3}\right)-\frac{2-4i}{3}\cdot\frac{2+4i}{3}=0$$

$$\left(z+\frac{2-4i}{3}\right)\left(\overline{z+\frac{2-4i}{3}}\right)=\frac{20}{9}$$

$$\left|z+\frac{2-4i}{3}\right|^2=\frac{20}{9}$$ ← $z\bar{z}=|z|^2$

$$\left|z-\left(\frac{-2+4i}{3}\right)\right|=\frac{2\sqrt{5}}{3}$$ ←マイナスに注意

よって，点 $\mathrm{P}(z)$ は**点 $\frac{-2+4i}{3}$ を中心とする半径 $\frac{2\sqrt{5}}{3}$ の円を描く** …答

概形は次の図のようになる。

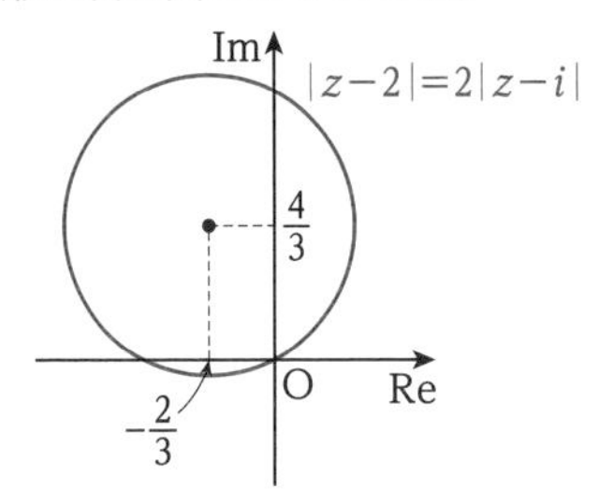

Point 前の式の (∗) からわかるように，この式も定数項を含まないので原点を通る円になります。

参考 $z=x+yi$ とおいて座標平面上でどのような図形を描くか考える。

$z-2=(x-2)+yi$，$z-i=x+(y-1)i$ であるから，与式より，

$$\sqrt{(x-2)^2+y^2}=2\sqrt{x^2+(y-1)^2}$$

両辺を 2 乗して，

$$x^2-4x+4+y^2=4(x^2+y^2-2y+1)$$

$$3x^2+3y^2+4x-8y=0$$

$$\left(x+\frac{2}{3}\right)^2+\left(y-\frac{4}{3}\right)^2=\frac{20}{9}$$

よって，**点 $\left(-\frac{2}{3},\ \frac{4}{3}\right)$ を中心とする半径 $\frac{2\sqrt{5}}{3}$ の円を描く**

演習問題 77 p.225

考え方 ベクトルの回転を意識します。

1

$\alpha=1+i$ とおき，求める複素数を z とする。

条件より，

$$z=\frac{1}{\sqrt{3}}\cdot\left\{\cos\left(-\frac{3}{4}\pi\right)+i\sin\left(-\frac{3}{4}\pi\right)\right\}\cdot\alpha$$

↑回転後のベクトル　　回転前のベクトル↑

$$=\frac{1}{\sqrt{3}}\cdot\left(-\frac{1}{\sqrt{2}}-\frac{1}{\sqrt{2}}i\right)(1+i)$$

$$=-\frac{1}{\sqrt{6}}(1+i)^2=-\frac{\sqrt{6}}{3}i$$ …答

2

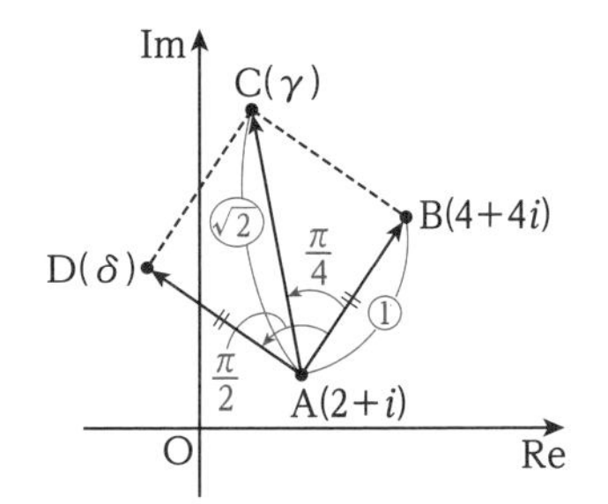

$\mathrm{A}(\alpha)$，$\mathrm{B}(\beta)$，$\mathrm{C}(\gamma)$，$\mathrm{D}(\delta)$ とする。条件より，点 D が第 2 象限にあるので，点 C は点 B を点 A を中心として $\frac{\pi}{4}$ だけ回転し，点 A からの距離を $\sqrt{2}$ 倍した点，点 D は点 B を点 A を中心として $\frac{\pi}{2}$ だけ回転した点である。よって，

$$\gamma-\alpha=\sqrt{2}\left(\cos\frac{\pi}{4}+i\sin\frac{\pi}{4}\right)(\beta-\alpha)$$

↑回転後のベクトル　　回転前のベクトル↑

したがって，**頂点 C を表す複素数は，**

$$\gamma=\sqrt{2}\left(\frac{1}{\sqrt{2}}+\frac{1}{\sqrt{2}}i\right)(2+3i)+2+i$$

$$=1+6i$$ …答

また，

$$\delta-\alpha=\left(\cos\frac{\pi}{2}+i\sin\frac{\pi}{2}\right)(\beta-\alpha)$$

↑回転後のベクトル　回転前のベクトル↑

したがって，**頂点 D を表す複素数は，**

$$\delta=i(2+3i)+2+i$$

$$=-1+3i$$ …答

3

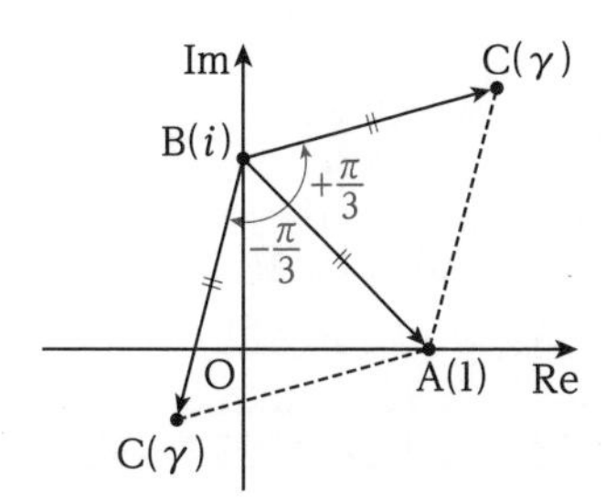

図のように，点Aを点Bを中心として$\pm\frac{\pi}{3}$だけ回転した点が求める点Cである。

第3象限に点Cがあるとき，

$$\underline{\gamma-\beta}=\left\{\cos\left(-\frac{\pi}{3}\right)+i\sin\left(-\frac{\pi}{3}\right)\right\}\underline{(\alpha-\beta)}$$

↑回転後のベクトル　回転前のベクトル↑

$$\gamma=\left(\frac{1}{2}-\frac{\sqrt{3}}{2}i\right)(1-i)+i$$

$$=\frac{\mathbf{(1-\sqrt{3})+(1-\sqrt{3})}\boldsymbol{i}}{\mathbf{2}}$$ …答

次に，第1象限に点Cがあるとき，

$$\underline{\gamma-\beta}=\left(\cos\frac{\pi}{3}+i\sin\frac{\pi}{3}\right)\underline{(\alpha-\beta)}$$

↑回転後のベクトル　↑回転前のベクトル

$$\gamma=\left(\frac{1}{2}+\frac{\sqrt{3}}{2}i\right)(1-i)+i$$

$$=\frac{\mathbf{(1+\sqrt{3})+(1+\sqrt{3})}\boldsymbol{i}}{\mathbf{2}}$$ …答

4

$2+i=\alpha$，$\left(\frac{3}{2}-\frac{3\sqrt{3}}{2}\right)+\left(-\frac{1}{2}+\frac{\sqrt{3}}{2}\right)i=\beta$とし，点Pを表す複素数を$z$とする。

点Aを点Pを中心として$\frac{\pi}{3}$だけ回転した点がβであるから，

$$\underline{\beta-z}=\left(\cos\frac{\pi}{3}+i\sin\frac{\pi}{3}\right)\underline{(\alpha-z)}$$

↑回転後のベクトル　↑回転前のベクトル

ここで，$z=a+bi$（a，bは実数）とおくと，

$$\left(\frac{3}{2}-\frac{3\sqrt{3}}{2}-a\right)+\left(-\frac{1}{2}+\frac{\sqrt{3}}{2}-b\right)i$$

$$=\left(\frac{1}{2}+\frac{\sqrt{3}}{2}i\right)\{2-a+(1-b)i\}$$

$$\frac{3-3\sqrt{3}-2a}{2}+\frac{-1+\sqrt{3}-2b}{2}i$$

$$=\frac{2-\sqrt{3}-a+\sqrt{3}b}{2}+\frac{1-b+2\sqrt{3}-\sqrt{3}a}{2}i$$

a，bは実数であるから，両辺の実部と虚部を比較して，←複素数の相等

$$\begin{cases}3-3\sqrt{3}-2a=2-\sqrt{3}-a+\sqrt{3}b\\-1+\sqrt{3}-2b=1-b+2\sqrt{3}-\sqrt{3}a\end{cases}$$

これを解くと，

$a=1$，$b=-2$

よって，点Pを表す複素数zは，

$1-2i$ …答

Point 回転の中心であるzをそのままで求めようと変形すると計算が複雑になってしまいます。このような場合は$z=a+bi$とおいて複素数の相等として解くほうが楽に計算できます。

5

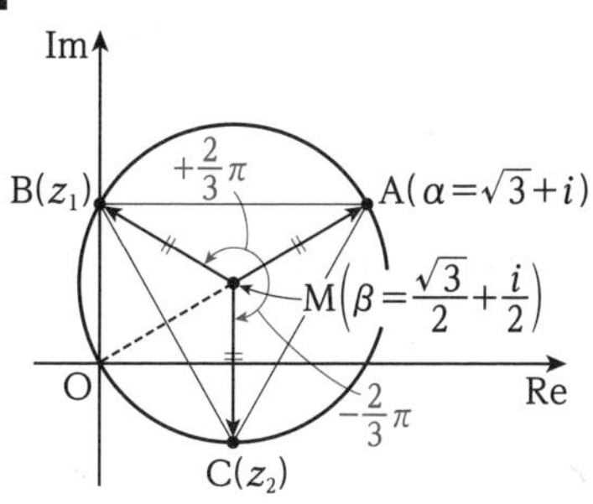

図のように，OAの中点をM(β)とすると，$\beta=\frac{\sqrt{3}}{2}+\frac{1}{2}i$であり，MはOAを直径とする円の中心である。正三角形をつくる残りの2頂点を図のようにB(z_1)，C(z_2)とするとき，点Bは点Aを点Mを中心として$\frac{2}{3}\pi$だけ回転した点，点Cは点Aを点Mを中心として$-\frac{2}{3}\pi$だけ回転した点である。よって，

$$\underline{z_1-\beta}=\left(\cos\frac{2}{3}\pi+i\sin\frac{2}{3}\pi\right)\underline{(\alpha-\beta)}$$

↑回転後のベクトル　回転前のベクトル↑

z_1

$$=\left(-\frac{1}{2}+\frac{\sqrt{3}}{2}i\right)\left(\frac{\sqrt{3}}{2}+\frac{1}{2}i\right)+\frac{\sqrt{3}}{2}+\frac{1}{2}i$$

$=\boldsymbol{i}$ …答

第1章 数列
第2章 統計的な推測
第3章 ベクトル
第4章 複素数平面
第5章 平面上の曲線

同様にして，

$$\underline{z_2-\beta}=\left\{\cos\left(-\frac{2}{3}\pi\right)+i\sin\left(-\frac{2}{3}\pi\right)\right\}\underline{(\alpha-\beta)}$$

↑回転後のベクトル　回転前のベクトル↑

$$z_2=\left(-\frac{1}{2}-\frac{\sqrt{3}}{2}i\right)\left(\frac{\sqrt{3}}{2}+\frac{1}{2}i\right)+\frac{\sqrt{3}}{2}+\frac{1}{2}i$$

$$=\boldsymbol{\frac{\sqrt{3}}{2}-\frac{1}{2}i}\ \cdots\text{答}$$

演習問題 78 p.230

p.230

考え方 なす角もベクトルの回転を意識します。垂直条件，同一直線上であるための条件も回転の知識を応用します。

1

$$\frac{\gamma-\beta}{\alpha-\beta}=\frac{2-3i}{-5+i}$$

$$=\frac{(2-3i)(-5-i)}{(-5+i)(-5-i)}$$ ←分母の実数化

$$=\frac{1}{2}(-1+i)$$

$$=\frac{\sqrt{2}}{2}\left(\cos\frac{3}{4}\pi+i\sin\frac{3}{4}\pi\right)$$

よって，<u>∠ABC の大きさは $\frac{\gamma-\beta}{\alpha-\beta}$ の偏角に等しく</u>，$\boldsymbol{\frac{3}{4}\pi}$ …答

2

$\alpha=1$，$\beta=z$，$\gamma=z^2$ とする。

$$\frac{\gamma-\alpha}{\beta-\alpha}=\frac{z^2-1}{z-1}$$

$$=\frac{(z+1)(z-1)}{z-1}$$ ← z のまま計算するとよい

$$=z+1$$

$$=(1+2i)+1$$

$$=2+2i=2(1+i)$$

$$=2\sqrt{2}\left(\cos\frac{\pi}{4}+i\sin\frac{\pi}{4}\right)$$

よって，<u>∠BAC の大きさは $\frac{\gamma-\alpha}{\beta-\alpha}$ の偏角に等しく</u>，$\boldsymbol{\frac{\pi}{4}}$ …答

3

まず，

$$\frac{\gamma-\alpha}{\beta-\alpha}=\frac{(a-2)+i}{-1+3i}$$

$$=\frac{\{(a-2)+i\}(-1-3i)}{(-1+3i)(-1-3i)}$$ ←分母の実数化

$$=\frac{(-a+5)+(-3a+5)i}{10}$$

(1) <u>3 点 A，B，C が一直線上にあるための条件は $\frac{\gamma-\alpha}{\beta-\alpha}$ が実数であるから</u>，

$-3a+5=0$ ←虚部が0

よって，$\boldsymbol{a=\frac{5}{3}}$ …答

(2) <u>線分 AB と AC が垂直であるための条件は $\frac{\gamma-\alpha}{\beta-\alpha}$ が純虚数であるから</u>，

$-a+5=0$ ←実部が0

よって，$\boldsymbol{a=5}$ …答

4

$\alpha=z$，$\beta=z^2$，$\gamma=z^3$ とし，$\mathrm{A}(\alpha)$，$\mathrm{B}(\beta)$，$\mathrm{C}(\gamma)$ とする。

$$\frac{\gamma-\alpha}{\beta-\alpha}=\frac{z^3-z}{z^2-z}=\frac{z(z-1)(z+1)}{z(z-1)}$$

$$=z+1$$

<u>AB と AC が垂直であるから</u>

<u>$\frac{\gamma-\alpha}{\beta-\alpha}=z+1$ は純虚数である</u>。よって，

$\overline{z+1}=-(z+1)$ ← w が純虚数のとき $\overline{w}=-w$

$\overline{z}+1=-z-1$

$\boldsymbol{z+\overline{z}=-2}$ …答

Point $\frac{\beta-\alpha}{\gamma-\alpha}$ でも求められますが，$\frac{\beta-\alpha}{\gamma-\alpha}=\frac{1}{z+1}$ となり，処理が少し難しくなります。

第5章 平面上の曲線

第1節 2次曲線

演習問題79 p.234

1

考え方 $y^2=4px$ または $x^2=4py$ の形をつくることで，焦点や準線を求めるのに必要な値がわかります。

(1) $y^2=16x$

$=4\cdot4\cdot x$ ←ヨコ型(右に開いた放物線)

よって，

焦点の座標は (4，0) …答 ←焦点$(p, 0)$

準線の方程式は $x=-4$ …答 ←準線$x=-p$

放物線の概形は次の図のようになる。

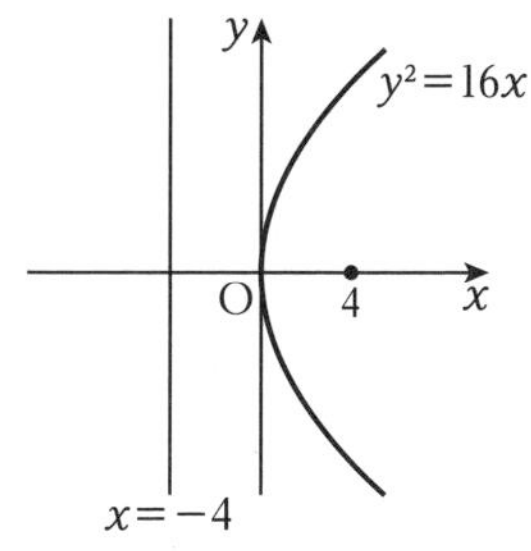

(2) $y^2=-2x$

$=4\cdot\left(-\frac{1}{2}\right)\cdot x$ ←ヨコ型(左に開いた放物線)

よって，

焦点の座標は $\left(-\frac{1}{2}, 0\right)$ …答 ←焦点$(p, 0)$

準線の方程式は $x=\frac{1}{2}$ …答 ←準線$x=-p$

放物線の概形は次の図のようになる。

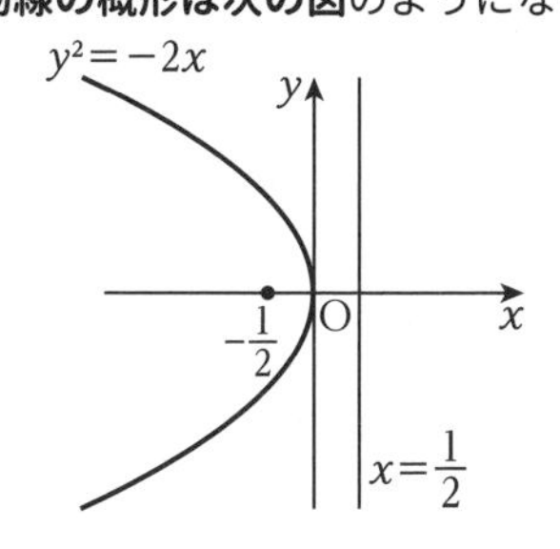

(3) $x^2=6y$

$=4\cdot\frac{3}{2}\cdot y$ ←タテ型(上に開いた放物線)

よって，

焦点の座標は $\left(0, \frac{3}{2}\right)$ …答 ←焦点$(0, p)$

準線の方程式は $y=-\frac{3}{2}$ …答 ←準線$y=-p$

放物線の概形は次の図のようになる。

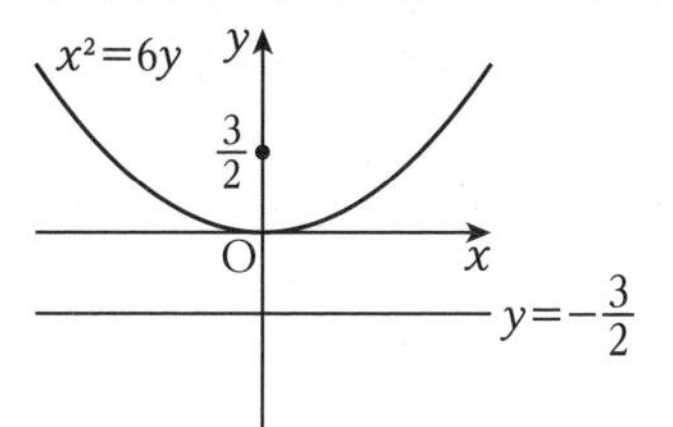

(4) $y=-x^2$

$x^2=4\cdot\left(-\frac{1}{4}\right)\cdot y$ ←タテ型(下に開いた放物線)

よって，

焦点の座標は $\left(0, -\frac{1}{4}\right)$ …答 ←焦点$(0, p)$

準線の方程式は $y=\frac{1}{4}$ …答 ←準線$y=-p$

放物線の概形は次の図のようになる。

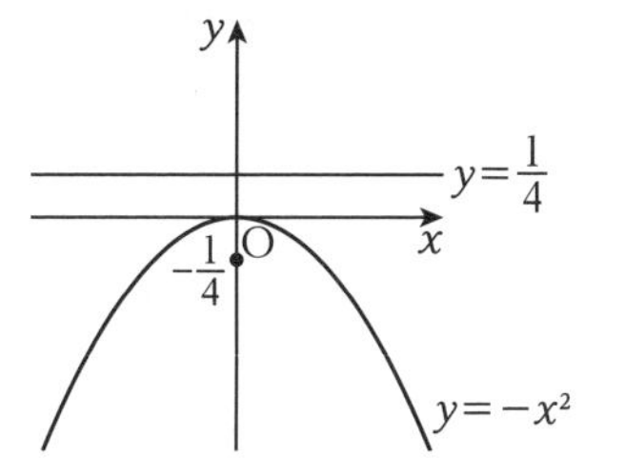

2

考え方 (1)放物線の方程式を $y^2=4px$ とおいて考えます。

(1)放物線 $y^2=4px$ の $p=2$ のときであるから，$\boldsymbol{y^2=8x}$ …答

(2)放物線 $x^2=4py$ の $p=-3$ のときであるから，$\boldsymbol{x^2=-12y}$ …答

(3)放物線を $y^2=4px$ とおくことができる。

点 (4, 2) を通るので $x=4$, $y=2$ を代入すると，

$2^2=4p\cdot4$ より，$p=\dfrac{1}{4}$

よって，$y^2=4\cdot\dfrac{1}{4}\cdot x$

つまり $\boldsymbol{y^2=x}$ …答

(4)放物線を $x^2=4py$ とおくことができる。

焦点 $(0,\ p)$ と準線 $y=-p$ の距離は

$|p-(-p)|=|2p|$ ←絶対値に注意

これが 6 であるから，

$|2p|=6$ つまり $p=\pm3$

よって，$x^2=4\cdot(\pm3)\cdot y$

つまり $\boldsymbol{x^2=12y}$ **または** $\boldsymbol{x^2=-12y}$ …答

(5)点 P を $(X,\ Y)$ とすると，点 $(-5,\ 0)$ との距離 $\sqrt{(X+5)^2+Y^2}$ と直線 $x=5$ との距離 $|X-5|$ が等しいので，

$\sqrt{(X+5)^2+Y^2}=|X-5|$

$(X+5)^2+Y^2=|X-5|^2$ ←両辺を2乗する

$Y^2=-20X$ …①

よって，条件を満たす点 P は，放物線①上にある。逆に，放物線①上のすべての点 P は条件を満たす。以上より，点 P の軌跡は，

放物線 $\boldsymbol{y^2=-20x}$ …答

別解 ある点からの距離とある直線からの距離が等しい点の軌跡は放物線であるから，点 $(-5,\ 0)$ が焦点，直線 $x=5$ が準線となる。放物線 $y^2=4px$ の $p=-5$ のときであるから，

放物線 $\boldsymbol{y^2=-20x}$ …答

演習問題 80 p.240

1

考え方 (2)「$=1$」の形に直して考えます。

(1) $\dfrac{x^2}{25}+\dfrac{y^2}{16}=1$ より $\dfrac{x^2}{5^2}+\dfrac{y^2}{4^2}=1$ ←ヨコ型

$\sqrt{25-16}=3$ であるから，**焦点の座標は，**

$\boldsymbol{(3,\ 0),\ (-3,\ 0)}$ …答 ←焦点 $(\pm\sqrt{a^2-b^2},\ 0)$

長軸の長さは，

$2\times5=\boldsymbol{10}$ …答 ←長軸の長さ $2a$

短軸の長さは，

$2\times4=\boldsymbol{8}$ …答 ←短軸の長さ $2b$

楕円の概形は次の図のようになる。

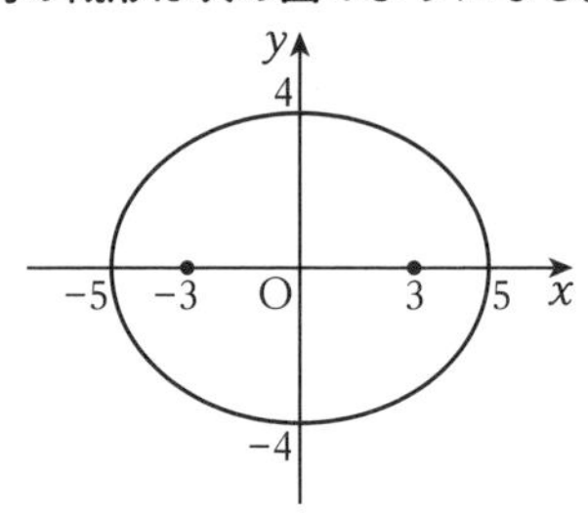

(2) $9x^2+4y^2=36$ より $\dfrac{x^2}{2^2}+\dfrac{y^2}{3^2}=1$ ←タテ型

$\sqrt{9-4}=\sqrt{5}$ であるから，**焦点の座標は，**

$\boldsymbol{(0,\ \sqrt{5}),\ (0,\ -\sqrt{5})}$ …答 ←焦点 $(0,\ \pm\sqrt{b^2-a^2})$

長軸の長さは，$2\times3=\boldsymbol{6}$ …答 ←長軸の長さ $2b$

短軸の長さは，$2\times2=\boldsymbol{4}$ …答 ←短軸の長さ $2a$

楕円の概形は次の図のようになる。

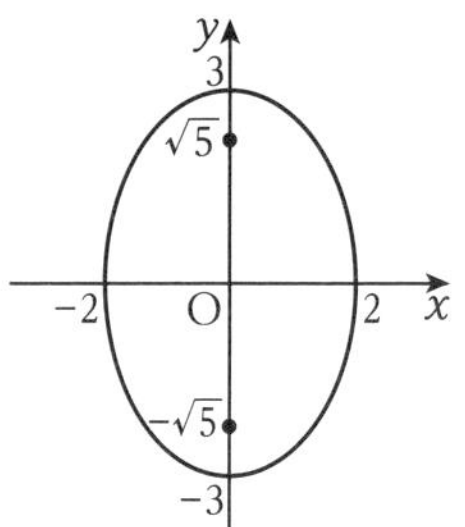

2

考え方 楕円の方程式では，分母の値の大小に注意します。

(1)楕円の焦点が x 軸上にあるから，方程式は

$\dfrac{x^2}{a^2}+\dfrac{y^2}{b^2}=1\ (a>b>0)$ とおける。←ヨコ型

焦点の座標は，

$(\pm\sqrt{a^2-b^2},\ 0)$ ←焦点 $(\pm\sqrt{a^2-b^2},\ 0)$

これが $(\pm2,\ 0)$ に等しいので，

$a^2-b^2=4$ …①

短軸の長さは $2b=6$ より，←短軸の長さ $2b$

$b=3$

これを①に代入すると，$a^2=13$

以上より，求める楕円の方程式は，

$$\frac{x^2}{13}+\frac{y^2}{9}=1$$ …答

(2)楕円の方程式は $\frac{x^2}{a^2}+\frac{y^2}{b^2}=1\ (b>a>0)$ とおける。←タテ型

長軸の長さは $2b=14$ より，←長軸の長さ $2b$

$b=7$

短軸の長さは $2a=10$ より，←短軸の長さ $2a$

$a=5$

以上より，求める楕円の方程式は

$$\frac{x^2}{25}+\frac{y^2}{49}=1$$ …答

(3)楕円の方程式は $\frac{x^2}{a^2}+\frac{y^2}{b^2}=1\ (a>b>0)$ とおける。←ヨコ型

焦点の座標は，

$(\pm\sqrt{a^2-b^2},\ 0)$ ←焦点 $(\pm\sqrt{a^2-b^2},\ 0)$

焦点間の距離が 8 であることから，焦点の座標は $(\pm4,\ 0)$ である。よって，

$a^2-b^2=16$ …①

長軸の長さは $2a=10$ より，←長軸の長さ $2a$

$a=5$

これを①に代入すると，$b^2=9$

以上より，求める楕円の方程式は，

$$\frac{x^2}{25}+\frac{y^2}{9}=1$$ …答

(4)楕円の方程式は $\frac{x^2}{a^2}+\frac{y^2}{b^2}=1\ (a>b>0)$ とおける。←ヨコ型

焦点の座標は，

$(\pm\sqrt{a^2-b^2},\ 0)$ ←焦点 $(\pm\sqrt{a^2-b^2},\ 0)$

これが $(\pm3,\ 0)$ に等しいので，

$a^2-b^2=9$ …①

それぞれの焦点から楕円上の点までの距離の和が 10 であるから，定義より

$2a=10$ ←2焦点までの距離の和 $=2a$

つまり $a=5$

これを①に代入すると，$b^2=16$

以上より，求める楕円の方程式は，

$$\frac{x^2}{25}+\frac{y^2}{16}=1$$ …答

演習問題81 p.245

1

考え方 (2)「$=-1$」の形に直して考えます。

(1) $\frac{x^2}{16}-\frac{y^2}{9}=1$ より，

$\frac{x^2}{4^2}-\frac{y^2}{3^2}=1$ ←ヨコ型

$\sqrt{16+9}=5$ であるから，

焦点の座標は，

$(5,\ 0)$, $(-5,\ 0)$ …答 ←焦点 $(\pm\sqrt{a^2+b^2},\ 0)$

漸近線の方程式は，

$y=\pm\frac{3}{4}x$ …答 ←漸近線 $y=\pm\frac{b}{a}x$

双曲線の概形は次の図のようになる。

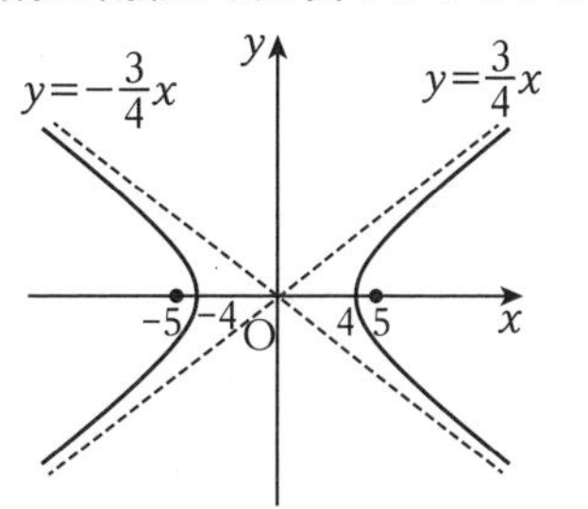

別解 **漸近線の方程式は**次のように考えることもできます。

$\frac{x^2}{16}-\frac{y^2}{9}=0$ を解くと，

$y^2=\frac{9}{16}x^2$ より，$\boldsymbol{y=\pm\frac{3}{4}x}$ …答

(2) $4x^2-9y^2=-36$ より，

$\frac{x^2}{3^2}-\frac{y^2}{2^2}=-1$ ←タテ型

$\sqrt{9+4}=\sqrt{13}$ であるから，

焦点の座標は，

$(0,\ \sqrt{13})$, $(0,\ -\sqrt{13})$ …答 ←焦点 $(0,\ \pm\sqrt{a^2+b^2})$

漸近線の方程式は，

$y=\pm\frac{2}{3}x$ …答 ←漸近線 $y=\pm\frac{b}{a}x$

双曲線の概形は次の図のようになる。

第1章 数列 / 第2章 統計的な推測 / 第3章 ベクトル / 第4章 複素数平面 / 第5章 平面上の曲線

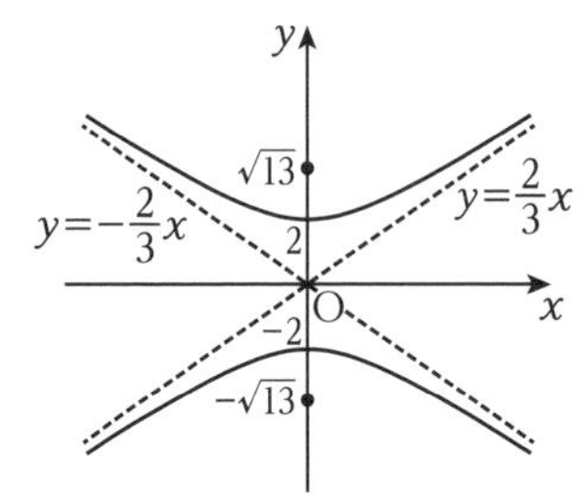

別解 **漸近線の方程式は**次のように考えることもできます。

$\frac{x^2}{9}-\frac{y^2}{4}=0$ を解くと，

$y^2=\frac{4}{9}x^2$ より，$\boldsymbol{y=\pm\frac{2}{3}x}$ …答

2

考え方 双曲線の基本事項を確認しましょう。

(1)双曲線の方程式は

$\frac{x^2}{a^2}-\frac{y^2}{b^2}=1\ (a>0,\ b>0)$ ←ヨコ型

とおける。焦点の座標は，

$(\pm\sqrt{a^2+b^2},\ 0)$ ←焦点$(\pm\sqrt{a^2+b^2},\ 0)$

これが $(\pm3,\ 0)$ に等しいので，

$a^2+b^2=9$ …①

また，点 $(5,\ 4)$ を通るので，双曲線の方程式に $x=5$，$y=4$ を代入すると，

$\frac{25}{a^2}-\frac{16}{b^2}=1$ …②

①より，$b^2=9-a^2$ …③

これを②に代入すると，

$\frac{25}{a^2}-\frac{16}{9-a^2}=1$

$25(9-a^2)-16a^2=a^2(9-a^2)$

$a^4-50a^2+225=0$

$(a^2-45)(a^2-5)=0$

$a^2=45$，5 だが，③を満たすのは $a^2=5$ のみである。③より $b^2=4$ であるから，求める双曲線の方程式は，

$\boldsymbol{\frac{x^2}{5}-\frac{y^2}{4}=1}$ …答

別解 「焦点までの距離の差の絶対値＝頂点間の距離」を用いる方法もあります。（③を導くところまでは同じです。）

2 つの焦点 $(3,\ 0)$，$(-3,\ 0)$ と点 $(5,\ 4)$ との距離の差の絶対値は $2a$ に等しいので，

$$2a=\left|\sqrt{(5-3)^2+(4-0)^2}-\sqrt{\{5-(-3)\}^2+(4-0)^2}\right|$$
$$=|2\sqrt{5}-4\sqrt{5}|$$
$$=2\sqrt{5}$$

よって，$a=\sqrt{5}$

これを③に代入して，

$b^2=9-5=4$

よって，求める双曲線の方程式は，

$\boldsymbol{\frac{x^2}{5}-\frac{y^2}{4}=1}$ …答

(2)双曲線の方程式は

$\frac{x^2}{a^2}-\frac{y^2}{b^2}=-1\ (a>0,\ b>0)$ ←タテ型

とおける。

焦点の座標は，

$(0,\ \pm\sqrt{a^2+b^2})$ ←焦点$(0,\ \pm\sqrt{a^2+b^2})$

これが $(0,\ \pm4)$ に等しいので，

$a^2+b^2=16$ …①

また，漸近線の方程式は $y=\pm\frac{b}{a}x$ より，

$\frac{b}{a}=\frac{1}{\sqrt{3}}$ 漸近線$y=\pm\frac{b}{a}x$

$a=\sqrt{3}b$ を①に代入すると，

$3b^2+b^2=16$

$b^2=4$

①より $a^2=16-4=12$ であるから，求める双曲線の方程式は，

$\boldsymbol{\frac{x^2}{12}-\frac{y^2}{4}=-1}$ …答

(3)双曲線の方程式は

$\frac{x^2}{a^2}-\frac{y^2}{b^2}=1\ (a>0,\ b>0)$ ←ヨコ型

とおける。

焦点の座標は，

$(\pm\sqrt{a^2+b^2},\ 0)$ ←焦点$(\pm\sqrt{a^2+b^2},\ 0)$

これが $(\pm5,\ 0)$ に等しいので，

$a^2+b^2=25$ …①

漸近線の方程式は $y=\pm\frac{b}{a}x$ で

直角双曲線であるから，←漸近線 $y=\pm\frac{b}{a}x$

$\frac{b}{a}=1$

$a=b$ を①に代入すると，

$a^2+a^2=25$

$a^2=\frac{25}{2}$

よって，$b^2=a^2=\frac{25}{2}$ であるから，求める双曲線の方程式は，

$\frac{x^2}{\frac{25}{2}}-\frac{y^2}{\frac{25}{2}}=1$　$\frac{2x^2}{25}-\frac{2y^2}{25}=1$

つまり，$\mathbf{2x^2-2y^2=25}$ …答

(4)双曲線の方程式を

$\frac{x^2}{a^2}-\frac{y^2}{b^2}=1$ $(a>0,\ b>0)$ ←ヨコ型

とおくと，

頂点間の距離が $4\sqrt{5}$ であるから，

$2a=4\sqrt{5}$ より，←頂点間の距離 $=2a$

$a=2\sqrt{5}$

$\sqrt{(2\sqrt{5})^2+b^2}=\sqrt{20+b^2}$ であるから，

焦点の座標は，

$(\pm\sqrt{20+b^2},\ 0)$ ←焦点 $(\pm\sqrt{a^2+b^2},\ 0)$

これが $(\pm6,\ 0)$ に等しいので，

$20+b^2=36$ より，$b^2=16$

以上より，求める双曲線の方程式は，

$\mathbf{\frac{x^2}{20}-\frac{y^2}{16}=1}$ …答

(5)双曲線の方程式を

$\frac{x^2}{a^2}-\frac{y^2}{b^2}=1$ $(a>0,\ b>0)$ ←ヨコ型

とおくと，2つの焦点から双曲線上の点までの距離の差の絶対値が6であるので，

双曲線の定義より，

$2a=6$ ←2焦点までの距離の差の絶対値 $=2a$

つまり $a=3$

$\sqrt{3^2+b^2}=\sqrt{9+b^2}$ であるから，

焦点の座標は，

$(\pm\sqrt{9+b^2},\ 0)$ ←焦点 $(\pm\sqrt{a^2+b^2},\ 0)$

これが $(\pm4,\ 0)$ に等しいので，

$9+b^2=16$ より，$b^2=7$

以上より，求める双曲線の方程式は，

$\mathbf{\frac{x^2}{9}-\frac{y^2}{7}=1}$ …答

演習問題 82 p.249

考え方 焦点の座標などは，まず平行移動前のグラフで考えます。

1

$y^2-8x-6y-7=0$

$(y-3)^2=8x+16$ ←yについて平方完成

$=4\cdot2\cdot(x+2)$

これは，放物線 $y^2=4\cdot2\cdot x$ …①を x 軸方向に -2，y 軸方向に3だけ平行移動したものである。

放物線①の焦点の座標は $(2,\ 0)$，準線の方程式は $x=-2$ である。

これらを x 軸方向に -2，y 軸方向に3だけ平行移動すると，**焦点の座標は，**

$(2-2,\ 0+3)=\mathbf{(0,\ 3)}$ …答

準線の方程式は $x+2=-2$ より，

$\mathbf{x=-4}$ …答

放物線の頂点が $(-2,\ 3)$ であることに注意すると，**概形は次の図**のようになる。

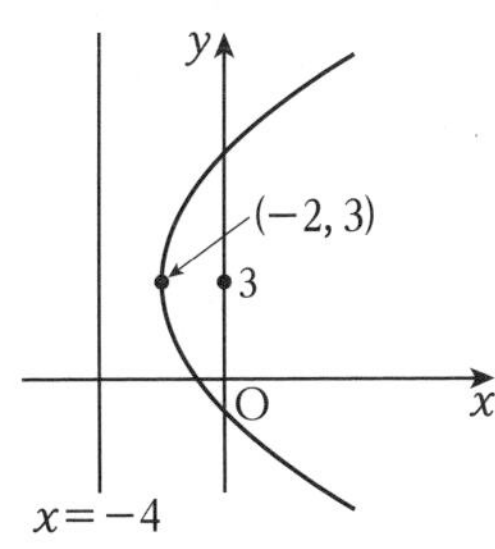

2

$16x^2+9y^2-64x-54y+1=0$

$16(x^2-4x)+9(y^2-6)+1=0$

$16(x-2)^2+9(y-3)^2=144$ ←x，yについて平方完成

$\frac{(x-2)^2}{9}+\frac{(y-3)^2}{16}=1$

これは，楕円$\frac{x^2}{9}+\frac{y^2}{16}=1$ …①を x 軸方向に2，y 軸方向に3だけ平行移動したものである。
楕円①の焦点の座標は $(0,\ \pm\sqrt{7})$，
長軸の長さは $2\cdot4=8$，
短軸の長さは $2\cdot3=6$ である。
これらを x 軸方向に2，y 軸方向に3だけ平行移動すると，
焦点の座標は，$(0+2,\ \pm\sqrt{7}+3)$ より
$\boldsymbol{(2,\ 3+\sqrt{7}),\ (2,\ 3-\sqrt{7})}$ …答
平行移動後も長軸，短軸の長さは変化しないので，
長軸の長さ8，短軸の長さ6 …答
楕円の中心が $(2,\ 3)$ であることに注意すると，**概形は次の図**のようになる。

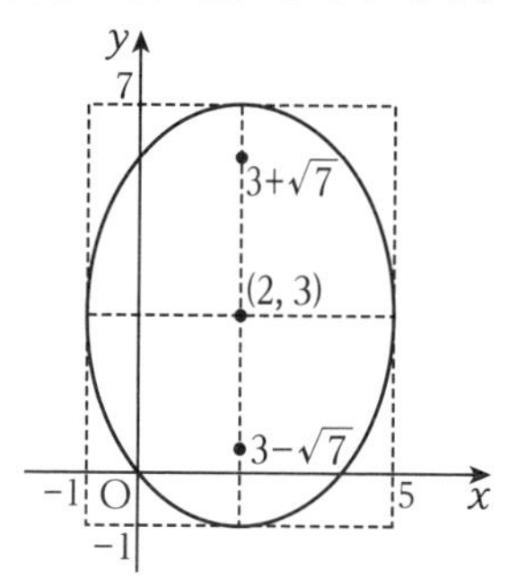

Point 図のように，平行移動した楕円を図示するときは，外接する長方形をかくときれいに図示できます。

3
楕円の中心は，2つの焦点
$(7,\ 2)$，$(-1,\ 2)$ の中点であるから，
$$\left(\frac{7+(-1)}{2},\ \frac{2+2}{2}\right)=(3,\ 2)$$
ここで，原点を中心とする楕円の方程式を
$\frac{x^2}{a^2}+\frac{y^2}{b^2}=1(a>b>0)$ …①とおく。
求める楕円は楕円①を平行移動したものと考えると，楕円①の2つの焦点の座標は，x 軸方向に-3，y 軸方向に-2だけ平行移動して，$(4,\ 0)$，$(-4,\ 0)$ とわかる。焦点の座標は $(\pm\sqrt{a^2-b^2},\ 0)$ であり，これが $(\pm4,\ 0)$ に等しいので，
$a^2-b^2=16$ …②
また，楕円①の長軸の長さは10であるから，$2a=10$ より $a=5$
これを②に代入して，$b^2=9$
よって，楕円①の方程式は，$\frac{x^2}{25}+\frac{y^2}{9}=1$
この楕円を x 軸方向に3，y 軸方向に2だけ平行移動すればよいから，
$$\boldsymbol{\frac{(x-3)^2}{25}+\frac{(y-2)^2}{9}=1}$$ …答

4
楕円の定義より，2点 $(3,\ 0)$，$(-1,\ 0)$ は求める楕円の焦点である。楕円の中心は，2つの焦点 $(3,\ 0)$，$(-1,\ 0)$ の中点であるから，
$$\left(\frac{3+(-1)}{2},\ \frac{0+0}{2}\right)=(1,\ 0)$$
ここで，原点を中心とする楕円の方程式を
$\frac{x^2}{a^2}+\frac{y^2}{b^2}=1\ (a>b>0)$ …①とおく。
求める楕円は楕円①を平行移動したものと考えると，楕円①の2つの焦点の座標は，x 軸方向に-1だけ平行移動して，$(2,\ 0)$，$(-2,\ 0)$ とわかる。
焦点の座標は $(\pm\sqrt{a^2-b^2},\ 0)$ であり，これが $(\pm2,\ 0)$ に等しいので，
$a^2-b^2=4$ …②
また楕円上の点から2つの焦点までの距離の和は $2a$ に等しいので，←楕円の定義
$2a=12$ より，$a=6$
これを②に代入して，$b^2=32$
よって，楕円①の方程式は，$\frac{x^2}{36}+\frac{y^2}{32}=1$
この楕円を x 軸方向に1だけ平行移動すればよいから，
$$\boldsymbol{\frac{(x-1)^2}{36}+\frac{y^2}{32}=1}$$ …答

5
$9x^2-4y^2-36x-8y-4=0$
$9(x^2-4x)-4(y^2+2y)-4=0$

$9(x-2)^2-4(y+1)^2=36$ ←x, yについて平方完成

$\frac{(x-2)^2}{4}-\frac{(y+1)^2}{9}=1$

これは，双曲線$\frac{x^2}{4}-\frac{y^2}{9}=1$ …①を x 軸方向に 2，y 軸方向に-1 だけ平行移動したものである。

双曲線①の焦点の座標は $(\pm\sqrt{13},\ 0)$，漸近線の方程式は $y=\pm\frac{3}{2}x$ である。

これらを x 軸方向に 2，y 軸方向に-1 だけ平行移動すると，**焦点の座標は，**

$(\pm\sqrt{13}+2,\ 0+(-1))$ より，

$\boldsymbol{(2+\sqrt{13},\ -1),\ (2-\sqrt{13},\ -1)}$ …答

漸近線の方程式は，

$y-(-1)=\pm\frac{3}{2}(x-2)$ より，

$\boldsymbol{y=\frac{3}{2}x-4,\ y=-\frac{3}{2}x+2}$ …答

双曲線の中心が $(2,\ -1)$ であることに注意すると，**概形は次の図**のようになる。

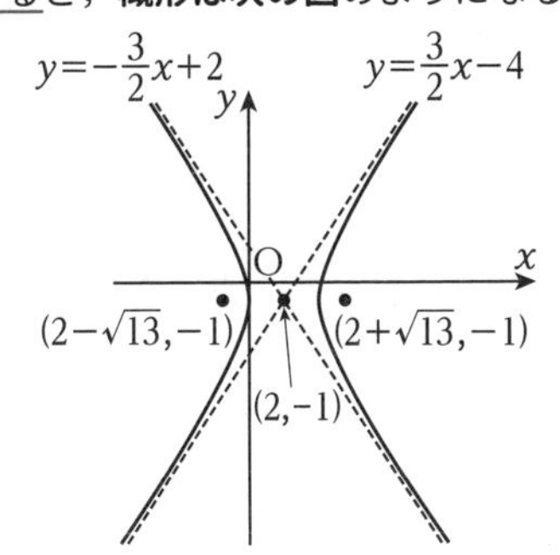

6

双曲線の中心は，2 つの焦点 $(1,\ 7)$，$(1,\ -3)$ の中点であるから，

$\left(\frac{1+1}{2},\ \frac{7+(-3)}{2}\right)=(1,\ 2)$

ここで原点を中心とする双曲線の方程式を

$\frac{x^2}{a^2}-\frac{y^2}{b^2}=-1(a>0,\ b>0)$ …①

とおく。求める双曲線は双曲線①を平行移動したものと考えると，双曲線①の 2 つの焦点の座標は，x 軸方向に-1，y 軸方向に-2 だけ平行移動して，$(0,\ 5)$，$(0,\ -5)$ とわかる。

焦点の座標は $(0,\ \pm\sqrt{a^2+b^2})$ であり，これが $(0,\ \pm5)$ に等しいので，

$a^2+b^2=25$ …②

また，双曲線①の頂点間の距離は 8 であるから，$2b=8$ より $b=4$

これを②に代入して，$a^2=9$

よって，双曲線①の方程式は，

$\frac{x^2}{9}-\frac{y^2}{16}=-1$

この双曲線を x 軸方向に 1，y 軸方向に 2 だけ平行移動すればよいから，

$\boldsymbol{\frac{(x-1)^2}{9}-\frac{(y-2)^2}{16}=-1}$ …答

7

双曲線の中心は 2 つの漸近線 $y=x+1$，$y=-x-1$ の交点 $(-1,\ 0)$ である。

ここで，原点を中心とする双曲線の方程式を$\frac{x^2}{a^2}-\frac{y^2}{b^2}=1$ $(a>0,\ b>0)$ …①

とおく。求める双曲線は双曲線①を平行移動したものと考えると，双曲線①の焦点の座標は，x 軸方向に 1 だけ平行移動して $(3,\ 0)$ とわかる。

また，もう 1 つの焦点の座標は $(-3,\ 0)$ である。さらに，双曲線①の漸近線も x 軸方向に 1 平行移動して，

$y=(x-1)+1$，$y=-(x-1)-1$

つまり，$y=\pm x$

焦点の座標は $(\pm\sqrt{a^2+b^2},\ 0)$ であり，これが $(\pm3,\ 0)$ に等しいので，

$a^2+b^2=9$ …②

また，漸近線の方程式は $y=\pm\frac{b}{a}x$ であり，これが $y=\pm x$ に等しいので

$\frac{b}{a}=1$ より $a=b$

これを②に代入して，$a^2=b^2=\frac{9}{2}$

よって，双曲線①の方程式は，

$\frac{x^2}{\frac{9}{2}}-\frac{y^2}{\frac{9}{2}}=1$ つまり $x^2-y^2=\frac{9}{2}$

この双曲線を x 軸方向に-1 だけ平行移動すればよいから，

$\boldsymbol{(x+1)^2-y^2=\frac{9}{2}}$ …答

演習問題83 p.253

考え方 2次曲線と直線の方程式を連立して，2次曲線と直線の共有点について考えます。

1

(1)放物線と直線の方程式を連立して y を消去すると，

$(x+k)^2=4x$

$x^2+2(k-2)x+k^2=0$

この方程式の実数解が共有点の x 座標である。共有点の個数が2個となるためには，この方程式が異なる2つの実数解をもてばよい。判別式を D とするとき $D>0$ であればよいから，

$\frac{D}{4}=(k-2)^2-1\cdot k^2=-4k+4>0$

よって，$\boldsymbol{k<1}$ …答

(2)楕円と直線の方程式を連立して y を消去すると，

$x^2+2(x+m)^2=1$

$3x^2+4mx+2m^2-1=0$

この方程式の実数解が共有点の x 座標である。判別式を D とすると，

$\frac{D}{4}=(2m)^2-3\cdot(2m^2-1)$

$=-2m^2+3$

であるから，

$\frac{D}{4}>0$ のとき，つまり $-\frac{\sqrt{6}}{2}<m<\frac{\sqrt{6}}{2}$ のとき，異なる2つの実数解をもつ。

$\frac{D}{4}=0$ のとき，つまり $m=\pm\frac{\sqrt{6}}{2}$ のとき，ただ1つの実数解をもつ。

$\frac{D}{4}<0$ のとき，つまり

$m<-\frac{\sqrt{6}}{2}$，$\frac{\sqrt{6}}{2}<m$ のとき，実数解をもたない。

以上より，

$-\frac{\sqrt{6}}{2}<m<\frac{\sqrt{6}}{2}$ のとき，共有点は2個。

$m=\pm\frac{\sqrt{6}}{2}$ のとき，共有点は1個。

$m<-\frac{\sqrt{6}}{2}$，$\frac{\sqrt{6}}{2}<m$ のとき，
共有点は0個。 …答

(3)双曲線と直線の方程式を連立して y を消去すると，

$2x^2-3(mx+1-2m)^2-6=0$

$(2-3m^2)x^2+6m(2m-1)x-12m^2$
$+12m-9=0$

この方程式の実数解が共有点の x 座標である。共有点の個数が2個となるためには，この方程式が2次方程式であることが必要であるから，$2-3m^2\neq0$

つまり

$m\neq\pm\frac{\sqrt{6}}{3}$

また，この方程式が異なる2つの実数解をもてばよい。判別式を D とすると $D>0$ のときであるから，

$\frac{D}{4}=\{3m(2m-1)\}^2$
$-(2-3m^2)(-12m^2+12m-9)$
$=6m^2-24m+18>0$

$m^2-4m+3=(m-1)(m-3)>0$ より，

$m<1$，$3<m$

以上より，**異なる2点で交わるための m の値の範囲は，**

$m<1$，$3<m$，$m\neq\pm\frac{\sqrt{6}}{3}$ …答

また，直線 l は，点 $(2, 1)$ を通り，傾きが m の直線である。双曲線と接するのは判別式 $D=0$ のときであるから，

$\frac{D}{4}=6m^2-24m+18=0$

$(m-1)(m-3)=0$ より，

$m=1$，3

これを直線 l の方程式に代入して，

$m=1$ のとき $y=x-1$，

$m=3$ のとき $y=3x-5$

以上より，**双曲線 C と直線 l が接するときの直線 l の方程式は，**

$y=x-1$ または $y=3x-5$ …答

2

放物線と直線の方程式を連立して y を消

去すると，

$(2x+b)^2=8x$

$4x^2+(4b-8)x+b^2=0$

この方程式の 2 つの実数解が交点の x 座標である。2 つの実数解を α，β とすると，解と係数の関係より，

$\alpha+\beta=-b+2$

2 つの交点の中点の x 座標は，

$\dfrac{\alpha+\beta}{2}=\dfrac{-b+2}{2}$

中点の y 座標は直線 $y=2x+b$ に代入して，

$y=2\left(\dfrac{-b+2}{2}\right)+b=2$

となり，b の値に関係なく 2 で一定である。

〔証明終わり〕

3

(1) $l: x=\dfrac{my-2m+6}{3}$ であるから，

yについて解こうとすると，mで割る際に場合分けが必要になる

楕円 C の方程式に代入して x を消去すると，

$\dfrac{(my-2m+6)^2}{36}+y^2=1$

$(m^2+36)y^2-4m(m-3)y$
$+4(m^2-6m)=0$ …①

この方程式の実数解が交点の y 座標である。共有点の個数が 2 個となるためには，この方程式が異なる 2 つの実数解をもてばよい。判別式を D とすると $D>0$ のときであるから，

$\dfrac{D}{4}=4m^2(m-3)^2$
$-(m^2+36)\cdot 4(m^2-6m)>0$

$m(m-8)<0$

$\boldsymbol{0<m<8}$ …答

(2) $m=4$ のとき，方程式①は，

$52y^2-16y-32=0$

$13y^2-4y-8=0$

この方程式の実数解が交点の y 座標である。この 2 つの実数解を α，β ($\alpha<\beta$) とすると，解と係数の関係より，

$\alpha+\beta=\dfrac{4}{13}$，$\alpha\beta=-\dfrac{8}{13}$

直線の方程式は $y=\dfrac{3}{4}x+\dfrac{1}{2}$ であるから，傾き$\dfrac{3}{4}$に着目すると弦の長さは y 座標の差の絶対値の$\dfrac{5}{3}$倍である。

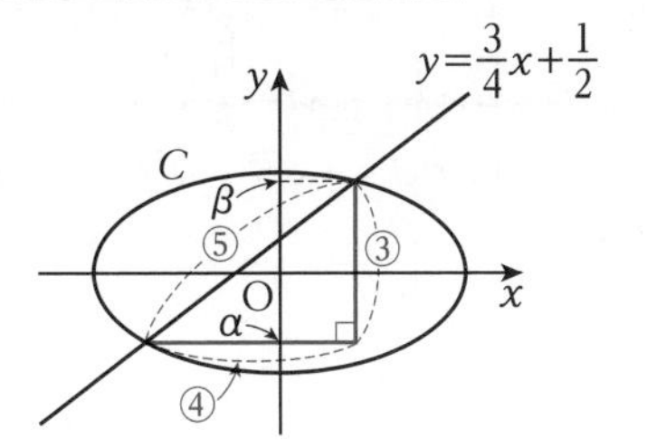

よって，求める弦の長さは，

$\dfrac{5}{3}|\beta-\alpha|=\dfrac{5}{3}\sqrt{(\beta-\alpha)^2}$

$=\dfrac{5}{3}\sqrt{(\alpha+\beta)^2-4\alpha\beta}$

↑対称式の変形

$=\dfrac{5}{3}\sqrt{\left(\dfrac{4}{13}\right)^2-4\left(-\dfrac{8}{13}\right)}$

$=\dfrac{5}{3}\cdot\dfrac{12\sqrt{3}}{13}=\boldsymbol{\dfrac{20\sqrt{3}}{13}}$ …答

4

(1)双曲線と直線の方程式を連立して y を消去すると，

$\dfrac{x^2}{4}-\dfrac{(2x+k)^2}{9}=1$

$7x^2+16kx+4k^2+36=0$ …①

この方程式の実数解が交点の x 座標である。共有点の個数が 2 個となるためには，この方程式が異なる 2 つの実数解をもてばよい。判別式を D とすると $D>0$ のときであるから，

$\dfrac{D}{4}=(8k)^2-7\cdot(4k^2+36)>0$

$k^2-7>0$

$\boldsymbol{k<-\sqrt{7},\ \sqrt{7}<k}$ …答

(2)交点 A, B の x 座標は，方程式①の 2 つの実数解であるから，その 2 つの実数解を α，β とすると，解と係数の関係より，

$\alpha+\beta=-\dfrac{16k}{7}$

$A(\alpha, 2\alpha+k)$, $B(\beta, 2\beta+k)$ であるから，中点の座標を $P(X, Y)$ とすると，

$$X=\frac{\alpha+\beta}{2}=-\frac{8}{7}k$$

$$Y=\frac{2(\alpha+\beta)+2k}{2}=-\frac{9}{7}k$$

$X=-\frac{8}{7}k$ より，$k=-\frac{7}{8}X$ であるから，

$$Y=-\frac{9}{7}\cdot\left(-\frac{7}{8}X\right)=\frac{9}{8}X$$

また，(1)より $k<-\sqrt{7}$, $\sqrt{7}<k$ であるから，

$$-\frac{8}{7}k<-\frac{8\sqrt{7}}{7},\ \frac{8\sqrt{7}}{7}<-\frac{8}{7}k$$

つまり，$X<-\frac{8\sqrt{7}}{7}$, $\frac{8\sqrt{7}}{7}<X$

逆に，この範囲の直線上の点はすべて AB の中点になるので，求める軌跡は，

直線 $y=\frac{9}{8}x$ の $x<-\frac{8\sqrt{7}}{7}$, $\frac{8\sqrt{7}}{7}<x$ の部分 …答

演習問題 84 p.258

1

双曲線 $\frac{x^2}{a^2}-\frac{y^2}{b^2}=-1$ に対して，

点 (x_1, y_1) で接している接線の傾きを m とする。このとき，接線の方程式は $y=m(x-x_1)+y_1$ である。双曲線と接線の方程式を連立して y を消去すると，

$$\frac{x^2}{a^2}-\frac{\{m(x-x_1)+y_1\}^2}{b^2}=-1$$

$$(-a^2m^2+b^2)x^2+2a^2m(mx_1-y_1)x$$
$$+a^2(-m^2x_1^2+2mx_1y_1-y_1^2+b^2)$$
$$=0 \cdots ①$$

方程式①の重解は x_1 であるから，解と係数の関係より，

$$x_1+x_1=-\frac{2a^2m(mx_1-y_1)}{-a^2m^2+b^2}$$

これより，$m=\frac{b^2x_1}{a^2y_1}$

よって，接線の方程式は，

$$y=\frac{b^2x_1}{a^2y_1}(x-x_1)+y_1$$

$$-b^2x_1x+a^2y_1y=-b^2x_1^2+a^2y_1^2 \cdots ②$$

ここで，点 (x_1, y_1) は双曲線上の点であるから，双曲線の方程式に代入すると，

$$\frac{x_1^2}{a^2}-\frac{y_1^2}{b^2}=-1$$

$$-b^2x_1^2+a^2y_1^2=a^2b^2 \cdots ③$$

②，③より，

$$-b^2x_1x+a^2y_1y=a^2b^2$$

$$\frac{x_1x}{a^2}-\frac{y_1y}{b^2}=-1$$ 〔証明終わり〕

2

(1)放物線の方程式は $y^2=4\cdot\left(-\frac{1}{4}\right)x$ であるから，接線の公式より，

$$2\cdot y=2\cdot\left(-\frac{1}{4}\right)\{x+(-4)\}$$ ←$y_1y=2p(x+x_1)$

$$\boldsymbol{y=-\frac{1}{4}x+1}$$ …答

(2)接線の公式より，

$$3\cdot(-1)x+3y=12$$ ←$\frac{x_1x}{a^2}+\frac{y_1y}{b^2}=1$

$$\boldsymbol{y=x+4}$$ …答

(3)接線の公式より，

$$\sqrt{2}x-(-1)\cdot y=1$$ ←$\frac{x_1x}{a^2}-\frac{y_1y}{b^2}=1$

$$\boldsymbol{y=-\sqrt{2}x+1}$$ …答

3

考え方 (2)(3)接線の傾きを文字でおいて考えます。

(1)直線と放物線の式を連立して x を消去すると，

$$y^2-4ky+4=0$$

接しているので共有点は1つである。つまり，この2次方程式がただ1つの実数解をもつときである。判別式を D とすると，

$$\frac{D}{4}=(-2k)^2-1\cdot4=0$$

$k^2=1$ より，$\boldsymbol{k=\pm1}$ …答

(2)求める接線は y 軸に平行でないから，点 $(3, -2)$ を通る接線の傾きを m とすると，その方程式は，

$$y-(-2)=m(x-3)$$

つまり，$y=mx-3m-2 \cdots ①$

楕円の方程式と連立して y を消去すると，

$4x^2+(mx-3m-2)^2=20$
$(4+m^2)x^2-(6m^2+4m)x+9m^2$
$+12m-16=0$
接しているので，この 2 次方程式が重解をもてばよい。判別式を D とすると，
$\frac{D}{4}=(3m^2+2m)^2$
$-(4+m^2)(9m^2+12m-16)=0$
$m^2+3m-4=0$
$(m+4)(m-1)=0$
よって，$m=-4,\ 1$
これらを①に代入して，
$y=-4x+10$，$y=x-5$ …答

(3)点 (2，3) を通る接線のうち，双曲線の頂点 (2，0) を通る接線の方程式は，
$x=2$ ←y軸に平行な接線に注意
y 軸に平行でない接線の傾きを m とする。
点 (2，3) を通るので，接線の方程式は，
$y-3=m(x-2)$
つまり，$y=mx-2m+3$ …①
双曲線の方程式と連立して y を消去すると，
$\frac{x^2}{4}-(mx-2m+3)^2=1$
$\left(\frac{1}{4}-m^2\right)x^2+2m(2m-3)x-4m^2$
$+12m-10=0$
接しているので，この 2 次方程式が重解をもてばよいから，$\frac{1}{4}-m^2\neq0$ のもとで判別式を D とすると，
$\frac{D}{4}=m^2(2m-3)^2$
$-\left(\frac{1}{4}-m^2\right)(-4m^2+12m-10)$
$=0$
$-3m+\frac{5}{2}=0$ よって，$m=\frac{5}{6}$
これは $\frac{1}{4}-m^2\neq0$ を満たす。
これを①に代入すると，$y=\frac{5}{6}x+\frac{4}{3}$
以上より，求める接線の方程式は，
$x=2$，$y=\frac{5}{6}x+\frac{4}{3}$ …答

演習問題 85 p.261

考え方 条件から，2 次曲線の定義にあてはまる関係式を探します。

1

定義より放物線上の点は焦点 (1，1) までの距離と，直線 $y=-2$ までの距離が等しいので，求める放物線上の点を $P(X,\ Y)$ とおくと，
$\sqrt{(X-1)^2+(Y-1)^2}=|Y-(-2)|$ 両辺を 2 乗する
$(X-1)^2+(Y-1)^2=|Y+2|^2$
$X^2-2X-6Y-2=0$
$(X-1)^2=6\left(Y+\frac{1}{2}\right)$
以上より，点 P の軌跡，つまり求める放物線の方程式は
$(x-1)^2=6\left(y+\frac{1}{2}\right)$ …答

2

次の図のように，点 P から y 軸に下ろした垂線を PH とする。

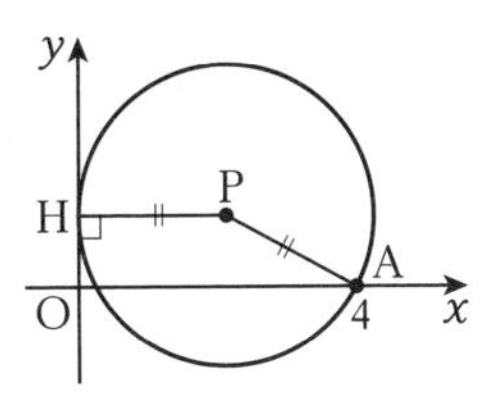

図より，PA=PH であるから，P は A を焦点，y 軸を準線とする放物線を描く。←放物線の定義
このとき，放物線の頂点は (2，0) である。この放物線を x 軸方向に -2 だけ平行移動させると，原点を頂点，点 (2，0) を焦点，$x=-2$ を準線とする放物線 $y^2=4\cdot2\cdot x$ になる。つまり，求めるのは放物線 $y^2=8x$ を x 軸方向に 2 だけ平行移動した放物線であるから，
$y^2=8(x-2)$ …答
実際に，円と円の中心をかき並べると次の図のようになります。

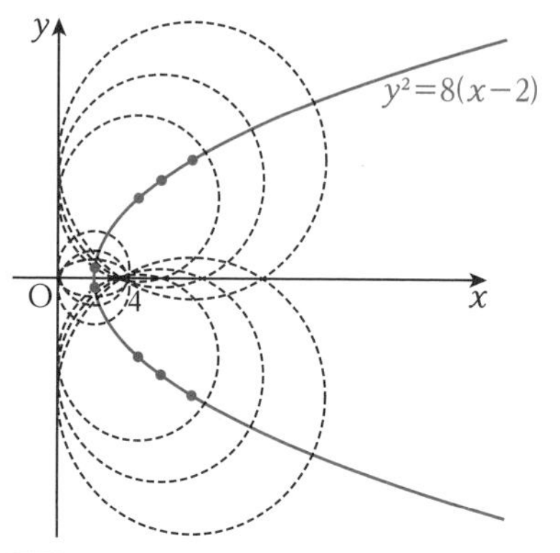

別解 $P(X,\ Y)$ とする。中心 P から y 軸に下ろした垂線を PH とするとき，

$PA^2=PH^2$

$(X-4)^2+Y^2=X^2$

$Y^2=8X-16$

よって，求める軌跡の方程式は，

$\boldsymbol{y^2=8x-16}$ …答

3

点 P を中心とする円を C_1，C_1 の半径を r，円 C の中心を A，P から l に下ろした垂線を PB とする。

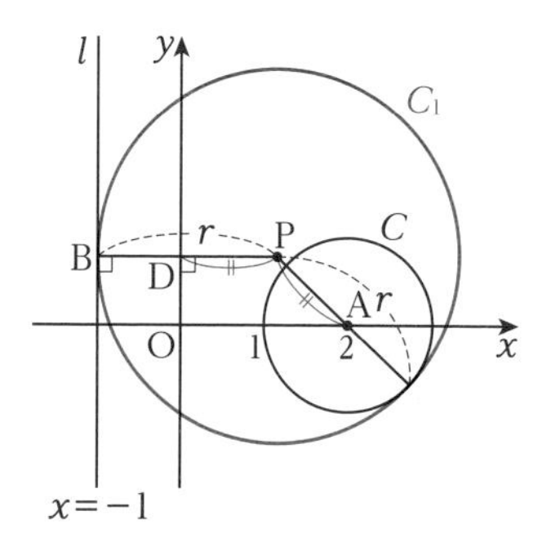

直線 PB は直線 l と直交しているので，直線 PB は y 軸(直線 $x=0$)とも直交している。このとき直線 PB と y 軸の交点を D とする。図より，PA＝PD＝$r-1$ であるから，点 P は A(2，0) を焦点とし，$x=0$ を準線とする放物線を描く。 ←放物線の定義

このとき，放物線の頂点は (1，0) である。この放物線を x 軸方向に -1 だけ平行移動させると，原点を頂点，点 (1，0) を焦点，$x=-1$ を準線とする放物線 $y^2=4\cdot1\cdot x$ になる。つまり，求めるのは放物線 $y^2=4x$ を x 軸方向に 1 だけ平行移動した放物線であるから，

$\boldsymbol{y^2=4(x-1)}$ …答

別解 $P(X,\ Y)$ とする。中心 P から y 軸に下ろした垂線を PD とするとき，

$PA^2=PD^2$

$(X-2)^2+Y^2=X^2$

$Y^2=4X-4$

よって，求める軌跡の方程式は，

$\boldsymbol{y^2=4x-4}$ …答

4

次の図のように，円 C と円 C_1，C_2 との接点をそれぞれ D，E，円 C の半径を r とすると，

PA＝AD－PD＝$8-r$

PB＝PE＋EB＝$r+4$

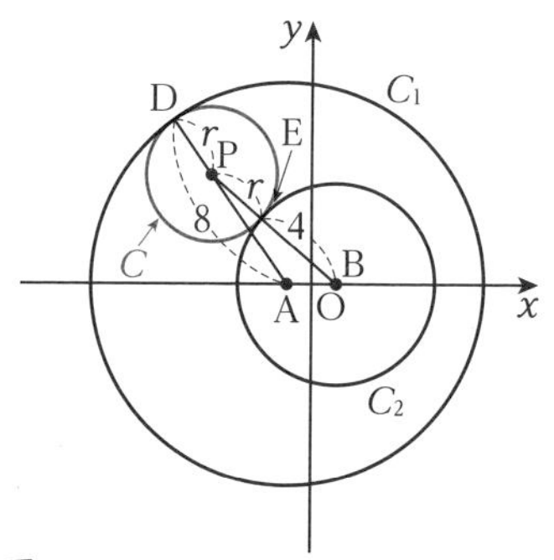

よって，

$PA+PB=(8-r)+(r+4)=12$

2 焦点までの距離の和が一定＝楕円の定義

であるから，

点 P は 2 点 A，B を焦点とする楕円を描く。

楕円の中心は原点 O であるから，方程式を $\dfrac{x^2}{a^2}+\dfrac{y^2}{b^2}=1\ (a>b>0)$ とおける。

点 P から 2 焦点までの距離の和は $2a$ であるから，

$2a=12$ より $a=6$

焦点の座標は $(\pm\sqrt{a^2-b^2},\ 0)$ である。これが $(\pm1,\ 0)$ に等しいので，

$a^2-b^2=1$

$a=6$ であるから $b^2=35$

以上より，求める楕円の方程式は，

$\boldsymbol{\dfrac{x^2}{36}+\dfrac{y^2}{35}=1}$ …答

Point この問題では，一定となる関係式を導くために，円 C の半径 r を打ち消すことができる PA と PB の和を考えました。

実際に，円 C と円 C の中心をかき並べると，次の図のようになります。

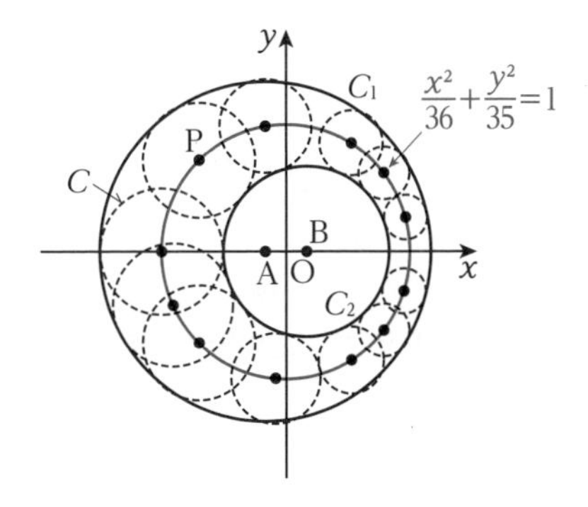

5

次の図のように，2 つの円の接点を C とする。

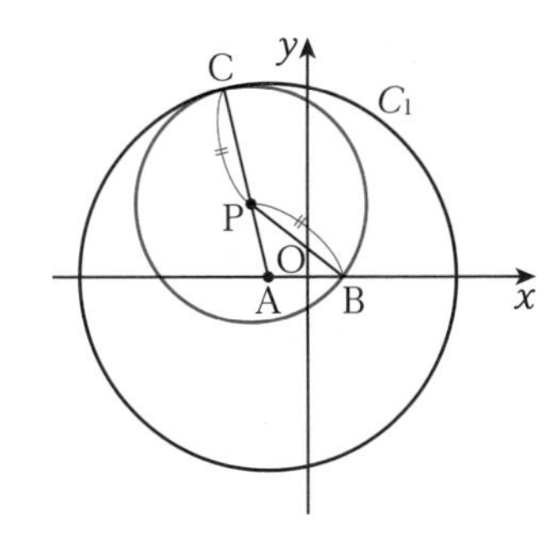

このとき，

$\underline{\mathrm{PA+PB=PA+PC=AC=5}}$

2 焦点までの距離の和が一定＝楕円の定義

であるから，点 P は 2 点 A，B を焦点とする楕円を描く。

楕円の中心は原点 O であるから，方程式を $\dfrac{x^2}{a^2}+\dfrac{y^2}{b^2}=1\ (a>b>0)$ とおける。

点 P から 2 焦点までの距離の和が $2a$ であるから，

$2a=5$ より $a=\dfrac{5}{2}$

焦点の座標は $(\pm\sqrt{a^2-b^2},\ 0)$ である。これが $(\pm1,\ 0)$ に等しいので，

$a^2-b^2=1$

$a=\dfrac{5}{2}$ であるから $b^2=\dfrac{21}{4}$

以上より，求める楕円の方程式は，

$$\frac{x^2}{\frac{25}{4}}+\frac{y^2}{\frac{21}{4}}=1$$

つまり，**楕円 $\boldsymbol{\dfrac{4x^2}{25}+\dfrac{4y^2}{21}=1}$** …答

実際に，点 P と P を中心とする円をかき並べると，次の図のようになります。

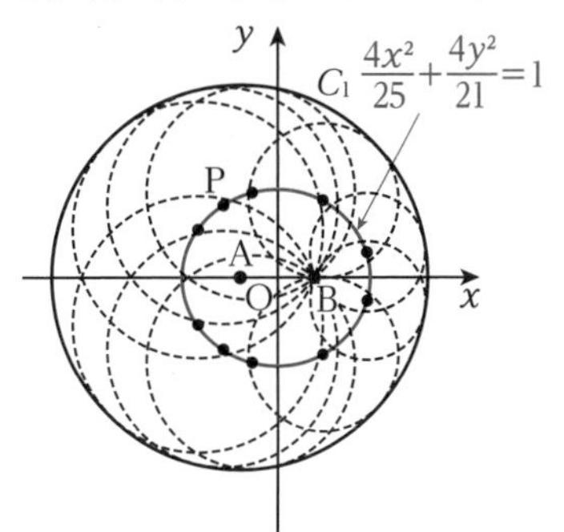

6

次の図のように，円 C の中心を P，円 A，B の中心をそれぞれ Q，R，接点を S，T とする。

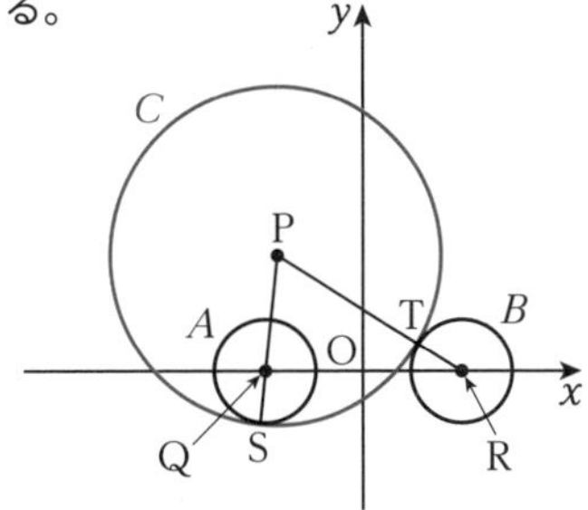

円 C の半径を r とするとき，

$PQ=PS-QS=r-1$

$PR=PT+TR=r+1$

よって，

$|PR-PQ|=|(r+1)-(r-1)|=2$

2焦点までの距離の差の絶対値が一定＝双曲線の定義

であるから，点Pは2点Q，Rを焦点とする双曲線を描く。

ただし，PR>PQ であるから，双曲線の $x<0$ の部分である。

双曲線の中心は原点であるから，方程式を $\frac{x^2}{a^2}-\frac{y^2}{b^2}=1$ $(a>0,\ b>0)$ とおくと，焦点の座標は，

$(\pm\sqrt{a^2+b^2},\ 0)$

これが $(\pm 2,\ 0)$ に等しいので，

$a^2+b^2=4$ …①

また，点Pから2焦点までの距離の差の絶対値は $2a$ であるから，

$2a=2$ より $a=1$

①より $b^2=3$

よって，求める軌跡は，

双曲線 $x^2-\frac{y^2}{3}=1$ $(x\leqq -1)$ …答

実際に，円 C と円 C の中心をかき並べると，次の図のようになります。

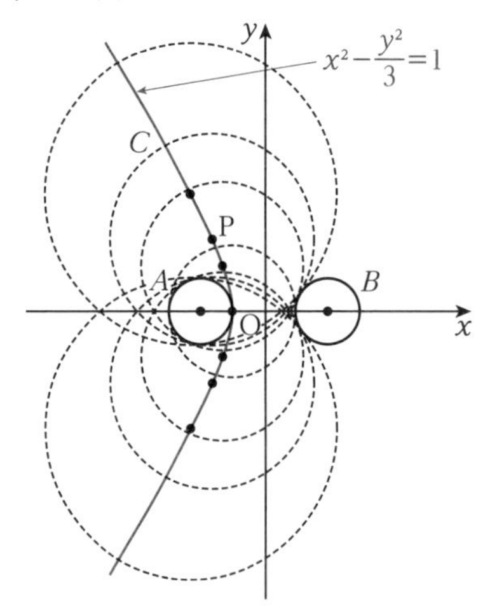

Point この問題では一定となる関係式を導くために円 C の半径 r を打ち消すことができる PR と PQ の差を考えました。

演習問題 86 p.263

考え方 点Pの座標を $(X,\ Y)$ として，与えられた条件から立式します。

点Pの座標を $(X,\ Y)$ とする。このとき条件より，

$\frac{PO}{PH}=e$

$\frac{\sqrt{X^2+Y^2}}{|Y-6|}=e$

$X^2+Y^2=e^2(Y-6)^2$　あらかじめ，e のまま式変形しておくとよい

$X^2+(1-e^2)Y^2+12e^2Y-36e^2=0$ …①

(1) ①に $e=1$ を代入すると，

$X^2+12Y-36=0$

よって，求める**軌跡は，**

放物線 $x^2=-12y+36$ …答

また，

$x^2=-12y+36 \Longleftrightarrow x^2=4\cdot(-3)\cdot(y-3)$

と変形できる。放物線 $x^2=4\cdot(-3)\cdot y$ の焦点の座標は $(0,\ -3)$ であるから，y 軸方向に3だけ平行移動したときの**焦点の座標は，**

$(0,\ 0)$ …答

Point 例題130の定点Fと同様に，離心率が1のとき定点である原点Oが放物線の焦点になります。

(2) ①に $e=\frac{1}{2}$ を代入すると，

$X^2+\frac{3}{4}Y^2+3Y-9=0$

$X^2+\frac{3}{4}(Y+2)^2=12$

$\Longleftrightarrow \frac{X^2}{12}+\frac{(Y+2)^2}{16}=1$

よって，求める**軌跡は，**

楕円 $\dfrac{x^2}{12}+\dfrac{(y+2)^2}{16}=1$ …答

楕円 $\dfrac{x^2}{12}+\dfrac{y^2}{16}=1$ の焦点の座標は $(0,\ \pm2)$ であるから，y 軸方向に -2 だけ平行移動したときの**焦点の座標は，**

$(0,\ 0)$，$(0,\ -4)$ …答

(3) ①に $e=2$ を代入すると，

$X^2-3Y^2+48Y-144=0$

$X^2-3(Y-8)^2=-48$

$\Longleftrightarrow \dfrac{X^2}{48}-\dfrac{(Y-8)^2}{16}=-1$

よって，求める**軌跡は，**

双曲線 $\dfrac{x^2}{48}-\dfrac{(y-8)^2}{16}=-1$ …答

双曲線 $\dfrac{x^2}{48}-\dfrac{y^2}{16}=-1$ の焦点の座標は $(0,\ \pm8)$ であるから，y 軸方向に 8 だけ平行移動したときの**焦点の座標は，**

$(0,\ 16)$，$(0,\ 0)$ …答

第2節 媒介変数表示と極座標

演習問題 87 p.267

1

考え方 t を消去します。変域に注意しましょう。

(1) $\cos t=\dfrac{x-2}{2}$，$\sin t=\dfrac{y+3}{2}$ であるから，

$\cos^2 t+\sin^2 t=1$ に代入すると，

$\left(\dfrac{x-2}{2}\right)^2+\left(\dfrac{y+3}{2}\right)^2=1$

$(x-2)^2+(y+3)^2=4$

よって，**中心が $(2,\ -3)$，半径が 2 の円** …答

(2) $\cos t=\dfrac{x}{3}$，$\sin t=\dfrac{y}{5}$ であるから，

$\cos^2 t+\sin^2 t=1$ に代入すると，

$\left(\dfrac{x}{3}\right)^2+\left(\dfrac{y}{5}\right)^2=1$

よって，**楕円 $\dfrac{x^2}{9}+\dfrac{y^2}{25}=1$** …答

(3) $\dfrac{1}{\cos t}=x-4$，$\tan t=y$ であるから，

$\dfrac{1}{\cos^2 t}=1+\tan^2 t$ に代入すると，

$(x-4)^2=1+y^2$

よって，**双曲線 $(x-4)^2-y^2=1$** …答

(4) $\sqrt{t}=\dfrac{x}{2}$ であるから，

$y=\sqrt{t}-2t=\sqrt{t}-2(\sqrt{t})^2$ に代入すると，

$y=\dfrac{x}{2}-2\left(\dfrac{x}{2}\right)^2$

また，$\sqrt{t}\geqq0$ であるから，$\dfrac{x}{2}\geqq0$

つまり $x\geqq0$ であることに注意すると，

放物線 $y=-\dfrac{1}{2}x^2+\dfrac{1}{2}x$ の $x\geqq0$ の部分 …答

(5) $y=t^2+\dfrac{1}{t^2}=\left(t+\dfrac{1}{t}\right)^2-2t\cdot\dfrac{1}{t}=x^2-2$

また，$t>0$，$\dfrac{1}{t}>0$ であるから，

相加平均・相乗平均の不等式より，

$t+\dfrac{1}{t}\geqq2\sqrt{t\cdot\dfrac{1}{t}}=2$

つまり，$x\geqq2$ であることに注意すると，

放物線 $y=x^2-2$ の $x\geqq2$ の部分 …答

(6) $x+3y=3\left(t+\dfrac{1}{t}\right)+3\left(t-\dfrac{1}{t}\right)$

$=6t$ …① ←$\dfrac{1}{t}$を消去

$x-3y=3\left(t+\dfrac{1}{t}\right)-3\left(t-\dfrac{1}{t}\right)$

$=\dfrac{6}{t}$ …② ←tを消去

①，②の左辺どうし，右辺どうしを掛けると，

$(x+3y)(x-3y)=6t\cdot\dfrac{6}{t}$

$x^2-9y^2=36$

よって，**双曲線 $\dfrac{x^2}{36}-\dfrac{y^2}{4}=1$** …答

2

考え方 円周上の点の座標から最大値や最小値を考えるときは，媒介変数表示が有効です。

θ を媒介変数とすると，

円 $x^2+y^2=2$ 上の点 $(x,\ y)$ は，

$x=\sqrt{2}\cos\theta$，$y=\sqrt{2}\sin\theta$

と表すことができる。このとき，

$\sqrt{3}x+y$
$=\sqrt{3}\cdot\sqrt{2}\cos\theta+\sqrt{2}\sin\theta$
$=\sqrt{2}(\sqrt{3}\cos\theta+\sin\theta)$
$=\sqrt{2}\cdot\sqrt{(\sqrt{3})^2+1^2}\times\left(\frac{\sqrt{3}}{2}\cos\theta+\frac{1}{2}\sin\theta\right)$
$=2\sqrt{2}\left(\sin\frac{\pi}{3}\cos\theta+\cos\frac{\pi}{3}\sin\theta\right)$
$=2\sqrt{2}\sin\left(\theta+\frac{\pi}{3}\right)$

三角関数の合成

$-1\leqq\sin\left(\theta+\frac{\pi}{3}\right)\leqq1$ であるから，
$\sqrt{3}x+y$ の最大値は $\mathbf{2\sqrt{2}}$ …答

演習問題 88 p.269

1

考え方 接線の公式を用います。

楕円 $\frac{x^2}{a^2}+\frac{y^2}{b^2}=1$ 上の点 $P(x_1, y_1)$ を $(a\cos\theta, b\sin\theta)$ とおく。
このとき，$0<\theta<\frac{\pi}{2}$ である。
点 P における接線の方程式は，

$\frac{a\cos\theta\cdot x}{a^2}+\frac{b\sin\theta\cdot y}{b^2}=1$ ←接線の公式

$\frac{\cos\theta}{a}x+\frac{\sin\theta}{b}y=1$

$y=0$ のとき，$x=\frac{a}{\cos\theta}$ であるから，
$Q\left(\frac{a}{\cos\theta}, 0\right)$
$x=0$ のとき，$y=\frac{b}{\sin\theta}$ であるから，
$R\left(0, \frac{b}{\sin\theta}\right)$
よって，△OQR の面積を S とすると，

$S=\frac{1}{2}\cdot\frac{a}{\cos\theta}\cdot\frac{b}{\sin\theta}$
$=\frac{ab}{\sin2\theta}$

2倍角の公式 $\sin2\theta=2\sin\theta\cos\theta$

面積 S が最小となるのは，分母が最大のときである。$0<2\theta<\pi$ より，分母の最大値は 1 であるから，面積 S の最小値は，
$S=\frac{ab}{1}=\boldsymbol{ab}$ …答

2

考え方 (2)点と直線の距離の公式を用います。

(1)楕円 C 上の点 P を $(\sqrt{3}\cos\theta, \sin\theta)$ とする。$x\geqq0$ の範囲にあるから，
$\sqrt{3}\cos\theta\geqq0$ より，$\cos\theta\geqq0$
つまり $-\frac{\pi}{2}\leqq\theta\leqq\frac{\pi}{2}$
この範囲において，

$AP^2=(\sqrt{3}\cos\theta)^2+(\sin\theta+1)^2$
$=3(1-\sin^2\theta)+(\sin^2\theta+2\sin\theta+1)$
$=-2\sin^2\theta+2\sin\theta+4$
$=-2\left(\sin\theta-\frac{1}{2}\right)^2+\frac{9}{2}$

よって，$\sin\theta=\frac{1}{2}$ のとき，AP^2 は最大値 $\frac{9}{2}$ をとる。このとき AP も最大となる。$\sin\theta=\frac{1}{2}$ つまり $\theta=\frac{\pi}{6}$ のとき，
AP の長さは $\boldsymbol{\frac{3}{\sqrt{2}}}$ …答
このとき，**点 P の座標は，**
$\left(\sqrt{3}\cos\frac{\pi}{6}, \sin\frac{\pi}{6}\right)=\boldsymbol{\left(\frac{3}{2}, \frac{1}{2}\right)}$ …答

(2)点 Q も楕円 C 上にあるから，
$Q(\sqrt{3}\cos\theta, \sin\theta)\ (0\leqq\theta<2\pi)$
とする。
直線 AP は傾きが

$\frac{\frac{1}{2}-(-1)}{\frac{3}{2}-0}=1$

であるから，方程式は，
$y=x-1$
つまり $x-y-1=0$

よって，直線 AP と点 Q の距離 d は，

$$d=\frac{|\sqrt{3}\cos\theta-\sin\theta-1|}{\sqrt{1^2+(-1)^2}}$$
$$=\frac{|\sin\theta-\sqrt{3}\cos\theta+1|}{\sqrt{2}}$$
$$=\frac{\left|2\sin\left(\theta-\frac{\pi}{3}\right)+1\right|}{\sqrt{2}}$$

$|-A|=|A|$

三角関数の合成

d が最大となるとき，△APQ の面積も最大となる。$0\leqq\theta<2\pi$ より，d が最大となるのは

$\sin\left(\theta-\frac{\pi}{3}\right)=1$ つまり $\theta=\frac{5}{6}\pi$ のときである。d の最大値は，

$$d=\frac{|2\cdot1+1|}{\sqrt{2}}=\frac{3}{\sqrt{2}}$$

このとき，**△APQ の面積は，**

$$\frac{1}{2}\cdot\mathrm{AP}\cdot d=\frac{1}{2}\cdot\frac{3}{\sqrt{2}}\cdot\frac{3}{\sqrt{2}}$$
$$=\boldsymbol{\frac{9}{4}}\ \cdots 答$$

点 Q の座標は，

$$\left(\sqrt{3}\cos\frac{5}{6}\pi,\ \sin\frac{5}{6}\pi\right)=\boldsymbol{\left(-\frac{3}{2},\ \frac{1}{2}\right)}$$

演習問題 89 p.272

1

考え方　極座標に直す際は図をかいて考えます。

(1)

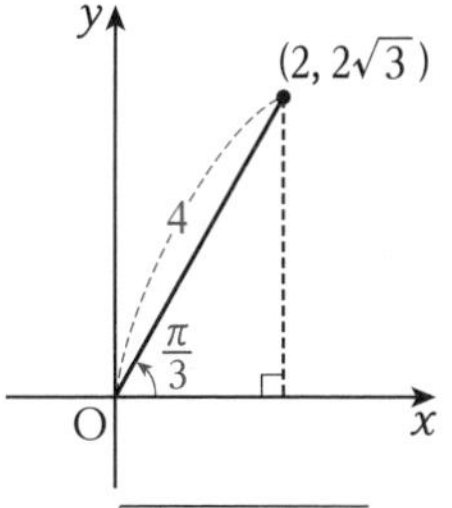

図より，$r=\sqrt{2^2+(2\sqrt{3})^2}=4$，

$\theta=\frac{\pi}{3}$ である。

よって，$\boldsymbol{\left(4,\ \frac{\pi}{3}\right)}$ …答

(2)

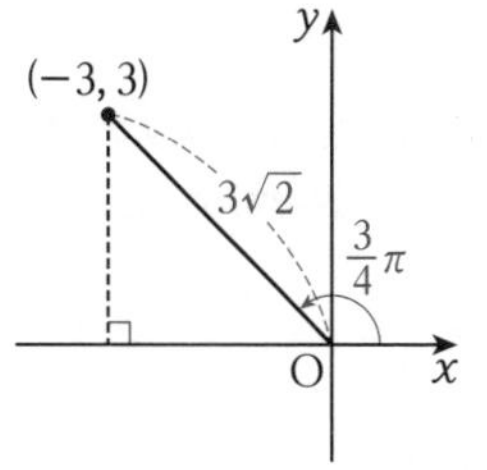

図より，

$r=\sqrt{(-3)^2+3^2}=3\sqrt{2}$，

$\theta=\frac{3}{4}\pi$ である。

よって，$\boldsymbol{\left(3\sqrt{2},\ \frac{3}{4}\pi\right)}$ …答

(3)

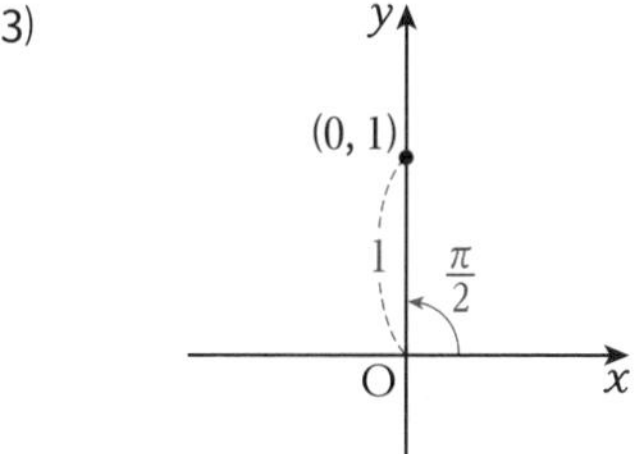

図より，

$r=\sqrt{0^2+1^2}=1$，$\theta=\frac{\pi}{2}$ である。

よって，$\boldsymbol{\left(1,\ \frac{\pi}{2}\right)}$ …答

(4)

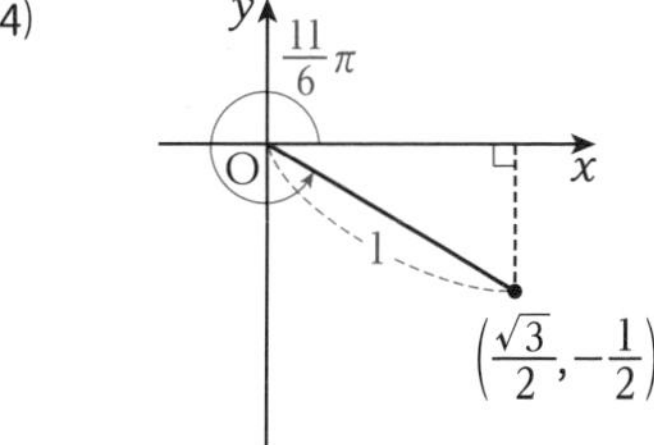

図より，

$r=\sqrt{\left(\frac{\sqrt{3}}{2}\right)^2+\left(-\frac{1}{2}\right)^2}=1$，

$\theta=\frac{11}{6}\pi$ である。

よって，$\boldsymbol{\left(1,\ \frac{11}{6}\pi\right)}$ …答

2

考え方 直交座標に直す際は関係式 $x=r\cos\theta$，$y=r\sin\theta$ を用います。

(1) $x=2\cos\frac{5}{6}\pi=2\cdot\left(-\frac{\sqrt{3}}{2}\right)=-\sqrt{3}$

$y=2\sin\frac{5}{6}\pi=2\cdot\frac{1}{2}=1$

よって，$(-\sqrt{3},\ 1)$ …答

(2) $x=3\cos\frac{4}{3}\pi=3\cdot\left(-\frac{1}{2}\right)=-\frac{3}{2}$

$y=3\sin\frac{4}{3}\pi=3\cdot\left(-\frac{\sqrt{3}}{2}\right)=-\frac{3\sqrt{3}}{2}$

よって，$\left(-\frac{3}{2},\ -\frac{3\sqrt{3}}{2}\right)$ …答

(3) $x=1\cdot\cos 0=1\cdot 1=1$

$y=1\cdot\sin 0=1\cdot 0=0$

よって，$(1,\ 0)$ …答

(4) $x=2\cos\frac{3}{2}\pi=2\cdot 0=0$

$y=2\sin\frac{3}{2}\pi=2\cdot(-1)=-2$

よって，$(0,\ -2)$ …答

演習問題 90 p.277

1

考え方 **[方法 1]**を用いて考えます。

(1) $x=r\cos\theta$，$y=r\sin\theta$ を代入すると，

$(r\cos\theta)^2+(r\sin\theta)^2=4r\cos\theta$

$r^2=4r\cos\theta$

$r(r-4\cos\theta)=0$

$r=0$，$r=4\cos\theta$

ここで，$r=0$ は $r=4\cos\theta$ の $\cos\theta=0$ のときに含まれるので，

$r=4\cos\theta$ …答

(2) $x=r\cos\theta$，$y=r\sin\theta$ を代入すると，

$(r\sin\theta)^2=-8r\cos\theta$

$r(r\sin^2\theta+8\cos\theta)=0$

$r=0$，$r\sin^2\theta+8\cos\theta=0$

ここで，$r=0$ は $r\sin^2\theta+8\cos\theta=0$ の $\cos\theta=0$ のときに含まれるので，

$r\sin^2\theta+8\cos\theta=0$ …答

(3) $x=r\cos\theta$，$y=r\sin\theta$ を代入すると，

$\frac{(r\cos\theta)^2}{4}-(r\sin\theta)^2=1$

$r^2\cos^2\theta-4r^2\sin^2\theta=4$

$r^2\cos^2\theta-4r^2(1-\cos^2\theta)=4$ （$\cos\theta$ に統一）

$r^2(5\cos^2\theta-4)=4$ …答

2

考え方 (2)，(4)図の利用を考えましょう。

(1)円周上の点は常に極からの距離が 2 で一定であるから，$r=2$ …答

別解 直交座標で表すと，円の方程式は

$x^2+y^2=4$

であるから，$x=r\cos\theta$，$y=r\sin\theta$ を代入すると，

$(r\cos\theta)^2+(r\sin\theta)^2=4$

$r^2=4$

$r\geqq 0$ で考えて $r=2$ …答

Point 本冊 p.275 でも述べた通り，$r<0$ のときは $r>0$ のときと同じ軌跡なので省くことができます。

(2)

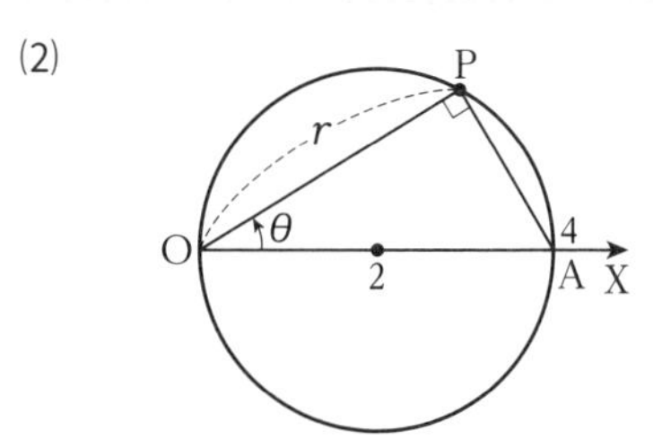

図のように極座標が $(4,0)$ である点を A，円周上の点を P とすると，△OAP に着目して，

$\cos\theta=\frac{\mathrm{OP}}{\mathrm{OA}}=\frac{r}{4}$

よって，$r=4\cos\theta$ …答

(3)直線上の点と極 O を結ぶ直線は，常に始線とのなす角が $\frac{\pi}{3}$ で一定であるから，

$\theta=\frac{\pi}{3}$ …答

Point 次の図からもわかる通り，$\theta=\dfrac{4}{3}\pi$でも同じ直線を表します。

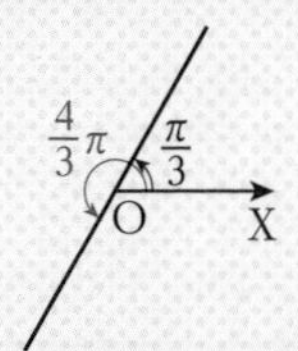

(4)

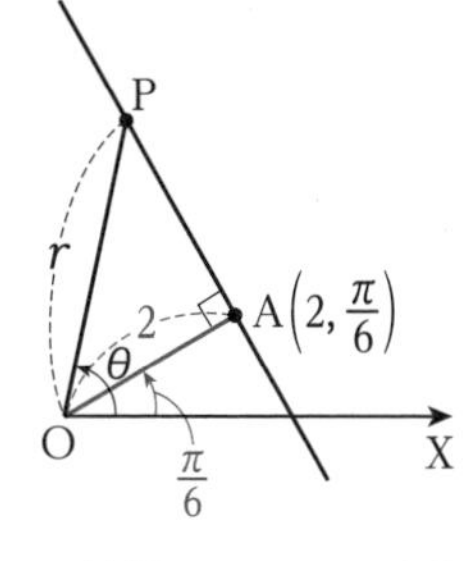

△OAP に着目すると，$\angle \mathrm{AOP}=\theta-\dfrac{\pi}{6}$ であるから，

$$\cos\left(\theta-\frac{\pi}{6}\right)=\frac{\mathrm{OA}}{\mathrm{OP}}=\frac{2}{r}$$

よって，

$$\boldsymbol{r\cos\left(\theta-\frac{\pi}{6}\right)=2}\ \cdots \text{答}$$

3

考え方 直交座標と極座標の関係式を用います。(3)加法定理を利用して展開してから変換します。(4)両辺に r を掛けてから変換します。

(1)与式より，$r\sin\theta-r\cos\theta=2$

この式に $r\cos\theta=x$，$r\sin\theta=y$ を代入すると，

$$y-x=2$$

よって，$\boldsymbol{y=x+2}$ …答

(2) $r(1-\sqrt{2}\cos\theta)=1$

$$r-\sqrt{2}\cdot r\cos\theta=1$$

この式に $r\cos\theta=x$ を代入すると，

$$r-\sqrt{2}x=1$$

$$r=1+\sqrt{2}x$$

両辺を 2 乗すると，

$$r^2=1+2\sqrt{2}x+2x^2$$

この式に $r^2=x^2+y^2$ を代入すると，

$$x^2+y^2=1+2\sqrt{2}x+2x^2$$

$$\boldsymbol{(x+\sqrt{2})^2-y^2=1}\ \cdots \text{答}$$

(3) $r\cos\left(\theta+\dfrac{\pi}{3}\right)=1$

$$r\left(\cos\theta\cos\frac{\pi}{3}-\sin\theta\sin\frac{\pi}{3}\right)=1$$ ←加法定理を利用

$$\frac{1}{2}\cdot r\cos\theta-\frac{\sqrt{3}}{2}\cdot r\sin\theta=1$$

この式に $r\cos\theta=x$，$r\sin\theta=y$ を代入すると，

$$\frac{1}{2}x-\frac{\sqrt{3}}{2}y=1$$

よって，$\boldsymbol{y=\dfrac{1}{\sqrt{3}}x-\dfrac{2}{\sqrt{3}}}$ …答

(4)与式の両辺に r を掛けて，

$$r^2=2r\sin\theta$$ ←$r\sin\theta$ をつくる

この式に $r^2=x^2+y^2$，$r\sin\theta=y$ を代入すると，

$$x^2+y^2=2y$$

$$\boldsymbol{x^2+(y-1)^2=1}\ \cdots \text{答}$$

メモ